U0349779

养鸽实用技术全攻略

◎ 仲学峰 郭海强 编著

中国农业科学技术出版社

图书在版编目（CIP）数据

养鸽实用技术全攻略/仲学峰，郭海强编著. —北京：中国农业科学技术出版社，2011.4
ISBN 978-7-5116-0426-2

Ⅰ.①养… Ⅱ.①仲…②郭… Ⅲ.①鸽 – 饲养管理 Ⅳ.①S836

中国版本图书馆 CIP 数据核字（2011）第 051044 号

责任编辑 杜新杰
责任校对 贾晓红

出 版 者 中国农业科学技术出版社
　　　　　北京市中关村南大街 12 号　邮编：100081
电　　话 (010) 82109704（发行部）(010) 82106638（编辑室）
　　　　　(010) 82109703（读者服务部）
传　　真 (010) 82109700
网　　址 http:// www.castp.cn
印 刷 者 北京富泰印刷有限责任公司
开　　本 787 mm×1 092 mm　1/ 16
印　　张 19.5
字　　数 450 千字
版　　次 2011 年 5 月第 1 版　2012 年 1 月第 2 次印刷
定　　价 60.00 元

　　我国养鸽历史悠久，早在商周时期，鸽子已经成为王朝官廷用品。鸽肉既是名贵佳肴，又是高级滋补佳品，素有"一鸽胜九鸡"、"禽中明珠"、"肉中人参"之美誉。鸽肉的营养价值和药用价值很高，已成为人们日常生活中重要的优质肉食品的来源之一。

　　现代养鸽业最早于1976年和1980年由上海、广东分别引进国外肉鸽品种，自此，肉鸽饲养业才在我国逐步兴起。近30年来，因其饲养周期短、投资少、经济收益较高的特点，我国很多地方已经把肉鸽养殖作为调整农村产业结构和农民脱贫致富的重要途径，并逐步走向规模化、专业化、产业化的发展之路。肉鸽饲养的规模和生产量已经紧跟鸡、鸭、鹅之后，成为新兴养殖业的一支主力军。

　　在肉鸽养殖业蓬勃发展之际，我们也必须清醒地认识到，肉鸽养殖仍然存在诸多问题，主要表现为饲养品种质量不高，饲养方式落后，饲养管理粗放，饲养环境差，饲料配制不合理，防疫措施不力，加工体系不完善，一些新知识、新技术得不到普及推广并缺乏有效的经营管理等，这些因素无疑给我国肉鸽养殖业的健康发展带来了新的挑战。

　　为了满足现代肉鸽养殖企业对新技术、饲养管理、经营管理等方面的需求，使肉鸽养殖向优质、高效方向发展，笔者借鉴了国内外相关的最新研究成果，结合长期从事肉鸽饲养和疾病防控等科学研究编写了《养鸽实用技术全攻略》一书。希望为肉鸽生产一线的人员提供一些参考，也为我国养鸽业顺利发展尽绵薄之力。

　　本书内容涉及肉鸽的品种与繁育、营养需要与日粮配制、饲养管理、鸽病临床诊断的基本知识和在临床上较常见鸽病的病因、症状、诊断，重点介绍了鸽病防治用药及处方。在编写中力求语言通俗易懂，简明扼要，既注重普及，又兼顾提高，注重理论的科学性与技术的实用性和可操作性，让广大养鸽者一看就懂，一学就会，现学现用，活学活用。本书可供鸽场管理者和饲养者、鸽场兽医和为鸽场提供兽医技术服务的临床兽医使用，也可供农业院校兽医、畜牧等专业学生及相关专业人士参考。

在编写本书时，编者虽然百般努力，力求广采博取，但由于水平所限，仍难免挂一漏万，珠砂并蓄。在本书出版之际，笔者除向支持本书编写的同仁深表感谢外，还望各位前辈、广大读者和同行们提出宝贵意见，以便以后重印或再版时予以修订补充。书中引用的其他资料近百册千篇，由于篇幅有限未能一一列出，在此谨对这些文献的作者一并表示谢意。

编者
2011 年 3 月

作者简介

1. 仲学峰

仲学峰，男，汉族，中共党员，农学学士，执业兽医师，鸽病研究专家，肉鸽科学饲养和疾病防治技术研究者，赛鸽健康保健技术倡导者和推动者；对鸽场暴发性传染病和疑难杂症的治疗有独特的心得，擅长以中西医结合疗法治疗鸽病，致力推动中国养鸽业健康发展。兼任中国信鸽信息网专栏作家；江苏《翔翔》杂志社特约撰稿人，同时兼任多家杂志社特约撰稿人，文章见诸鸽刊、学术期刊和核心期刊。现任佛山市南海禅泰动物药业有限公司鸽药事业部技术顾问，北京市磐石顶冠动物药业有限公司鸽药事业部全国技术经理，高级讲师。

2. 郭海强

郭海强，男，动物营养学专家，中国畜禽营养保健行业资深专家，中泰合资佛山市南海禅泰动物药业有限公司董事长；畜禽用维生素生物双包被膜技术的开创者和领跑者，液体多维任意比例互溶生物准分子技术研究者和推广者。从事畜禽营养保健技术研发和推广30余年，贯穿畜禽养殖行业到特种珍禽行业，开创的"象皇"、"泰维素"、"大成永泰"等品牌，企业已成为国内动物保健品行业的领头羊。近年来研究鸽和特种珍禽类营养保健学，取得了卓越的研究成果，研发的"霸王肝精"、"金鸽维他"、"禅泰种鸽专用多维"、"新泰混感—100"等鸽用产品，已服务数百家大型肉鸽养殖场和赛鸽公棚，产品品质和效果得到了包括中粮集团优质肉鸽生产基地等著名企业在内的一致认可。

目 录

·养·鸽·实·用·技·术·全·攻·略·

第一章　我国肉鸽养殖业概述

第一节　中国养鸽业历史和现状

一、我国肉鸽饲养发展简史

我国是世界上养鸽最早的国家之一。据史料查证有 2 500 多年的历史。相传，西汉张骞出使西域各国时，就曾利用鸽作为通讯联络工具。清代张万钟写的《鸽经》，是我国最早研究鸽子的一部专著。清代，广州就有不少人饲养一种"地白"鸽，很像现在的肉用鸽，这说明，肉用鸽在那时就已开始发展，但尚未形成规模生产。新中国成立前，广东中山县已培养出我国第一个肉鸽品种："石岐鸽"；新中国成立后，广东中山县成功培育了我国第二个品种："公斤鸽"。肉鸽在我国作为商品饲养，还是 20 世纪 70年代才发展起来的。

20 世纪 80 年代以后，发展势头迅猛，已成为畜牧业中的"热门"。仅满足港澳肉鸽出口的量，每年就达 120 万对左右。国内市场也日渐拓宽。我国南方沿海地区因具有得天独厚的地理优势，上海、广东率先开始引进、饲养和发展肉鸽养殖，使我国肉鸽养殖由东到西，从南到北，迅速发展起来。各地宾馆、饭店不断推出以肉鸽为特色的菜肴，使其需求量不断增加，当今肉鸽已不是人们陌生的食品了。仅广州、深圳市场乳鸽销量已超过 500 万只，北京、上海、天津等大城市的需求量超百万只。

随着国内市场的日趋拓宽，消费水平的不断提高，进一步刺激了肉鸽业的发展，存栏量成倍增长，并进入商品化生产，饲养管理水平亦达到先进水平。据不完全统计，我国目前注册登记的鸽场已到 800 多家，种鸽饲养量 300 万对以上。目前，我国的肉鸽饲养已遍布城乡，多数省份都建有大中型或中小型肉鸽饲养场，发展了数以万计的肉鸽饲养专业户。肉鸽饲养已从 20 世纪 70 年代的品种推广，发展到现在的规模化、商品化生产的肉鸽饲养业，并成为畜牧业中相对独立的产业。

我国肉鸽养殖业大致可分为 3 个阶段：第 1 阶段是 1983～1987 年，是肉鸽业开始蓬勃发展的阶段，生产规模迅猛发展，市场以销售种鸽为主，乳鸽为辅。第 2 阶段是 1988～1990 年，是市场激烈竞争阶段，生产严重滑坡，市场以销售种鸽为主的情况迅速转变为以销售乳鸽为主，饲养数量趋于稳定。第 3 阶段为 1991 年以后，我国经济形势好转，市场进入以销售乳鸽为主，种鸽为辅的正常轨道。从 1995 年后开始，肉鸽业开始向规模化、产业化发展。种鸽的培育、乳鸽的屠宰、加工已逐步形成配套产业，养鸽业开始向多元化、综合性的产业方向发展，发展极其迅猛。

二、国外养鸽业发展史

国外养鸽历史悠久，据考证，古埃及人和希腊人早在 5 000 年前已经将原鸽驯养成家鸽。生物学家达尔文先生曾经说过："一切家鸽的品种都起源于野生岩鸽"，"鸽子在世界上许多地区的驯化已有几千年的历史。"公元前 300 年，罗马人已精于饲养鸽子。

国外肉鸽养殖业的发展历史较短，至今不过 100 余年，1890 年美国宣布世界上第一个肉鸽品种——美国王鸽培育成功，推动了肉鸽养殖业迅速发展，1907 年肉鸽养殖在美国发展成为一项产业，并取得成功。如美国棕榈和白尾鸽场拥有 50 万～60 万只，每年向国内外供应种鸽和商品乳鸽。由于美国肉鸽养殖业的成功，从 19 世纪末到 20 世纪初，世界上许多国家（如法国、西班牙、瑞士、比利时、德国、意大利、英国、印尼、缅甸、印度、巴基斯坦、伊朗、伊拉克等）都相继发展了肉鸽养殖业，并取得了成功，香港和台湾的养鸽业发展也很快，1974～1975 年有种鸽 7 万余对，到 1985 年种鸽已发展到 40 万余对，相比之下增加 6 倍左右。目前香港的大小鸽场有 5 000 余个，年生产乳鸽 240 万余只，为世界肉鸽养殖业的发展作出了贡献。

三、肉鸽的经济价值及养殖效益分析

鸽肉用以食疗最早载于唐代的《食疗本草》。祖国医学认为，鸽肉味咸性平、无毒，有滋阴壮阳、补肝肾、益气血、祛风解毒之功，主治虚羸、消渴、妇女血虚经闭等症。乳鸽肉质细嫩，营养十分丰富，据现代科学分析，其中优质蛋白质含量可达 21%～22%，而脂肪含量比鸡肉低，只占 1%～2%；还富含人体最需要的各种氨基酸，总量可达 97%，并且很能容易被人体消化吸收；此外，还含有丰富的钙、铁、铜等微量元素和维生素 A、维生素 B、维生素 E 等，其中多种维生素和氨基酸的含量是鸡肉的 2～3 倍，是近年人们十分推崇的滋补身体、增进健康、秋冬进补之佳品。

常吃些鸽肉对增强体质、防治高血压、血管硬化以及用脑过度引起的神经衰弱等症都有良好作用，故民间有"一鸽胜九鸡"的说法。

乳鸽肉质细嫩，味道鲜美，且高蛋白，低脂肪，易于消化，吸收率高，各种维生素、微量元素均居于肉食之首，是理想的滋补、保健品。

肉鸽集食用、药用于一体，肉嫩味美，营养丰富，鸽肉的食用和药用价值，不仅让人们饱尝了口福，满足食欲的同时，又可以增强体质，防治疾病，延年益寿。世界食品消费市场也把肉鸽列为优质肉食。

肉鸽容易饲养，抗病力强，繁殖率高，肉鸽以杂粮为主，饲料易得，如玉米、小麦、高粱、豌豆等不需要加工，只要按比例调配好就可直接投喂。

肉鸽饲养简单、投资少、成本小、用粮少、见效快、经济效益高，是一项有发展前途的养殖业，也是一项快速致富的好项目。养肉鸽的成本大大低于肉用鸡。

从母鸽产蛋算起，经过 17~18 天的孵化，育雏 24 天即可出售，1 只种鸽每日耗粮 40 克，1 只哺乳鸽每日耗粮 75 克。乳鸽从出壳到 30 日龄出售，耗粮 1 000~1 500 克，较 1 只种鸡每日耗用量更为经济。

目前，蛋白质饲料价格高，肉用雏鸡饲料中蛋白质的比例高达 20% 左右，而肉鸽的饲料中蛋白质的比例只需 13%。如果大规模集约化饲养肉鸽，其饲料成本明显低于肉用雏鸡。

种鸽具有公母轮流孵化、哺乳饲喂和照护幼鸽的特性。即雏鸽出壳后至出售前一直在原来巢内由老鸽饲喂，不需要单独建巢，也不需要增加饲养人员。

鸽的孵化期为 17~18 日，雏鸽最初由父母鸽嗉囊内的鸽乳饲喂。然后由半乳半粮到用浸润过的粮食饲喂，生长极快，肉用乳鸽 25~30 日体重可达 500~750 克。

根据各地资料综合分析，以每对种鸽年产 6 对（繁殖率高的可达 7~8 对）乳鸽算，按目前外贸部门的收购价格，扣除饲料成本、药费和管理费等，饲养 1 对种鸽，每年有相当可观的收入。若对乳鸽加以选择培育，2~5 月龄当作后备种鸽出售，利润就更高了。

四、当前肉鸽疾病发病特点和主要难点

我国肉鸽养殖业 30 年的发展已取得伟大的成就，无论是发展速度、市场消费需求、市场潜力等方面均为禽类之首，已形成了没有卖不了的格局，产销形势一片大好。在禽业生产、市场不景气的今天，肉鸽已成为一枝独秀，鸽业发展前景无限。但制约鸽业健康发展的因素依然存在，从鸽业自身而言，主要是市场价格波动与肉鸽疾病不断发生两大因素，已成为严重制约发展的瓶颈。

目前动物疫病隐患严重存在，肉鸽无公害生产成为发展的必然趋势。从国际上看，近年来动物食品安全事件风起云涌，肉食品安全问题已上升到引起经济滑坡、社会恐慌的政治事件。在我国肉食品的质量安全管理问题已引起各级政府的重视，农业部出台的《全面推进"无公害食品的行动计划"实施意见》，提出了用 5 年左右基本实施食用农产品无公害生产。2010 年中共中央、国务院颁发的一号文件明确指出"加快畜牧水产规模化健康养殖"，这更充分表明国家最高领导层对我国畜牧生产高度关注，并指明发展方向。

我国畜牧业正处于由传统向现代转型的关键时期：如何做大做强肉鸽养殖产业、提高、确保鸽肉食品质量安全管理，只有贯彻肉鸽健康养殖的新理念、学习健康养鸽的新技术，才能确保我国鸽业持续、健康、高效的发展，有力地促进现代鸽业的建设。

要适应中国鸽业规模化健康养殖的最新发展进程，必须给养鸽企业带来新理念、新技术、新服务，为他们创造新的效益和价值空间，我们必须有信心、有优势，更有

能力让我国养鸽企业在规模化健康养鸽事业上成功实现各方面的根本转变，从而获得更大更高的经济效益。规模化肉鸽健康养殖标准化模式是我国肉鸽产业发展的必然趋势。

五、疾病防控是肉鸽健康养殖的关键

动物疫病已成为制约我国养殖业发展的瓶颈，20世纪90年代中期以来，各种疾病特别是传染性疾病，严重困扰我国养鸽业，成为制约养鸽业进一步发展的主要障碍，是肉鸽养殖业亟待解决的瓶颈之一。

我们正在推广实施肉鸽健康养殖理念与技术，疾病的发生会导致鸽的机体受到损害：轻则降低产能，重则增大死亡率，不仅造成企业严重经济损失，使生产成本急剧增大，乳鸽质量下降，并且带来食品安全等公共卫生及人类健康问题，影响了市场公众消费心理。改革开放30年来，我国的肉鸽养殖业取得了飞速发展，乳鸽产量快速提高，但仍满足不了市场消费需求。但21世纪以来畜禽业不断受到疫病的感染，严重影响了市场消费，尽管对养鸽业影响不大，但市场乳鸽价位的波动对养鸽企业经济效益影响较大。

六、肉鸽疾病问题严重的因素分析

我国是养鸽世界大国，但不是强国。其中重要原因是我国鸽病问题严重，防控水平大大落后，甚至空白。我国各级畜牧兽医部门缺乏鸽病防控人才，对鸽病基本无法防控。过去几年，我国出现了不少新发动物传染病，它们在我国流行有以下特征：①范围由小到大，由局部到全国；②疾病控制及治疗是盲目的，未能及时发现及早防治；③疫苗是控制疫情的主要措施；④在普遍使用疫苗情况下成为常见病。我国养鸽业在20世纪90年代开始进入流行疾病防控的误区，对鸽病的防制采用畜禽兽药，大量使用抗生素，用禽类疫苗来防治疫情，形成常见病并发性疾病。表现主要有以下几个方面：

1. 养殖模式仍以小规模饲养农户为主体

我国养鸽业发展由小到大的过程中，在饲养数量扩增及饲养企业增多的同时，养殖模式未发生根本变化，仍以1 000～3 000对的零星的农户庭院式养殖为主体在全国普遍存在，饲养管理粗放。根据标准对养鸽企业生物安全等级抽样分类，我国90%以上的种鸽群仍处于低到最低的生物安全水平，在集约化系统中大型鸽场的种鸽群处于亚健康生物安全水平。由于肉鸽养殖是由社会企业及广大农户自发投入，在发展过程中总体上无规划，零、散、乱的养殖方式及传统的饲养技术一脉传承，造成疾病防控困难。

2. 种鸽企业良莠不齐

我国种鸽企业良莠不齐，凡是鸽场均在供应种鸽，而引种者只看价格根本不调查供种单位是否有"种畜禽生产经营许可证"，以致劣质种鸽流通。而种鸽培育生产企业准入制度不健全，总体水平不高，达到生物安全高标准等级的仅是少部分。从疾病防控角度来看，育种种鸽群存在疾病问题较多，必然会垂直传播给后代，以致后代继续带有病菌并横向传播，导致种鸽一代不如一代，疾病众生。

3. 免疫程序有待优化，对重大疫病的防控误区

肉鸽免疫程序套用禽类操作，对一些重要传染病种鸽如果不能为后代提供平均滴度较高、变异数较小的母源抗体，将给后代的免疫预防带来困难。

中国工程院院士著名动物传染病专家刘秀梵教授指出：我国对新城疫、禽流感等重大疫病的防控存在认识误区，不能正确、科学地认识疫苗在防控中的作用，不能科学地使用疫苗，而是过分地依赖疫苗乃至滥用疫苗。在我国有很多人存在"手中有疫苗，心中不慌乱"、"一针疫苗定天下"的错误观念，这违反了传染病防控的最基本原则："必须在消灭传染源、切断传播途径和提高易感畜群免疫力3个环节上形成合力，才能有效控制流行。"因此，疫苗免疫不能作为第一道防线，只能作为最后一道防线，必须在消灭传染源和切断传播途径两个环节上狠下功夫。以消灭传染源和切断传播途径为目的的生物安全措施才是第一道防线。在现场条件下，疫苗免疫的禽群仍可能感染强毒，并在群内复制和排毒，成为传染源。因此，疫苗免疫不能阻止感染和消除感染，仅提供临床保护，减少感染引起的发病和死亡，降低强毒感染产生的病毒载量。此外，疫苗毒株和现场流行毒株始终会存在遗传和抗原差异，保护是不完全的，新疫苗研制的速度永远滞后于病原体现场进化的速度。因此，对重大疫病完整的防控措施应包括：养殖场的生物安全；发生疫情时动物及其产品流通的限制；扑杀销毁感染动物；疫点隔离、封锁和消毒；谨慎使用疫苗等。

肉鸽疫病防控措施是依据肉鸽的生理特性、发病原因及营养保健等方面情况制定。重点围绕"鸽群健康"实施开展工作，其中包括两大部分：①"饲养环境的生态平衡"，大小环境、卫生消毒等防疫措施；②"鸽群健康的机体平衡"，营养均衡、保健抗病等免疫措施。肉鸽疾病发生，生产能力低的根源；主要是由于鸽体"免疫系统受损害，机体平衡遭破坏，器官功能受抑制"。这样内、外结合，共同协调，主动迅速全面启动维护肉鸽群体的机体，确保生理机体平衡，促进机体器官功能正常，激活免疫系统，提高免疫力，增强抗病力，才是保障肉鸽群体健康与产能的根本之道。确保肉鸽群体的生理机体平衡，达到机体功能正常至良好，达到控制疾病最好效果，达到学习"营养免疫学"、实践"保健抗病"的最终目标。通过肉鸽健康养殖技术的实施应用，坚持不懈的努力，将会开创肉鸽养殖业无疫病的新纪元。

七、肉鸽健康养殖理念

新世纪发生的可传染人类的禽流感以及乳业三聚氰胺事件，引发了人们对人兽共患病的恐惧及对食品安全性的担忧，给全球的养殖业、畜禽肉生产敲响了警钟，人类有恐惧必定会重视及应对，促动科技进步，更会推动全国乃至全球追求更健康

的未来。

如今对疫情的恐惧与重视，说明人类对生命关爱程度与时俱进，全球共同探索疾病的预防与治疗。在全球化时代的今天，人类的意识与行为是以一个整体存在的。禽流感、猪流感为代表的传染病发生，促进了人们更好的认识自我与自然，推动了如何与自然界协调共存的讨论，拉动让"科学"健康服务人类的伦理探索包括"肉食品必须安全"、"环境与生态"、"健康养殖"。

什么是健康养殖？健康养殖的目的是什么？如何实施健康养殖？这些是我们肉鸽养殖生产企业都想知道的问题。

肉鸽健康养殖的内容：肉鸽健康养殖通过对品种、管理、疾病、饲料、环境五大内容的控制，以标准化规范技术操作为基础；以高产稳产综合管理为指导；以科学的疾病防控模式为手段；以不同阶段生长营养均衡需求为保证；以大小环境科学调控为保障，取得良好的养殖效果，生产出无公害安全的优质乳鸽。

肉鸽健康养殖的目的：高产出、高效率、高效益。通过全面落实科学发展观，推进"高产优质、高效增收、生态平衡、生物安全"的现代鸽业健康的发展。为增加企业农民收入，建设社会主义新农村和构建和谐社会，为人类健康事业不懈努力奋斗！

新世纪随着科学发展，人类进入基因时代。科学家发现造成人类及动物疾病的主要根源是机体的基因缺损，修复受损基因是基因时代的健康法则。现代基因学研究表明：疾病直接或间接与基因缺失、断裂、置换、交联有关，遗传致病基因与动物体受到体内、外环境影响（体内影响包括动物体自身自由基侵害、药物、毒物的副作用；体外影响包括细菌、病毒、不洁食物、水、强烈震动、气候骤变、化学气体、环境污染等），最终导致动物体基因损伤，大量基因损伤，疾病即之发生。

任何疾病发生，从生物分子角度发现，是由动物染色体中的几种基因损伤或缺乏所致，造成动物机体组织分裂、紊乱生成大量不正常细胞，而使各种疾病发生，时常修复基因，则使机体组织细胞分裂正常，机体代谢正常才能不会生病。

国家制定的生产安全（绿色、无公害）禽肉食品计划，成为肉鸽养殖业生产的方向。对肉鸽的免疫系统要给以营养、保健的调节，提高机体抵抗力，避免或减少各种病原微生物侵袭，抵御各种疾病的侵入，已引起免疫学与营养学界及肉鸽科技工作者的高度重视。推广实施肉鸽健康养殖，研究开发健康养殖技术主要目的，是为了人类健康及振兴农业经济，增加农民及企业收益。

如何实施肉鸽健康养殖，当前许多肉鸽养殖发达的地区都成立或正在成立行业协会及合作社，实施肉鸽健康养殖，要发挥协会的统一协调作用，实行行业自律，发挥协会的行业组织作用。首先是针对制约鸽业健康发展的肉鸽疾病多发、市场价格波动两大瓶颈，制定推广肉鸽健康养殖战略，展开加强宣传，组织培训，交流合作，建立示范，推广普及等工作。

在国内外专家及科技人员指导下，推广肉鸽健康养殖，在畜牧行业单位和高级技术骨干参与下，提供先进的设施、设备，科学配比的肉鸽专用营养药品、保健药品，安全高效饲料、原料，提供鸽舍设计、疾病防控、饲料营养等技术支持，形成肉鸽健康养殖的推广实施体系，以达到肉鸽健康养殖的最终目的。培育高度标准化、规模化、规范化、集约化管理的现代鸽业新型企业，从而避免企业分散养殖状况下造成乳鸽产品的量与质参差不齐的食品安全问题，彻底消除制约鸽业健康发展的多种因素与瓶颈，建立一批四化生产示范基地，转变养殖观念，调整养殖模式，创新生产管理制度，抓好肉鸽良种、营养保健、饲料供给、环境消毒、动物防疫、生物安全等基础工作，加快推进肉鸽养殖健康发展。

八、肉鸽健康养殖管理技术

肉鸽健康养殖技术是通过对品种、管理、疾病、饲料、环境五大内容控制以标准化规定操作获取良好养殖效果；以高产稳产综合管理技术为指导；以科学的疾病防控模式为手段；以不同阶段营养均衡为保证；以大小环境科学调控为保障；达到"保健抗病"的目标；力致种鸽群体少得病甚至不得病，确保无公害安全乳鸽产品的生产质量。以完成"高产出、高效率、高效益、高生物安全"的肉鸽健康养殖的最终目的。

肉鸽健康养殖技术的实施，按内、外两大部分共同结合，要做到内外兼顾，同时进行，才能真正达到预期效果。这里的"内"是指种群、管理、疾病、饲料，"外"是指生态与环境。实施应用肉鸽健康养殖技术，达到"高产优质、高效增收、生态平衡、生物安全"的现代鸽业健康发展。

实施肉鸽健康养殖技术是系统工程技术，关键是"健康"。其中包含着"鸽群健康"、"生物安全"、"产品无害"、"环境生态"，从而为人类健康事业作出贡献，换句话讲，肉鸽健康养殖是人类健康事业的组成部分的一分子。

肉鸽健康养殖主要针对鸽群健康而研制的技术。因为肉鸽发生疾病的原因不是单一的，包括外界致病因素，也包括机体内的因素，疾病乃是内外因素相互作用而产生的。该技术包含"内"、"外"两方面的协同进行，达到鸽群少得病甚至不得病的"保健抗病"的目标，确保"鸽群健康"。采用健康养殖技术，必须改变传统，进一步学习了解鸽业知识，掌握"肉鸽的生物特性"、"鸽病知识"、"疾病防控"、"鸽场的科学管理"、"优良种鸽的培育"、"肉鸽营养与保健"、"环境卫生与消毒"等技术关键，才能正确无误的完成肉鸽健康养殖。

"鸽群健康"必须遵从疾病防控的基本原则：消灭传染源，切断传播途径和提高易感鸽群机体免疫力，三大环节形成合力，才能有效的控制疾病。当外界鸽病传染源通过传播途径感染鸽群，鸽的正常机体功能受到破坏时，会发生疾病。破坏的程度决定着疾病的严重程度。疾病也会由于缺乏营养物质或误食某种有毒药物，以及由于外伤、环境不适、刺激的应激作用、疫苗副反应、药物副作用和蚊蝇、寄生虫的侵袭而引起的。

肉鸽与致病微生物相遇后是否发病主要决定于致病微生物的数量、类型和毒力，更决定于这些致病微生物进入机体内后肉鸽自身机体的防卫能力和时机。肉鸽原来患过哪些疾病，抗体产生的情况和其营养状态及疾病的遗传力也决定着是否会发病。另外，饲养管理水平及许多外界条件与疾病发生都有密切的关系。有些营养物质缺乏是暂时的，当出现症状时，给予适量补充即可以恢复健康，但缺乏的时间较久，可能会造成不可逆性的症状，所以饲料配比、营养保健药的正确使用对肉鸽健康是一个很重要的环节。

肉鸽被致病微生物感染后，因种类特性不同其发病的潜伏期也不同。很快发生疾病一般称之为速发性的感染。而中发性的感染是致病微生物入侵肉鸽机体后能造成中等程度的疾病或比较严重的疾病。而一些缓发性致病微生物感染肉鸽后，并不明显的引起反应，肉鸽只是表现出不明显的健康不良状态，称亚健康状态。亚健康鸽群疾病传播的危险性最大，一旦被感染即会引起疾病高发群体，后果严重。

鸽群疾病传播必须具备"传染源、传播途径和易感鸽群"三个条件，缺少任何一种条件，传染疾病的发生概率就会减少，肉鸽养殖要成功一定要抓住环境与保健两大关键环节。为此，肉鸽健康养殖技术必须从源头对疫病防控做起；建立"外部大小环境卫生消毒的防疫、内部保证健康优质种鸽群体的免疫"两大体系。从源头上建造生态养殖链，提高肉鸽机体免疫力，减少肉鸽病菌的垂直与横向的传播，防制肉鸽疾病发生。从而达到健康养殖技术的目的："减少鸽群的发病率、死亡率、用药率，增加种鸽群的产蛋率、孵化率、成活率、乳鸽增重率"，确保肉鸽养殖降低成本，增产高效，是实现肉鸽养殖业健康、高效、持续发展的最终目标，是现代鸽业建设最坚实的主体基础。

第二节　我国肉鸽养殖业的前景与展望

一、我国肉鸽养殖业快速发展的原因

1. 养鸽爱鸽的习惯是养鸽业发展的动力

近年来，由于肉鸽饲养量不断增加，饲养地区不断扩大，肉鸽养殖已经成为新兴特种养殖业的支柱产业之一，在农村经济与生活中已占有重要位置，它对丰富城市菜篮子，加快新农村建设的步伐和改善人们生活等方面作出了重要贡献。这些都是养鸽业生产发展的基本动力。

2. 丰富的品种资源奠定了养鸽业发展的基础

在我国，养鸽工作者在长期的生产实践中培育出了许多生产性能优良的鸽品种和配套系，如佛山鸽、石岐鸽、杂交王鸽、深王鸽等，改革开放以来，我国各地相继投资建设了一定规模的种鸽场，担负着我国良种鸽引进、繁育和供种工作，为我国肉鸽良种繁育体系的建设和养鸽生产的发展起到推动作用。这些丰富的肉鸽品种资源，适应了不同地区生产者和消费者的需求，是养鸽业发展的基础。

3. 肉鸽养殖业的配套技术进一步完善，为养鸽业的快速发展提供了保障

（1）专业技术人才的支撑。我国有 30 多所农业大学，100 多所农业职业技术学院和农校，每年为国家培养了大批畜牧兽医专业人才，为养鸽业发展提供了有力的人才保障。

（2）饲养方式的转变。随着集约化肉鸽养殖生产的发展，由过去的粗放饲养转变为温室育雏、肉鸽网上平养、笼养、全年均衡出栏等，这些科学养鸽技术的推广，大大提高了肉鸽养殖业的经济效益，也有利于卫生防疫和生态环境保护，收到良好的经济效益和社会效益。

（3）配合饲料、兽药和疫苗的科学配制和规范生产。目前专门研究与肉鸽养殖相关的企业仍然较少，但少数具有敏锐市场洞察力的兽药生产企业已经依托技术人才进入肉鸽保健行业，如广东省佛山市南海禅泰动物药业有限公司，现已按照《兽药管理条例》《兽药生产质量管理规范》（兽药 GMP 认证）《兽药管理条例实施细则》等法律法规的规定生产优质肉鸽专用药品和营养保健品，为肉鸽养殖业的快速发展奠定了基础。

（4）科学管理和疫病防控体系的逐步建立。为了适应养鸽业快速发展的需要，在肉鸽繁殖中已广泛采用人工孵化技术，加速对高产品系的选育和扩繁具有重要作用。与此同时，广东禅泰动物药业为生产企业制定了较为详细的养殖手册，提出了肉鸽各生长阶段的饲养管理要点、切实有效的疫苗接种程序、接种途径、肉鸽疾病保健计划、疾病生态防治、大型规模化肉鸽养殖场的定向保健方案和特色治疗配方等措施，为养鸽业的快速发展提供了强有力的保障。

二、我国肉鸽养殖业现状和思考

肉鸽产业是一项阳光产业，产业的生产力取决于这个产业的市场占有率，世界五大洲均有肉鸽产业的发展，均有食肉鸽的消费习惯，先进国家地区早已在 50 年前已有"以鸽代鸡"的趋势。而亚洲地区自 20 世纪 80 年代起亚洲地区的肉鸽产品消费量与消费人群逐年递增，我国香港、澳门、台湾已有"无鸽不成席"的说法，食用鸽肉已经普及为日常佳肴。从我国人民的膳食结构改革来看，肉鸽产品已成为最受消费者欢迎的新型肉食产品，每年以 10% 消费量的速度增长。

特别是近几年，随着我国人民生活水平的提高和大中城市多元化消费格局的形成，优质肉鸽市场渐趋活跃，成为推动农业结构调整、促进农民增收的新的经济增长点。调查显示，经过 2004 ~ 2005 年两年的整顿和调整，肉鸽市场发生了明显变化。盲目发展，一哄而上的现象已不存在。从 2006 年至今，肉鸽已成为卖方市场，呈现出产销两旺、出口增加之势。2008 年肉鸽市场需求同比递增 15%。有些品种已供不应求，价格在上半年上涨的基础上持续攀升。但目前肉鸽市场还存在良种率不高、品种老化和饲养管理水平不高等问题，规模化、集约化水平不高，品种质量、生产水平等均难以适应规模化生产、标准化加工和全球化市场的需要；产品在国内外市场竞争中优势不明显。

1. 选择优良品种，提纯复壮，系统选育

目前，我国的肉鸽种源出现严重退化，闭锁繁育，没有形成科学的选育制度和培育方法。一些大中型鸽场缺乏保种、育种意识和专门人才，而小型鸽场更谈不上品种的选种选育。劣质种源充斥市场，品种严重退化，以致出现了肉质差、耗料多、生长慢、抗病力降低等现象，严重影响了我国肉鸽养殖业的发展。养殖户为了追求表面利润最大化，减少投资，而不引入优良种鸽。往往用杂交代作为种鸽进行留种，使品种老化，生产力下降，在市场需求量大于供给时，不会出现销售难；但随着市场的逐渐成熟，可能就是致命的弱点。此外，有些引进的优良种鸽因性能不好，并没有给养殖户带来效益，致使养殖户不敢引种。受利益驱动，炒种、倒种现象严重，市场行情好时，种鸽供不应求，生产跟不上，结果就速配、乱配，有鸽就是种，甚至把回收的乳鸽再作为种鸽卖，严重扰乱了种鸽市场；肉鸽在小范围内流动，造成近亲繁殖。

我国的肉鸽养殖业要想谋求发展，必须选育出高品质的种源。注重品种的更新换代，对地方肉鸽种质资源特别是一些具有优良性状的品种进行有效的保护和利用。比如，由于我国著名的地方品种——石岐鸽保种工作做得不好，加上近年来养鸽业的发展，外来鸽种较多，原有石岐鸽很多与王鸽、杂交王鸽等杂交，本地石岐鸽出现了退化的现象，较为正宗的石岐鸽在产地中山也较少见。保护我国优良鸽种，对石岐鸽进行提纯复壮的工作迫在眉睫。对优良种鸽，如美国白王鸽、泰国银王鸽、香港王鸽、深圳王鸽、蒙丹鸽、贺姆鸽、卡奴鸽、鸾鸽等优良肉鸽品种，进行提纯复壮和系统选育，杂交配套，使其养殖增效。选育路线：基础种鸽群→选出优秀个体→组建家系→世代选育→形成品系→配套组合→商品代。

按照制定的选育目标和方向，进行种鸽的系统选育。以现代数量性状遗传原理为基础，结合育种实践，针对不同性状的遗传力和遗传特点，分别开展家系选择，个体选择和独立淘汰选择。其中，关键技术主要是从测定条件上充分表达遗传潜力，在选择上尽力加大，以达到快速提高。

2. 打破传统饲养模式

目前肉鸽饲养仍存在长期低效益运作、养殖技术水平低等问题，特别是离大规模繁育和养殖还有很大差距，跟不上消费需求。主要是因为种鸽年产鸽蛋量少，种鸽每年仅能生产7窝；种鸽产鸽蛋后由亲鸽孵化、亲鸽哺育，从而导致饲养期长，影响肉鸽快速发展。为了提高肉鸽生产水平，必须打破目前肉鸽普遍采用的原始饲养模式，即打破肉鸽自然孵化、自然哺育的传统程序，利用人工合成鸽乳，采取0～13日龄育肥技术，可使"人工孵化、全人工育雏，种鸽只产蛋不孵化不育雏"，以适应规模化生产、标准化加工和全球化市场的需要。

经过一些养殖场多年的小规模养殖试验的证明，由种鸽产蛋→孵化→哺育→出栏改变为种鸽连续产蛋（即不孵化、不哺育小鸽）→人工孵化→0～13日龄育肥→出栏。这项技术可以在较短时间内培育出大量优质乳鸽，大大降低饲养的成本，不但可以提高肉鸽产量达3倍以上，而且在产品规格、质量上也更加标准，并能适应国际市场对乳鸽高品质的要求，使鸽业生产实现工厂化。

3. 提高饲养管理水平

有些养鸽场种鸽和生产鸽混杂或种鸽没有活动场地，营养水平低，致使优良种鸽没有发挥其优良的生产性能。有的养殖密度过大，环境差，使鸽的体质下降，增加了药费的支出，影响生产性能的发挥和经济效益的提高。对种鸽只用单一的饲料，没有根据种鸽的不同生长发育阶段，即：配对期、孵化期、育雏期、换羽期。提供营养成分有所侧重的饲料、保健砂和生活环境，影响种鸽的产蛋率、受精率和孵化率。

对农户加强培训和指导，提高农户饲养管理技术水平。如果没有精心的管理，即使有优良的品种也无法表现出优良的生产性能。引导农户进行规范化养殖，种鸽和生产鸽实行专门养殖。对乳鸽、青年鸽和生产鸽采用不同的饲养管理方法，不同季节采用不同的饲养管理模式，改善鸽舍的避风、防暴晒、防潮、抗寒能力，保持室内清洁、干燥、通风、采光良好。加强疫病的防治工作，按规定进行接种免疫，认真贯彻"以防为主，防治并重"的原则。

4. 培养科技人才，服务于肉鸽产业

21 世纪，我国肉鸽养殖业将进入一个新的快速发展时期。其发展呈现以下趋势：培育新特肉鸽，满足美食之需。随着生活水平的提高，以新、奇、特为主题的消费时尚也将随之而至。为满足市场需要，利用杂交、驯化、DNA 等技术，培育大量肉鸽新品种。

促进养鸽业经济从数量型向质量型转变。当前我国鸽业，面临的一个现实问题就是如何促进养鸽业生产从数量型向质量型转变，实现这一转变的核心就是品种优良化、技术科学化、市场知识化。而我国养鸽业的专业人才极为缺乏，科技推广力度不足。目前，关于鸽的研究仅限于常规饲养及少量疾病方面的研究，而更深层次的分子生物学方面的研究在国内乃至国际上几乎空白。为此我们应努力学习和掌握鸽业的科学技术，别再让那些"伪科学"损害自己，我国鸽业要不断培养专业的科技人才，服务于鸽业，在鸽业产业中发挥应有作用，要促进经济结构优化，加速实施科教兴国战略就必须遵循市场经济规律，组织引导更多的科技人员特别是青年人才进入养鸽企业，运用科学技术指导养鸽业，这些措施必将对我国鸽业发展产生深远影响。

第二章 肉鸽场基础管理

第一节 规模化肉鸽场基础管理

一、鸽舍建址原则

1. 鸽场的选址

建造鸽场所选择的地理位置和环境条件的好坏，直接影响着鸽子的健康、繁殖以及生产性能，所以要尽可能合理选择。一般来讲，要选择气候干爽，周围安静、水源洁净、空气新鲜、电力充足的地方，远离交通主干道和繁华地带，以免噪音太大，影响鸽子的健康和生产性能。另外，既要注意保证空气流通，又要避免处在出风口。切忌在被污染的水源旁边建造鸽棚。农村小规模养殖户要注意尽量不要与家禽混窝，以防疾病交叉感染。鸽舍最好坐北朝南，阳光充足，底部架空，能避免鸽舍潮湿和鼠虫侵扰，还要有利于防暑降温和卫生清扫。

2. 鸽舍形式和要求

应根据饲养肉鸽的规模和鸽子不同生长阶段，修改不同形式的鸽舍。

（1）笼养式鸽舍。把种鸽成对关在1个单笼内进行饲养，将鸽笼固定放在鸽舍内。铁笼用铁网制成，一般规格为70厘米×50厘米×50厘米。笼中间用半块隔板将笼分为上下两层，在隔板上产卵，盆直径25厘米，高8厘米，便于高产鸽将孵化和育雏分开，防止受哺乳鸽影响下窝孵化。笼外挂饲料槽、水槽、砂杯。

鸽舍可以是敞棚式的，周围用活动雨布遮挡，也可以在平房内，做成框架，重叠排放鸽笼。每一鸽笼下设活动承粪板，每天可及时清除粪便。笼养式的优点是鸽群安定，采食均匀，清洁卫生，便于观察和管理。其受精率、孵化率及成活率都高，其缺点是鸽子无法进行洗浴运动。

（2）群养式鸽舍。通常采用单列式平房，每幢鸽舍一般长12~18米，檐高2.5米，宽1.1米，内部用鸽笼或铁网隔成4~6小间，每个小间可饲养种鸽32对或青年鸽

12

50 对，全幢可饲养种鸽 128～192 对，或养青年鸽 200～300 对，由 1 人管理。每间鸽舍要前后开设窗户，前窗可离地低些，后窗要高些。在后墙距地面 40 厘米处开设两个地脚窗，以有利于鸽舍的通风换气。鸽舍的前面应有 1 米宽的通道，每小间鸽舍的门开向通道。通道两面是 30 厘米宽、5 厘米深的排水沟。鸽舍的前面是运动场，其大小应是鸽舍面积的 2 倍，上面及其他三面均用铁网围住，门开在通道的两头。运动场的地面上应铺河砂，并且河砂要经常更换。饮水器可自制，即将瓶子灌满水，上扣一碗，迅速倒过来，往上提瓶子，到有小半碗水时将瓶子固定好。在窗户上方设栖板，以供鸽登高休息。

在运动场外，要栽种上一些树木，或搭建遮阴棚，场内要安放浴盆（直径 36 厘米，深 15 厘米）供鸽洗浴，洗浴后要及时倒掉污水。冬季注意保持舍内温度，最好在 6℃ 以上。

（3）简易鸽舍如果饲养数量小，把饲养肉鸽作为一项家庭副业，可以充分利用庭院空闲的地方。旧房空屋，阁楼房檐或楼顶阳台，可因陋就简地搭建鸽棚。只要能防风雨、防蛇鼠、兽等危害即可。农村有些房屋带有过洞、门楼，也是养鸽的好场所，要加以充分利用。在北方冬季气候严寒地区，还应采取一定的保暖措施。

二、鸽场运输与检疫

1. 运输前的准备工作

（1）起运前 3 天，供鸽场应对将出售的鸽群进行预防性用药。可考虑在饮水中加入 0.02％硫氰酸红霉素，连用 3 天。也可以在饲料中混入少量抗生素，连用 3 天。

（2）起运时不宜喂得太饱，饲料要用水浸透才喂，同时要注意让鸽子饮足水。

（3）起运前，应经兽医检疫，无疫病者才能装笼起运，并且请当地检疫站发给检疫证场的证明书。飞机空运或火车托运要凭检疫证明书才给办理。

（4）鸽笼要用 20％的新鲜石灰乳或 2％的烧碱消毒 1～2 次，或用紫外线照射消毒。运输车船也应消毒。

（5）鸽笼装鸽时不宜太拥挤，以免闷死、压死。一般可用竹子编成长宽高为 90 厘米×50 厘米×25 厘米的笼子，每笼可装 8～10 对。

2. 运输途中的注意事项

（1）运输中尽量减少停留时间，运输车不宜太密封，炎热天气不宜白天运输。

（2）1 天路程的运输，不一定中途喂料，但一定要喂水（若半天路程不给饮水也可）。饥饿不易死，但缺水容易造成鸽子死亡，所以，最好每只笼子有 1 个饮水槽，以便途中加水。若超过 1 天以上的长途运输，要中途喂料，一定要用水浸透饲料，以免引起消化不良。鸽子运到后，应先给饮水后给饲料。

3. 鸽子运到目的地后的管理

（1）新引入的鸽子不要与原有的鸽子混养在一起，应隔离饲养并进行观察检疫，最少要观察 21 天，无病才能合群。

（2）早、中、晚进行三看：看精神动态，看采食饮水，看粪便状态。通过细心观察，及时发现病鸽，隔离治疗，并深入检查确诊。

（3）鸽舍每 3~5 天要消毒 1 次。

（4）不要让外来人员、畜禽进入鸽场，以免传入鸟疫等。

（5）鸽舍要求防寒保暖，夏季要做好防毒降温工作。此外，鸽舍必须通风干燥，有光照，青年鸽应有运动场地。

（6）饲养员要勤打扫，每天要清粪 1 次，不要让粪便污染饮水饲料和保健砂。

（7）在鸽子进来后的半个月内，特别要注意饲料和保健砂的质量。

4. 规模化鸽场接鸽后的科学管理

（1）保健砂中每 50 千克加入"禅泰种鸽专用多维"100 克、生长素 1 000 克、酵母粉 500 克、恩诺砂星 30 克（使用 1 个月）。以上配方也能加入到 500 千克饲料中喂给。

（2）饮水中加入速补 14、金鸽速补、维安速补、金维黄等营养品，按每只鸽子 40 毫升饮水量计，1 000 克速补 14 供 5 000 只鸽饮用。连饮 10 天，以后每 2~3 天饮用 1 次。

（3）引进鸽子的 1~4 天在饮水中加入强力霉素 50~100 毫克/千克，或庆大霉素 500~1 000 毫克/千克，连用 4 天。此方法是为了预防副伤寒、鸽霍乱和其他细菌性感染。

（4）引进鸽子的 5~8 天，在饮水中加入复方泰乐菌素，每升水 2 克，连用 4 天；或每升水加入青霉素、链霉素各 5 万单位，目的是预防球虫病、鸟疫等。

（5）鸽毛滴虫病和念珠菌病（鹅口疮）是鸽子最常见的上消化道疾病，鸽子进场后，若轻度感染、严重者（口腔有假膜）不多，可在进场后第 8~9 天开始用药；若严重者较多，应提早用药。防治毛滴虫用 0.05% 鸽滴净、鸽滴威饮水。防治念珠菌病用制霉菌素，每千克饲料加入 100 万单位（先用面粉将药混匀，然后拌入浸湿的饲料中）。7 天为 1 个疗程，鸽滴净或鸽滴威要用 2 个疗程。

（6）鸽群稳定下来后，用高效虫灭灵、五合一体虫清或驱虫净驱除鸽蛔虫和鸽毛细线虫 1 次，每罐 500 克兑水 2 000 千克供鸽自由饮用，每天 1 次，连用 2 次。

（7）要做好清洁卫生工作，常消毒，夏季要注意驱蚊，以减少鸽痘的发生。有鸽痘时，要及时治疗，必要时应用鸽痘苗或弱毒鸽痘苗全群接种。

三、肉鸽饲养管理的一般原则

肉鸽各阶段饲养管理技术虽然各有侧重，但日常饲养管理的基本要求是相同的，而且是各个饲养阶段必须应做到的，归纳起来主要有以下几个方面。

1. 提供适宜的生活环境

环境条件不仅影响鸽子的健康，还直接影响其生产性能的发挥。环境因素包括的内容很多，有物理的、化学的、生物学的等等。需要注意的是温度、湿度、光照、密度、噪音、粉尘等方面因素。虽然鸽子对各种因素有一定耐受力，但如果超过其承受能力，就要影响其生产和健康。因此，鸽舍的温度、湿度、通风和有害气体的含量这 4

项指标必须注意调节,做到冬暖夏凉,干燥清洁,使有害气体必须降低到不危害肉鸽的生长发育和健康的指标之内。

2. 细致观察鸽群动态

鸽子有疑虑、恐惧、悲哀、患病、饥饿、想洗澡、愉快、发情等多种表现。对于这些表现都要做到细致的观察,了解是否满足了它们的欲望和要求,从完善饲养管理入手,满足其生理需要,才能有效地发挥其生产潜力。

3. 喂料应坚持少给勤添的原则

喂料时每次投料少一些,每天投喂次数应多一些,其好处是:①可以刺激鸽子的食欲,使育雏期的亲鸽能得到充分的营养成分;②可以避免鸽子挑食,因为每次供给的饲料少,鸽子为了饱食,就会不分品种,尽快采食,以满足机体需要;③可以减少饲料浪费,如果每次投料太多,鸽子吃饱后,还要在饲槽中啄来啄去,为了挑食,常把饲料用嘴拨到地面上,造成浪费;④可以激发鸽子增加运动,当每次投放饲料时,鸽群都会争先恐后前来抢食,投放饲料次数越多,抢食次数越多,无疑会增加运动机会,以增强其体质。

4. 喂料要定量、定时

肉鸽每天采食量一般是其自身体重的1/10左右,冬季和哺乳期略有增加。这些饲料量应分几次饲喂。一般情况下,对于哺乳亲鸽应早上8时给料1次,中午11时给料1次,下午15时1次,下午17时1次,下午21时1次。青年鸽每天给料2次即可,以上午8时和下午15时各给料1次为宜,每只鸽每次给料量15~20克即可。

5. 及时添加保健砂

以原料粒料的方法饲养肉鸽,必须添加保健砂。大群养鸽时,将保健砂放在干燥阴凉之处任其自由采食,笼养肉鸽要另放保健砂杯,或放在食槽的另一头,用隔板隔开。肉鸽采食保健砂的数量为饲料量的5%~10%,保健砂要保持湿润,不糊口为度,为确保其有效成分不被氧化分解,5~7天应更换1次。

6. 鸽子的洗浴

给肉鸽创造洗浴条件是日常管理不可缺少的工作。洗浴能使鸽子保持羽毛清洁,防止体外寄生虫侵袭,还可以刺激体内生长激素的分泌,促进生长发育,使其长得肥壮、结实。天气温和时每天洗浴1次,炎热的夏日洗2~3次,天气寒冷时每周洗1~2次。有运动场的青年鸽或亲鸽,可在运动场一角做1个浴池,池的大小依据鸽的数量而定,一般浴池的容积为100厘米×100厘米×15厘米,可供100只鸽子轮流洗浴。浴池的水应为流水,做到一边进水,一边排水,始终保持池水清洁。

笼养鸽洗浴比较困难。采用内外笼结构的可在2个笼之间装1细小喷头,定期喷水,让鸽子洗浴。单笼结构的可每年安排2次洗浴,结合药浴进行。即在水中投入一些药物,如敌百虫,以清除体外寄生虫,在药浴前,要让鸽子饮足水,以免误饮药水中毒。另外可定期往鸽子身上喷些水以代替洗浴,注意切勿喷到蛋上而影响孵化。正在抱窝和哺育10日龄以内乳鸽的亲鸽不宜洗浴。

7. 亲鸽应补充光照

光照会刺激性激素的分泌,促进精子和卵子的成熟和排出,而且晚上给予光照,亲鸽能正常吃料和喂雏，使乳鸽生长加快。亲鸽每天光照应达到16~17小时，日照不足时应人工补光。人工光照可用日光灯管或普通白炽灯泡，光线应柔和，不宜太强或太弱。光照控制一般用自动开关定时开灯、关灯。

8. 定期消毒和防病治病

搞好环境卫生是预防疾病的重要措施，尤其是地面平养鸽需天天清扫鸽舍，污染的巢盆、垫料应及时洗换，水槽、食槽每天清洁1次，每周消毒1次。笼养鸽的鸽舍、鸽笼及用具在进舍前可用福尔马林加高锰酸钾彻底熏蒸消毒1次，舍外阴沟每月用生石灰、漂白粉、敌敌畏消毒或杀虫。应坚持预防为主的原则，根据本地区及本场的实际，对常见的鸽病制定预防措施，发现病鸽及时隔离治疗。

9. 保持鸽舍安静和干燥

鸽舍周围环境嘈杂会严重地影响鸽群的正常生活，诱发某些疾病，要十分注意保持鸽舍安静。应经常疏通舍内外的排水沟，不使地面潮湿，为鸽子创造良好的环境条件。

10. 做好生产记录

生产记录反映了鸽群动态，用以指导生产和改善经营管理以及提供选种留种的依据。记录的内容主要有：种鸽的配对日期和体重；亲鸽的产蛋、破蛋数量；蛋的受精、无精、死胚数量；孵化出雏、死雏日期、数量；青年鸽的成活率、合格率、病残率、死亡率；每天吃料数量，饲料和保健砂的配方；预防和治疗的情况等都要有专门的表格或详细记录。

11. 做好鸽群的观察工作

饲养管理人员，每天应仔细观察鸽群，包括：①精神状态；②采食、饮水情况；③粪便形态、颜色是否正常。若发现有呆立一旁、精神萎靡、羽毛蓬乱、无饮水欲和食欲、粪便异常的鸽子应立即隔离。

12. 做好日常卫生、消毒、防疫工作

鸽舍周围场地要经常打扫和定期消毒（可用生石灰），鸽场门口和鸽舍进出口要设置消毒池。工作人员的衣帽、鞋子，最好专配，即要有更衣室，内装紫外线灯。工作时，穿工作服、帽和鞋；下班时换上自己的衣服、鞋、帽，这样工作服、鞋、帽或个人的衣服、鞋、帽均能起到消毒作用。另外，鸽场工作人员不得同时在任何地点饲养鸡、鸭，以免交叉感染。鸽舍内在每次饲喂后都要清扫，并定期消毒，可用百毒杀溶液喷洒；可连鸽笼一起喷洒；但决不能喷到鸽蛋上。饲槽、水槽发现被粪便污染时，应立即清洗；并且每周消毒1次（用高锰酸钾或百毒杀溶液）。

此外，鸽子还要定期做疫病预防性或肠道消毒性饮水，特别是炎热的夏季。

定期做好疫苗接种工作。发现病死鸽子及时检查病情，在无专业人员和设备的条件下，不得随意解剖，按卫生要求处理死鸽（焚烧或深埋），以免疫情扩散。

定期驱除体内外寄生虫，预防清除老鼠和昆虫。

新购进的鸽子需要隔离检疫，确认健康后，方可并群。

13. 建立健全各种登记、统计制度

各种登记、统计数据能够反映鸽子的生产情况，及时发现存在的问题，以指导生产和改善经营管理。需要登记、统计的项目有：青年鸽的成活率、合格率、病残率和死亡率；种鸽配对日期和体重；亲鸽的产蛋、破蛋数量，鸽蛋的受精、无精、死胚数量；孵化出雏、死雏等的日期和数量。此外，还有每日饲料消耗、饲料和保健砂配方及防治疾病药物消耗。

14. 实例

下面介绍河南技术师院优良种鸽繁育场的《每日工作程序》，仅供肉鸽饲养者参考。

每天工作程序

7：00 检查鸽群的精神况状及雏鸽生长发育情况，笼网上若有鸽蛋，应立即将蛋放入窝巢内。

8：00

①打扫卫生，将笼边地面上的鸽粪推到里面，若地面潮湿，可撒些生石灰。整个鸽舍地面清扫干净。

②将水槽洗刷干净，添上清水或药水。

8：30

①开始喂鸽，控制整个吃料时间在 30 分钟，使鸽吃 8～9 成饱，有雏鸽的多喂一些。将吃不完的饲料收回。

②在产鸽吃料过程中，注意观察产鸽的吃料情况。

③产鸽吃完料后，注意观察产鸽喂养雏鸽情况。

④将保健砂杯内的保健砂用小勺上下翻动。

⑤收集落到地面上的粮食，并将其用清洁水淘洗 5～6 遍，然后用百毒杀溶液浸泡一下，再放在阳光下暴晒 1 天，可继续用于喂鸽。

9：30 每 3 天加 1 次保健砂，每次加 1 勺。添加之前先将保健砂杯清理干净。

12：00 对有雏鸽的产鸽加喂 1 次饲料，同时检查整个鸽群的精神状况，尤其要注意检查雏鸽情况。

14：00 加水 1 次。

15：00 淘捡饲料，配制饲料。

16：00 同 8：00，时工作相同。

16：30 开始喂鸽，要求同 8：30。

20：00 晚上照蛋，对孵化 5 天的鸽蛋进行第 1 次照蛋，剔除无精蛋，然后合并日龄基本相同的单个蛋（日龄差 0～2 天）。对孵化 10 天的鸽蛋进行第 2 次照蛋，剔除死胎蛋。

22：00 关闭鸽舍电灯。关灯前，检查鸽群精神状况，将单个雏鸽鸽龄基本相同（差 0～2 天）的合并，合并前分别戴上打号的脚环。

全天 24 小时随时发现随时处理的情况：

①食槽随脏随清洗干净。

②食槽、水槽每周用来苏儿水或百毒杀溶液消毒 1 次。

③产鸽孵化时，若窝里有粪便，应清除粪便或更换新的麻包片。

④雏鸽窝巢内保持干燥、清洁，若潮湿或有粪便，应尽快更换干净的麻包片或干草，以保证雏鸽健康生长。

⑤将15日龄的雏鸽从窝巢移至笼网上的草盆内，并将窝巢清理干净，以利产鸽产蛋。

⑥加水时发现水槽内有粪便，应清理干净，更换新水。

⑦鸽笼内的粪便定期清理，不让粪便积聚。

⑧保持鸽舍空气新鲜，清洁卫生。阴雨天空气潮湿时，应在鸽笼下的地面撒些生石灰。

⑨发现窝巢内有鸽蛋，尽快垫上麻包片，以免孵化温度低。

⑩发现病鸽，立即单独隔离，对症治疗，并分析病因，做好防治。

第二节　肉鸽品种与性能简述

鸽属脊椎亚门、鸟纲、突胸总目、鸽形目、鸠鸽科、鸽属、鸽种。肉鸽种类很多，现将国内外肉用名鸽作简单介绍，以便于养殖者正确选择。饲养优良种鸽，是加速乳鸽生产，提高鸽场效益的先决条件。

一、国内常见优良肉鸽品种

（一）石歧鸽

石歧鸽是我国广东省中山县最早培育成功的肉鸽优良品种。由于大量集中产于广东省中山县石歧镇，故名为石歧鸽。石歧鸽由鸾鸽、卡奴鸽、王鸽与本地鸽经多元杂交育成。

石歧鸽特征：石歧鸽体型长，形如芭蕉蕾，大小与王鸽相似，毛色多样，以瓦灰、雨点多见，红绛、花鸽也不少。石歧鸽繁殖力强，年产卵7～8对；适应性强，耐粗饲，性温驯，毛质好，肉嫩，骨软，味美，在国内外享有盛誉，深受消费者欢迎。

生产性能：石歧鸽适应性很强，耐粗饲料。就巢、受精、孵化、育雏等生产性能均良好。年产蛋7～8对。成年鸽体重一般700～800克，乳鸽体重600克左右。但其蛋壳较薄，孵化时易被踩破，乳鸽具有皮色好、骨软、肉嫩、味美等特点。石歧鸽羽色较杂，主要是灰二线和雨点较多，以白色为佳品。石歧鸽体型大的雄鸽体重可达0.9千克，母鸽大的可达0.75千克，是我国大型优良肉鸽品种。缺点是卵壳薄，孵化时易破碎。但只要窝底垫料柔软，不夹杂砂石和硬粪团，破卵现象可大大减少。石歧鸽已遍布我国各省，占我国肉鸽生产比例较大。

（二）佛山鸽

产于广东佛山地区，此鸽具有鸾鸽和卡奴鸽的血缘，是一种长体型肉鸽，成鸽的标准体重为800～900克，标准体型是平头光胫、颈项粗硬、胸宽脚短，颜色有灰二线、红条二线和白色，总的来说佛山鸽与石歧鸽有不少方面相似。

（三）广东肉鸽

广东是我国养鸽的主要地区之一，该地的广东省家禽科学研究所和其他有关单位，在 1980 年前后从上海引进 100 多对银白王鸽（原来从国外引入，并经繁育），又从澳大利亚的一个鸽场引入多批美国白王鸽，这些具有国外王鸽血统的名种肉鸽与当地的鸽子进行了多元杂交繁育和生产繁殖，几经改良形成了广东省自己的杂交品系，也就是我国有名的广东肉鸽，此鸽目前已广泛分布于华南、华东和华北 3 个地区。

广东肉鸽成鸽体重，雄鸽 750 克，雌鸽 650 克，年产雏 6~8 对，21~28 日龄的雏鸽体重达 600 克以上。

（四）杂交王鸽

香港特区和台湾省的养鸽工作者，利用多批来自东南亚的王鸽及少量美国王鸽与广东省石歧鸽，经过多年的杂交选育所生的后代，因此，杂交王鸽是台湾省王鸽和香港特区王鸽的总称。育成的这两种杂交鸽，其体型介于王鸽与石歧鸽之间，它的身体比王鸽稍小，体重也略轻，而身型则较王鸽长，颜色多种多样，如白色、灰色、红色和黑色等。香港与台湾地区多数饲养这种肉鸽，目前广东省以及其他省市也有许多养鸽场，引进此种杂交王鸽进行较大规模的生产繁育。

（五）大槐良种白鸽

此鸽种是近几年来在广东省恩平县大槐镇雄兴白鸽场培育出来的良种肉鸽。科技人员用体大、肉质香嫩的美国王鸽与羽丰高产的日本大白鸽进行杂交，精心培育出新的良种大白鸽。大槐良种白鸽突出的优点：肉厚、骨脆、生长快、产量高。每对种鸽一年可产雏 12~13 只，乳鸽饲养 24 天就可达到体重 700 克。由于有这些优良特性，所以很受国内外养鸽户和消费者的欢迎。

二、国外常见优良肉鸽品种

（一）王鸽（也称美国王鸽）

1. 白羽王鸽

常见的有白王鸽、银王鸽及红色、蓝色、棕色、黑色和杂色等。

白羽王鸽，白羽王鸽具有繁殖力强、体型大、生长快、肉质鲜嫩等特点。《本草纲目》中记载"鸽羽色众多，唯白色入药"，从古至今中医学认为鸽肉有补肝壮肾、益气补血、清热解毒、生津止渴等功效。因其营养丰富，又具药用价值而被视为滋补佳品。雄鸽体重可达 1 000 克；雌鸽体重平均在 700~800 克。耐粗饲，饲料报酬高，饲料可用不经粉碎的原料，如玉米、豌豆、小麦、高粱等，乳鸽料肉比为 1.9∶1。饲养白羽王鸽具有周期较短，收效快，且饲养技术易学，饲养设备简单，是养殖户致富的首选项目。

白羽王鸽特征：白王鸽活动力强、抗病力强，基因稳定，毛色一致，均为白色，后代雏鸽的体重与羽色均无差异。体型大，全身羽毛纯白，头部较圆，前额突出，嘴细，鼻瘤小，胸宽而圆，背阔且厚，尾中长微翘，全躯较短略呈圆形。其最大特点是体型大、不善飞、抗病能力强、无毁灭性疾病。

生产性能：商用白王鸽：成年公鸽平均体重为 750 ~ 900 克，母鸽平均体重 600 ~ 750 克，乳鸽的屠宰率高达 82%，全净膛重 400 ~ 500 克，胴体呈白色。成年鸽年产蛋 20 个左右，蛋受精率和孵化率均高，年可育成乳鸽 6 ~ 8 对；乳鸽生长速度快，2 周龄平均体重为 488 克，4 周龄平均体重为 620 克。

2. 银王鸽

银王鸽亦称"银羽王鸽"，食用鸽的一种。美国加利福尼亚州于 1915 年开始培育，经近 40 年培育成功。系用银色蒙丹鸽、银色伦替鸽、银色马尔他鸽杂交而成。体型比白王鸽稍大，生产性能亦较好。

银王鸽特征：有展览型和商品型 2 种。展览型体型大、身短、尾翘。后者体型小。身长、尾平，繁殖性能较好。1956 年美国王鸽协会规定展览型银王鸽的体重标准为：成鸽 812 ~ 1 008 克，青年鸽 756 ~ 952 克。标准体身 11.75 厘米，胸宽 5 厘米，尾尖至胸膛 9.5 厘米。性情温顺，不能高飞。商品型体重，成鸽为 728 ~ 840 克，青年鸽 672 ~ 784 克。可以高飞，繁殖性能较展览型好。

生产性能：目前市场银王鸽，成年公鸽体重在 650 ~ 750 克，母鸽体重 550 ~ 650 克，年产蛋 9 ~ 10 对，育成乳鸽 6 ~ 7 对。抗病力强，生长速度快，4 周龄平均体重可达 622 克。

（二）美国红王鸽、黄王鸽

美国红王鸽、黄王鸽育成于美国。与美国白王鸽、银王鸽是同一血统，除羽色不同外，体型和其他特征均相似。

（三）卡奴鸽

卡奴鸽也叫卡诺鸽、嘉尼鸽、赤鸽、田野鸽，美国人还称美鸽。它原产地是德国的北部和比利时的南部。为中型肉用鸽，是世界鸽界中的名鸽。

卡奴鸽特征：前额向前突出，头颈较粗，眼睛小而深陷，体躯浑圆，结实雄壮，挺直姿势站立，尾巴下垂接近地面。其羽色有红绛、纯白、黑色等，以纯红为名贵，纯白、纯黄均为上品，其他颜色均不合规格。

生产性能：繁殖力高，年育乳鸽可达 7 对以上，肉质优良。

（四）丹麦王鸽

丹麦用引进美国王鸽与当地鸽杂交而成。羽色有纯白、灰、银等多种。羽色、体型均与美国王鸽相似。头扬尾翘，呈元宝状，胸宽、背阔。体重 1 500 克左右。

（五）鸾鸽（仑替鸽）

鸾鸽又称仑替鸽、仑特鸽、伦脱鸽、来航鸽、西班牙鸽。鸾鸽是体型较大、体重最重的肉用鸽品种。育成于意大利和西班牙。至今俄罗斯、法国、德国仍称罗马鸽。羽色有红、白、斑、黑等，银色的较少见。是最古老的品种之一。原产于西班牙和意大利。资料介绍，鸾鸽含有德国蓝色大石鸽和欧洲球胸鸽血统。最早英国人将鸾鸽引入美国，经不断改良后成为美国大型鸾鸽，即白巨美鸾鸽和黑巨美鸾鸽。在西班牙有罗马鸾鸽、梵明加鸾鸽、基白高鸾鸽和瓦连城大坦尼鸾鸽（成年鸽体重达 1 500 克）。

鸾鸽是所有鸽子品种中最大的鸽种。在美国展览会上展出的样品鸽重达 1 800 克，翼展达 90 厘米。作为商品肉鸽来饲养，还不能达到其他著名肉鸽品种的生产水平，但它用于与其他鸽种杂交可加大后者体型，如巨型荷麦鸽、蒙丹鸽等均含有鸾鸽血统。另外，可用该鸽作父本，其他肉鸽作母本，杂种 1 代的乳鸽肉多味美，具有市场竞争力。

鸾鸽特征：体型大，胸部稍突，肌肉丰满，体型短而呈方形；头顶广平，喙硕长而稍弯；眼大，青年鸽眼环粉红色，成年鸽眼环红色或肉红色；颈长而粗壮；龙骨硕长；背长而开阔；尾宽长而末端钝圆，大腿丰满，跗跖和趾较短，无腿毛或有腿毛，胫红色。羽色有白、斑白、黑、绛、灰等。不善飞翔，繁殖力强，性情温顺，抗病力强，适宜笼养，较易管理。

生产性能：美国大型鸾鸽协会规定该鸽的标准体型：成年鸽体重：雄鸽 1 400 克，雌鸽 1 250 克；青年鸽：雄鸽 1 200 克，雌鸽 1 150 克。体长从喙到尾端长 53.34 ~ 55.88 厘米，胸围 38.1 ~ 40.64 厘米。年产雏鸽 7 ~ 8 对，高产达 10 对。28 日龄的雏鸽体重可达 750 ~ 900 克。缺点是体型过大，孵化时易压破蛋，1 个月以后的幼鸽生长慢，到童鸽以后才迅速生长发育。

（六）贺姆鸽

贺姆鸽很早就驰名于世界养鸽业。有食用贺姆鸽和纯种贺姆鸽两个品系。1920 年，美国用食用贺姆鸽、王鸽、蒙丹鸽和卡奴鸽育成第 3 个品系即现在的大型贺姆鸽。其乳鸽肥美多肉，肉嫩，并带有玫瑰花香味，是美国市场的抢手好货。其种鸽是培育新品种或改良鸽种的好亲本。其主要缺点是：繁殖性能较王鸽稍差；乳鸽生长速度快，但一过乳鸽期体重增加的速度便明显减慢；育雏期亲鸽及乳鸽的采食量均很大。因而被王鸽后来居上。

纯种贺姆鸽：1918 年从英国输入美国，现在遍布世界各地，20 世纪 70 ~ 80 年代香港盛行此鸽饲养，并用它作亲本与王鸽杂交成为杂交王鸽。

食用贺姆鸽：在 20 世纪初，美国养鸽人士利用贺姆鸽生产商品乳鸽出售。此鸽体质强壮，较其他良种鸽更耐粗放饲养条件。

贺姆鸽特征：纯种贺姆鸽的特征：成年鸽体重较肉用贺姆鸽重，年产乳鸽窝数较肉用贺姆鸽高，年产乳鸽数可达 7 ~ 8 对，其羽毛有白色、蓝条、纯黑、纯棕、纯灰等多种颜色。

生产性能：贺姆鸽繁殖性能好，很少有压破蛋和压死雏鸽的情况出现，产雏多，饲料消耗少，乳鸽生长速度较快，成年公鸽体重可达 700 ~ 750 克，母鸽体重 650 ~ 700 克，4 月龄乳鸽体重达 600 克左右。繁殖力强，育雏性能也不错，年产乳鸽 8 ~ 10 对，成活 5 ~ 6 对；肉用贺姆鸽的羽毛紧密，体躯结实，脚无毛，体型较短、宽、深，喙呈圆锥状，较粗短。成年鸽体重 650 ~ 700 克，上市乳鸽全净膛重 450 ~ 550 克。

（七）匈牙利鸽

又名"亨格利鸽"，原产于德国。英国养鸽专家称之为"优良的观赏型食用鸽"。羽色及姿态十分优美，含有福来天鸽和土耳其鸽的血统，也有点像马耳他鸽。额、颈、背和翅羽上方均为白色，犹似一条滑雪跑道。从头部经背、腹至尾部呈元宝状的弧形，头抬得很高，尾翘。因外形像鸡，美国人称之为"鸡鸽"。

（八）夫人鸽

该鸽体型大小和蒙丹鸽相仿，脚毛发达，它很可能来自荷兰，所以美国一开始称为"荷兰鸽"。羽色有银和白，但以白羽占优势。夫人鸽在 19 世纪末曾经是很普及的肉鸽品种，到 20 世纪初，由于脚毛太发达，再加上王鸽培育成功，因此衰退了。

（九）摩登娜鸽（吉士型）

摩登娜鸽原产于意大利摩登娜城而得名。已有几百年的历史。近百年来传入德国和英国。最初作为飞翔鸽，后改为食用兼观赏。它与著名食用鸽王鸽、蒙丹鸽的血缘很近，外形也相似。羽色有红、灰、白、黑等多种，以黑头、黑尾、白羽身价最为名贵，饲养也很普遍。在英国流行的摩登娜鸽都被视为珍贵的观赏鸽。眼睛锐利，有黑、橙、黄、红的眼砂，光彩夺目。胸宽、尾短。

史及脱型：全身遍布白羽黑点或黄点、红点。头圆，嘴尖，眼睛锐利，胸宽，尾翘。外形像个小圆球，十分可爱。它既是优良的食用鸽，又是漂亮的展示鸽。

吉士型：特点是身羽白色，翅和尾为纯色，呈喜鹊色。

（十）蒙丹鸽

蒙丹鸽又译为蒙腾鸽，原产于法国和意大利。在法国非常普遍，因其不善飞翔，喜地上行走，行动缓慢，故又称地鸽或法国地鸽。其体型与王鸽相似，但不像王鸽那样翘尾。此鸽是优良的肉用鸽，年产乳鸽6～8 对，成年公鸽体重可达750～850 克，母鸽体重 700～800 克，4 周龄乳鸽体重可达 750 克以上。毛色多样，有纯白色、纯黑色、黄色、灰二线等。

法国蒙丹鸽：又名法国地鸽。我国的广东、上海、北京等地饲养有该种鸽，其体型与观赏型的白王鸽相似，但尾短而圆不上翘。成年体重 700～900 克，产卵、孵化、育雏性能良好，年产乳鸽6～8 对，4 周龄乳鸽体重可达 750 克，乳鸽全净膛重 450 克以上。

第三节　肉鸽的生理及生物学特性

一、肉鸽的形态特点

只有熟悉肉鸽的形态与生理解剖特点，才能做好肉鸽的饲养管理和疾病防治（图2-1）。

（1）头部。鸽子的头部可以自由转动180°，既有利于观察四周环境，发现天敌和觅途归巢，也便于找食、找水、营巢和育雏。

①头顶。鸽子的圆头和突头比较受欢迎，圆头秀气，突头粗犷。头部，除头顶部分外，还有后头，即头部的后方连着颈部的一节。后头发达，脑容量大，是智商发达的物质基础。

②啄。啄的前端是角质，它是争斗、啄食和喂雏的器官。鸽子的啄分黑色和玉色

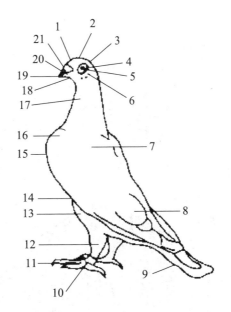

图 2-1 各部位名称

1—额 2—头顶 3—枕 4—眼睑 5—眼环 6—虹彩 7—背 8—翼 9—尾羽 10—脚环 11—趾 12—脚 13—腿 14—腹 15—胸 16—肩 17—颈 18—喉 19—喙 20—鼻孔 21—鼻瘤

两种（也有中间色的）。黑色的角质啄比较讨人喜欢。上下啄交会处叫"嘴角"。嘴角要深，才能在育雏时张大嘴巴喂食。嘴角结痂（茧子）越厚，说明该鸽子哺育雏鸽的次数越多，鸽龄越大。

③鼻和鼻瘤。嘴角上方的白色肉体，叫蜡膜，也叫鼻瘤。鸽子年龄越大，鼻瘤也越大，像是一朵茉莉花贴在嘴角上，名叫开花鼻瘤。在它尖端的两边是鼻孔。蜡膜要求洁白，说明这羽鸽子有良好的健康状况。有病的鸽子、放飞归来的鸽子、正在喂雏的鸽子，蜡膜都会呈暗红色。幼鸽的蜡膜呈肉色，在第二次换毛时渐渐变白。

④咽喉部。啄的下方是咽喉部。喉的功能，除了是食道和气管的"入口处"外，还有发音的作用。喉咙通常呈淡红色，鲜红的色泽不是好征象，很可能是发病的先兆。观察咽喉时先看色泽，同时要看它是否拥有直而稳的气管，是否有一对帘幕状的皱褶悬挂在食道上方。在咽喉后方是软腭和一条清晰可见的血管。

⑤前额。位于鼻部底下直到眼部之间的一部分。一羽优良信鸽往往这个部分比较发达，以宽大为好。

（2）颈部。颈部上接头部，下连背部，牵动头部的转动。颈部支持着头部时，使得鸽子举头过身而昂首阔步。颈项的羽毛有红、蓝2色，幼鸽第2次换毛以后，呈金属色，闪闪发光。

（3）羽翼部。鸽子的前肢进化为翼，是飞翔和攻防的工具。翼的前缘厚，后缘薄，构成1个曲面而产生升力，有利于飞翔（图2-2、图2-3）。

①主翼羽。又称"初列拨风羽"或"初级飞羽"。是指羽翼外侧的10根长羽。第1～10羽的排列是从内侧算起的，第8～10羽这3根羽，俗称"将军羽"，它们在鸽子飞行中起最主要的作用。

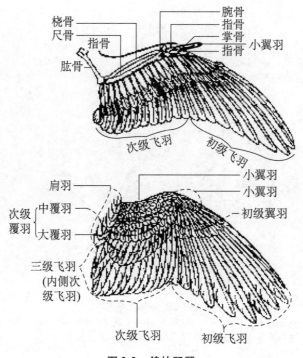

图 2-2　鸽的羽翼

②副翼羽。又称"次列拔风羽"或"次级飞羽"。位于主翼羽的里面，共有12根，从中央算起为第1羽。它的作用仅次于主翼羽。鸽子飞行靠主翼羽鼓风前进，副翼羽支持鸽体，具有调节鸽体升降的作用。

③覆羽。又称"雨篷"。分为初列覆羽、大覆羽、中覆羽和小覆羽4种，它的作用是遮盖翼羽以防雨淋。初列覆羽遮住主翼羽，大覆羽盖住副翼羽，而中覆羽又盖着大覆羽。

④小翼羽。在主翼羽上面，外侧排成竖行的几根长羽，它可以缓和飞行速度，或下降时使用。

（4）尾部。信鸽的尾部由12根尾羽组成。它的作用，主要是鸽子在飞翔时转换方向，在升降时平衡鸽体。尾部要求短而束成"工"字形。

（5）腿部。鸽子的腿部由胫、趾、爪组成，是行走的工具。胫上有鳞片，为皮肤衍生物。鳞片随着鸽子的年龄增长而逐渐角质化。胫的下部生有趾。趾端的角质物为爪。鸽爪锐利而略弯。

（6）皮肤。鸽子的皮肤附着于肌肉和骨骼的表面，皮肤的外面有表皮所衍生的角质物，如羽毛、角质咏、鳞层和爪等。鸽子的皮肤由表皮、真皮和皮下组织组成，较其他家禽的皮肤薄而嫩。

皮肤的功能，在于防止外界有害物质侵入和直接刺激机体，起到保护深层组织和器官的作用。同时，还有感觉、分泌、贮存养料和调节体温的功能。

鸽子的正常体温为40.5～42.7 ℃，平均体温41.8 ℃。当外界气温很低时，鸽子依靠紧密的贴身羽毛保护体温；当外界气温很高时，由于没有汗腺，只能引颈张口喘气，或张开两翅通过皮肤蒸发等途径来散发热量。

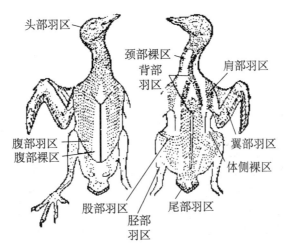

图 2-3 鸟类的羽区和裸区

二、肉鸽的生理与解剖结构

1. 肉鸽的生理特点

（1）卵生、晚成。成年鸽配对成功后，经过多次交尾（交配），7～10天即可产卵，每次产卵2枚，由公母鸽轮流孵化，孵化17～18天幼鸽即破壳而出。幼鸽出壳之初，全身裸露，或只有很少绒毛，缺乏体温调节能力，眼不能睁，腿不能站，不能自行觅食和啄料，必须在种鸽的抱孵和哺育下才能生存。1周龄前种鸽用鸽乳（嗉囊分泌的乳状物）哺喂，1周龄后，逐步变为用半消化食物哺喂，2周后逐步变为用浸涨的食物哺喂，通常情况下，4日龄后幼鸽睁眼，14日龄后逐步生长羽毛，21日龄后开始学习觅食，25～28日龄后脱离种鸽哺育，独立生活。

（2）诱导排卵。肉鸽不同于其他家禽，雌鸽性成熟后并不会立即产卵，必须雌雄配对，经过多次交配才会产卵。一般情况下，交配后7～10天雌鸽才会产卵，产卵前3天雌鸽开始趴窝，暖窝，准备产卵。通常情况下雌鸽在第1天产下1枚蛋，此时雌鸽呈半蹲状，用胸部护住蛋，隔1天再产下第2枚蛋后才开始孵化。

（3）"双重呼吸"和"双重血液循环" 肉鸽与众不同的是它具有与肺气管相通的气囊系统。当吸气时，吸入的新鲜空气大部分经过缩着的肺进入后气囊，少部分进入副支气管和细支气管，直接与血液进行气体交换；同时前部气囊扩张，接受来自肺的空气（上次呼吸时吸入的）。呼气时，后部气囊的空气流入肺内，达到呼吸毛细管进行气体交换；前部气囊的空气进入支气管排出体外。这种1次吸入气体经两个呼吸周期排出体外的现象称为"双重呼吸"。此外，肉鸽除了用肺和气囊进行新陈代谢的功能外，它还可以通过肾脏进行血液循环。这种"双重呼吸"和"双重循环"的特点，使肉鸽耗氧量达到最低，它的循环系统使机体能迅速调整体表温度，以适应外界环境，使它具有抗严寒、耐高温的能力，为生产创造最佳条件（图2-4）。

（4）规律换羽。成年鸽一般每年6月下旬开始换羽，经过3个月的换羽期，到9

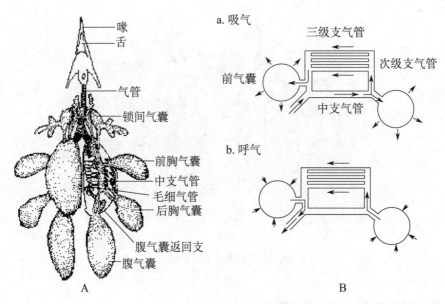

图 2-4 鸟肺与气囊结构示意图
A. 肺与气囊的关系；B. 气体交换途径

月底基本换成。即所谓"七零、八落，九齐、十美"，当年春天作育的幼鸽从 45 日龄开始脱换幼鸽期生长的羽毛，至 6 月龄前后第 1 次换羽结束，标志着肉鸽成年，当年夏秋作育出来的晚生留种鸽，当年未必换羽，幼鸽根据实际作育时间决定是否自然换羽。

肉鸽一般主羽 10 根，副羽 13 根，主羽每年更换 1 次，副羽每年更换 1 根（图 2-5）。

2. 肉鸽解剖结构

（1）运动系统。肉鸽的运动系统由骨骼和肌肉组成。

①骨骼。肉鸽的大部分骨骼含有空气，轻而坚固，起着保护内脏器官的作用。肉鸽骨骼分为两大部分：轴骨骼和附肢骨骼。轴骨骼由头骨、脊柱（椎骨）、肋骨、胸骨组成。附肢骨骼由翼骨骼和后肢骨组成（图 2-6）。

②肌肉。肉鸽的肌肉组织分为横纹肌、平滑肌和心肌 3 大类。横纹肌是附在骨骼上的肌肉；平滑肌与其他组织相结合形成除心脏以外的各种内脏器官；构成心脏的肌肉称为心肌。这些肌肉的收缩和舒张是肉鸽完成各种动作的基础。肉鸽的胸肌最发达，其胸大肌在龙骨和龙骨突的两侧，是鸽体中最大块的肌肉，它一端附着在龙骨上，另一端通过细腱与肱骨相连，支配翼的扇动；胸小肌在胸大肌与龙骨之间，具有上举双翼的作用，第 3 胸肌，由乌喙骨下方约 2/3 处和龙骨前部的腱演变而来，附着于肱骨突起的小肌肉，有辅助胸大肌和帮助收翼的作用。

（2）消化系统。由口腔、食管、嗉囊、胃、小肠、大肠、肝脏、胰脏和泄殖腔 9 部分组成。

肉鸽没有胆囊。肉鸽的消化系统具有摄取、运送和消化食物、吸收和转化营养以及排泄废物的作用。它受神经系统的调节，与内分泌系统的活动也有密切关系。肉鸽的消化机能是否正常，对它的生长发育健康有着重大影响。肉鸽的许多疾病都可在消

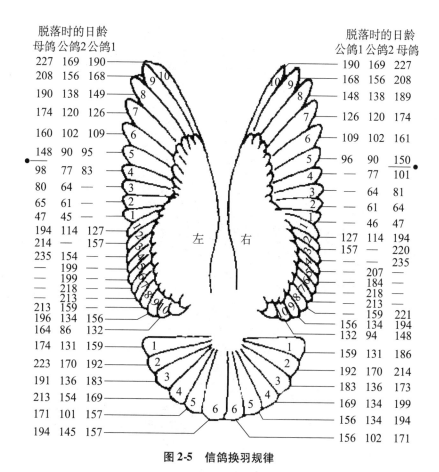

图 2-5 信鸽换羽规律

化道出现病理变化。因此，了解消化道各部分的组成及功能是非常重要的。

①口腔。鸽的口腔包括喙、舌、咽 3 部分。肉鸽的口腔和咽喉直通，没有明显的界限，喙为骨的延长部分，分上下喙，呈圆锥形，组织坚硬，边缘光滑，适合啄食颗粒饲料。喙的颜色与品种、年龄和羽色有关；舌细长，舌尖角质化，舌上有味觉乳头，对食物有一定的选择性，平时贴于下颌内侧，可后移翻转；鸽用喙摄取食物后，依靠舌的后移和翻转将食物送入咽部，再通过会厌软骨的后翻将食物送入食管。

另外，肉鸽的口腔周围还分布有一些分泌唾液的腺体，唾液对帮助食物消化的作用不大，仅起湿润食物、便于吞咽的作用。

②食管。食管借助平滑肌的收缩蠕动，将食物下移运送到底部的嗉囊中。食管是一肌性管道，没有消化功能，仅为食物的通道，长约 9 厘米。

③嗉囊。指食管底端的膨大部分，位于颈根部胸前皮下。这一位置使肉鸽饱食后身体重心在 2 翼之下，而适于飞翔。嗉囊分 2 个侧囊，其作用是储存、软化、发酵饲料。嗉囊壁薄而富有弹性，外层膜紧贴在胸肌前方和皮肤之下，内层膜与食物接触。成年鸽的嗉囊中还含有嗉囊腺，具有分泌嗉囊乳的作用。孵蛋期间，在催乳素的作用下，大约孵到第 8 天，嗉囊上皮开始增厚，第 13 天厚度、宽度增加 1 倍，第 14 天开始分泌微黄色的鸽乳，第 18 天嗉囊便可分泌大量的嗉囊乳。嗉囊乳为充满脂肪细

27

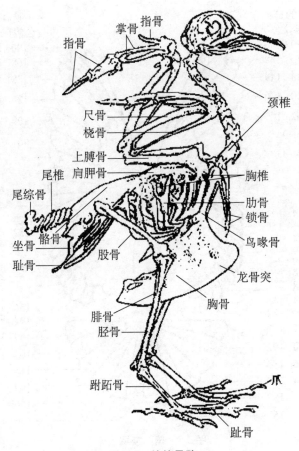

指骨 掌骨 指骨
指骨
颈椎
尺骨
桡骨
上膊骨
尾椎 肩胛骨 胸椎
尾综骨 肋骨
锁骨
坐骨 髂骨 鸟喙骨
耻骨 股骨
龙骨突
腓骨 胸骨
胫骨
跗跖骨
趾骨

图 2-6　鸽的骨骼

胞组成的乳黄色或乳白色的黏稠液体，含有丰富的蛋白质、脂肪和矿物质，含有微量的维生素 A、维生素 C、淀粉酶、蔗糖酶、激素、抗体及其他未知因子，基本上不含碳水化合物、乳糖和酪蛋白。随着哺乳期的延长（即幼鸽年龄的增长），嗉囊乳由黄变白、由稠变稀，泌乳量及其营养成分逐渐减少，在出雏后的 10～15 天嗉囊乳的分泌就停止了。

嗉囊还是公鸽求偶时的信息器官，常将嗉囊鼓起发出咕咕的叫声。可见，嗉囊对成年鸽自身的生存作用并不重要，但对繁衍后代及幼鸽的生存却是必不可少的。

④胃包括腺胃和肌胃两部分。

a. 腺胃。呈纺锤形，又叫前胃。前端连接嗉囊，后端与肌胃相接。腺胃的容积很小，胃壁上分布有许多腺细胞，可分泌盐酸、胃蛋白酶和黏液，黏液对胃黏膜（内膜）有保护作用。分泌的盐酸可创造一个酸性环境，有利于胃蛋白酶对饲料蛋白质的酶解。食物在此停留的时间极短，很快到达肌胃。

b. 肌胃。又叫砂囊。前接腺胃，后连小肠，有较厚的肌肉层，内含砂砾。肌胃的收缩力很强，借助砂砾研磨揉搓将饲料磨碎成食糜。

⑤小肠。肉鸽的小肠平均长为95厘米，由十二指肠、空肠和回肠3段组成，是饲料消化吸收的主要场所。

　　a. 十二指肠。前端与肌胃连接，尾部直连空肠。在十二指肠的背部侧壁附着胰腺。胰腺与消化的关系十分密切，食糜进入十二指肠后，胰腺的活动即开始加强，大量分泌胰液。胰液中含有胰蛋白酶、胰脂肪酶、胰淀粉酶等多种酶类。胰液通过胰腺导管流入小肠。另外，肝脏生成的胆汁也经胆管（鸽无胆囊）进入十二指肠，与胰液一起参与饲料养分的分解和吸收。

　　b. 空肠。小肠的中间一段，前接十二指肠，后连回肠，空肠经常处于无食糜的状态，故此得名。空肠的主要功能是通过蠕动，将食糜推向回肠。

　　c. 回肠。鸽的回肠短而较直，前与空肠相通，后接大肠，并借助系膜与两根盲肠连接。

　　小肠壁由 2 层平滑肌和 1 层肠黏膜构成，黏膜中分布有许多腺体，这些腺体也分泌肠液。肠液中除有肠激酶，能将胰蛋白酶原激活成胰蛋白酶外，还含有肠肽酶、肠脂肪酶、蔗糖酶、麦芽糖酶、乳糖酶及分解核蛋白质的核酸酶、核苷酸和核苷酶。其中一些酶可将肽类分解成氨基酸，脂肪酶则将脂肪分解成甘油和脂肪酸，蔗糖酶、麦芽糖酶、乳糖酶分别将多糖和双糖分解成单糖。食糜中的养分经过以上多种酶的分解后，变成一些简单的物质，在小肠被吸收。小肠平滑肌具有很强的伸展和收缩的特性，内层黏膜形成许多"Z"形皱褶和绒毛，这就大大增加了食糜与肠壁的接触面积，食糜通过的距离也相对延长，这对增加消化吸收时间、提高肠的消化吸收能力十分有利。

　　小肠平滑肌具备自律性运动和食物进入小肠后明显增强的蠕动、钟摆运动以及分节运动。通过这些蠕（运）动，一方面将食糜与消化液充分混合，增强消化；另一方面又将食糜不断地推向大肠。

　　⑥大肠。前后分别连接回肠与泄殖腔。大肠包括直肠和盲肠 2 段，与鸡相比，鸽的大肠已严重退化，其直肠仅长 3~5 厘米，具有吸收水分和盐分的作用；盲肠位于回肠和直肠分界处，也退化为短柄状的 2 个小突起，有入口而无出口，只有吸收水分的作用。直肠的退化导致肉鸽不能贮存粪便，有粪即排，这也有利于减轻飞行体重。像其他的禽类一样，鸽的大肠内也生存着一些有益的微生物，它们可以利用肠道内容物合成 B 族维生素。但数量甚少，且几乎不被肉鸽吸收利用。这也特别是笼养鸽易出现 B 族维生素缺乏的原因。

　　⑦泄殖腔。它是排泄和生殖的共同腔口，由直肠末端衍变而成，属消化系统中的最后器官，具短暂储粪和排粪的作用。泄殖腔背侧为法氏囊。幼鸽法氏囊比泄殖腔大，以后随着年龄的增加而逐渐退化。

　　⑧肝脏及胰脏。肉鸽肝脏较大，重约 25 克，分为左右两叶，右叶大于左叶。肝脏无胆囊，肝脏分泌的胆汁直接由肝胆管输入十二指肠。胰脏分泌的胰液通过导管也直接进入十二指肠。

　　（3）呼吸系统。肉鸽的呼吸器官由鼻腔、声门、气管、肺脏、气囊和共鸣腔组成。它具有吸入新鲜空气，呼出二氧化碳以及散发体热的功能。在肉鸽的飞翔活动中起着重要的作用。

　　①鼻腔。空气是从外鼻孔吸入的。外鼻孔是 1 对位于上喙蜡膜下的纵向裂缝。鼻腔是感受嗅觉的部位，呼吸由鼻孔吸入空气，经软腭及气管，再经过支气管，到达肺

部。鼻腔的黏膜富有血管，并有腺体，当空气进入鼻腔时，可使空气温暖，湿润，并过滤粉尘，减少其对肺部的刺激，在眼眶中有 1 对鼻腺，它的排泄管开口子鼻中道，分泌出水样液，有保持水分平衡的功能。

②声门。声门位于咽腔内，开口时是圆形的，打开鸽口腔就可看到。当强行扳开鸽口腔喂食或喂药时，应特别细心。因为只有空气才能进入声门，任何食品、水或者其他异物进入都是有害的。鸽的声门不同于高级脊椎动物的声门，它不起发音气管的作用。

③气管。气管是圆形管道，管壁内有许多软骨环加固，气管长度为 9 ~ 12 厘米，气管分左右支气管沿颈部腹侧进入胸腔后，在心脏上端分别进入左右肺进行呼吸循环。气体交换由完整的气管网（其中支气管分出 4 种次级支气管，由细小的毛细支气管彼此连接，在毛细支气管壁与毛细血管间进行气体交换）完成。

④肺。肉鸽的肺呈粉红色，上连支气管，并有开口通向各气囊。肺有许多小腔，呈海绵状，接触空气的面积大大增加。肺的背壁紧贴于背部的肋骨之间，腹面贴近横膈膜，表面盖有 1 层肺胸膜。

⑤气囊。肉鸽的气囊是肺的衍生物，有特别发达的功能。气囊由极薄的壁构成，壁内血管贫乏。肉鸽有 9 个气囊，其中锁骨间气囊为单个，颈、前胸、后胸、腹部气囊均为左右成对。气囊的容积远远大于肺，气体进入肺部后，能充入各气囊中。气囊分布在体腔内各器官间、皮肤下和一些骨的空腔里。空气充满气囊时可减轻鸽体比重，利于飞行。气囊可储存大量空气，因而可用于飞行时调节体温。平时肉鸽靠胸腔的扩张和缩小进行换气呼吸，但飞行时由于胸骨和肋骨固定不动，靠双翼上抬和下扑，带动气囊扩大和缩小，使气囊里的空气出入，经过肺和外界交换，带动呼吸。

⑥共鸣腔。在 2 条支气管的分支处，有 1 个共鸣腔，这一器官只有鸟类才有。雄鸽比雌鸽发达。在共鸣腔的上部中间有半月形的膜，声音就是在空气通过绷紧的膜，引起膜的振动而产生的。由于共鸣腔壁厚薄的差异，不同品系的肉鸽发出的声调也不同。

（4）循环系统。肉鸽是热血的恒温动物，平均体温约 41.8℃。循环系统由血液循环器官（心脏和血管）、血液和造血器官和淋巴器官组成。其主要功能是把从消化系统吸收来的营养输送给全身的组织器官，输送氧气，把产生的二氧化碳输送到肺部排出体外，把体内产生的体液废物输送到排泄系统排出。同时还进行热的代谢，产生血液和抗体等。

①心脏。心脏位于胸腔的后下方，由心肌组成。心脏内有 4 个腔，分别称为左右心房和左右心室。同侧的房室相通。心脏内有瓣膜，在心脏搏动时能防止血液倒流。心脏外面包裹着一个薄的浆膜囊，称为心包。心包内含有少量心包液，心包液有减少摩擦的作用。心脏上部有 1 周围环绕的沟，称为冠状沟，沟内通常有 1 圈脂肪，称为心冠脂肪。心脏的搏动具有节律性，是血液循环的动力。鸽的心跳频率每分钟 140 ~ 400 次，平均约 224 次，成年肉鸽的血压在 14 000 ~ 18 000 帕，它的血液循环为动静脉血液完全分开的双循环，即体循环与肺循环。

②血管。是输送含氧料、氧气的血液及进行物质交换的运输器官，由无数口径粗

细不一和管壁厚薄不同的形状连成一个密闭式管道系统，它包含动静脉和毛细血管。肺动脉引导血流（静脉血）进入肺部，在肺部进行氧气和二氧化碳气体的交换，含有丰富氧气的血液通过心脏、主动脉进入各个组织器官，向这些组织器官供应含有营养成分和氧气的动脉血，并带走它们分解代谢的产物进入静脉，再由静脉进入心脏，转入肺部。

③血液。呈红色，由血细胞和血浆组成，血细胞包含红细胞、白细胞和血小板，红血球内含血红蛋白，故血液呈鲜红色。血浆占全血量 60% 左右（其中含水 90%），内容物为糖、纤维蛋白、球蛋白、白蛋白、脂肪等代谢物质，其功能不仅输送养料、氧气和排泄物，它还能调节体温、含水量、酸碱平衡、渗透压和各种离子的浓度，维持机体内环节的平衡，此外，还有吞噬外来异物，产生抗体和促进凝血作用。

④造血器官。造血器官主要是来自红骨髓和脾脏。红骨髓位于骨髓腔和骨松质内，其中的网状组织具有造血机能，能产生红细胞、血小板和粒白细胞。肉鸽年龄增大时，骨髓腔内的红骨髓逐渐被气室所代替。脾脏呈扁形，褐红色，位于胃的右侧，产生淋巴细胞和单核细胞，并有滤血、贮血的作用。

⑤淋巴器官。肉鸽的淋巴组织除形成淋巴器官外，它广泛分布在机体各部分。淋巴循环有辅助静脉将血管外多余的液体返回血液中，兼有运输营养物质和废物的作用。另有造血功能，起局部免疫作用，能形成抗体对异体抗原做出反应机能，并能使机体维持正常的免疫力。

（5）生殖系统。公鸽和母鸽的生殖系统分别罗列如下：

①公鸽的生殖系统。由睾丸、输精管、贮精囊组成。睾丸有 1 对，呈卵圆形，位于腹腔内肾脏腹面的前缘左右两边。生殖时期膨大，而且左边比右边大。睾丸内有大量曲精细管，是产生精子的地方，曲精细管之间有间质细胞，能产生雄性激素，促进种公鸽发育和增强生殖能力。输精管是 1 对弯曲的细管，输精管沿输精管的外侧进入泄殖腔前，形成膨大的贮精囊，末端形成一小突起状的射精管，开口于泄殖腔。雄鸽没有明显的交配器官（阴茎），但其肛门唇，尤其是上唇较雌鸽更为突出些。部分鸽友饲养的种鸽年龄较大时，肛门周围的毛特别厚而多时，这羽种鸽通常会出现不受精的现象，剪去肛门周围的羽毛后，即可授精。

②雌鸽的生殖系统。由卵巢和输卵管两部分组成。初生雌鸽一般具有左右两个卵巢。成年鸽的右侧卵巢已退化，只剩下左侧的卵巢。卵巢是雌鸽产生卵细胞和雌性激素的地方。左卵巢是由系膜褶和系膜将其与左肾前叶连接在一起。卵泡密布在卵巢表面，在那里很容易看到各种大小不同的卵。输卵管是长而弯曲的厚壁管道。前端以喇叭状薄膜开口，对着卵巢，后端开口于泄殖腔。输卵管可分为喇叭口（漏斗部）、蛋白分泌部、峡部、子宫和阴道 5 个部分。输卵管是卵子通过、受精和形成鸽蛋的地方。1个成熟的卵泡从卵泡膜中脱落到鸽蛋排出体外，需要 30～36 小时。

（6）神经系统。肉鸽的神经系统是由脑、脊髓和它们发出的神经形成中枢神经系统、周围神经系统、交感神经系统和感觉神经系统（听觉、视觉、嗅觉等）。脑是肉鸽复杂行为的支配中枢，它位于颅腔内。分大脑、中脑和小脑 3 部分。大脑主宰肉鸽的一切行为，发达的大脑是绝大多数感受源的转换站，具有调节体温、适应多变的环境条件、减少对环境依赖性的作用；肉鸽的飞行活动与小脑有关，脊髓则是一些简单反射活动的中枢。

（7）泌尿系统。又称排泄系统，主要功能是排泄体内产生的大量的代谢产物如尿酸、盐类和有毒物质等。由肾脏、输尿管和泄殖腔组成。

①肾脏。肉鸽有两个肾脏，左右各一个。肾脏长而扁平呈暗褐色，位于脊柱的两侧，由前、中、后3叶构成。肾脏由大量的肾小体构成，肾小体则由肾小球和肾小管组成。肾脏的排泄物是尿液，性状如同果酱一样黏稠，呈白色或灰白色，成分主要是尿酸和盐类。

②输尿管。是从肾脏伸出来的1对白色长管道，并在泄殖腔开口。肾脏通过输尿管把分泌出来的排泄物输送到泄殖腔，然后随粪便排出。

③泄殖腔。是肉鸽排泄粪便（尿液）的通道及生殖道共同开口的地方。作用是排泄粪便、交配和产蛋。肉鸽没有膀胱，但在胚胎时期是有膀胱的，可能是由于肉鸽飞行行为的影响而使膀胱退化之故。

（8）内分泌系统。肉鸽内分泌系统的主要腺体有：脑垂体、甲状腺、甲状旁腺、肾上腺、性腺等。它们分泌相应的激素直接进入血液，对肉鸽机体的生长、发育、生殖以及新陈代谢发挥重要的调节作用。

三、肉鸽的行为（生活）特征

肉鸽的行为习性是由于外界环境的长期影响而逐步形成的。它有不同于其他家禽的独特的生活习性。

1. 恋巢性

不管什么品种的鸽都十分留恋自己的巢窝，在迁居新舍后要很长时间才能真正安心定居下来。根据鸽子的这一特性，不要随便迁移巢窝和鸽舍，这影响肉鸽生产效益，特别是孵蛋和哺育幼鸽的种鸽，更换巢窝后亲鸽会遗弃鸽蛋和雏鸽，造成不可挽回的损失。

2. 合群性

鸽的合群性表现在许多方面。如群居、群飞、成群觅食、成群活动等，鸽四季均表现合群性，终年群居。

3. 适应性

地球上除了南北极不见鸽的踪迹外，只要有人类和动物能生存的地方都有鸽子活动的踪迹。根据观察，鸽子能在±40℃的气候条件下生活，能抗击酷暑和严寒，能经受风霜雨雪。鸽对饲养环境的适应性很强，在逆态环境中也能生存，具有非凡的适应能力。

鸽具有喜干燥、怕潮湿、怕污浊、喜清洁、喜安静、怕惊扰等生物学特性。在肉鸽饲养中要择其所好，顺其习性，废其所恶。

4. 嗜盐性

鸽类不能缺食盐，特别是哺育幼鸽时，鸽子千方百计找盐吃，甚至可以把含有盐分的木屑和泥土砂子都吃下去，所以必须在保健砂中加入食盐，满足鸽的营养需要与食性需要。

5. 繁殖特性

雌雄鸽在挑配偶时，其选择性很强，不是雌雄鸽在见面后就能相爱，必须满足双方选择条件，彼此都感到满意后才能结合。只要一方不中意，配对就不能成功，如果强制配对，则会发生啄斗，造成严重损失。所以配对必须在雌雄双方交配最强盛期进行，或采用配对笼进行。

肉鸽养殖和繁殖中的最大特点是一夫一妻制，雌雄双方共同负担起养育后代的责任，故鸽有"夫妻鸟"之称。

肉鸽与其他禽类不同，性成熟并不是具备繁殖能力的标志，而必须经雌雄配对后，才能真正具备繁殖能力，配对成偶的鸽子，绝大多数不发生配偶外性行为。对性成熟后又没有配对的鸽子，可通过人为的技术处理使其配对（强制配对法）。肉用鸽的幼鸽发情期一般是4~8个月，才能产蛋抱窝。

6. 产蛋、孵化、哺育特性

（1）产蛋。鸽产蛋行为是雌雄鸽都要付出辛勤的劳动。鸽从踩蛋到产蛋的时间，由于鸽龄不同，早晚各异，一般是老鸽7~15天，新配对的青年鸽一般在20~50天（早配的时间更长）才能产蛋。

正常情况下雌鸽产蛋2枚。蛋白色，呈椭圆形，长2~3厘米。有经验的老鸽产第1枚蛋后，总是半蹲半卧的护着蛋，当隔天产下第2个蛋后，才开始孵化。

（2）孵蛋。肉鸽孵蛋主要表现为雌雄鸽轮流孵蛋，雄鸽在白天孵（早9~10点至下午4~5点），其余时间全是雌鸽孵。在孵化的过程中，亲鸽不断地用嘴翻动蛋，这是为了保证蛋受温均匀。

肉鸽在孵化行为中还会出现惊蛋现象，就是一旦孵蛋的安静或安全环境被破坏，亲鸽便会弃蛋而不孵，使孵蛋失败。

因此，在打扫卫生和检查窝巢时要安静小心，切勿粗暴，防止惊扰孵蛋环境。早期鸽蛋的胚胎呈圆盘状，位于卵黄的中央，产出后由于温度下降，即停止发育。第2个蛋产下后2亲鸽开始轮流孵蛋。亲鸽的体温很高，通过裸区传给鸽蛋，这就开始了它的孵化过程。17天左右胚胎已发育成雏鸽，雏鸽在里边用卵齿开始啄壳。18天左右雏鸽就破壳而出，小生命诞生。

（3）哺饲。肉鸽的幼雏属于晚成雏，出壳的幼鸽身体十分软弱，眼未睁开，体表只有初生的黄绒羽毛。5~6天才能睁开眼，20天左右长出约2厘米长的初嫩羽毛。刚出壳的雏鸽依赖亲鸽呕吐"鸽乳"，雌雄亲鸽共同哺喂幼鸽，鸽乳是鸽特有的从嗉囊产生分泌的一种营养的白色浆状物，雌雄鸽都有。

小鸽出壳1~3天内，亲鸽以很稀的浆乳喂给，4~8天内以较浓的浆乳喂给，自9天开始喂给嗉囊中浸润的籽实饲料，这是亲鸽嗉囊中半消化食和消化液的混合物，亲鸽呕吐时雏鸽将嘴伸入亲鸽口中取食。28日龄乳鸽亲鸽停止哺喂，即会出现亲鸽赶幼鸽出窝的行为，称之驱巢。此时必须把乳鸽捉离，并上市。

7. 其他特性

（1）领域行为。肉鸽的领域行为是很强烈的，尤其是护巢的领域行为表现最突出。

特别是雄鸽表现更为明显强烈，在自己的巢房周围是不允许其他鸽靠近的，一旦别的鸽靠近自己巢房四周的势力范围，配对雌雄鸽就会拼死地把对方赶走，这种势力范围如不人为加以遏制，便会越扩越大。在日常养鸽实践中，1对亲鸽占领几个巢房的现象是常见的，将其关一段时间，限制其活动范围，过些时候就会好些。

（2）嫉妒行为。这种行为在肉鸽交配时最常见，在鸽群中往往1对亲鸽在交配时，其他雄鸽就会一冲而上，把正在雌鸽背上的雄鸽打下去，使交配失败，所以鸽蛋受精率不高。这种嫉妒行为在群养中常有发生，消除方法仍属难题，唯有减少饲养密度，增大活动场所，配对笼养是唯一解决方法。

（3）睡眠与休息。肉鸽的睡眠与休息是在栖架上站立蹲伏。梳理羽毛也是一种积极休息方式。肉鸽的睡眠，一般在极其安静的环境中进行，多发生在深夜，采取一腿站立，一腿收缩于腹下，缩颈闭眼，隔立不动或蹲伏于栖架上，闭上眼睛。

（4）感情表达。鸽在高兴时会在地上快速拍动双翼，腾空起舞。在发怒时，常用拱背竖羽用喙啄或用翼拍打对方。在悲伤时常栖于一旁，厌食不动，站立不安。在惊慌时发出短促的"呜呜"叫声。在饥饿时会四处寻找食物，特别是饲养人员到来时会站到食槽前等候。

（5）饮水。鸽子饮水时将半个头部浸没在水中，试探水的清洁度。如认为符合就一气喝足，因此使用的水槽、水瓶应有深度，并要加足水。鸽一般是采食后饮水，哺喂乳鸽的亲鸽必定在饮水之后才能吐出食物哺喂乳鸽。对育雏期的种鸽应保持供水不断。饮水要天天更换以保证水质清洁。

（6）其他习性。肉鸽习静怕闹，尤其怕惊。成鸽一般不把粪便排泄在巢窝内。

鸽为了争巢，在群鸽中常会出现激烈的打斗。故在饲养中应重视，要合理安排，根据鸽舍及饲养条件，适当地掌握肉鸽的饲养量和密度。成鸽有强烈的求偶性，雄鸽性欲冲动，识别性别本领不甚高明，常有搞错现象发生。另外鸽的听觉很灵敏，而它的嗅觉不发达，因而误食中毒的现象时有发生，饲喂时应注意。

四、鸽子的捕捉和抓握方法

养鸽实践证明，捉鸽、握鸽、递鸽、接鸽都有一定的操作规程，如果操作方法不当，会使鸽子感到不适，甚至碰掉羽毛或扭伤关节，这不但破坏了鸽子的外观美。所以，正确的掌握抓握鸽子的方法，是养鸽者应当具备的基本功。具体操作如下：

1. 捉鸽

首先要确定被捕捉的鸽子，然后把它赶到鸽舍的某个角落，先将一只手伸在鸽子的前面，另一只手向鸽子的背部慢慢靠近，快而轻地将鸽子捉住，切忌用力过猛。也勿用双手从正面去抓，这样不仅不易捉到鸽子，还会使其受惊，乱飞乱跑。当鸽子从手中挣脱时，千万不要抓其尾部，因为尾羽是最易脱落的。

还有一种抓鸽的方法，可用纱布制成1~2米长的方形口袋，袋口用铁丝穿成圆圈状，固定在2~5米长的竹竿上，这种方法适用于在地面上行走或落在高处的鸽子，捉到鸽后，先用拇指轻压在鸽子的背部，其余四指轻握腹部，并用中指与食指夹住鸽子的双脚，保持头上尾下的姿势，从袋中取出。

2. 握鸽

握鸽采用单手和双手都可以。单手时，用右手的拇指与食指握住翼羽与尾羽，食指与中指挟住鸽子的双脚，其余 2 指可托住鸽的腹部。还可以用小指勾住鸽子的翼肩部，无名指、中指和食指握住鸽子的背翼部，拇指按住鸽脚，这样鸽子就不容易挣脱飞逃了。

3. 递鸽

将鸽子交给他人时，用右手压住鸽子的背部及肩部，拇指压在鸽体的左侧，食指按住鸽子的两肩中央，其余 3 指在右侧，合掌在两翼上部握住鸽体，将鸽子的双脚夹在小指与无名指中间，这样很方便地将鸽子交给他人了。

4. 接鸽

从别人手中接鸽时，可用握鸽法，先将鸽子的双脚放在中指与食指之间，拇指按住背部左侧，无名指和小指按住鸽背的右侧，接过鸽子。

总之，上述介绍的几种方法，不管是用哪种，都应顺其羽毛的生长方向，轻捉、轻握，不要用力过猛，以免惊吓鸽子，继而影响生产性能。

五、肉鸽饲养阶段的划分

肉鸽的寿命因品种、性别的不同而异。正常情况下，其寿命可达 10~15 年，雄鸽的寿命略高于雌鸽。根据不同生长发育规律，通常将肉鸽分成 4 个阶段：乳鸽（出壳至 4 周龄）、童鸽（1~2 月龄）、青年鸽（2~5 月龄）、种鸽（5 月龄以上）。

第四节 肉鸽的雌、雄鉴别和年龄鉴别

一、肉雏鸽的雌雄鉴别

鸽子的雌雄鉴别有相当的难度，因为它们不像家禽（如鸡、鸭）那样，在羽毛上有明显的区别，鸽子的雌雄没有明显的外部特征，就是一个经验丰富的养鸽行家，要他一下子识别出其他人所养鸽子的雌雄来，也不容易。要经过握摸、观察、辨别，才能识别出雌雄。对于初学养鸽的人来讲，想准确地识别鸽子的雌雄是很困难的。但只要平时能在养鸽实践中细心认真地观察，从鸽子体型、羽毛、鸣叫、举动、性情等各方面去辨别，不断积累经验，久而久之，也能较准确地辨别出鸽子的雌雄（表 2-1）。

准确地鉴别鸽子的性别，对选种、配种和提高孵化率等都十分必要。汇总养鸽者们多年积累的经验，鸽子的性别鉴别有如下方法：

1. 鸽蛋的鉴别

鸽子产蛋孵化4天后，用灯光或日光照射可鉴别受精蛋的性别。在照蛋器照射下，胚胎两侧的血管血丝对称，呈蜘蛛网状的，是雄性胚胎。在照蛋器照射下，胚胎两侧的血管血丝不对称，一边丝长，一边丝极短且稀少的，为雌性胚胎。

2. 雏鸽雌雄鉴别

一般来讲，雌性雏鸽的体型较小，羽毛呈金黄色，富有金属光泽，头顶先出真毛；胸骨较短，末端圆。亲鸽喂食时，争喂抢食能力较差；爱僻静，不很活跃；鸽主伸手时表现退缩、避让、温驯。出巢时，胸部、颈部真毛呈橘黄色，有毛片轮边；翅膀上最后4根初级飞羽末端稍圆；尾指腺尖端不开叉；肛门上缘较短，下缘覆盖上缘，与雄性雏鸽正好相反，从鸽体正后方看肛门两侧向下弯曲（图2-7、图2-8）。

雄性雏鸽一般体型较大，羽毛枯黄，无金属光泽，头部脸颊先出现真毛，胸骨较长，末端较尖。亲鸽喂食时，争喂抢食，行动活泼灵敏，会走后爱离巢活动。饲主伸手时，仰头站立，好斗，爱用嘴啄击。出巢时胸部、颈部真毛略呈金属光泽，无轮无边，翅膀上最后4根初级飞羽末端较尖。鸽尾的尾脂腺尖端开叉；肛门下缘较短，上缘覆盖下缘，如从正后方看肛门两侧，向上弯曲。

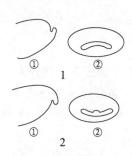

1

2

图2-7 雏鸽肛门外观
1. 雌鸽肛门：①侧视 ②正视
2. 雄鸽肛门：①侧视 ②正视

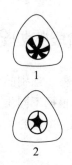

1

2

图2-8 幼鸽肛门外观
1. 雄鸽肛门：六角形
2. 雌鸽肛门：花形

表2-1 雏鸽的雌雄鉴别

	雄雏鸽	雌雏鸽
体型	一般体型较大	一般体型偏小
羽色	雏毛橘黄，无金属光泽	雏毛呈金黄色，有金属光泽
长毛情况	头部脸颊先出真毛	头顶先出真毛
胸骨	较长，末端较尖	较短，末端较圆
耻骨	较窄	较宽
行为特点	争食能力强，凶猛好斗 活泼好动，爱离巢活动 鸽主伸手时，用嘴啄击	争食能力较差 安静胆小，性格温顺 鸽主伸手时，退缩避让
羽形	翅膀最后4根初级飞羽末端较尖	翅膀最后4根初级飞羽末端稍圆
尾脂腺	尖端开叉	尖端不开叉
肛门	下缘较短，上缘覆盖下缘且两端上翘	上缘较短，下缘较长，且两端下弯

二、成年鸽的雌雄鉴别

成年鸽的雌雄鉴别有几种方法，分别介绍如下（表2-2）。

1. 体型、体态观察法

雄鸽体型较大，头顶稍平，额阔，鼻瘤大，眼环大而略松，颈粗短而较硬，气势雄壮，脚粗而有力，常追逐其他鸽。雌鸽体型结构紧凑、优美，头顶稍圆，鼻瘤稍小，眼环紧贴，头部狭长，颈软细而稍长，气质温驯，好静不好斗，脚细而短，无情期一般不与其他鸽接近。

2. 羽毛鉴别法

雄鸽颈羽粗而有金属光泽，求偶时松开呈圆圈状，尾羽散开如扇状，主翼羽尖端呈圆圈状，尾羽污秽。雌鸽颈羽纤细，较柔软，金属光泽不如雄鸽艳丽，主翼羽的羽尖及胸部羽毛尖端均呈尖状，尾羽干净。

3. 鸣叫鉴别法

雄鸽鸣叫时发出"咕咕、咕咕"的响亮声，颈羽松起，颈上气囊膨胀，背羽隆起，尾羽散开如扇形，边叫边扫尾。鸣叫时常跟着雌鸽转，昂首挺胸，并不断地上下点头。雌鸽鸣叫声小而短粗，只发出小而低沉的"咕咕"声。当雄鸽追逐鸣叫时，雌鸽微微点头。

4. 骨骼鉴别法

雄鸽颈椎骨粗而有力，胸骨长、稍弯，胸骨末端与蛋骨间距离较短，骨盆及两耻骨间距较窄，脚胫骨粗大。雌鸽颈椎骨略细而软，胸骨短而直，蛋骨间距较宽，胸骨末端与蛋骨间距也较宽，脚胫骨稍细而扁。

5. 亲吻鉴别法

配对鸽在接吻时，公鸽张开嘴，母鸽将喙伸进公鸽的嘴里，公鸽会以哺喂乳鸽一样做出哺喂母鸽的动作。亲吻过后，母鸽自然下蹲，接受公鸽交配。

人为的假亲吻方法是：一手持鸽，一手持鸽嘴，两手同时上下挪动（像鸽子亲吻一样）。一般说来，尾向下垂的是公鸽，尾向上翘的是母鸽。

6. 脚趾鉴别法

将鸽固定于右手上，鸽头朝人，左手将鸽左侧两边的脚趾并拢，脚趾长而粗，第二脚趾和第四脚趾不一样齐为公鸽，脚趾短而细，第二脚趾和第四脚趾一样齐为母鸽。

表2-2　成鸽的雌雄鉴别

	雄鸽	雌鸽
体型	较大，粗壮	较纤细
头	头顶较平，头圆额阔	头狭长，头顶稍尖
颈	脖子粗硬，不易扭动	颈细小柔软，容易扭动
颈羽羽色	颜色较深，羽毛粗，有光泽	颜色较浅，羽毛细而无光泽
鼻瘤	粗宽大，似杏仁型	小窄，收得紧
嘴	阔厚而粗短	较为修长

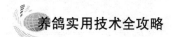

续表

	雄鸽	雌鸽
脚	长而粗，第2脚趾和第4脚趾不一样齐	短而细，第2脚趾和第4脚趾一样齐
肛门	呈山形	呈花房形
	闭合时外凸，张开时呈六角形	闭合时凹，张开时呈花形
胸骨	长而较弯	短而稍直
腹部	窄小	宽大
耻骨	交接处狭窄	较为宽大
主翼尖端	呈圆形	呈尖状
叫声	长而洪亮，连续鸣叫，发双声"咕咕"	短而弱，不连贯，发单声
求偶表现	"咕咕"叫，颈毛张开，有时会跳舞	接受求爱时点头，被动性接吻
亲吻	张开嘴	把嘴伸进雄鸽嘴里
打斗表现	以嘴进攻	以翅膀还击

三、肉鸽的年龄鉴别

懂得鸽子年龄的鉴别方法，对适时配对繁殖和选择优良种鸽具有十分重要的意义。尤其是初次引进外地鸽时需要特别注意。

鸽一般可活10～15年，最佳生育年龄为2～6岁，黄金育种年龄4～6岁，通常鸽子的年龄通常可以从以下几方面加以鉴别：

嘴甲鉴别：青年鸽嘴甲尖细，两边嘴角窄而薄，无结痂。成年鸽嘴甲粗短，末端硬而滑，两边嘴角宽厚而粗糙，并有较大结痂。喙末端较硬滑，年龄越大喙端越钝越光滑。此外，两边嘴角的结痂越大，说明哺喂雏鸽越多，年龄越大。2岁以上的鸽，如果产雏轮次多而且善于哺育，嘴角结痂越多。5岁以上的成年鸽张开口时，可以看到嘴角的茧子呈锯齿状。

鼻瘤鉴定：乳鸽的鼻瘤红润，童鸽的鼻瘤浅红而有光泽，2年以上的鸽鼻瘤已有薄薄的粉红色，鼻瘤较大而柔软，湿润而有光泽。4～5年以上的鸽鼻瘤粉红，较粗糙，10年以上鸽的鼻瘤则显得干枯粗糙。鼻瘤的体积也随年龄的增长稍有增大。总之鸽的年龄越大，鼻瘤越干燥，并且表面似有粉末均匀撒布一样。

脚趾鉴定：青年鸽脚细柔，鳞片软，平而细，鳞纹不明显，呈鲜红，趾甲软而尖，质地较软。成年鸽（2岁以上）脚粗壮，有粗硬的鳞片，磷纹清楚，呈暗红色，趾甲硬而弯。5岁以上的老鸽脚上的鳞片突出，硬而粗糙，呈白色，鳞纹清楚明显，颜色紫红，趾甲粗硬而弯曲。一般说来，脚越细，颜色越鲜，鸽的年龄越小，反之年龄越大。

脚垫鉴定：青年鸽脚垫薄而软滑，成年鸽脚垫厚而硬，粗糙且颜色较暗，通常偏于一侧。

羽毛鉴定：鸽子主翼羽主要用来鉴别青年鸽的月龄。鸽子的主翼羽共10根，在2月龄时，开始更换第1根，以后13～16天顺序更换1根，换至最后1根时，鸽子6月龄，已是成熟的时候，可开始配对。鸽子副主翼羽共12根，可用来鉴别成鸽的年龄。

副主翼羽每年从里向外顺序更换 1 根，更换后的羽毛显得颜色稍深且干净整齐。

　　眼裸皮鉴定：鸽子的眼裸皮皱纹越多，则年龄越大。

　　法氏囊鉴定：鸽子的腔上囊位于汇殖腔上方，即法氏囊。幼鸽的腔上囊比较大，成鸽时变得较小，几年后腔上囊完全没有或只剩一点痕迹。

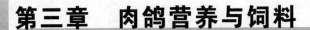

第三章 肉鸽营养与饲料

第一节 肉鸽保健砂的配制

一、保健砂的配料成分及其作用

鸽属于禽类，禽类无牙齿，肌胃中有砂粒，这些砂粒来源于外界，其功能是对食物起机械消化的作用；笼养肉鸽肌胃中的砂粒需通过保健砂来提供。因此，保健砂具有两大作用：①补充日粮中所不足的各种营养素和添加一些防病保健物质；②提供肌胃所需要的砂粒。可见，在养鸽中，保健砂同饲料一样重要，它被誉为养鸽的"秘密武器"并不夸张。因此，我们必须熟练掌握保健砂的配制和使用技术，最大限度地发挥鸽的潜力。

（1）主要成分

蚌壳片：是用蚌壳经过碾制而成的，直径为 0.5～0.8 厘米。含有钙、磷、镁、钾、铁、氯等矿物质元素。是保健砂中钙的重要来源。用量一般占 20%～40%。

骨粉：是新鲜动物骨骼经高温蒸煮或烘烤后粉碎而成。其成分主要有钙、磷、钠、镁、钾、硫、铁、铜、锌、氯等。为保健砂中钙、磷、铁的重要来源，而且骨粉中钙、磷比例恰当，利用率较高。用量一般为 5%～10%。

蛋壳粉：将蛋壳烘烤后粉碎而成。含钙 34.8%，磷 2.3%，可代替蚌壳片使用。

陈石灰：含钙 38%。用于补钙，因其碱性较强，不宜多用，一般占 5%。

陈石膏：主要成分是硫酸钙，其中含钙 23%，含硫 18.6%，用于补钙，可避免软壳蛋和砂壳蛋，并能促进羽毛生长，并具清凉解毒之功。一般使用者不多，用量为 5% 左右。

粗砂：可采用河砂，经晒制后，筛去细砂，弃去小粒或过大的颗粒，取其中粒备用。其主要作用是帮助消化；另外，它在肌胃中被磨碎后，其中微量元素还可被鸽子利用。一般用量为30%左右。

石米：质地坚硬，颗粒均匀，价格便宜，来源较多（特别是城市可以购到）。可用来代替部分或全部粗砂。

黄泥：或称红土、黄土。取深层的晒干备用。黄泥含铁、锌、钴、锰、硒等多种微量元素。一般用量为20%～30%。

红铁氧：或称氧化铁红。作用是补铁，活血。用量一般为0.5%～1%可代替黄泥。

生长素：所谓的生长素即促进动物生长发育的各种微量元素。目前未见到鸽专用的生长素。可采用禽用生长素（或微量元素）。国产和进口的生长素含水量和成分不尽相同，各厂家生产的差异很大，在选用时要了解其成分、含量，用量一般为0.5%～2%。

（2）添加成分

碳末：碳末具有很强的吸附作用，可吸附肠道有害气体、化学物质和病菌等，还有收敛止痢作用。但用量不宜过大，否则也会吸附营养物质，影响物质代谢。用量一般为5%之内。最好用量不断变动，可每周1次，变动范围为1%～5%。

禅泰药业种鸽专用多维：补充多种维生素。用量为0.1%～0.2%。有时，也可使用ADE复合维生素鱼油，特别是发现产软蛋、薄皮蛋或乳鸽骨骼、羽毛发育不佳时。一般用量0.05%～0.1%。

赖氨酸：提高日粮蛋白质品质，利于蛋白质的吸收利用。用量为0.1%～0.6%。

蛋氨酸：提高日粮蛋白质品质，利于蛋白质吸收利用；另外，蛋氨酸属含硫氨基酸，利于鸽子羽毛的生长。用量一般为0.1%～0.4%。

鱼粉：改善日粮蛋白质品质，利于蛋白质吸收利用，用量一般为2%。

中草药：有多种多样，一般有甘草粉，具润肺增强呼吸道活力，健胃止渴的作用。①龙胆草粉，具消炎杀菌，增进食欲，防止肝炎的作用；②穿心莲粉，具清热解毒，抗病毒之功效。一般用量各加0.5%～1%。也可用金银花、车前草、黄连等具有抗菌解毒的中草药。

酵母粉：可补充氨基酸、B族维生素，改善日粮蛋白质品质，增强食欲，促进消化。

食盐：提供氯、钠元素，一般用量为3%～5%。饮水浓度0.1%～0.2%。

二、保健砂的配制及使用方法

配方1：蚌壳片5%，骨粉16%，石膏3%，中砂40%，木炭末2%，明矾1%，红铁氧1%，甘草1%，龙胆草1%。

配方2：蚌壳片20%，陈石灰6%，骨粉5%，黄泥20%，中砂40%，木炭末4.3%，食盐4%，龙胆草粉0.3%，甘草粉0.2%。

配方3：蚌壳片15%，陈石灰5%，陈石膏5%，骨粉10%，红泥20%，粗砂30%，木炭末5%，食盐4%，生长素1%。

配方 4：中砂 35%，黄泥 10%，蚌壳片 25%，陈石膏 5%，陈石灰 5%，木炭末 5%，骨粉 10%，食盐 4%，红铁氧 1%。

配方 5：石米 35%，蚌壳片 20%，骨粉 8%，红泥 10%，陈石炭 5%，木炭末 6%，食盐 4%，龙胆草粉 0.6%，甘草粉 0.4%，红铁氧 1%。

配方 6：蚌壳片 25%，骨粉 8%，陈石灰 5.5%，中粗砂 35%，红泥 15%，木炭末 5%，食盐 4%，红铁氧 1.5%，龙胆草 0.5%，穿心莲 0.3%，甘草 0.2%。

配方 7：蚌壳片 35%，骨粉 15%，石米 35.5%，木炭末 5%，食盐 5%，红铁氧 1%，生长素 2%，穿心莲 0.5%，龙胆草 0.7%，甘草 0.3%。

配方 8：蚌壳粉 40%，粗砂 35%，木炭末 6%，骨粉 8%，石灰石 6%，食盐 4%，红土 1%。

配方 9：红土 30%，粗砂 20%，木炭末 5%，钙粉 15%，蚌壳片 15%，骨粉 5%，食盐 5%，氧化铁红 2%，微量元素 2%，多维素 0.6%，龙胆草 0.2%，甘草 0.2%。

配方 10：红土 30%，粗砂 25%，蚌壳粉 15%，骨粉 10%，木炭末 5%，热石灰 5%，熟石膏 5%，食盐 5%。

配方 11：红土 30%，粗砂 25%，蚌壳粉 15%，骨粉 15%，木炭末 5%，食盐 4%，熟石灰 5%，明矾 0.65%，甘草 0.4%。

配方 12：粗砂 30%，红（黄）黏土（深层）10%，贝壳粉 30%，骨粉 16%，食盐 3%，木炭末 3%，明矾 0.5%，熟石灰 5%，红铁氧 0.5%，微量元素（生长素）1%，酵母粉 1%。

以上配方多数为保健砂的基本成分，在使用时，可根据需要适当调整。

三、保健砂配制的注意事项

1. 选用优质原料。即原料要新鲜，无霉坏变质，品种要纯正，不含有毒、有害物质。

2. 配制操作上可分两步进行。首先，将重要成分按配方比例要求进行混合；因为这部分原料性质比较稳定，可以短时间的保存；其次，在使用前，再加入添加成分，再次混合；添加成分均属不稳定物质，有的易被氧化破坏；有的易潮解；有的含量变化较大。

3. 混合时要求均匀一致。即由少到多多次反复搅拌，特别是在加入添加成分时，要在少量的保健砂中反复搓匀后，再渐渐扩大，因为添加成分多属含量极微的物质，稍一忽视，就会影响均匀度。

4. 防止保健砂变质。保健砂不能保存时间过长，以免发霉变质。特别添加成分，要随用随加。

5. 及时调整保健砂各成分的含量。保健砂各成分的含量不是一成不变的，应随着各种不同生理状态的鸽子的营养需要和不同的季节而变化，以适应生产的需要。

第二节 肉鸽的营养需求及常用饲料营养

一、肉鸽的营养需要

肉鸽的活动量大、体温高、生长发育快、代谢较旺盛，因而比其他畜禽需要更多的营养物质，尤其是水、能量、蛋白质、矿物质、维生素等。应强调的是，家庭笼养的肉鸽必须按其营养需要提供足量的饲料，使肉鸽得以正常发育，并充分发挥其生产潜力。

1. 水

水是构成鸽体和蛋的主要成分，乳鸽和蛋的含水量约70%，成年鸽含水约60%，老年鸽约50%。缺水比缺少饲料的后果严重得多，轻则引起消化不良，体温升高，生长发育受阻，重则引起机体中毒。

鸽子的饮水量一般每只每天30~70毫升。饮水量随环境气候条件及机体状态而变化，夏季及哺乳期饮水量相应增加，笼养肉鸽比平养肉鸽饮水量多。气温对饮水影响最大，0~22℃饮水量变化不大。0℃以下饮水量减少，超过22℃饮水量增加，35℃是22℃时饮水量的1.5倍。

2. 能量

能量是鸽子最基本的营养物质。鸽子的一切生理活动过程，包括运动、呼吸、循环、神经活动、繁殖、吸收、排泄、体温调节等都离不开能量的供应。能量的主要来源是碳水化合物，其次还有脂肪和蛋白质。碳水化合物在鸽子的生命活动中占有十分重要的地位，能量的70%~80%来自于它。碳水化合物除作为能量以外，多余的被转化成脂肪而沉积在体内作为贮备能量，或者用于产蛋。

碳水化合物主要包括淀粉、糖类和纤维。饲料成分中淀粉作为鸽子的热能来源，其价格最为便宜。因此，在鸽的日粮中必须要喂给富含淀粉的饲料，如玉米、小麦等。纤维素主要存在于谷豆类籽实的皮壳中。日粮中适量的纤维素可促进鸽的肠蠕动，有利于其他营养物质的消化吸收。但是日粮中的纤维素含量不能过高，因为鸽子对纤维素的消化能力低，如果纤维素含量过高，可利用的能量就下降，而不能保证鸽的生长发育和生产的需要。当日粮中能量供应不足时，鸽子就会利用饲料中的蛋白质和脂肪分解产生热能，甚至动用体脂肪和体蛋白产生热能来满足生理活动的需要，这在经济上无疑是一种浪费，对鸽体的生长发育也会造成不良影响。但是，如果日粮中碳水化合物过多，会使鸽体内脂肪大量沉积而致体躯过肥，影响其繁殖性能，同时也造成了饲料资源的浪费，这对生产效益也是不利的。

鸽体对能量营养的需要随着鸽的品种、年龄、饲养方式、用途和季节环境的不同而变化，通常种鸽、体型较小的鸽、笼养的鸽在炎热季节的日粮供应中能量宜低些，反之则应高些。

3. 蛋白质

蛋白质是生命的重要物质基础，是鸽体各种组织器官和鸽蛋的重要组成成分，鸽体的肌肉、内脏、皮肤、血液、羽毛、体液、神经、激素、抗体等均是以蛋白质为主要原料构成的。鸽子的新陈代谢、繁殖后代过程中都需要大量蛋白质来满足细胞组织的更新、修补的要求。因此，要使鸽子生长发育好，生产性能高，必须在日粮中提供足够数量和良好质量的蛋白质。

饲料日粮中如提供的蛋白质比较适宜时，鸽子生长、发育、产蛋、孵育后代等生命活动就能正常进行，同时经济上也比较合算。蛋白质过量时，会造成浪费，同时还会引起代谢疾病而不利于鸽子的生长发育。但是，日粮中蛋白质和氨基酸供应不足时，鸽子生长缓慢，食欲减退，羽毛生长不良，贫血、性成熟晚、产蛋率和蛋重均下降。因此，蛋白质对鸽体的生命活动十分重要。一般来说，单靠一种蛋白质饲料是很难全面合理地提供所有的必需氨基酸，而几种不同的饲料按适当的比例配合在一起，各种饲料中的氨基酸便可以互相取长补短，从而起到氨基酸含量的平衡。可以说，要使鸽体每天能摄入足够数量的蛋白质和氨基酸，必须选择多种饲料原料，按科学的配方进行搭配。普通养鸽者一般采用 2～4 种谷实类籽实（占日粮比例的 70%～80%）和 1～2 种豆类籽实（占日粮比例的 20%～30%）进行配合，能取得较为理想的效果。

4. 矿物质

鸽体内由矿物质组成的无机盐种类很多，主要有钙、磷、钾、铁、铜、硫、锰、锌、碘、镁、硒等元素。矿物质是保证鸽体健康、骨骼和肌肉的正常生长、幼鸽发育和成鸽产蛋、哺乳的必需物质，具有调节机体渗透压、保持酸碱平衡和促活酶系统等作用，它又是骨骼、蛋壳、血红蛋白等组织的重要成分。

钙、磷在鸽体的骨骼中含量最高，需要量也较大，缺乏时鸽易患软骨病，雏鸽则骨骼发育不良，生长缓慢，成鸽会引起骨脆易折，关节硬化，产蛋鸽会引起产蛋率下降，蛋壳变薄，甚至软壳。钙和磷在鸽体内有协同相关的作用，适宜的钙、磷比例会有助于鸽的吸收利用，保持体液的酸碱平衡，一般来说钙、磷比例应以 $(1.1～1.5)：1$ 为宜。

钠、氯元素主要来源于食盐，食盐在鸽子的生理上有重要作用，它可参与机体的新陈代谢，调节体液的平衡，调节机体组织细胞的渗透压，有助于消化和排泄等功能。一般在保健砂中掺入 4% 的食盐为宜。食盐供给不足，易引起食欲减退，消化不良，生长缓慢。过多则会引起中毒，饮水增加，水肿，肌肉痉挛，直至死亡。

5. 维生素

维生素在鸽体内的物质代谢活动中起着重要的作用。鸽子体内最易缺乏的维生素是维生素 A、维生素 D_3、维生素 B_1（硫胺素）、维生素 B_2（核黄素）、维生素 B_{12}（钴胺素）、维生素 E 和维生素 K。

维生素 A：与鸽子的生长、繁殖有着密切的关系，能加强上皮组织的形成，维持上皮细胞和神经细胞的正常功能，保护视力正常，增强机体抵抗力，促进鸽的生长、繁殖。维生素 A 缺乏时，雏鸽、幼鸽出现眼炎、结膜炎，甚至失明。生长发育缓慢，体弱，羽毛蓬乱，共济失调，严重时造成死亡。维生素 A 在鱼肝油中含量丰富，青绿饲料、黄玉米等植物中含有胡萝卜素，它可以在体内合成维生素 A。因此，在饲喂时要考虑青绿饲料的供给，同时适当补喂鱼肝油，保证维生素 A 的充足。

维生素 D：在鸽体内参与骨骼、蛋壳的形成和钙、磷代谢，促进鸽体内消化系统对钙、磷的吸收，幼鸽和产蛋鸽易造成缺乏。缺乏时幼鸽生长发育不良，羽毛松散，喙、爪变软、弯曲，胸部凹陷。腿部变形，母鸽则引起产软壳蛋、薄壳蛋，蛋重减轻，产蛋率下降。鱼肝油、日晒干草中富含维生素 D，在饲喂时要注意补充，以防不足。

维生素 E：为抗氧化剂、代谢调节剂。它可以保护饲料营养中维生素 A 及其他一些物质不被氧化。维生素 E 缺乏可导致公鸽生殖器官退化变性，生殖机能减退；母鸽产蛋率、孵化率减低，胚胎常在 4~7 日龄内死亡。维生素 E 在一般青饲料和各种谷类籽实、油料籽实中的含量均比较丰富。

维生素 B 族：其硫胺素、核黄素、泛酸、烟酸和维生素 B_{12} 均为机体内组织器官和体液的组成成分，与碳水化合物、脂肪、蛋白质 3 大营养物质的代谢有密切关系。缺乏时易造成幼鸽生长发育不良、消瘦、贫血、羽毛粗乱，成鸽出现食欲减退、卧伏，生产性能下降，饲料利用率降低等症状。维生素 B 族的各类物质在青饲料、糠麸、草粉、胚芽中含量较多，应注意供给。

维生素 K：是维持正常血凝的必需成分。缺乏时，易造成出血不止、血凝不良。各种青绿饲料中都含有丰富的维生素 K。

维生素添加时，一般可按下列配方在配合饲料中使用。添加比例为每吨配合饲料添加维生素总量 100 克，包括维生素 A 500 万国际单位，维生素 E 12.5 克，维生素 B_1 12.5 克，维生素 B_2 15 克，维生素 B_{12} 20 克，维生素 K 35 克，烟酸 25 克，右旋泛酸钙 10 克。广东禅泰动物药业率先在国内研发生产出具有国际先进水平的分子生物双包被膜技术的多维，具有不易氧化潮解、溶水迅速、吸收率高等优点，是养鸽实践中营养保健的好帮手。

为保证维生素添加时效果不被破坏，要避免高温、暴晒、蒸煮等，维生素添加剂应保存于低温、阴暗处。

二、肉鸽常用饲料的种类及营养成分

肉鸽与其他禽类一样，都是要从外界吸取蛋白质、能量、微量元素、维生素等营养物质来维持自身生命、生长发育、繁育后代等需要。但由于肉鸽的生理特征决定了其在营养需要及饲料要求上与其他禽类有一定的差异。鸽食物构成介绍如下：

1. 能量饲料

（1）玉米。含热量高，纤维素少，适应性强，易消化吸收，且价格便宜，被誉为"饲料之王"。其中黄玉米富含胡萝卜素，为维生素 A 的良好来源。在鸽的日粮中的用量可达 30%~60%。夏天可用的比例小些；冬季比例大些。

（2）小麦。含热量也比较高，蛋白质多，氨基酸组成比其他谷物完善。B 族维生素也较丰富，故营养价值相对较高，是鸽的重要饲料。在日粮中用量为 10%~30%。

（3）大麦。比小麦含热量低，B 族维生素含量丰富，但壳硬，不易消化，少量使用可增加日粮饲料品种，调剂营养物质平衡，在日粮中可使用10%左右。

（4）稻谷。含热量低于玉米和小麦，蛋白质含量与小麦相似。在南方，日粮中可达10%~20%。

（5）高粱。含蛋白质稍高，热量含量也较少，但高粱粒小，适宜喂鸽子，尤其是乳鸽。冬季用量为15%，夏季可达35%~40%。

2. 蛋白质饲料

（1）植物性蛋白质饲料。鸽的植物性蛋白质饲料主要是豆科籽实，如豌豆、绿豆、蚕豆、大豆、红豆、小豆、黑豆、竹豆、木豆及火麻仁等。其营养特点是：蛋白质含量比谷实类高，一般在20%~40%之间，蛋白质品质好，特别是谷物蛋白质中所缺乏的赖氨酸、蛋氨酸含量丰富，与谷物籽实配合使用，其氨基酸可起到互补作用，以提高饲料中蛋白质的利用率。

矿物质和维生素营养上与谷实类大致相似，不过在维生素 B_2 和维生素 B_1 含量上有些品质稍高于谷实，但并非属上等；钙含量稍高，但钙、磷比例不恰当，磷多于钙，不宜被利用。

几种重要植物性蛋白质饲料在日粮中的比例：豌豆为重要的蛋白质来源，可用到20%~40%；绿豆具有清热解毒之功效，在炎热的夏季可加一些，用量一般为5%~8%；蚕豆粗纤维较多，颗粒较大，经粉碎成小粒，用量为10%~25%；大豆蛋白质为植物蛋白质的佼佼者，不仅蛋白质含量高（达41.7%），且氨基酸组成合理，大豆脂肪含量较高，营养价值很高，用量可为2%~10%，在使用前，必须经高温处理（炒或蒸煮）；火麻仁蛋白质含量可达34%，用量可达3%~6%。

（2）动物性蛋白质饲料。这类饲料的特点是蛋白质含量高，氨基酸组成理想，故生物学价值就高，钙、磷等矿物质含量丰富，且比例恰当，易于消化吸收；故为鸽子良好的蛋白质补充饲料。主要有鱼粉、肉粉、蚕蛹粉、蚯蚓粉等。这类饲料在目前还不普遍使用于鸽场。禅泰动物药业已着手在研制生产七彩鸽粮，专门补充动物性蛋白和氨基酸等，相信不久的将来即可推向市场。

3. 矿物质（保健砂）

主要包括骨粉、贝壳粉或蚌壳粉、石灰石、磷酸钙、碳酸钙、食盐、红铁氧等。其作用主要是用来补充钙、磷、镁、钾、氯、硫、铁、铜、钴、锌、锰等矿物质元素的；这些物质对肉种鸽配对期尤其重要。

4. 保健品

（1）营养保健品。维生素添加剂。目前广泛使用于我国的规模化种肉鸽场，由于饲料配比单一或饲料质量因素，势必会造成鸽体内某些维生素不足或缺乏，可通过补充维生素添加剂，以满足需要。另外，鸽子在运输、转群、防疫注射或外界因素惊扰，会产生应激反应，使肉种鸽抗病能力下降，引起疾病，可通过饮水补充种鸽多维和金鸽速补等多种维生素，以抗应激。

（2）非营养保健品。保健助长添加剂。包括抗生素类各种药用保健类（如磺胺类药物、喹诺酮类药物、可的松兴奋剂及驱虫药物及中草药等）。这类添加剂的作用是刺激鸽子生长，提高鸽骨骼生长力以及防治疾病，保障鸽健康生长。规模化鸽场由于鸽数量大，可通过自由饮水方式供给，也可通过饮水、注射、保健砂拌入供给，也可直接购买丸剂或片剂经口投入。

三、非营养性饲料添加剂

非营养性饲料添加剂是指一些不以提供基本营养物质为目的，仅为改善饲料品质、提高饲料利用率、促进生长、驱虫保健而掺入饲料中的微量化合物或药物。

（一）酶制剂

酶是活细胞所产生的具有特殊催化活性的一类蛋白质，将动物、植物和微生物体内产生的各种酶提取出来，制成的产品就是酶制剂。

目前，畜牧业应用较多的是蛋白酶、植酸酶、葡聚糖酶、α-淀粉酶、纤维素酶、果胶酶、脂肪酶等。在配合饲料中多添加以淀粉酶、蛋白酶为主的复合酶，促进营养物质的消化和吸收，消除营养不良和减少腹泻的发生。

1. 植酸酶

可使植酸中的磷水解释放出来，使其中的磷能被鸽子、鹌鹑利用，从而降低无机磷酸盐的外加量，减少粪便中磷的排出，减轻对环境的污染。

2. 蛋白酶、淀粉酶、脂肪酶

蛋白酶的作用是将饲料中的蛋白质，在鸽子、鹌鹑的消化道中分解成寡肽和氨基酸，被鸽子、鹌鹑吸收；淀粉酶及相关的蔗糖酶、麦芽糖酶和乳糖酶能将饲料中的淀粉或糖原，在鸽子、鹌鹑消化道转化成葡萄糖。脂肪酶则可将饲料中的脂肪，在消化道分解成甘油和脂肪酸，在鸽子、鹌鹑肠壁被吸收。

3. 纤维素酶、果胶酶、β-葡聚糖酶、木聚糖酶

纤维素酶和果胶酶能破坏富含纤维素和果胶的植物细胞壁，使细胞壁包裹的淀粉、蛋白质、矿物质释放出来被鸽子、鹌鹑消化吸收，还可将纤维素和果胶分解成单糖及挥发性脂肪酸，在鸽子、鹌鹑肠道中被吸收。β-葡聚糖酶和木聚糖酶能明显降低谷物饲料中抗营养碳水化合物的黏稠度，提高脂肪和蛋白质的消化利用率，提高日粮的能值和适口性。

（二）活菌制剂（包括微生态制剂、促生素、益生素、生菌剂、微生物制剂等）

微生态制剂是一类可改善动物消化系统微生态环境，有利于动物对饲料营养物质消化吸收，有利于抑制动物肠道有害微生物活动与繁殖的、具有活性的有益微生物群落，以饲料添加剂的形式混入日粮中饲喂肉鸽。我国目前已知的研发较为理想的有禅泰药业的益活菌制剂：乳酸杆菌制剂、双歧杆菌制剂、枯草杆菌制剂、地衣杆菌制剂、酵母菌等，临床使用效果极佳，可供参考。

使用活菌制剂时应注意：活菌制剂对消化系统不健全的幼年动物，效果更明显，应尽早使用；正确选择适合的活菌制剂，不同种类的鸽子、鹌鹑，不同年龄和生理状态的鸽子、鹌鹑都有各自的特点，应根据这些特点和要达到的目的，有针对性地选准

适用的微生物种类，一经选准即应长期连续使用；不能与抗生素、杀菌药、消毒药和具有抗菌作用的中草药同时使用；使用活菌制剂前应检查制剂中活菌的活力和数量以及保存期；保存的温度过高或生产颗粒配合饲料时的温度较高，都会导致活菌失活。患病的鸽子、鹌鹑一般不使用活菌制剂，在鸽子、鹌鹑发生应激之前及之后的 2～3 天使用效果较好，如运输、搬迁、更换饲料等。

（三）抑菌促生长剂

包括抗生素、抑菌药物、砷制剂、铜制剂等。其主要作用在于抑制动物机体内有害微生物的繁殖与活动，增强消化道的吸收功能，提高动物对饲料营养物质的利用效率，促进动物生长。

1. 抗生素类

抗生素除用于动物的防病治病外，也可作为动物的生长促进剂。抗生素的使用，一定要按照国家或行业的规定及标准使用。应选择安全性高，且不与人医临床共用，而属动物专用，吸收和残留少，无"三致"副作用，不产生抗药性的品种。我国目前允许用作饲料添加剂的抗生素，主要有杆菌肽锌、土霉素、硫酸黏杆菌素、恩拉霉素、维吉尼素、泰乐菌素、北里霉素等。使用时应严格控制用量和使用对象，不要长期使用同一抗生素，确定使用期限。

2. 其他抑菌促生长剂

主要有喹乙醇、磺胺类、喹诺酮类、硝基呋喃类、有机砷制剂（如阿散酸、4-羟-3-硝基苯砷酸）和铜制剂等。此类药物的作用和使用，与抗生素类同。

（四）驱虫保健剂

主要用来驱除鸽子、鹌鹑体内的寄生虫，防治鸽子、鹌鹑寄生虫感染，提高饲料利用率，促进鸽子、鹌鹑生长。

1. 驱蠕虫类

越霉素 A、左旋咪唑、丙硫咪唑、吡喹酮、阿维菌素、依维菌素、噻嘧啶等，都是当前使用较多，且有效的驱蠕虫药。

2. 驱球虫类

驱球虫药的种类较多，现今常使用的有呋喃唑酮、盐霉素、莫能霉素、氨丙啉、马杜拉霉素、地克珠利、氯苯胍等。球虫可产生耐药虫株，且耐药性可遗传，所以在使用抗球虫药时应交叉轮流用药，以保证药物的使用效果。

（五）饲料保存剂

为了防止饲料中养分被氧化酸败或霉变，而导致饲料品质下降，可在饲料中添加饲料保存剂。

1. 抗氧化剂

为了防止饲料遭受氧化和酸败，常在配合饲料和添加剂预混料中加入抗氧化剂。常用的抗氧化剂有乙氧基喹啉（山道喹 EMQ）、二丁基羟基甲苯（BHT）、丁基羟基茴香醚（BHA）、没食子酸丙酯以及维生素类抗氧化剂（维生素 E 和维生素 C）。

2. 防霉剂

防霉剂是一类能抑制霉菌繁殖，防止饲料发霉变质的有机化合物。常用的防霉剂有丙酸钠、丙酸钙、双乙酸钠、柠檬酸及柠檬酸钠等。目前多采用几种防霉剂按比例混合的混合物，可提高防霉防腐的效果。

第三节 肉鸽饲料的配制与使用

一、肉鸽饲养标准

肉鸽饲养应包括的内容很多，从饲料方面来讲，包括肉鸽的营养需要、肉鸽的采食量和饲料配方等几个主要内容。鸽子的营养需求和采食量因品种、品系、年龄、生理状况、生产水平、日粮品质和管理条件而异。一个肉鸽场必须先清楚自己所养肉鸽的采食量，才能合理配制日粮，才能够准确地编制养殖计划。

（一）肉鸽的采食量

鸽子从出壳到成熟，需经过若干个不同的生长时期：乳鸽期、童鸽期、青年鸽期和种鸽期。种鸽期又包括哺乳期和休产期。由于生理需要，不同阶段对营养物质的要求不同，采食量也不一。一般来说，越是年幼，需要的营养越高。哺乳期的产鸽是个例外。以年龄来说，5～8周龄的断奶鸽采食量相对最大。从季节来看，冬季鸽的采食量比夏季鸽大。不喂保健砂的鸽子，采食量比喂保健砂的要多。采食全价日粮的鸽子，其采食量比采食非全价日粮要少。

1对肉用成年鸽1年的采食量为40～45千克，每生产1只肉用雏鸽时种鸽需要耗饲料2.8千克左右。

舍饲的肉鸽的采食量，每羽每天需食用其体重的5%～7%的饲料来满足。就商品肉鸽来讲，生产1千克活雏鸽需消耗5.5～6.0千克饲料。

（二）肉鸽营养标准

肉鸽的营养标准包括鸽子生长发育、生产和繁殖所必需的蛋白质、能量、无机盐和维生素4个主要部分。

1. 肉鸽的饲养标准一

童鸽：代谢能11.5兆焦/千克，粗蛋白质13%～14%，粗纤维3.5%，钙1.00%，磷0.65%。

非育雏期种鸽：代谢能12.5兆焦/千克，粗蛋白质12%～13%，粗纤维3.2%，钙1.02%，磷0.65%。

育雏期种鸽：代谢能13.0兆焦/千克，粗蛋白质15%～18%，粗纤维2.8%～3.2%，钙1.02%，磷0.65%。

2. 肉鸽的饲养标准二

育雏期产鸽：代谢能12.0兆焦/千克，粗蛋白质17%，蛋白能量比240克/兆焦，钙 3%，磷 0.6%，有效磷 0.4%，食盐 0.35%，蛋氨酸 0.3%，赖氨酸 0.78%，蛋氨酸 + 胱氨酸 0.57%，色氨酸 0.15%，维生素 A 2 000 国际单位，维生素 D_3 400 国际单位，维生素 E 10 国际单位，维生素 B_1 1.5 毫克/千克，维生素 B_2 4.0 毫克/千克，泛酸 3.0 毫克/千克，维生素 B_6 3.0 毫克/千克，生物素 0.2 毫克/千克，胆碱 400 毫克/千克，维生素 B_{12} 3.0 毫克/千克，亚麻酸 0.8%，烟酸 10 毫克/千克，维生素 C 6.0 毫克/千克。

非育雏期产鸽：代谢能 11.6 兆焦/千克，粗蛋白质 14%，蛋白能量比 210 克/兆焦，钙 2%，磷 0.6%，有效磷 0.4%，食盐 0.35%，蛋氨酸 0.27%，赖氨酸 0.56%，蛋氨酸 + 胱氨酸 0.50%，色氨酸 0.13%，维生素 A 1 500 国际单位，维生素 D_3 200 国际单位，维生素 E 8 国际单位，维生素 B_1 1.2 毫克/千克，维生素 B_2 3.0 毫克/千克，泛酸 3.0 毫克/千克，维生素 B_6 3.0 毫克/千克，生物素 0.2 毫克/千克，胆碱 200 毫克/千克，维生素 B_{12} 3.0 毫克/千克，亚麻酸 0.6%，烟酸 0.8 毫克/千克，维生素 C 2.0 毫克/千克。

童鸽：代谢能 11.9 兆焦/千克，粗蛋白质 16%，蛋白能量比 230 克/兆焦，钙 0.9%，磷 0.7%，有效磷 0.6%，食盐 0.3%，蛋氨酸 0.28%，赖氨酸 0.60%，蛋氨酸 + 胱氨酸 0.55%，色氨酸 0.6%，维生素 A 2 000 国际单位，维生素 D_3 250 国际单位，维生素 E 10 国际单位，维生素 B_1 1.3 毫克/千克，维生素 B_2 3.0 毫克/千克，泛酸 3.0 毫克/千克，维生素 B_6 3.0 毫克/千克，生物素 0.2 毫克/千克，胆碱 200 毫克/千克，维生素 B_{12} 3.0 毫克/千克，亚麻酸 0.5%，烟酸 10 毫克/千克，维生素 C 4.0 毫克/千克。

二、颗粒饲料的生产及注意事项

目前随着养禽业的飞速发展，多数家禽饲养都采用了全价配合颗粒饲料，据国内广东、山东等地所用鸽的全价配合饲料表明，肉鸽饲养使用全价配合料，是今后肉鸽集约化发展的必然趋势。

1. 全价颗粒饲料的使用

全价颗粒饲料，就是所含营养成分的种类和数量均能满足肉鸽的需要，并能达到一定生产水平的颗粒饲料。肉鸽生产中所用全价颗粒饲料是用蛋白质饲料、能量饲料、矿物质饲料和维生素饲料混合机制而成，根据肉鸽的不同时期，按照科学的营养需求和饲料配方进行机器制粒后，即可实施颗粒饲喂了。

肉鸽的饲料从原料改为颗粒饲料必须经过至少 9 天的过渡阶段。方法是：第 1 天用 80% 的原粮饲料加入 20% 的颗粒饲料，第 2 天用 70% 的原粮饲料加入 30% 的颗粒饲料，依此类推，至第 9 天或第 10 天即可采用 100% 颗粒饲料进行饲喂了。

2. 使用颗粒饲料六忌

目前，肉鸽养殖户在使用全价配合颗粒饲料使用中存在一些问题，现将颗粒饲料使用注意事项介绍如下：

①忌只注重饲料外观、气味。颜色很黄、气味很香的饲料并不一定是高质量饲料。一些低档饲料厂家迎合客户只重外观的心理，给产品添加色素和香味剂，来掩盖其低劣质量。

②忌搭配其他饲料。将全价配合颗粒饲料随意与糠麸等饲料搭配，会造成饲料营

养不均衡，影响畜禽的生长发育，达不到预期的效果。

③忌加水饲喂。全价配合颗粒饲料宜直接干喂，不要加水拌成湿料喂。干喂时，可备水槽或自动饮水机，保证供应充足的清洁饮水。

④忌加热饲喂。全价配合颗粒饲料不能加热喂，更不能煮熟喂，否则会严重破坏其营养成分，造成不必要的损失。

⑤忌不按标准使用。要根据鸽的生长阶段选择适合该阶段使用的颗粒饲料。不能随意地跨鸽生长阶段使用，也不能将颗粒料作为一种配料少量加入到自配的饲料中混合饲喂。

⑥忌贮藏保管不当。饲料购进后应妥善保管，并注意防潮、通风和防鼠，以防饲料霉变和损失。另外，要有计划地购进饲料，以防造成积压而超过保质期使用。

三、肉鸽饲料配方

不同国家、不同地区的鸽子饲料配方，由于单体饲料的不同而有差别。但是通常饲料中能量饲料占 70% ~80%，蛋白质饲料占 20% ~30%。下面列出国内外一些经验配方，供参考。

1. 美国棕榈鸽场饲料配方

（1）黄玉米 35%，豌豆 20%，小麦 30%，高粱 15%（供冬季使用）。

（2）黄玉米 20%，豌豆 20%，小麦 25%，高粱 35%（供夏季使用）。

2. 法国采用的配方

玉米 50%，小麦 30%，补充饲料 20%。其中，补充饲料为配合颗粒料，配合比例为：大豆 50%，燕麦 25%，啤酒酵母 4%，黏土 1%，苜蓿粉 20%。补充饲料有时由豌豆或小蚕豆代替。

3. 我国常用的肉鸽饲料配方

（1）青年鸽及休产鸽　①玉米 50%，小麦 20%，高粱 10%，豌豆 20%；②玉米40%，小麦 15%，高粱 10%，豌豆 17%，大米 10%，火麻仁 3%，绿豆 5%；③玉米34%，小麦 25%，高粱 25%，豌豆 10%，大米 5%，火麻仁 1%。

（2）育雏期产鸽　①玉米 40%，小麦 20%，高粱 10%，豌豆 30%；②玉米 30%，高粱10%，豌豆 10%，大米 20%，火麻仁 5%，绿豆 1 5%，大麦 10%；③玉米 45%，小麦13%，高粱 10%，豌豆 20%，火麻仁 4%，绿豆 8%；④玉米 60%，小麦 10%，豌豆 30%。

下面列举一些规模化鸽场的日粮配方实例，仅供参考。

配方一：玉米 35%，小麦 12%，高粱 12%，稻谷 6%，豌豆 26%，火麻仁 3%，绿豆 6%。

配方二：玉米 30%，糙米 20%，小麦 10%，高粱 10%，豌豆 10%，火麻仁 5%，绿豆 15%。

下面列举一些鸽场在繁殖期的日粮配方，供参考。

配方一：玉米 20%，糙米 5%，高粱 20%，豌豆 20%，火麻仁 5%，绿豆 20%。

配方二：玉米 20%，高粱 20%，糙米 10%，豌豆 40%，火麻仁 10%。

配方三：商品王鸽各季节不同日粮配方（表3-1）。

表3-1　商品王鸽各季节不同日粮配方　　　　　单位:%

热量种类	春季		夏季		秋季		冬季	
	亲鸽	青年鸽	亲鸽	青年鸽	亲鸽	青年鸽	亲鸽	青年鸽
玉米	38	53	34	44	34	47	32	52
小麦	13	12	12	15	17	15	17	14
高粱	13	18	15	17	13	16	15	12
豌豆	30	15	28	18	27	16	30	20
绿豆	0	0	6	3	4	3	0	0
火麻仁	6	2	5	3	5	3	6	2

下面列举肉鸽颗粒饲料的配方

配方一：育雏亲鸽饲料配方：玉米 65.43%，豆饼 26%，鱼粉 2%，骨粉 5.2%，食盐 0.37%，预混料 1%（配方营养成分为代谢能 11.96 兆焦/千克，粗蛋白 16.85%，钙 1.43%，磷 0.86%）。

配方二：非育雏亲鸽饲料配方：玉米 63%，高粱 8.2%，豆饼 14%，麸皮 7%，鱼粉 1%，骨粉 5.4%，食盐 0.4%，预混料 1%（配方营养成分为代谢能 11.88 兆焦/千克，粗蛋白 13%，钙 1.42%，磷 0.85%）。

配方三：青年鸽饲料配方：玉米 52.4%，高粱 16%，豆饼 12%，麸皮 13%，鱼粉 1.5%，骨粉 3.75%，食盐 0.35%，预混料 1%（配方营养成分为代谢能 11.62 兆焦/千克，粗蛋白 13.2%，钙 1.08%，磷 0.76%）。

配方四：通用型饲料配方：玉米 40%，大麦 15%，小麦 9%，蚕豆 19%，豆饼 10%，菜籽饼 2.5%，麸皮 0.5%，骨粉 2%，种鸽专用多维添加剂 2%（配方营养成分为代谢能 11.85 兆焦/千克，粗蛋白 16.16%，粗纤维 3.84%，钙 1.06%，磷 0.78%）。

一般情况下，日粮配制配方一经确定，就要选择既定的饲料品种进行日粮配制。在配制前，对选定的饲料品种进行前处理，处理的总原则是确保日粮的安全卫生。①对每种饲料用簸箕清除尘土、杂质；②要捡出发霉变质、鼠咬虫蛀、破碎、发芽以及不成熟的粮食颗粒，因为这些籽实，有的含有害物质和病菌；有的营养物质损失，营养价值降低；鸽子采食后，或造成中毒，或引起疾病，或影响生长发育，故必须捡除；③淘洗。即用清水反复冲洗干净；④晒。即将淘洗干净粮食放筐内（或筛子内）控晾至无水。在夏、秋季里，每次淘的数量不宜过多，够 1 天用的即可。淘清粮食还起软化作用；⑤按不同日龄鸽既定的日粮配方进行配制。在配制要求充分混合均匀；⑥为节约粮食，降低饲养成本，在每次饲喂后，抛撒在地面上的粮食收集在一起，经过日晒后，将其与粪便分开，用高锰酸钾或百毒威消毒后，重新使用。

四、乳鸽营养饲料配方和人造鸽乳配方

1. 鸽乳的营养成分

水分 65%～81%，粗蛋白 13.3%～18.6%，脂肪 6.9%～12.7%，碳水化合物

0.77%，灰分1.2%～1.8%，还有未经测出的消化酶、激素、抗体及其他微量元素等。

2. 人造鸽乳配方

①1～5日龄用45%脱脂奶粉+55%煮熟的蛋黄，加水，拌调成糊状，另加抗菌素，蛋白消化酶。6～10日龄用上述配方加肉用雏鸡饲料50%，另加多维与微量元素及食母生；11～15日龄肉用雏鸡配合料增加至70%，16～25日龄肉用雏鸡全价料加水成糊状哺喂。这个配方较原始粗放，体现高蛋白、高脂肪的特点。

②用婴儿奶糕加土霉素0.04%混合后，加水成糊状哺喂。

③肉用鸽乳配方。工厂化快速哺乳，育雏肉鸽，必须严格遵照雏鸽的不同日龄，采食量，消化情况，选择原料配制。自由采食时，鸽子择食，不爱吃豆粕等原粮，但在混合料或人工鸽乳中渗入粉状豆粕已不成问题（对产鸽等加工成颗粒料就不会浪费），鸽子不仅无法择食，反而会成为营养丰富、容易消化吸收、成本低的优质鸽乳。

3. 人工育肥时填食速肥法乳鸽饲料配方

1～4日龄　奶粉50%，蛋清35%，植物油5%，速补—14.5%，骨粉2%，酵母粉1%，蛋白消化酶1%，鱼肝油1%，另加食盐0.1%。

5～7日龄　奶粉40%，雏鸡料25%，蛋清20%，植物油5%，速补—14.5%，骨粉2%，酵母粉1%，蛋白消化酶1%，鱼肝油1%，另加食盐0.1%。

8～10日龄　奶粉15%，雏鸡料50%，蛋黄20%，植物油5%，速补—14.4%，骨粉3%，酵母粉1%，蛋白消化酶1%，鱼肝油1%，另加食盐0.1%。

11～15日龄　奶粉10%，雏鸡料65%，蛋黄10%，植物油5%，速补—14.3%，骨粉4%，酵母粉1%，蛋白消化酶1%，鱼肝油1%，另加食盐0.2%。

16～24日龄　奶粉5%，雏鸡料80%，植物油5%，速补—14.3%，骨粉4%，酵母粉1%，蛋白消化酶1%，鱼肝油1%，另加食盐0.2%。

25～30日龄　奶粉5%，雏鸡料85%，速补—14.3%，骨粉4%，酵母粉1%，蛋白消化酶1%，鱼肝油1%，另加食盐0.2%。

第四章 肉鸽场的科学繁殖管理

第一节 肉鸽的繁殖技术

一、肉鸽的繁殖周期

肉鸽从交配、产蛋、孵化、出雏以及雏鸽的成长，这样一段时期称为繁殖周期。一般1个周期大约45天，可分为配合期、孵蛋期、育雏期3个阶段。

1. 配合期

鸽子发育成熟后，饲养者有目的地将雌雄鸽配成1对并关在1个笼子中，使它们逐渐产生感情至交配产卵的这段时间称为配合期。大多数鸽子，在这段时间里都会建立感情，结为恩爱"夫妻"，彼此和睦相处，共同生活和生产，一直到老。这段时间为10～12天。

2. 孵卵期

配对成功后，即交配并产出2枚蛋，而后由雌雄产鸽共同轮流抱窝直至破壳出雏的这段时间，称为孵卵期或孵化期，一般需要17～18天。

3. 育雏期

自雏鸽破壳出生至乳鸽独立生活的一段时间称为育雏期。需要20～30天。鸽子不像鸡一样，雏鸡破壳后即可离开母鸡自己觅食而独立生活，雏鸽则不然，它要靠父母亲鸽产生鸽乳，轮流口对口的哺喂。在此期间，亲鸽再次交配，于乳鸽2～3周龄时，又产出1窝蛋。

乳鸽生长发育到3～4月龄，基本上已经成熟，出现发情、交配表现，并具有繁殖能力。但此时不能配对繁殖，应等到发育完全成熟后，才能令其配对繁殖。

鸽的可利用繁殖年限比鸡、鸭等其他家禽长。肉鸽的可利用繁殖年限为4～5年，以2～3岁繁殖力最为旺盛，在此期间，产蛋数量多，雏的品质优良，可以留作种用。5岁以上的种鸽繁殖性能开始逐年下降，但是个别种鸽10岁仍能保持较强的繁殖性能。雄鸽的繁殖能力较雌鸽强，繁殖年限也较长。

二、肉鸽配对前的准备及配对方法

1. 繁殖前的准备工作

（1）淘汰病鸽。除了上面所说的在鸽子配对时要注意的问题外，在配对时还应认真地检查种鸽的健康。如果种鸽患有疾病，则会影响雏鸽的生长发育，例如当种鸽患有毛滴虫病时，种鸽用鸽乳来哺育初生雏鸽，就会使雏鸽、童鸽等感染上毛滴虫病，造成损失。因此，应及时淘汰患有严重疾病的种鸽。

（2）驱虫消毒。在配对前15天，要给予抗菌素预防鸽子传染病，还要用左旋咪唑驱蛔虫。最后1次洗澡时，在水中加入适量的敌百虫，以杀灭鸽虱、鸽蝇等寄生虫。在鸽子进入鸽舍前，必须对鸽舍内外环境进行1次全面消毒。

（3）合理饲喂。应防止种鸽太肥和太瘦。种鸽太肥，会影响配对后的生产性能，出现公鸽精液不良，精子少或畸形多。母鸽产蛋少甚至不产蛋。太瘦则造成营养不良，产生营养不良性疾病，对精子和卵子的形成有一定影响。所以，在鸽子繁殖之前，一定要合理饲喂，营养要全面，但不能过量。

（4）备好窝巢。鸽子配对成功后的第1个任务是筑巢。鸽子会把茅草或羽毛衔到巢盘内筑窝。有的到产蛋前为止，有的在产蛋几天内仍继续衔草。饲养人员最好及时准备好巢窝，以免影响产蛋。群养鸽舍内也可用箩筐装上3~4寸长的柔软稻草或干草，让鸽子自由衔草进窝。

2. 配对方法

肉鸽配对的基本方法分为纯种（系）繁育和杂交繁育。

（1）纯种（系）繁育。纯种（系）繁育是经常使用的繁育方法。是保持优良血统与特性的一项重要措施，也是进行杂交改良的基础。

纯种繁育是指同一品种（系）的父母鸽进行交配，以求保存该品种的优良特性。例如，我国的鸽子地方品种很多，其中有的具有不少优良性状，如早熟，产蛋率高，耐粗饲，抗病力强等，但也存在个体小，生长慢，乳鸽品质差，市场竞争力弱等缺点。国外引进的品种肉鸽体型大、生长快，乳鸽品质好，市场竞争能力强，但是对饲养管理水平要求较高，适应性和抗病能力差等缺点。为保持鸽子的优良性状，常采用本品种繁育的方法。繁育时，首先要摸清存在的问题，确定选育目标，然后进行严格的选种选配，搞好提纯复壮，提高后代的纯合性。这样经过数代的选择，即可培育出纯种或纯系。

（2）杂交繁育。品种间或品系间的交配为杂交。杂交获得的后代称为杂种。杂交可以动摇亲代的遗传性，使遗传性状发生变异。从遗传性状变异过程中可以育成新的品种或品系，还可以利用杂种优势来提高产量。

1）杂交优势利用。杂种优势是生物界普遍存在的现象。遗传上无亲缘关系的两个品系的个体交配，杂种一代表现出生活力强，生长发育快，繁殖率高，饲料利用率高等优良特性。可以把这种杂交优势直接利用到生产上，例如，用国外优良公鸽与繁殖性能高的我国地方品种的母鸽进行交配，可获得体型大、生长快和乳鸽品质好的杂种一代。但是杂交一代不能留做种用，因为杂交一代横交，会出现性状分化问题。

2）杂交育种。鸽子的杂交育种是一种改进现有品种质量和创造新品种的育种方法。通过两个或多个遗传特征不同的个体之间的杂交，获得遗传基因更为广泛的杂种，经过继代选择和培育就能够创造新的变异类型。

3）杂交亲本的选择应做到以下几点：

①双亲应具有较多的优点，亲本间的优缺点能得到互补。

②亲本中的基础品种能适应当地的环境条件。

③亲本之一应具有突出的主要目标性状。

④亲本的配合力要好，获得杂种优势的程度要高。

4）杂交方式主要有：

①引入杂交。就是将引入品种与原品种交配1次，从杂种1代中选出优良个体与原品种回交1~2次，保持外来血缘占12.5%~25%。其目的是改良原品种1~2个性状，而不是全部。

②级进杂交。就是优良品种公鸽与被改良的母鸽交配，获得杂种1代母鸽再与改良品种的另一公鸽交配，如此连续几代杂交，直到后代品质接近改良品种的生产水平，再横交固定，自群繁育。其目的是彻底改良原品种的不良性状。

③复合杂交。就是选择遗传基础不同的两个或多个品种，运用各种杂交方式（如单元杂交、三元杂交、双杂交和回交等）以产生理想型的杂种，通过严格的选择选配，培育出新的品种。

三、肉鸽的繁殖综述

1. 鸽子产蛋及鸽蛋的特点

（1）鸽子产蛋。产蛋前，雌鸽、雄鸽常蹲伏在巢盘内恋窝。雄鸽总是勤快地飞出鸽舍衔草垫窝。雄鸽还常常抬头挺胸地追逐雌鸽入巢，并且雌雄接吻交尾次数明显比平日增加。

鸽蛋呈白色椭圆形，重15~20克。在正常情况下，雌鸽每窝产蛋2个，第1天产蛋1个，相隔1天后产第2个蛋，相隔时间为48小时。产蛋时间多在下午16~17时。生下第1枚蛋后，亲鸽不去正式孵，而是似卧非卧地保护着蛋。2蛋产齐后便正式开始轮流孵蛋。

如果不需要幼鸽，只需鸽蛋，那么就将鸽蛋取出，过7~8天，雌鸽便又会再生产第2窝蛋。一般1只年轻力壮的雌鸽每月可产3~4窝蛋，至少可产两窝。但是，长期产蛋的母鸽对繁育后代不利，会影响幼鸽的体质。

（2）鸽蛋的特点。

胚胎：受精后在亲鸽即"父母鸽"的孵化或人工孵化下发育成幼鸽。胚盘由原生质和细胞核构成，它是形成胚胎的基础。未来的幼鸽就是由胚胎发育而形成的。胚盘的比重不大，在任何情形下，胚盘的位置都是向上的，这有利于胚胎的正常发育。

蛋黄系带：在蛋黄两头有一条白色系带。它系着蛋黄悬浮于蛋白中间，并使胚盘在蛋内保持向上，使胚盘便于正常孵化发育，消化卵白和卵黄的液体物质。

蛋白：蛋白是蛋内含有的少量胶状物，是胚胎发育所需要的营养物。

蛋黄：蛋黄是成熟的卵细胞。

蛋黄膜：蛋黄膜是蛋黄的外膜。

蛋壳膜：它是石灰壳下面的一层薄膜，空气可以通过内层蛋壳膜进入蛋内，但细菌不能进入。另外，它没有防止卵内水分蒸发的作用。

气室：在蛋的钝端，外壳膜和内壳膜之间形成气室，内贮空气，供"胎儿"呼吸。当温度变化时，蛋的容积发生变化引起气室空间变化。

蛋壳：主要成分为碳酸钙，使蛋固定，便于孵化。蛋壳表面有数千个小孔，以保证卵在孵化时进行气体交换并散发水分。壳外有防止细菌侵入和水分过分蒸发的油质层。

2. 肉鸽的繁殖

通常1对产蛋亲鸽1年繁殖6~8对乳鸽，除8~10月间换羽期产蛋较少外，1年四季均可产蛋、育雏，以1次交配产蛋到孵化、育雏出巢为1个繁殖周期。1个周期大约50天，包括交配产蛋12天，孵化期18天，育雏期20~30天。少数繁殖性能好的肉鸽，交配产蛋期还可以缩短，育雏到2周多一点时间即又产蛋，使繁殖周期缩短到40天左右。繁殖结果，与亲鸽的品种、体质、年龄以及繁殖的时间、气候、鸽舍、饲养管理等有直接关系。

（1）放对。童鸽5个月左右性成熟，出现求偶行为，这时开始配对。配对时要注意以下几方面问题：

1）防止早配。性成熟不等于体成熟，为了防止早配，3~4月龄的青年鸽，就应把公母分开饲养，一般到6个月龄时，身体已得到充分发育，才能正常交配繁殖。

2）新建鸽场最好引进3~4月龄的青年鸽，公母数相等。达到6个月龄后，可以有目的配对。如果公母数不等或月龄大小有差距，使部分鸽子不能配成对，就会造成生产损失。

3）笼养肉鸽实行人工配对，人为地将选择好的公母鸽放在1个笼中，让它们互相接近，配对繁殖。1个笼内放1对种鸽，在笼的中间先用铁丝网隔开，通过隔窗相望，互相熟悉。经过几天时间公母鸽亲近时，抽去隔窗即配成对。否则会造成打架现象。

（2）产卵、孵化和育雏。在正常情况下，每窝连产2个蛋，一般第1天产第1个蛋时在中午傍晚，第2天停产，第3天中午过后再产第2个蛋，时间相差48小时。鸽蛋是白的，呈椭圆形，重15~20克。有时只产1个蛋。

孵化多在产下第2胎蛋后开始，公母轮流抱蛋。孵化期18天左右。蛋经过4~5天后，可进行第1次照蛋，将蛋对着亮灯，若蛋内有红褐色的血管，分布均匀，呈蜘蛛网纹，且形状稳定，即是受精蛋。孵到第10天，再用灯光照1次，如发现蛋的一侧乌黑，另一侧由于气室增大而形成较亮的空白即为正常发育蛋。18天左右雏鸽啄壳而出。一般先生的蛋先破壳，时间相差12小时。

雏鸽出壳前2~3天，亲鸽为育雏做准备，进采食量增大。雏鸽出壳后，亲鸽嗉囊内便分泌鸽乳，亲鸽与雏鸽嘴对嘴哺乳。第 1 周为全浆喂饲，以后改喂亲鸽食进嗉囊后已被浸泡软化的饲料。雏鸽生长很快，刚出壳时体重 18 ~ 20 克，2 ~ 3 天后，体重可增加 1 倍。1 周左右睁眼，10 天左右全身便长出不均匀的羽毛，开始自己啄食，23 ~ 25 天乳鸽可长到 550 克以上，即可作商品出售。

四、白羽王肉鸽的主要质量指标及管理要求

（一）种鸽

1. 质量指标

（1）体重：成年公鸽 650 ~ 800 克，母鸽 550 ~ 700 克为宜。

（2）繁殖周期短，30 ~ 40 天，年产蛋 8 ~ 9 窝，孵出乳鸽 12 只以上。

（3）有理想的受精率，破蛋和胚胎死亡少。

（4）哺乳能力强，所产两只乳鸽生长发育均匀，增重快，肌肉丰满。

（5）换羽期的生产受影响小，仍能保持较好的生产水平。

（6）抗病能力强，体质好，能连续高产。发病、死亡少，利用年限可达 5 年左右。

（7）外貌体型符合白羽王鸽的外貌体型特征。

2. 管理要求

（1）产蛋和孵化期的饲料按能量饲料占 80%，蛋白质饲料和其他饲料占 20% 配给，饲料量每对每日 80 ~ 100 克。

（2）鸽有恋巢表现或产第 1 枚蛋时，要在巢盆内垫上垫布（冬天厚些，夏天薄些）。巢盆、垫布有潮湿或污染情况时，就须清扫并换上清洁垫布，换下的垫布要清洗消毒晒干备用。被污染的鸽蛋须及时清除干净。

（3）每次喂料时和喂完料后注意检出破蛋、臭蛋。种鸽吃完食后，不回巢孵蛋的，立即并蛋。

（4）每天晚上用手电筒对孵化至第 5 天、第 10 天的蛋照蛋，检出无精、死胎蛋，单枚蛋并窝。

（5）孵化至第 17 天、第 18 天，检查鸽蛋的出雏情况，对出壳困难的雏鸽助产。

（6）并蛋的种鸽须孵化性能好，哺育能力强，蛋产出时间相差不超过 1 天，并蛋数量不超过 3 枚。对不会给乳鸽喂乳的新配对青年鸽，把乳鸽的嘴小心地插入亲鸽的嘴中，反复几次。

（7）换羽期饲料按蛋白质占 10%，能量饲料占 85% ~ 90%，其他饲料 5% 的比例配给，强制换羽时，可停止喂料 1 ~ 2 天，仅给饮水。每天喂料 2 次，每日每只喂量不超过 40 克。

（8）利用换羽休产时间整顿鸽群。全群防疫，驱虫，更新劣质种鸽，鸽舍内外，笼上笼下进行彻底消毒。

（9）因死亡丧偶或哺育、孵化能力差需重新配对时，有条件的应使用配对笼，把原 1 对的 2 只鸽各自放到看不见、听不到的地方重新配对。

3. 种鸽饲养需要记录，内容为：配对日期、体重、产蛋、无精死胎、出雏、死雏、

出栏和生产鸽的发病、死亡、病残等有关的情况；耗料、耗砂、配方、药物使用、防疫、消毒等各项工作情况。

（二）乳鸽

1. 质量指标

（1）乳鸽的发育要均匀，初生重 19 克左右，至 24 日龄左右至少达到 500 克以上。

（2）乳鸽出壳 2 小时后 24 小时内，应会吃食。

2. 管理技术要求

（1）饲料按蛋白质饲料占 25%，能量饲料占 70%，其他饲料占 5% 配给，饲料量在每只每日 25 克左右。

（2）同窝乳鸽大小差异太大时，乳鸽会站之前，可调换 2 只乳鸽的位置，也可以把 2 对鸽中大小相近的合并成 1 窝。仅出壳 1 只或中途死亡的单只乳鸽及时并窝。

（3）乳鸽在 1 周龄后每天可喂半片酵母或在保健砂中添加酵母粉。

（4）及时更换和清洁被乳鸽的粪便污染的巢盆和垫布。乳鸽 15 日龄后，要放在笼底部，垫上垫布。

（5）乳鸽在 23～25 日龄最适宜出售，这时体重应达 500 克以上。留种鸽应至 28～30 日龄出笼。

（6）并在一起的乳鸽的日龄相差应不超过 3 天，数量不超过 8 只。不连续并给同一对种鸽。并鸽在晚上熄灯后操作为宜。

（三）青年鸽

1. 质量指标

（1）选留做青年鸽的乳鸽体重要在 500 克以上，6 月龄配对期应将近达到种鸽的体重标准，不能过肥或过瘦。

（2）健康，无残疾，其父母代是符合种鸽标准的 2～3 年龄优良种鸽。

（3）青年鸽 6 月龄左右性成熟。

2. 管理技术要求

（1）饲料按蛋白质饲料占 15%～20%，能量饲料占 75%～80%，其他饲料占 2%～5% 配给。

（2）刚离开亲鸽的乳鸽先放在小笼内饲养，每笼不超过 50 只，10～15 天后转入青年鸽舍。

（3）将来自同一父母的青年鸽放在不同的青年鸽舍中饲养。

（4）训练采食饮水，饲料使用破碎或小粒料，撒到饲料盆上或人工塞喂训练采食，把鸽头轻轻按到水中，反复几次训练饮水。

（5）2 月龄后每周进行 1 次投药预防。

（6）前期自由采食，8 月龄后每天仅喂 3 次，每次喂半小时，保健砂、饮水充足供给。

（7）45 日龄后就可给鸽洗浴，每 2 天 1 次，每次 40～60 分钟，冬天在中午进行。用 30～35℃的温水，70～80 日龄用 0.1%～0.2% 的敌百虫液洗浴 1 次，时间为 40 分钟左右，连续 2~3 天。

（8）3 月龄以后，青年鸽进行公母分开饲养，群体数量母鸽可多些，公鸽应少些。

（9）5~6 月龄，用敌百虫液洗浴，口服左旋咪唑驱除体内外寄生虫，连用 2~3 天。

（10）6 月龄配对前 1 周用硫氰酸红霉素饮水 3 天。

（11）6 月龄配对前按标准要求选优去劣。调换饲料至生产种鸽的标准，对配对 4~5 天还相处不好的，配对后 1 个月不产蛋或产 4 枚蛋的，不孵蛋或不哺育乳鸽的等重配。

（四）其他技术要求

鸽的饲料分为：

1. 能量饲料（玉米、高粱、稻谷、大麦、小麦等）。

2. 蛋白质饲料（豌豆、蚕豆、绿豆、红豆等）及其他饲料（火麻仁、油菜籽、芝麻、花生米等）。饲料配合要多样化，一般以玉米为主，再搭配 3~5 种饲料为宜，但必须有一种以上的蛋白质饲料。饲料要求新鲜、清洁、干燥，绝不能用发霉变质、发芽、被老鼠和虫蛀的饲料。饲养的配比和需要量因鸽子生长期的不同而异。

（五）疫病防治

1. 疫苗接种

（1）鸽瘟苗每年夏末秋初换羽期注射 1 次，留种童鸽 1 月龄和 6 月龄配对期各注射 1 次。

（2）鸽痘苗每年初夏（4~5 月份）接种 1 次。

（3）在注射疫苗时必须有兽医人员在场指导，注意消毒和剂量的准确，必须注射 1 笼换 1 根针头。

2. 定期驱虫

2~8 个月驱虫 1 次，可在兽医指导下用盐酸左旋咪唑按每只每日 40 毫克混于保健砂中自由食用，当天用完，连用 2 天。

3. 药物预防

在疫病多发季节和针对场内易发生的疾病做好定期投药预防疾病的工作，一般每周投药 1 次，每次连用 3 天。常用药物有：硫氰酸红霉素，每 227 克加水 700~1 000 千克，饮用；酒石酸泰乐菌素 1 次每 100 克加水 500~1 000 千克，饮用；强力霉素：每 50 克加水 250~500 千克饮用或拌料按每日每千克鸽用 0.1 克；乳酸环丙砂星：每 50 克加水 400~600 千克，饮用；配兑水时，要求称重，以免药物过浓，浪费药品；过稀起不到预防作用。添加水溶液时要少添，勤添，1 日至少配置 2 次，上午、下午各加入水槽 1 次。要现用现配，隔日废弃。

4. 严格消毒

（1）设置消毒池。场门口、生产区门口、鸽舍门口设置消毒池，消毒药每周至少更换 1 次。消毒药物可用生石灰，3%~6% 的来苏儿溶液，600~1 400 倍的百毒威等。消毒池中的消毒液深度，一般要求漫过鞋帮。

（2）水、食槽、保健砂杯等用具除每天清洁外，每周清洗消毒一次，消毒药可用3%～6%的来苏儿溶液，1∶1 000倍的百毒威溶液。浸泡30～60分钟后，用清水冲净。

（3）鸽舍内，笼底铺垫生石灰；每年用10%～20%的石灰乳现用现配刷墙1次。每1～2周在彻底清扫过后用1∶（400～600）倍的百毒威喷雾消毒1次。准备进鸽的空鸽舍按每立方米用20毫升的福尔马林和10克高锰酸钾熏蒸消毒1次，熏蒸3～4小时后开窗通气，待气味散尽方可进鸽。

（4）鸽舍外、阴沟、活动场地等环境每月应消毒1次，消毒药可用生石灰，1%～3%的烧碱溶液（用后须用水冲净），2%～5%的漂白粉溶液（不要喷洒金属用具和衣物），1∶（400～600）倍的百毒威溶液。

（5）工作人员工作前用1%的来苏儿溶液洗手，身穿工作服和工作鞋，工作服和工作鞋和用具一起每周消毒一次。

5. 日常卫生

饮水要充足清洁，陈水必须废弃。饲料，保健砂要保持清洁卫生，保健砂最好每周清理1次，每天消除积粪板，巢盆内的粪便，全场3天出1次粪便。

6. 光照

鸽舍内每天保证16～17小时的光照时间，人工光照可用普通灯泡和日光灯管，每天定时开关灯控制光照时间。

7. 适宜的环境

夏天防暑，可用电风扇或屋顶泼水的方法降温；冬季保暖防止贼风，水杯结冰，还须注意适当通风保持空气新鲜。鸽舍内温度控制在10～30℃为宜。另外要保持环境安静、干燥，防止猫、狗、鼠、蛇等兽害。

第二节　肉鸽的孵化

一、自然孵化

鸽子配成对后，接着进行繁殖，母鸽长期蹲伏于巢盆中。当产下第2枚蛋后，亲鸽便开始孵卵。在亲鸽抱蛋过程中，应注意和进行以下管理工作：

1. 保持环境安静，避免外界干扰和应激因素的产生，必要时给予鸽笼适当遮光，促使亲鸽专心孵卵。

2. 巢窝垫料最好要双层旧麻布，麻布下垫谷壳或木屑或干细砂，以干细砂较为理想，在巢盆中厚度为2～3厘米。饲养员每天要检查产蛋、孵蛋情况，一旦发现破损要及时捡出。

3. 提高抱蛋期饲料营养水平，保证粗蛋白含量达到18%～20%，能量水平也相应提高。使亲鸽有强健的体质，为哺育乳鸽打好基础。要防止蛋壳沾污粪便，因为病菌可能侵入蛋内导致胚胎死亡，如果已沾上粪便可用纱布擦干净。

4. 照蛋是必做的工作。在孵化的第 5 天和第 10 天各进行照蛋 1 次。第 1 次照蛋时，凡发现蛋内有红褐色、呈蜘蛛网状分布的血管，而且形状稳定即为受精蛋，让其继续孵化，若蛋内有血管分布，但呈一条粗线，呈"单位"状，则为死精蛋；如透明而无血管则为无精蛋，死精蛋和无精蛋要捡出。孵化第 10 天进行第 2 次照蛋，如果发现蛋的大部分区域乌黑，另一端因气室增大而形成较透亮的空白区，说明胚胎正在健康发育；如果蛋内黑白不分明，蛋内物质不稳定，转蛋时有波动感，蛋壳呈灰色，即为死胚蛋，要及时剔除。

5. 及时抓好并蛋工作，因为并蛋是提高肉用鸽繁殖力的有效措施之一。把无精蛋、死精蛋和死胚蛋取出后，按每窝 2 枚蛋合并成 1 窝，将剩下的蛋并到孵化期相同或相差 1 天的其他窝内去。并窝在 10 天后为好。如果在 10 天前并窝，那些空窝的产鸽只需 8 天左右就可产蛋，提早产蛋会影响鸽的体力恢复，下一窝可能活力不强，或出现无精蛋、死精蛋、死胚蛋等现象。

6. 掌握出壳日期至关重要。当第 2 次照蛋后 7~8 天，要注意观察乳鸽的出壳情况。若出壳确有困难，需要人工帮助出壳。一般孵化已到 18 天，壳的表面仅啄破 1 小孔，就需要人工辅助脱壳。孵化期已超过 18 天，还未啄壳，可能胚胎已死亡。

7. 鸽的孵化温度很重要，应保持适宜温度。冬天要使房内温度至少保持在 5℃ 以上，温度过低，要在房内加温，否则在孵化早期容易冻死。天气炎热的夏季，要适当减少垫料，打开门窗，开动排风扇，使室温保持在 32℃ 以下，否则孵化后期易引起死胎。

二、人工孵化

采用人工孵化方法，可避免孵化时压破种蛋，防止鸽粪污染，减少胚胎中途死亡等不利因素，提高肉鸽孵化率和出雏率，缩短种鸽产蛋周期，加快繁殖速度，提高繁殖率。试验证明，自然孵化平均产蛋周期为 63 天，而采用人工孵化平均产蛋周期可缩短为 50 天。以此估计，产鸽产蛋率可提高近 4 倍，应在肉鸽生产中及早推广应用人工孵化技术。

1. 入孵前的准备

（1）孵化机。采用小型平面孵化机，用鸡的孵化机，将孵鸡蛋的蛋架换成孵鸽蛋的蛋架。对孵化器做好检修、消毒和试温工作。孵化机要离开热源，并避免阳光直射。

（2）种蛋。种蛋要进行选择和消毒。要选择符合品种的要求，蛋重大小适中，蛋形正常，蛋壳厚薄均匀的受精蛋作种蛋。种蛋的消毒非常重要，消毒的种蛋比不消毒的种蛋孵化率明显提高。采用甲醛气体熏蒸消毒法，每立方米空间用高锰酸钾 15 克，福尔马林 30 毫升的剂量，在 27~30℃ 的温度下熏蒸 20 分钟。即可移入孵化机进行孵化。

2. 孵化的条件

肉鸽种蛋人工孵化的关键是掌握好温度、湿度、翻蛋等条件，创造出能满足胚胎生长发育的良好环境，以提高孵化成绩。

（1）温度。温度是肉鸽孵化条件中最重要的条件，只有在适宜的温度下才能保证胚胎的正常物质代谢和生长发育。胚胎的不同发育阶段，它们所需的温度略有不同。孵化温度是 1~7 天为 38.7℃，8~14 天为 38.3℃，14 天以后为 38℃。

（2）湿度。孵化期相对湿度为 60%~70%。有的建议肉鸽出雏时的相对湿度要达到 80%。一般来说，孵化前后期湿度要高，中期要低。这样有利于胚胎的物质代谢、气体代谢和水分的吸收、蒸发；也有利于蛋受热均匀及出雏期胚胎的破壳。

（3）翻蛋。翻蛋的作用是防止胚胎与壳膜勃连；调节蛋的温度，使胚胎受热均匀；有助于胚胎运动，保持胎位正常；增加卵黄囊血管、尿囊血管与卵黄、蛋白的接触面积，有利于养分的吸收。一般在入孵当天翻蛋 2 次，以后每天翻蛋 6 次，一直到出壳前 2 天停止翻蛋。

3. 胚胎发育情况检查

孵化过程中要经常检查胚胎发育的情况是否正常，以便及时检查发现孵化不良的现象，查明原因，采取改进措施。具体操作参照自然孵化的照蛋。

4. 出雏

孵化到第 6 天，将蛋转到出雏机，在出雏机内孵化 1~2 天就要破壳出雏。出雏前后时间最好在 24 小时左右，过晚或过早出的雏都不健壮。出雏完毕后，出雏机应洗刷并进行消毒，以备下次出雏时使用。

5. 孵化记录

每次孵化应将入孵日期、蛋数、种蛋来源、历次照蛋情况，入孵批次、孵化结果、孵化期内的温度变化等，记录下来，供分析孵化成绩时参考。记录表格可以自行设计。

采用人工孵化以后，产孵不负担哺育乳鸽的任务，需进行人工养育。

第三节　乳鸽的饲养管理

一、乳鸽生长发育特点

乳鸽是晚成鸟，刚出壳的雏鸽躯体软弱，身上只披着初生的羽毛，眼睛不能睁开，不能行走和自行采食，靠亲鸽哺育才能成活。乳鸽阶段生长速度快，例如王鸽的生长速度为：出壳体重 16~22 克，1 周龄 147 克，2 周龄 378 克，3 周龄 446 克，4 周龄 607 克，30 日龄 610 克。杂交王鸽体重 7 日龄 210 克，2 周龄 430 克，3 周龄 512 克，4 周龄 550 克，30 日龄 560 克。4 日龄时可睁开眼睛，10 日龄左右可以慢步行走。2 周龄时其体重约增加 19 倍。而生长较快的肉用雏鸡，远不如乳鸽的生长速度快。更重要的是出壳后的乳鸽饲养约 3 周龄便可为人们提供优质的肉品，这就是肉鸽的一大优势。

二、鸽乳与亲鸽哺乳特点

刚孵出的鸽子取食于亲鸽嗉囊中分泌出来的一种物质——鸽乳。公母鸽均能分泌鸽乳。它是在催乳激素作用下，由嗉囊内的上皮细胞形成的。孵化至第 8 天鸽乳开始形成，此后鸽乳形成量逐增，至第 16 天增殖的上皮细胞产生大量的鸽乳。第 1～2 天的鸽乳呈全稠状态。第 2 天的鸽乳，含水分 64.3%，蛋白含量为 18.8%，脂肪 12.7%，灰分 1.6%，钠、铁共含 2.6%，此外还有未经测出的消化酶、激素、抗体及其他微量元素。

经过观察，乳鸽出壳后 3～4 小时，就能将嘴向上抬起，插入亲鸽嘴内，亲鸽用口对口方式将鸽乳吐喂给乳鸽。出壳几小时至 4 日龄的乳鸽，亲鸽喂给稀烂的鸽乳；5～7 日龄，亲鸽所吐喂的鸽乳较浓稠，并夹杂有经过软化发酵后的小颗粒料（豆粒）；以后鸽乳逐渐减少，原粒谷物、豆类饲料增多。25 日龄左右，乳鸽开始学啄食颗粒饲料，1 月龄可以断乳独立生活。

三、乳鸽受喂特点

有人在自然情况下，对笼养的杂交王鸽的不同日龄的乳鸽每日接受亲鸽的哺喂量（含水、鸽乳、保健砂、饲料）进行测定：每天 7：30（喂料前）、11：00、14：30（喂料前）和 17：30 分别 4 次对被测定的乳鸽称重。通过测定知道，1 个月饲料和水的总喂量 7：30～11：00 的受喂量占总喂量的 58.7%，11：01～14：30 占 12.3%，14：31～17：30 占 29.0%。上午喂量最多，其次是下午，中午最少。夜间极少哺喂，乳鸽的采食量随着日龄的增长而逐步增加。10～20 日龄采食量最大，以后逐步递减，28～30 日龄亲鸽哺喂量就很少，这种情况有两个原因。

（1）亲鸽在乳鸽达 15～25 日龄时（杂交王鸽平均为 21 日龄）就产蛋孵化，上午、下午多数只由 1 只亲鸽哺喂，故其数量就逐渐减少。

（2）25 日龄左右的乳鸽就开始学啄饲料，亲鸽为了使其适应日后离亲独立生活的需要，就减少哺喂量。这时还常见到亲鸽啄驱赶乳鸽的行为，即所谓的"逐巢"。

四、乳鸽期的饲养管理技术

乳鸽又称幼鸽或雏鸽，是指 1 个月内的小鸽，在这一时期内雏鸽主要依靠亲鸽哺育，一般不需要人工饲喂（除人工强制肥育外）（图 4-1）。在管理上主要做到以下几点：

1. 精心护理

雏鸽生命力弱，容易冻死、踩死和被鼠害，尤其是初产亲鸽护雏性差，更易出现这种现象，因此，每天要多查看，务必使亲鸽很好地哺育和护理雏鸽，避免雏鸽受饥饿、被冻死、压死、遗失和鼠害。

2. 及时进行"三调"

（1）调教亲鸽哺育乳鸽。有些初产亲鸽不会哺育乳鸽，要给予调教，方法简单，效果好，即把乳鸽的喙小心插入亲鸽嘴里，经过多次重复后，亲鸽一般都会哺乳。或利于保姆鸽哺育，以保证雏鸽的成活。

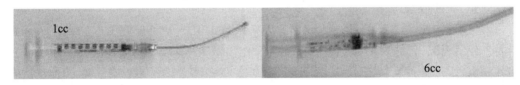

图 4-1 简便移动气筒灌胃器

（2）调并乳鸽位置。有些亲鸽在哺乳时，总是先喂靠窝外边的 1 只，致使 1 只鸽喂得过饱，造成消化不良，甚至出现嗉囊积食，另一只鸽喂量不足，则出现生长发育缓慢，因此要经常调换两只乳鸽的位置，使其均匀生长，以提高乳鸽的质量。

（3）并窝。将日龄相近的 2 窝或 3 窝单雏合并成 1 窝，这样可使未哺育雏鸽的亲鸽提前下蛋。并窝后要注意雏鸽的护理，防止并入的雏鸽被啄伤、踩死或遗失、饿死。

3. 下窝和离亲。下窝就是从窝巢里将乳鸽下到窝巢下，离亲则是将乳鸽捉离亲鸽，让其独立生活。一般乳鸽出壳 15～18 天，亲鸽则要产下 1 窝蛋，如果不及时将乳鸽离开窝巢，就会影响亲鸽的产蛋和孵化。下窝时间，一般夏天 12 日龄为宜，冬天 15 日龄为宜。有些母性差的亲鸽在下蛋后就不再哺育乳鸽，应采取人工哺育。离亲时间，商品鸽可于 21 天或 28 天捉离亲鸽，作种用的乳鸽需 28 天或 30 天才能离亲，这样对以后的种用有好处。

五、乳鸽后期人工育肥技术

乳鸽后期人工育肥，方法简单易行而实用，效果也好。能迅速增加乳鸽体重，缩短亲鸽生殖周期，提高经济效益。因此，乳鸽生长后期育肥可在 10～16 日断乳，进行人工育肥，人工育肥多使用移动式气筒式、吊桶式灌胃器、脚踏式灌胃器等，这些器具都有操作简便、便于移动、育肥效率高等特点。另外，在上市前 1 周，也可使用禅泰动物药业专为乳鸽催肥研制的 BBC 纯生态绿色口服液，能迅速增加乳鸽采食量和细胞生长发育，不含抗生素和激素，连用 7 天可明显增重，均可供广大养殖场采用试行。

六、乳鸽人工育雏技术

1. 哺乳前 1 天

育雏室内升温、消毒，使室温保持在 25℃左右，床温达 35℃，将刚出壳的雏鸽的毛烘干，出雏 24 小时的初生雏鸽，全部放入育雏托盘内，人工鸽乳放在 40℃保温的水浴锅内，用定量的 200 毫升金属连续注射器，注射口上装软塑胶管。

2. 1～3 日龄初生雏鸽

第 1 天开食先从出壳较早、求食欲较强的雏鸽开始，必须每羽喂到，喂采食量控制在雏鸽体重的 50% 左右，以嗉囊呈半饱状态即可。操作时需要有耐心，小心。需要两人配合操作，1 人保定雏鸽，1 人将软胶管插入食道边，每次 2～4 毫升（每 100 毫升标准乳液位 15 克粉加水 85 毫升），每天在 8：00、13：00、18：00、23：00 进行 4

次喂料。晚上开灯，增加光照，在4次喂毕，用红灯光照明，可放雏鸽受惊。

3. 4～7日龄雏鸽

可采用移动吊桶式灌胃器，将配好的乳料用热水保持温度在40℃左右，倒入灌胃器内，现用现配，保持一定温度，2人配合操作。每次喂料6～8毫升（每100毫升标准乳液位25克粉加水75毫升），每天在7：00、12：00、17：00、22：00进行4次喂料。至7日龄，雏鸽已经能睁开眼睛，有视力，会站立，平均体重约达150克/羽。留种鸽子4日龄接种鸽痘疫苗。

4. 8～10日龄雏鸽

每次喂料在15毫升（每100毫升标准乳液位40克粉加水60毫升），每天在8：00、14：00、21：00进行3次喂料。在3～7月份育雏期间需接种鸽痘疫苗。

5. 11～15日龄

雏鸽已经能站立慢行，可以从育雏托盘内放到铺有草垫的底网上，育雏床上温度降为30℃，每天要及时清除育雏床上的粪便。每天通风各1次。每次喂料在20毫升，每天在7：00、12：00、17：00、22：00进行4次喂料。

6. 16～20日龄

雏鸽全部放到网上，乳鸽开始长羽毛，平均重量在340克以上，每天喂3次，育雏床上温度降为18～22℃，每天要及时清除育雏床上的粪便。每天通风1次。每次喂料在25毫升，每天在8：00、14：00、20：00进行3次喂料。对于消瘦的雏鸽要及时注意补料，发现有病的个别雏鸽应立即淘汰。

7. 20～25日龄

在笼内加颗粒饲料开食，供幼鸽自由采食，在笼内挂水槽供乳鸽自由饮用，每天喂料2次，早9：00与晚17：00各1次，诱逼幼鸽自己觅食，至25日龄断乳，由幼鸽自由采食。水中加入禅泰商品幼鸽专用多维或BBC速补催肥口服液。

8. 26日龄后

生长快，作为商品鸽，鸽肉品质最佳，此时应尽快推向市场。

七、乳鸽生长管理工作日程

为提高饲养效益，现将乳鸽生长管理工作日程制成表4-1，供广大养殖场参考。

表4-1　1～23日龄乳鸽生长管理工作日程表

日龄/天	平均体重/克	日均耗料/克	工作内容	注意事项
初生	15～18	0	1. 巢盆应清理干净，冬天应用谷壳、锯末或碎稻草做垫料，上面多加一层麻布，给产鸽雏鸽保温 2. 麻布有粪便，特别是潮湿时，应立即更换，保持卫生干爽 3. 产鸽饲料多供应5～10克 4. 晚上开灯，增加光照时间	寒冷天气应关好北面的门窗。开放式的鸽舍，应用编织布挡风，防止贼风直吹雏鸽

续表

日龄/天	平均体重/克	日均耗料/克	工作内容	注意事项
1	25~30	4~8	1. 注意保温和卫生 2. 产鸽已经开始给乳鸽哺乳，注意不要惊扰，减少周围环境应激因素，不让陌生人随便到鸽舍参观，以免影响产鸽哺雏和踩死雏鸽 3. 晚上最好给带雏产鸽增加8~12克饲料 4. 用除虫溴氰菊酯喷洒蚊子孳生的地方	用除虫溴氰菊酯喷洒蚊子时，注意不要喷到饲料、水、保健砂和各自身上，以防中毒，药味太浓时注意通风
2	40~50	10~15	1. 此日龄的乳鸽较易被喂得太饱，出现消化不良时，可喂半片酵母片 2. 鸽群饮用维生素B水溶液1天3次，夏天中午天气炎热时应注意降温，防止雏鸽中暑，可加入维生素C进行预防 3. 产鸽哺喂2只雏鸽时，可把抢食的乳鸽暂时移开，让较弱小的雏鸽吃饱后再放入抢食鸽	注意清除舍内地面积粪，保持通风透气，预防硫化氢和一氧化碳中毒
3	70~80	15~18	1. 雏鸽在巢盆内排便较多，应随时更换麻布和垫料 2. 饲料和保健砂的供给按产鸽管理技术要求 3. 发现粪便污染饲料、水和保健砂时，应立即更换 4. 2只雏鸽之一如果中途死亡，可将剩下的1只同其他日龄相同或体型相近的乳鸽合并	注意饮水卫生，长条式水管或水槽应让水在槽内整天慢慢流动，或玻璃瓶的饮水器具，要求冬季2天换1次，夏天每天换1次清洁饮水
4	110~120	18~20	1. 饮水中加入高锰酸钾，浓度为0.02%，以桃红色为好，鸽群饮用7~8小时后更换清水 2. 消化不良的乳鸽每天每只喂酵母片1片，分2次喂服，或用禅泰活菌灌服 3. 蚊子多的季节；除定期喷杀外，可在此日龄开始接种鸽痘弱毒疫苗，并接种产鸽 4. 夏天饲料增加供给5%~6%绿豆	鸽刺种鸽痘弱毒疫苗后的第7天，应检查刺中部位有无结痂，若无结痂应补种，保证疫苗接种有效
5	135~140	28~31	1. 每次供应饲料时，带雏的产鸽应多放20~25克饲料 2. 用禅泰水性ADE鱼油加入水中供产鸽群饮用 3. 雏鸽在巢盆内拉便较多，应随时更换麻布和垫料 4. 保健砂内增加禅泰种鸽专用多维、穿心莲、龙胆草供应量，并加入土霉素饲喂3天	乳鸽的生长速度很快，钙磷要供给充足，并适当增补禅泰水性ADE鱼油，适当时加药进行药物保健

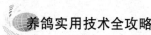

续表

日龄/天	平均体重/克	日均耗料/克	工作内容	注意事项
6	175～185	37～38	1. 继续 5 日龄 1～4 项之工作 2. 加强产鸽管理，增加饲料营养水平，粗蛋白质含量达到 16% 左右 3. 注意防止产鸽某些易传染给雏鸽的疾病，如毛滴虫病、念珠菌病和副伤寒等	鸽毛滴虫病和鹅口疮（念珠菌病）可使用禅泰鸽滴净等预防
7	205～210	40～41	1. 留种的鸽应戴脚环，造册登记鸽的出生日期及各周的体重，并注明姐妹鸽的脚号，以利于配对辨认 2. 此时开始进行人工育雏比较容易，先把 1 周龄的乳鸽放在同一育雏笼内，将配好的育雏料倒入吊桶内，采用吊桶式灌喂 3. 非人工育雏的乳鸽应每天晚上给亲鸽加喂 1 餐	采用人工育雏的乳鸽，冬天需要保温设施，夏天则不需保温
8	240～250	45～47	1. 用复合维生素 B 水给亲鸽饮用 2. 清理巢盆及笼内外的粪便，更换脏湿垫料 3. 采用人工哺育的乳鸽，每天喂人工配料 3 次，每次 10～15 克 4. 乳鸽出现消化不良时，每天每只喂酵母片 1 片喂服，或用禅泰活菌灌服	采用人工育肥的乳鸽，应在育雏笼外面加盖防蚊布，防止蚊虫叮咬
9	270～280	50～52	1. 保健砂中的砂粒最好用干净的河砂，粒度不易太大，因这时亲鸽喂给乳鸽的是半颗粒状饲料，有砂粒易将饲料磨碎消化 2. 人工育肥的乳鸽仍每天喂 3 次，每次 15～17 克饲料，料水比为 1∶3.5，用开水浸泡或加水煮熟 3. 采用人工哺育的乳鸽，不宜喂太饱，以八成饱为宜	人工育肥饲料的质量要保证，否则乳鸽极易出现消化不良、下痢等症状，严重的可导致成批死亡
10	320～330	53～54	1. 由亲鸽带的乳鸽仍应注意卫生和防病，增加喂料量 2. 采用人工哺育的乳鸽，仍按 9 日龄之 2～3 点进行	同上
11	350～360	56～57	1. 在 4 日龄刺种鸽痘弱毒疫苗的雏鸽，应检查刺中部位有无结痂，若无结痂应补种，保证疫苗接种有效（仅在 3～7 月份要求） 2. 人工育肥的乳鸽，在发痘季节最好也接种鸽痘疫苗，以免影响乳鸽品相 3. 清理巢盆及笼内外的粪便，更换脏湿垫料	鸽痘疫苗稀释时不宜太稀，以每只鸽平均 1.5 滴为好；刺种时用 5～6 号针头，滴 1 滴疫苗稀释液后连续刺 4～5 针，机体的吸收和反应才较理想

续表

日龄/天	平均体重/克	日均耗料/克	工作内容	注意事项
12	380~390	59~61	1. 由亲鸽哺喂的乳鸽已能站立慢行，且此时的亲鸽差不多要产下1窝蛋，故应将巢盆内的乳鸽捉下，在笼内放一块25厘米×25厘米的麻布，将乳鸽放在麻布上面 2. 人工育肥的乳鸽，这时消化功能较强，料水比仍为1∶3或1∶3.5，每餐用料增加至18~20克	放在笼内底网上的乳鸽，应让其在麻布上活动，以免鸽脚插入网眼受伤
13	405~410	61~63	1. 夏天中午天气炎热时应注意降温，防止雏鸽中暑，可加入维生素C进行预防 2. 对鸽舍和育雏间进行全面消毒 3. 把保健砂用禅泰ADE鱼油和幼鸽专用维生素拌湿做成豌豆大颗粒，每只人工育肥的乳鸽每天吃饭第1餐后喂给1粒	
14	430~440	65~67	1. 清除笼内角落、网眼的粪便，以便于乳鸽在笼内活动 2. 产鸽饮用高锰酸钾水溶液1天 3. 人工育肥乳鸽料从这天起增加配给禅泰ADE鱼油和幼鸽专用维生素	育雏笼内的乳鸽应防老鼠的侵害
15	450~460	67~68	1. 按说明使用除虫溴氰菊酯灭蚊 2. 检查乳鸽是否达到相应体重，太瘦时可能吃料不够，每天可增加供应带雏产鸽饲料1次，若仅个别鸽消瘦且精神差，则可能乳鸽患病，应查明病因后治疗 3. 人工育肥乳鸽料配给禅泰ADE鱼油和幼鸽专用维生素	乳鸽较易感染副伤寒、毛滴虫和念珠菌病，应加强预防
16	470~480	68~72	1. 年轻的产鸽此时多数已产了2只蛋，巢盆较低时乳鸽有时会走到巢盆边或跳进巢盆内，影响亲鸽孵蛋，应赶开乳鸽，提高巢盆位置 2. 人工育肥乳鸽料可稠些，料水比例可达1∶3，喂量每天20~25克，每天3餐，每天每只喂给2粒保健砂 3. 乳鸽育肥舍应保持通风干爽，炎热天气用风扇帮助降温，寒冷天气应保温	
17	490~500	70~72	1. 乳鸽后期采用人工育肥方法的，应在16~17日龄开始把乳鸽捉离亲鸽，育肥方法见前述进行 2. 刚离开亲鸽的乳鸽，开始2天不能喂得太饱，每次喂料18~20克为宜，经过2天后每次增至20~25克 3. 采用人工育肥的乳鸽笼，以15~20只为宜，以防打堆	育肥舍应注意使用防寒编织布、线麻袋围住保温，防治乳鸽患副伤寒、感冒等病

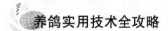

续表

日龄/天	平均体重/克	日均耗料/克	工作内容	注意事项
18	505~515	70~73	1. 由亲鸽带的乳鸽，每天耗料最多，应注意补充，才能满足乳鸽生长的需求 2. 发现已产蛋的鸽不愿喂雏时，应转移或捉出进行人工育雏 3. 同17日龄第2项	乳鸽采用后期人工育雏的，开始体重可能会稍微下降，只要生长正常，1~2天即可恢复
19	520~525	70~73	1. 产鸽饮用高锰酸钾水溶液1天 2. 人工育肥乳鸽料中加入禅泰ADE鱼油和幼鸽专用维生素 3. 清除笼内角落、网眼的粪便，以便于乳鸽在笼内活动，若发现育肥乳鸽排水样粪便，可在配料中加入适量恩诺砂星或环丙砂星，连用2天	
20	530~540	70~75	1. 检查乳鸽的生长情况，对不符合要求的应采取补救措施，如体重未达标的应增加喂料次数，体重超标的可减少喂量 2. 同19日龄第3项工作	乳鸽用药要注意剂量，防止中毒
21	540~550	70~72	1. 乳鸽已长至3周龄，不同鸽种的乳鸽体重有所不同。展览王鸽为572克，商品型王鸽为540克，杂交王鸽为520克，石歧鸽为510~520克，随机抽样称重检查，看是否达标 2. 采用人工育肥的乳鸽体重，一般比亲鸽哺喂的增重10%~15%，故可根据市场行情，若21日龄乳鸽体重已经符合要求，即可及时上市	人工喂鸽应注意保持乳鸽羽毛干洁，以预防疾病和提高外观质量
22	540~560	70~72	1. 在产鸽的饮水中加入适量的食盐和小苏打 2. 人工育肥的乳鸽饲料配置时，料水比可为1:2，用开水或温开水调配供给 3. 对体重适宜上市的乳鸽继续育肥，每天3餐，每餐20~25克料	出售的乳鸽不宜喂得太饱
23	550~570	70~75	1. 产鸽和乳鸽在出售前3天，非特别需要不宜饲喂抗生素、驱虫药等，以防止鸽体内药物残留，影响食鸽者健康 2. 乳鸽22~23日龄是上市的最佳时间，应抓紧出售，个别不够收购体重标准的仍然继续育肥 3. 乳鸽出售后，应对鸽笼和育肥笼中的粪便全面清除，搞好卫生消毒，才能再进乳鸽 4. 原带雏的亲鸽，在乳鸽出售后，应减少饲料的供给量，并按非哺乳期的饲养管理方法进行管理	乳鸽长至23日龄是上市的最佳时间，因为这时体重适合，肉料比最合算，饲料报酬高

第四节　童鸽的饲养管理

一、留种童鸽的选育

童鸽留种必须从有完整记录的鸽群中挑选，从高于平均生产水平的个体中挑选，个体不宜太肥大，也不留太瘦小的鸽子，外表上有明显缺陷，如翼羽过长、腿上有毛、五官不正等情况的绝不留种，生产性能低于平均水平的也绝不留种，生产性能不佳的一般淘汰不留。而工厂化肉鸽生产，一般只考虑高产蛋率、高受精率、子代生长快、成活率高，对于产鸽的就巢性、亲鸽的哺乳性将忽视，但留种鸽必须是处于最佳繁殖年龄的 2~4 岁产鸽所产的后代。

二、童鸽的管理要求

留为种用的乳鸽在离巢群养到性成熟配对前为童鸽。当童鸽刚刚被转移到新鸽舍时，有些对新的环境不适应，情绪不稳，不思饮食。但不必担心，让它饿几个小时至十几个小时之后，见到其他鸽在饲料槽中得到食物，也会跟着找食物。由于童鸽对新的环境要有一个适应过程，身体的机能也发生了较大的变化，如果管理不当，很容易引起生长受阻或生病死亡。因此必须细心照料，首先应注意保温，防止伤风。饲料槽及水槽位置不能太高，供给细颗粒状饲料，饮水中适量加入多种维生素 B 水溶液，炎热天气应注意通风和防蚊，寒冷天气应注意预防贼风，晚上最好用红外光灯泡或保温伞保温。

童鸽转舍半个月后，对环境有一定的适应能力，这时可以按童鸽的饲料及保健砂的配方供给食物，也可开始沐浴，到运动场所活动和晒太阳，以增强鸽子的体质。2 月龄左右童鸽开始换羽，饲料配方中能量饲料可适当增加，占 85%~90%，火麻仁的用量增为 5%~6%，以促进羽毛的更新。保健砂中适当加入穿心莲及龙胆草等中草药，饮水中有计划地加入抗生素，预防呼吸道病及副伤寒等疾病的发生。3 月龄的童鸽，第二性征有所表现，活动能力也越来越强，这时可选优去劣、公母分开饲养，并对鸽群进行驱虫，保证鸽子正常生长发育。

3~5 月龄的童鸽应注意饲料的供给量，不能为追求鸽子的体重，不停地增加饲料的营养水平和采食量，预防鸽子太肥和早熟。每天供料 2~3 次为宜，每次供给量也不能太多，约半小时吃完。吃完料后将饲槽拿开或翻转，底部朝上，防止饲槽被粪便污染。保健砂的供给应充足，每天供给 1~2 次，每只每天用量 3~4 克。晚上不需补充饲料和增加光照。

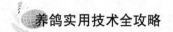

第五节　青年鸽的饲养管理

从童鸽至 5 月龄的鸽子称为青年鸽或育成鸽、后备种鸽。其饲养管理水平是决定能否培育成种鸽的重要阶段，因为青年鸽饲养的好坏，直接影响到种鸽的生产性能及使用年限。

一、青年鸽的生理特点

从 2～5 月龄的青年鸽尤其是进入 3 月龄后，此时鸽子已经度过了危险期（50～80 日龄），此时期的鸽子生长发育旺盛，消化器官发育显著，第二性征逐渐明显，新陈代谢相对加强。这个时期应实行严格饲养，以防止采食过多而体质过肥，从种鸽的种用年限和经济效益的角度考虑，限制饲养是完全必要的。有条件的应将公母分开饲养，以防早熟、早配、早产等现象发生。

二、青年鸽的饲养管理要求

1. 促进生长发育，但又要防止过肥

要达到这一目的，在后阶段要减少能量饲料的用量，适当增加蛋白质饲料的微量元素、维生素的比例。但蛋白质比例不要超过 20%，否则会出现早熟、早产。

2. 加强换羽期的饲养管理

乳鸽进入 50～80 日龄就开始换羽，这时对外界环境特别敏感，体质弱、抵抗力差，最易感染疾病引起死亡，这一期又称作"危险期"，必须加强管理。因此，务必做到：①防寒保暖；②搞好疫病防治；③增加能值高的饲料，如玉米、大麻仁、油菜籽、葵花籽，油菜籽还能促进羽毛生长，加速换羽。

3. 加强运动，减少光照，适当限制饲喂，防止过肥

3 月龄后的青年鸽，活动能力和适应能力愈来愈强，并进入稳定的生长期，一定要设置运动场，加强运动、增加体质，为了防止飞逃，运动场要安装好天网。同时，为了适时达到性成熟，要限制饲喂和光照。

4. 做好洗浴和驱虫工作

鸽子有洗浴的习惯，洗浴可促进健康，保持皮毛光亮洁净，夏天最好 1 次/天，冬天 1 次/周。在配对上笼前，要做好驱虫工作。

三、留种鸽的管理工作程序

留种鸽就是乳鸽养至 4 周龄或 1 月龄时被选留做种用的鸽子，成熟后就按照育种

或生产的需要进行配对生产，繁殖后代。其管理参考工作程序如下：

1. 仔细检查留种鸽的资料

应在离巢前按品种的要求做详细的检查，符合种用的鸽，戴上编有号码的脚环，建立原始档案资料，注明出雏日期，各周龄体重、交换号码、羽毛特征、亲代和祖代的有关资料。有鸽新城疫病毒威胁的危险地区，或有此病发生并仍在流行的鸽场，对刚留种的童鸽可注射鸽瘟疫苗或鸡新城疫弱毒疫苗。

2. 30~35 日龄

留种鸽刚被转移至新的栏舍，离开亲鸽，处于从哺育生活转化为独立生活的转折阶段，环境条件和饲养条件都发生了较大的变化，因此，要求新的栏舍干净、采光、通风好。采取离地饲养的方式，每群鸽以 100~150 对为宜。最好先放在产鸽笼中，每笼 4~5 只，待 15~20 天后再转出到群养童鸽舍内。刚刚离开亲鸽的童鸽对新的环境还不太适应，情绪不稳定，不思饮食，这种情况一般经 2~3 天后恢复正常。供给的饲料应以小颗粒的为主，玉米等颗粒较大的饲料，可破碎成小粒后再给鸽吃。

3. 36~40 日龄

留种鸽体质还较弱，应注意饮食卫生，给予妥善的管理，以减少发病的机会，注意气候的变化，冬天寒冷季节应关闭门窗，对开放的鸽舍，可用编织布或饲料袋挡风，防止风寒和支气管炎疾病的发生，夏天天气炎热，舍内应注意通风换气，并做好灭蚊工作，消灭鸽痘的传染媒介。

4. 41~45 日龄

留种鸽已经独立生活了半个月，对环境已经基本适应，这时可按青年鸽的饲料和保健砂的配方供给食物，并开始沐浴。冬天可利用天气较为暖和的中午给鸽沐浴，水太冷时可加热至 25℃，每周 3 次，或 2 天 1 次，沐浴时间一般以 40~60 分钟为宜。鸽子沐浴后，有运动场的可让其到运动场活动，晒太阳和休息，以此促进鸽子的生长发育，增强鸽的体质。

5. 45~50 日龄

在产鸽笼中暂养的童鸽，这时可以开始转出到童鸽舍中，不能在产鸽笼中养得太久，以防童鸽缺少运动体质变弱。可在饮水中供给少许的食盐。每周在饮水中加入禅泰幼鸽专用多维 1 次，2 周饮用高锰酸钾水 1 次。饲料槽和饮水器的数量应充足，避免鸽子进食时互相拥挤，致使弱小的鸽吃不到饲料或被踩死。对吃的太饱的鸽，可分别灌喂酵母片或活性菌，以促进消化，防治积食。另外，这个年龄段的鸽子极易发生法氏囊、副伤寒、毛滴虫病和白色念珠菌病，应做好预防工作，对已发生疾病的青年鸽，应隔离后按实际病因做科学治疗。

6. 51~55 日龄

小部分童鸽开始进行换羽，应注意清洁卫生，尤其是地面的鸽子，由于它们飞起时容易扬起羽毛和尘埃，鸽容易发生眼炎及呼吸道疾病，故应经常清理粪便和脱落的羽毛。换羽的童鸽对外界环境比较敏感，容易着凉，引起感冒和气管炎，应做好防寒保暖的工作，在饲料配方上，能量饲料如玉米、小麦等可适当增加，豌豆应大幅度降低，以促进羽毛更新。保健砂内适当加入穿心莲和龙胆草等中草药。另外，在饮水中有计划地加入抗生素，以预防呼吸道疾病及副伤寒的发生。

7. 56～60日龄

鸽子开始更换第1根主翼羽，对环境的适应能力已经大大增强，此阶段是童鸽转入青年鸽的转折期，此时鸽子体质较弱，极易患伤风感冒和其他疾病，应精心饲养，搞好鸽舍环境卫生，降低鸽子的饲养密度，以每平方米养7～8只为宜。青年鸽栏内应搭栖架，以利于鸽子飞行栖息，增加鸽的运动量，增强体质，同时鸽子运动量的增加也有利于羽毛的更滑，使肌肉结实，消耗脂肪，防止鸽子太肥。鸽子养得太肥，既影响鸽子健康，也不利于成熟配对后生产性能的发挥。

8. 61～70日龄

大部分鸽子已经换了1～2根主翼羽，鸽子品种不同，换羽的时间也有差异。杂交王鸽一般此时已经更换1根主翼羽。检查鸽子是否换羽，可打开鸽子的翅膀，从中间看，羽毛尖端向外的为主翼羽，若羽毛开始更换，可见中间第1根、第2根主翼羽已经脱落，长出新的羽毛或刚长出毛芽。新长出的主翼羽一般都较旧羽毛短，边缘整齐，毛色较深且鲜艳有光泽；而未换的主翼羽一般较长，又脏又旧，边缘不整齐或羽毛有断裂，管理上仍应按照上述换羽期的做法进行。

9. 71～80日龄

大部分换羽已经达到2～3根，这时的青年鸽看上去成熟了很多，在鸽群中表现较为活跃，飞、走、跳活动增多。在饲料供给上，蛋白质饲料占10%，火麻仁用量为2%～3%。鸽子每天喂2餐，每次每只鸽供饲料20～30克，饮水整天不断。这期间进行1次溴氰菊酯溶液沐浴，在沐浴前应让鸽子先饮足水，防止鸽子在沐浴时因口渴误食药液而造成寄生虫，防止鸽子中毒。药液沐浴时间为40分钟，让全群鸽子都沐浴后立即移走药液，通过药浴可杀死体外寄生虫，防止鸽子新换出的羽毛及皮肤受寄生虫的侵害。

10. 81～90日龄

青年鸽大多数已经换羽至第3根、第4根，鸽子的活动能力越来越强，这时部分鸽子已经出现第二特征，公鸽已经开始鼓颈追逐母鸽，表现出求偶的姿态，因此，此时最好将公母鸽分群进行饲养，避免早配早产，影响正常发育及将来生产，也可防止近亲交配。另外，在此阶段应进行第2次选育，将不合标准的和病残的鸽及时淘汰，使留种鸽的质量不断提高。

11. 91～100日龄

鸽的主翼羽已经换到4～5根。公母鸽也已经分群饲养，在分开的这段时间里，应注意观察它们的活动情况。若公鸽栏内有个别母鸽存在，则会受到公鸽的追逐，或者有几只公鸽同时追逐这只母鸽。发现这种情况后，应立即将母鸽捉开放入母鸽群中，相反，若母鸽群中混有个别公鸽，则在母鸽群中表现异常活跃，并常见其颈部气囊膨胀，颈羽和背羽竖起，尾羽松开如伞形，头部上下频频点动追逐母鸽，这时也可以将其捉起放入公鸽群中。

在实际生产实践中，鸽场对留种鸽一般公母都不分开饲养，因为公母鸽混在一起饲养，由于两者互相追逐，相对增加了青年鸽的运动量，有利于增强鸽的体质，促进健康。

12. 101～110日龄

鸽子换主翼羽至第5根左右，这时应注意饲料和保健砂的供给。饲料以每只每天35～40克为宜，每天供料2次，分别于上午8：30和下午3：30，每次吃料时间30～40分钟。有条件的可适当减少原粒饲料的供给量，每天在2次供料之间让鸽子吃1次青绿饲料，如萝卜、生菜、白菜等，可使鸽子获得多种叶绿素和天然维生素，满足其生长需求。也可节省饲料，提高饲料报酬。保健砂应每周供给2～3次，并增加禅泰青年鸽专用多维和微量元素的供给量。

13. 111～120日龄

青年鸽已经接近4月龄。大部分鸽的主翼羽已经换至5～6根，鸽群看上去成熟了很多，羽毛也随着年龄的增大变得干净，光泽度增加，棚上饲养的群鸽，由于铁丝网眼较小，鸽子换掉的羽毛往往能掉下地面，积得多时会与粪便一起塞住网眼，造成卫生状况不良。故应每4～5天清除网上羽毛和粪便1次，以保证清洁。而地面饲养的鸽群，更要每天清理卫生1次。清理粪便时应将鸽群赶到外面的运动场或另外的栏内，每周用水清洗1次地面，待水干后才可放鸽进来，不能长时间洗湿地面和运动场，以防高温高湿引起鸽子疾病。

14. 121～130日龄

青年鸽换羽已至第6～7根，再过1个多月，留种鸽就可以配对上笼了，故这时应做好笼舍的准备工作。鸽栏可以向有关企业定制鸽笼。配备饲料槽、水槽或饮水器、保健砂和巢盆，做好鸽笼在鸽舍内的排布规划，尽量最好充分合理利用舍内地面和空间，并注意空气流通、防寒防暑及防风防雨。

15. 131～140日龄

鸽的主翼羽已经换至7～8根，若鸽群的年龄相差都是在20天内，则在配对时就不必挑选鉴定了。但有的鸽群年龄相差2个月，这时应根据主翼羽及身上羽毛更换情况，把不同批次、不同月龄的青年鸽分栏，相差2根主翼羽的说明年龄相差1个月左右，相差3～4根的说明鸽的年龄相差近2个月，应按月龄将鸽分别饲养，便于成熟时配对及配对后的生产管理。

16. 141～150日龄

鸽子的主翼羽已经换至第8根，快的第8根主翼羽已经长出，第9根旧羽开始脱落。留种鸽此时已近5月龄，从体色、羽色及活动上表现的较为成熟。从此时开始，应注意限制饲料的供应，每餐供给9成料，防止鸽子长得太肥。饲料的营养水平应提高些，若为原粮饲料，蛋白质饲料的比例提高至15%～20%，火麻仁供应量提高至4%～5%，能量饲料则要求品种全面，玉米、小麦、高粱及糙米应配齐。保健砂应改用配对前种用鸽保健砂配方，这种配方要求增加维生素A、维生素B、维生素E的含量。饲料中加入抗球虫和蛔虫等体内虫的药物，尤其是养于地面的留种鸽更应该注意驱虫，供应时间以 2~3 天为宜。

17. 151~160 日龄

绝大多数种鸽此时的主翼羽已经换至第 8~9 根，当然换羽的快慢与品种和饲料营养水平有很大关系。如在相同的饲养管理条件下，王鸽的换羽速度快些，而蒙腾鸽换羽慢些。此时距成熟配对只有 20 多天，故在此期间应再次对全群鸽进行选优去劣的工作，淘汰不符合要求的鸽子，鸽子选育后，应统计公母比例是否合适，一般情况下公鸽可能会稍微多点，但公母比例不会相差太多。若发现公母比例不合适，就应及时按比例补充，这样到成熟配对时才能按需要上笼，不至于剩下较多的公鸽或母鸽，影响生产计划的完成。

18. 161~170 日龄

这时青年鸽已经基本成熟，从主翼羽的更换情况看，绝大多数鸽第 9 根主翼羽已经长出，第 10 根旧羽正在脱落。在此期间应对鸽子进行全面的驱虫工作，内寄生虫可用左旋咪唑或哌嗪来驱杀。最好的驱虫方法是用禅泰水溶性的体虫清溶于水中，让鸽子饮服，连续使用 2 天，可将体内球虫、线虫、丝虫、蛔虫、绦虫全部驱杀。然后再用溴氰菊酯兑水供鸽群沐浴，连续 2~3 天，注意不能直接将一些毒性较大的灭虫药直接喷洒鸽身，以免引起鸽体中毒。

19. 171~180 日龄

中型肉鸽品种的青年鸽，到 6 月龄时主翼羽已经基本更换完毕，检查主翼羽的更换情况时可见最后一根主羽已经长出，但还较短。说明鸽的主翼羽已经全部更换，背部、腹部及尾部的羽毛已经更换完毕，全部长出新而漂亮的羽毛，因此，成熟期的青年鸽身体健康，行动敏捷，羽毛色深而有光泽。在此期间，夏天仍然进行 2 天 1 次沐浴，寒冷天气每周 1~2 次的沐浴，此外，在配对前的 1 周内用禅泰种鸽专用多维及氨基酸溶于水中给鸽饮用 2~3 天，以增强体质，减少配对应激。

留种鸽饲养到 6 月龄左右，各项准备工作完成后，即可配对上笼。但成熟期较慢的种鸽，还应再养 10~20 天才能配对上笼。在此期间的饲养管理，仍按照育成鸽后期的方法进行，切勿在留种鸽尚未完全成熟时就匆忙配对上笼，这会影响鸽子的产蛋时间和生产寿命。

第六节 种鸽的饲养管理

一、配对鸽的饲养管理

5~6 月龄的青年鸽，性器官、性功能完全发育成熟，具备繁殖能力，且完全可以区别公母。（1）应及时做好配对和帮助选样固定巢窝工作。配对是将公母鸽以 1:1 的比例投入鸽舍（笼）中，使之彼此亲近结为"夫妻"，生儿育女。可分为自由配对和人工配对，前者即"自由恋爱"配对，人为不予干涉；后者则是人为的，根据繁殖育种的要求，按体型、外貌和繁殖力进行有目的配对。配对对于大笼群养的，还须在配对笼内进行归巢训练，即关在配对笼中饲养 3～5 天，待其和睦相处，再任其自由进出。鸽子有认巢的习惯，一旦认定巢窝，晚上就在该巢窝中栖息，轻易不会改变。对单笼饲养的（即 1 个笼只养 1 对鸽）将配好对的鸽子投入笼内饲养。对个别双方不合的，一般经过 2～3 天的共同生活，自然和好相处；（2）加强饲养，充分利用保健砂，为配对鸽提供全价营养物质，以促使早产蛋和多产蛋，消灭无精蛋；（3）作为产卵、孵化准备工作，如巢盆及其垫料（草和麻布），记牌（包括品种、配对时间和产卵、出壳数及产卵、出壳时间）。

二、产卵、孵化期的饲养管理

在产卵、孵化期应抓好以下工作：（1）加强饲养。在孵化进入第 10 天左右时，应提高日粮蛋白质水平，并在保健砂里添加健胃药和抗菌素，以防久卧少动而引起疾病；（2）保持鸽舍安静，防止一切外来干扰；（3）对大笼群养者，要选用合适巢盆，以防蹬翻打破种蛋；（4）定期照蛋。在孵化的第 5 天和第 12 天各照蛋一次，拣出无精蛋和死胎蛋，并将单蛋与产蛋时间相同或相差 1 天的另一单蛋合并孵化。并蛋每窝不宜超过 3 枚；（5）助产。对于已啄开，无力破壳的难产，可施行人工助产，注意只能剥 1/3 以下。

（一）孵化过程

鸽子具有孵蛋的本能。鸽子的孵化有自然孵化和人工孵化两种。这两种方法互相补充，因为要提高肉鸽的经济效益，单凭自然孵化是不行的。

鸽子的孵化是由雄鸽和雌鸽共同担任的。雄鸽在白天，雌鸽在夜间。雄鸽一般是从上午 9～10 时入巢孵蛋，到下午 16～17 时，其余时间由雌鸽孵蛋。孵化时间一般是从第 2 个蛋产期算起，过 18 天左右，雏鸽破壳而出。

在孵化过程中要对胚蛋及时检查。鸽蛋经过 4～5 天孵化后，可进行第 1 次照蛋，如果发现蛋内红褐色的血管分布均匀，呈蜘蛛网状，形状稳定，即是受精蛋。如果蛋内血管不呈蜘蛛网状而是分散并随蛋黄转动，蛋黄混浊，即是死精蛋。如果蛋内依然清楚无变化，说明没有受精，可以取出。

鸽蛋孵化到第 10 天时，可再检查 1 次，如果发现蛋的一侧乌黑，另一侧由于气室增大而形成较亮的空白，呈半明半暗状态，即为发育正常的蛋；如果蛋内的物质呈水状，可动，壳呈灰色，即为死胚。孵化到第 12 天即成全黑色，此时胎儿已形成。到第 16 天时，可用 18℃的温水浸洗蛋壳上的污物或浸润蛋壳，以便幼鸽破壳。到第 18 天左右，雏鸽破壳而出。

一般来讲，鸽蛋孵化 16 天后，蛋内的小鸽开始啄蛋，从蛋壳表面可以看到犬牙交错的花纹，这叫做鸽齿。继续孵化到 17～18 天时，小鸽就要破壳而出，这叫初雏。如果在这期间小鸽还没有出来的话，就要检查鸽齿的情况。假如小鸽在里边啄壳没有成 1 圈，只是啄了 1 个洞，说明小鸽在蛋内无法转动身体，也就无法顶破蛋壳，这就有被憋死的危险，必须采取人工助产的方法——剥壳。具体做法是：用照蛋灯先确定蛋的气室部位，然后轻轻敲破蛋壳，慢慢剥离，一般只要剥掉 1/3 的蛋壳即可，其余部分让雏鸽自己脱出。剥离蛋壳时，一定要避免幼鸽流血过多造成先天不足。

一般情况下，先生下来的蛋先破壳，后生下来的蛋后破壳，时间相差 24 小时。如果在破壳时间后 1～3 天还不见出壳，也需要酌情做人工破壳。方法同上。

小鸽在蛋内啄壳的时间越短，证明初雏的先天健康条件越好。啄壳时间过长或经助产的初雏，先天体质较差，这样的鸽子不易留作种鸽。

雌雄鸽在孵蛋时，是不会在巢盆内排便的，特别是雌鸽，早晨会从窝里出来，到外边排出很多的粪便，然后迅速回去继续孵化。

如果让保姆鸽代孵或者是借别人的鸽蛋，不可能时间是一致的，这就有了时间差。那么，鸽蛋能放几天再孵呢？一般来说，种鸽蛋必须是随下随拿出，拿出以后在没有蚊、蝇、虫的叮咬而且空气新鲜处竖着存放，在秋冬季节能存放 5 天左右，在春季能存放 3 天左右。夏天炎热的季节和鸽子换毛期不宜孵蛋，选种鸽时要重视这一问题。

（二）幼鸽的喂养

种鸽孵蛋 10 余日后，其嗉囊壁渐渐发生变化，至雏鸽孵出时，可分泌鸽乳。鸽乳内富含脂肪、卵磷脂、蛋白质以及生长素和维生素等，营养丰富。亲鸽与雏鸽以嘴对嘴的方式进行哺乳。

雏鸽出壳 6 小时左右，如果雏鸽嗉囊仍无"气"，这就说明有问题，需要从两个方面去查找原因：（1）亲鸽方面；（2）雏鸽方面。如果是亲鸽不会喂，可将雏鸽的嘴多往亲鸽嘴角处轻轻地插几次，诱发亲鸽去喂。如果亲鸽仍不喂，很可能是亲鸽有病，要对亲鸽隔离观察或治疗，其雏鸽由同期的其他窝的亲鸽代哺。如果是雏鸽本身不健康，不会吃食，那就只有等死。遇到这种情况，细心的人会发现，亲鸽总是不停地轻轻地啄击刚出壳几小时的雏鸽的小嘴，这就是诱发它吃食。

随着雏鸽的发育成长，亲鸽喂给雏鸽的营养物质亦逐渐变化。小鸽出壳 1～4 天内，亲鸽以很稀的浆乳喂给，5～9 天内以比较浓的浆乳喂给，自 9 天后开始喂给嗉囊中浸润的籽实饲料，这是亲鸽嗉囊中半消化食物和消化液的混合物。亲鸽呕吐时，小鸽的嘴伸到亲鸽的口中取食。就这样，一天一天地将小鸽喂大了。此阶段亲鸽的饲料应以豌豆为主，适量加糙米、火麻籽、高粱、盐土和青绿饲料。如果 2 亲鸽中有 1 死亡，就需人工帮助喂养。

雏鸽出壳 13 天左右，采食量开始增加，加上此时吃的是全粒饲料，容易引起消化不良，使嗉囊积食，引起嗉囊炎。如果发现这种现象，应给亲鸽喂一片乳母生或食母生，也可以直接喂给小鸽 1/4 或 1/2 片食母生，以助消化。

雏鸽采食量甚大，发育较快，长至 20 余天，大小和亲鸽相似，体重甚至超过亲鸽。

幼鸽一般不往巢盆外跑，如果它光往巢盆外跑，必然有原因，可能是小鸽逐渐长大，对外界的一切事物都感到新奇，想到处看看；也可能是小鸽生病，身体不适。发现这种情况，要注意保护幼鸽，防止从高处掉下摔伤，或者误入他巢而被啄伤。可以先将跑出的小鸽送回原处，如果它还往外跑，证明它确已生病，要及时治疗。治疗方法：喂给它半片吗啉呱片（即病毒灵）、半片土霉素和半片谷维素，每天 1 次，持续 1~3 次。

此时还要注意鳏居鸽游鹏或争窝打斗踩死幼鸽，特别是群养的更得注意。要及时给亲鸽准备新的巢盆，因为亲鸽哺喂雏鸽到 16~17 日龄时，又要继续发情产蛋。这要做两手准备：①准备好新的巢盆或巢箱，让亲鸽安静产蛋，如果亲鸽很健壮，可以让它边哺边喂边孵化；②如果亲鸽因喂小鸽体力消耗较大，可将鸽蛋取出，让其他鸽子孵化。这时期一定要保证亲鸽的休息和雏鸽的健康成长。待到下一窝即将出壳的小鸽啄壳时，1 双亲鸽才算彻底不要上一窝幼鸽了，这时不仅不再哺喂，就是窝里也不让它们待，拼命地往外赶它们，让它们离开老鸽的窝巢，去独立生活。这时的小鸽也不得不离开哺喂它们的亲鸽去找食，饲养者就要照管它们了。

三、哺育（育雏）期的饲养管理

乳鸽的生长发育十分迅速，需要大量的各种营养物质，而这些营养物质全部靠亲鸽提供。亲鸽用于哺育乳鸽的饲料变化是这样的：即 4 日龄左右，用鸽乳较稀的乳浆液体喂养乳鸽；4~8 日龄，亲鸽用较稠的鸽乳哺育乳鸽；8~10 日龄，亲鸽以鸽饲料混合物哺喂乳鸽；10 日龄以后，则是用经过亲鸽嗉囊浸润软化的饲料。

基于上述原因，哺育期的饲料管理要抓好以下几个环节：①提高日粮营养水平，特别是蛋白质水平，使之达到 17%~18%；②增加小粒粮食的比例。特别是从乳鸽进入 10 日龄以后，可多配些小麦、豌豆、高粱，以利于乳鸽消化吸收；③配好用好保健砂，增加保健砂中有关成分，如氨基酸、维生素、钙磷及增食欲、助消化的药物。同时，还要勤添加、勤搅拌和勤更换保健砂；④提供充足的饮水；⑤补助人工光照，以便于亲鸽采食和哺育乳鸽。

四、换羽期的饲养管理

①限制饲养，缩短换羽时间。每年夏末秋初为产鸽换羽时间，延续 1~2 个月。除少数高产鸽在换羽期间不停产或基本不停产外，一般都是要停产的，因此可采用降低日料蛋白质含量或减少投料量或停喂 1~2 天（只供水）即短暂饥饿锻练的方法，以促使产鸽缩短换羽时间；②加强饲养，促进产鸽早日产蛋。当换羽结束后，就立即恢复正常日粮水平，可增加火麻仁或油菜籽含量，而在保健砂中添加含硫氨基酸，以使羽毛正常生长和恢复体力，早日产蛋；③整群，利用换羽期停产，且时间长的特点，对鸽群进行 1 次全面检查，对那些生产能力低，就巢性差，换羽早及换羽时间长的产鸽及时淘汰。

五、不同季节的饲养管理

为了养好鸽子，除引入良种鸽子外，还必须为鸽子营造一个适应肉鸽生长发育的小气候。一年四季的气候不尽相同，养鸽者必须按当地当时的气候情况，做好各个季节的管理工作。

肉鸽最适宜的温度为 10～25℃，相对湿度为 40%～60%，气温高于 38℃ 时，鸽子容易出现中暑，低于 -12℃ 会引起冻伤。冬季气温在 6℃ 以上、湿度在 40% 左右；夏季温度应在 28℃ 以下，湿度在 50%～60%。如果温度和湿度不在此范围内，就特别应当注意做好防寒和抗暑工作。

1. 高温阴雨条件下鸽群的管理——春季管理

（1）喂料。春季是万物复苏的季节，鸽子的代谢比较旺盛，这时期又是鸽子产蛋的高峰期，必须使日粮营养成分充足，要注意提高日粮蛋白质水平和维生素、矿物质的供应量。此时，由于较为潮湿，饲料容易发霉变质，要做好防霉工作，不能让鸽子吃发霉变质的饲料。

（2）管理。春季雨水较多，湿度较大，鸽舍内的氨气较浓，加上天气多变，鸽子容易出现拉稀、感冒等症状，严重的会引起疫病流行。所以，要特别重视做好以下工作：

①注意通风透气。中午或温暖时要开窗通风，使鸽舍内空气流通，有条件的要安装换气扇。

②注意吸湿。每天用新鲜石灰撒地吸湿。

③注意重视清洁卫生和防疫防病工作。除平时每天认真清洁蛋巢、垫料，提供饲料、饮水外，在天气突变或阴雨绵绵时，还要预防性服药。或饮用 0.01% 的高锰酸钾溶液（每周 1～2 次），或服用金银花、龙胆草、车前草等消炎杀菌的中草药。

（3）护雏。注意护理好雏鸽，巢盆垫料要经常更换，不能受潮；对出笼雏鸽最好用离地棚养的方法，减少发病率。

（4）驱虫。春季容易有寄生虫，必须做好体内外驱虫工作。

2. 高温高湿条件下鸽群的管理——夏季管理

（1）喂料。要降低饲料的能量，适当提高蛋白质水平；要提高日粮中钙质、有机磷的含量，加骨粉；加大维生素含量，保证维生素的数量和质量，有条件的中午喂给青绿饲料。提高日粮中绿豆比例。供应充足的清洁饮水。注意提早早餐时间和延迟晚餐时间，有条件的晚上最好加 1 餐。

（2）管理。为鸽群创造适宜的温度和良好的通风环境。夜间要开窗，鸽舍地面和屋顶要喷水或喷雾降温，有条件的要安装换气扇等通风设备。青年鸽运动场要设阴凉棚架，鸽舍周围要进行绿化，要有树木，避免阳光直射。勤除杂草，畅通水沟，勤扫鸽舍，勤除粪便。注意防蚊，可在鸽舍喷敌百虫（1∶500 的浓度），每周 1 次。运动场沙内放入硫磺粉灭虱。做好预防胃肠疾病的工作，可经常服用清热解毒的中草药。

（3）缓解热应激的措施。每周饮服清凉解暑中草药，如地胆头、金银花、菊花、板蓝根、穿心莲、酸味草、车前草、黄皮叶、凉茶等。气温高于30℃时，每吨饲料中加入44克维生素C。

3. 干燥低温条件下鸽群的管理——秋季管理

（1）喂料。秋季光照渐渐减少，鸽子产蛋量也随之减少，多数鸽子开始换羽。在换羽阶段，蛋白质要求数量不多，但要保证蛋白质的质量，注意满足赖氨酸、蛋氨酸和胱氨酸的需要量。另外，要注意满足B族维生素和钙、磷等矿物质的需要。此时可以增喂南瓜或加大火麻仁在日粮中的含量，可在保健砂中加入石膏等。

（2）管理。秋末天气转凉，要检查保暖设备，预备防寒物品。要防止鸽群遭到风吹雨淋，以免鸽群受凉感冒。秋季干燥，灰尘较多，容易引起呼吸道疾病和眼炎等。可适当考虑在运动场和鸽舍内外喷水，增加温度。注意晚上增加光照时间，以1~2小时为宜。做好鉴定、选择工作，调整好鸽群，淘汰低产鸽，补充留种后备鸽。

（3）防病。秋天也是鸟类疾病多发的时节，要做好防疫接种和驱虫工作，特别注意防止发生呼吸道疾病。

4. 低温寒冷条件下鸽群的管理——冬季管理

肉鸽虽然有较强的抗寒能力，但冬季气温过低对乳鸽生长发育及健康有很大的影响。因此，搞好冬季"防寒保暖"为主的饲养管理工作是发展肉鸽生产的关键环节。

（1）提高鸽舍密闭性。要堵塞鸽舍墙壁上的裂缝和孔洞，不让肉鸽受寒风侵袭。用塑料膜封严前后窗，晚上要在窗外挂麻布帘，门上挂防风帘，这样可以提高舍内温度。

（2）保持鸽舍温度。通常鸽舍温度在5℃以上时，种鸽可照常产蛋、抱孵、哺育雏鸽，如果温度低于3℃时，应增设取暖设施。一般可用暖气、碳火炉（通上烟囱）、打火墙及用红外光灯泡照明的办法来解决。另外冬季由于保暖需要，鸽舍内空气一般较差，在中午天气好时，要开窗通风换气，使舍内空气流通。

（3）防止鸽蛋、雏鸽遭冻。冬季天气寒冷，极易在孵化早期出现死胚和乳鸽受凉发育不良等状况。这就需要我们在做好基本的保温工作外，每天检查每对种鸽的孵蛋哺雏状况，做好查蛋、照蛋和并蛋并雏工作。

具体做法：①生产鸽产下第1枚蛋后一般不落窝，为防止种蛋受冻，可将蛋拿回室内保温，待产下第2枚蛋后，再放入第1枚蛋，这时亲鸽即安心抱孵。若出现鸽蛋露在羽外，或亲鸽频频离巢，要及时将蛋放入腹下或将蛋并入日龄相近的窝中代孵，以免引起受冻出现死胚；②防止雏鸽跌落爬出巢窝冻死，一般乳鸽在12~13日龄后，个体已较大，亲鸽已遮盖不住两只幼雏，为防止幼雏受冻，晚间可取回1只放在室内保温，另一只仍由亲鸽保暖，翌日再放入窝中。另对亲鸽哺喂不佳的乳鸽，除了找保姆鸽代哺外，也可将2~3周龄乳鸽收集起来进行室内保温人工灌喂育雏；③冬季乳鸽"下台"可稍晚些，并将乳鸽放在铺有厚麻袋片的雏鸽盆中，以防乳鸽受冻，另外，鸽窝宜用稻草编织，保持鸽窝温暖干净。

（4）鸽舍补充光照。冬季天短，光照不足，对种鸽繁殖生产不利，一般应于晚上补充鸽舍人工光照 3~4 小时，这样能够有效地提高种鸽产蛋率、受精率和乳鸽的体重。

通常每 10 平方米鸽舍采用 1 盏 40~60 瓦灯泡即可，光线要柔和，不宜太强或太弱，并定时开关，一般每日鸽舍自然光照加人工光照 16~17 小时，即能保证种鸽正常生产需要。

（5）提高饲料营养。冬季气温低，饲料中所含的能量要比其他季节高些。饲料种类多样化，营养要全面。既要满足种鸽的营养需求，又要满足雏鸽生长发育的营养需求。

在饲喂上，由于冬季天气寒冷，鸽子消耗热量较多，因此在饲料中要适量提高能量饲料（玉米）、粗蛋白的含量，同时在喂量上也要较其他季节增加一些，最好晚上再补喂 1 次。特别要提醒的是，保健砂与饲料同等重要，1 天也不能缺喂。在具体饲喂上，要勤翻勤添，最好在保健砂中适量添加赤砂糖或姜末，可以有效提高肉鸽御寒、抗感冒能力。

①生产鸽能量饲料要占饲料配方的 70%~75%，豌豆等豆类占 25%~30%，有条件的鸽场还可压制一些全价颗粒料配合饲喂，以满足鸽子的营养需要；同时保健砂中添加 3%~5% 红糖或葡萄糖，并经常饮用电解多维或鱼肝油，以提高种鸽抗病御寒能力；冬季水质冰凉，不宜给鸽子直接饮用，一般应对成温水饮用，这也是冬季养好鸽子的关键；晚间要倒掉剩水，以防结冰及鸽子饮用，造成鸽子患病。另外，冬季鸽子进食较多，喂量要相应增加，晚上再加喂 1 次。坚持少喂勤添，吃饱不剩。这样既可刺激笼养鸽的食欲，又激发鸽子运动，增强了体质。

②要供给足够的矿物质饲料（保健砂）。肉鸽保健砂配比如下：

中砂（直径 1~2 毫米）30%，红土 10%，贝壳粉 30%，骨粉 10%~15%，盐3%，木炭 4%，熟石灰和石膏 5%，添加剂（铁红 0.5%、微量元素 1%、龙胆草 1%、甘草 1.5%、穿心莲 1%、维生素 E 1%）。每天每对肉鸽 3~18 克。提醒养鸽户，中砂、红土、贝壳粉、骨粉可事先配好，其他成分最好现用现配，防止添加剂中一些成分拮抗和挥发，一些中草药可根据鸽子的发病情况进行变动。

（6）清洁卫生、预防疾病。在疾病防治上，由于笼舍内氨气、二氧化碳、硫化氢等有害气体浓度过高，容易诱发肉鸽呼吸道疾病、霍乱、肠炎等疾病，因此，平时注意搞好舍内外的卫生，经常对舍内消毒，建议采用 3~4 种消毒液交替喷洒消毒。每天早晚检查鸽群（也可在饲喂时同步进行），重点看肉鸽的表现和粪便，一旦出现病鸽，及时隔离诊断，对症治疗。

冬季鸽舍内外及昼夜温差较大，如受风寒，肉鸽易患感冒、霍乱和气管炎等呼吸系统疾病和肠道疾病，感染鸽虱、跳蚤等体外寄生虫。所以，舍内要每天清扫 1 次，鸽舍和饮食用具应每月用 5% 的来苏儿、3% 的高锰酸钾溶液、0.1%~0.2% 的新洁尔灭液或百毒杀消毒。饮水应该定期加入土霉素或泰乐菌素等抗生素进行药物预防，也可在饮水中加入 0.1% 的高锰酸钾、微量的碘酒或小苏打等药剂，让肉鸽自由饮用，以增强鸽的抗病力。

①坚持打扫鸽舍、鸽笼中的粪便和脱落的羽毛，常清除巢盘的雏鸽粪，以防止雏鸽因粪便污染、潮湿而感冒，防止雏鸽生病。

②保持舍内空气新鲜。根据天气情况打开门窗通风换气，保持清洁卫生。

③鸽舍及饮食具应定期用5%的来苏儿、3%的高锰酸钾或百毒杀消毒。

④冬季昼夜温差大，鸽易患伤风感冒、鼻炎、消化不良和拉稀等病症，出现感冒时，可服用。

⑤土霉素、扑热息痛，每次各服1/2片、1/4片，雏鸽减半，每日2次，连服3~5天。

⑥治疗肉鸽霉形体病，应用红霉素0.02%、泰乐菌素0.08%兑水饮用，连用3~5天。

（7）合理运动。冬季肉鸽洗澡以砂浴为主、水浴为辅，每月2~3次，根据天气和鸽的表现而定。水浴要选择晴暖天气的上午11~12点进行。水浴或砂浴均应投放杀虫剂、0.01%高锰酸钾液等。晴暖天气，将肉鸽放出运动和晒太阳。

（8）饮水卫生。冬季每只肉鸽饮水量为20~30毫升，保证饮水清洁卫生，禁饮过热及结冰的水，严寒天气最好饮15~20℃的温水。

（9）鸽舍通风。在这里需要提醒一下，由于平时门窗紧闭，舍内空气污浊，为保持空气新鲜，建议养殖户在晴天中午阳光充足、气温较高时开窗通风，每次通风10~15分钟为宜。

第七节 肉鸽场繁殖难题与综合技术

一、异常鸽蛋的处置

软蛋壳、薄蛋壳和粗蛋壳：出现软壳蛋、薄壳蛋和粗壳蛋的主要原因是缺乏微量元素钙。

钙对鸽来说非常重要，它不仅是蛋壳形成所必需的物质，也是鸽子赖以维持生命所必需的成分之一。因此，鸽子血液中一定要维持相当高的钙含量。

母鸽所产的蛋如果是软壳蛋或薄壳蛋，大多数都是因为保健砂不足或保健砂中所含的磷、钙（磷酸钙骨粉、贝壳粉和鸡蛋皮）太少，或者是母鸽本身就缺乏维生素D。粗壳蛋主要是营养失调，一般都是种鸽吃进太多的钙质或砂囊的砂粒太小。

为了防止这些问题的产生，在种鸽交配前尽量提供一些新鲜的保健砂或鱼肝油与磷酸钙这类营养食品。如果已产下了这种蛋，最好是弃之不孵，这样做可以避免将来幼鸽的羽毛与骨骼发育不良。

带粪鸽蛋：鸽蛋带粪可分为两种情况：（1）鸽蛋产下来本身就带粪；（2）是鸽蛋产下后沾上了巢盆内的粪便。

前一种情况主要是由于母鸽感染了肠内型的砂门氏菌，引起消化系统、排泄系统和生殖系统失去正常的功能，在体内鸽蛋经过排泄系统时就沾上了粪便。像这样的鸽蛋应当淘汰，因为鸽蛋的表层有极细小的气孔，粪便会从这些小气孔进入其中。这样，在一般情况下雏鸽不会成形，即使成形，将来的幼鸽体质也不会好。这样的母鸽应马上隔离治疗。

后一种情况是因为种鸽在只交配不生蛋前，习惯地站在巢盆内夜宿，随便排粪便或种鸽本身就不爱干净所引起的。遇到这种情况，要及时更换新的巢盆或垫草。对鸽蛋皮上面已沾上的粪便用湿布轻轻地擦去。注意，不可用力擦，以免破坏了鸽蛋表面的保护膜。

有裂纹的鸽蛋：鸽蛋壳被碰后有了裂纹，这要根据具体情况分别对待。碎纹不大或凹陷的面积很小，仍可补救。如果凹陷的面积较大，或者已经往外渗水，就要丢弃了。

鸽蛋出现裂纹情况的主要原因是：

①给鸽子垫窝的草过硬或亲鸽的体重过大。

②饲养的数量过多，巢少，相互争斗引起。

③管理不善或人为地摸来摸去，不小心所致。

出现了有裂纹的鸽蛋，如果是长期养鸽、饲养数量已成群的鸽主，大多数会弃之。但初养鸽者、养鸽数量比较少的人，或是借用别人的优良种鸽的人或高价购买来名贵血统种鸽者，一定会对鸽蛋视如珍宝，那么可以试试采取1项补救的方法：用薄纸糊上。糊的面积不要往外扩展过多，以免影响空气的通透。但是，且不可用橡皮胶布等化学材料去贴糊。

被水浸湿的鸽蛋：鸽蛋被水浸湿，一般是不会出现这种情况的。万一遇到了这种情况也不要太紧张，可以根据具体情况采取补救措施。鸽蛋被水浸泡过久是不能再孵化的，但是，在孵化过程中的鸽蛋，如果遇上雨淋湿，而不失浸泡的，只要及时采取措施处理，它仍然可以孵化。措施是：

①准备好干燥的巢盆和垫草，将新巢盆和垫草铺好，并在中间压出一格凹坑，随时准备将经过处理的鸽蛋放入新巢盆内。

②必须将鸽蛋表面的水分用干净柔软的吸水棉小心地吸干。注意，千万不能硬擦，以免擦掉鸽蛋表面的保护膜或损坏鸽蛋。在将鸽蛋放入新巢盆后，把老鸽从湿巢盆内抱入新巢盆里，使其继续孵化。但是，新巢盆的位置必须放在老巢盆原来的地方，否则亲鸽就不会去孵化了。

③整个处理过程动作要快，不要使停孵时间过久。

④设法让亲鸽不要往外跑，继续安心地孵蛋。此时可以给它一些爱吃的精饲料和洁净的水，放在离孵蛋盆较近的地方，让亲鸽吃饱就进入孵蛋巢盆内，既减少亲鸽外出觅食的劳累，又增加了亲鸽孵蛋的恋巢性。

⑤如果采取这些补救措施仍无效，那就只好弃之不孵了。当然最好的办法是做好预防工作，不要让雨淋着蛋。

二、肉鸽种蛋孵化率下降的原因及处理

肉鸽种蛋孵化率下降有多种原因引起，一般养殖户较难判定其病因而极难正确处理，现将肉鸽种蛋孵化率下降的原因及防治罗列如下（见表4-2）供广大养殖户参考对照。

肉鸽种蛋孵化率下降的原因及防治（表4-2）

表4-2　肉鸽种蛋孵化率降低的病状及防治

症状	病因	处理方法
无精蛋	①近亲繁殖 ②交配不正常 ③营养不全面 ④鸽龄原因 ⑤生理原因 ⑥疾病原因	①避免5代内纯系培育，淘汰不良基因鸽 ②母鸽泄殖腔外羽毛太厚，影响交配；单身鸽干扰、鸽笼和鸽舍鸽群过于拥挤等 ③缺乏维生素E、维生素B_2、维生素B_{12}及保健砂 ④未性成熟鸽、或老龄鸽、精子缺乏活力 ⑤母鸽生殖道异常而不受精，产薄壳蛋等畸形蛋，种鸽太肥，公鸽精液不良，鸽子消瘦，公鸽受精力差，母鸽产蛋少，配种期受惊吓，种蛋保存不当，受冷冻后早死，存放时间过长，超过2周以上，营养配比不当等 ⑥由于疫苗接种应激、传染病感染、抗生素、磺胺药等影响都会局部影响受精力，影响配种和产蛋
初检死精蛋（5天左右的早期死亡）	①营养因素 ②巢窝因素 ③管理不善 ④孵化高温和低温 ⑤种鸽质量因素	①日粮中缺乏必要的维生素和矿物质都会造成早期死精 ②巢窝不卫生，不规范，影响亲鸽孵化、亲鸽受异声、异光惊吓，捕捉幼鸽离巢等 ③种蛋受精期高温（35℃、6小时后）就会造成死精，种蛋被污染，受细菌浸入，种蛋受潮霉菌影响；种蛋存放时间过长；种蛋保存温度、湿度不当都会导致死精 ④如孵化温度过高会导致死精增多，孵化温度忽高忽低，种蛋受刺激而死，孵化时振动过剧，孵化过程中突然停电，受偏高药剂消毒影响 ⑤鸽龄长已经衰老，精子活力差、未成熟年轻鸽精子活力弱；近亲引起的弱精，种鸽日粮不当，种鸽衰竭
死精蛋	①温湿度不当 ②体内寄生虫 ③种鸽本身因素 ④营养因素	①局部高温会致死弱精、弱胚、因故停电、供氧不足、通风不良造成后期死亡 ②细菌侵入，体内寄生虫侵入，也会致死弱胚 ③维生素D缺乏导致胚胎水肿、中后期死亡，种鸽因病产畸形蛋、弱精蛋、种鸽营养不良也会增加死精蛋；老龄鸽产死精蛋多；孵化翻蛋不均匀，温度不匀，湿度太高也是造成后期死亡原因

三、提高受精率的措施

1. 饲料要全价

喂给生产鸽足量全价饲料，不能有什么饲料喂什么饲料，注意补充维生素E和饲喂火麻仁。

2. 光照要适度

光照和运动是提高受精率很重要的外因，尤其是笼养鸽舍，在建筑时要考虑采光的因素。

3. 新母配老公

一般认为新母配老公可提高受精率，所谓的老公鸽未必指的是年龄很大的公鸽，而是指比初产母鸽大半岁至1岁的公鸽。

4. 重新配组合

公母鸽配对后，多次产无精蛋，但又年青体健者，可以拆散重新组合配偶，有可能会提高受精率。配对后发现公鸽性欲旺盛，母鸽拒绝交配，应及时检查母鸽是否已经性成熟或是否患病。

5. 注射性激素

公鸽性欲不强，可肌肉注射丙酸睾丸酮，1次注射5毫克，隔3天后再注射1次。日常饲料中加入禅泰种鸽专用生精散喂服。

6. 创造良好环境

一般生产鸽以笼养为好，假如群养也应以小群饲养为宜。这样才能减少配对鸽交配时受其他公鸽的冲击与干扰。小群饲养的产鸽，应在每对生产鸽的巢房门前设置跳板，便于在此交配。

7. 淘汰劣种鸽

及时淘汰性欲衰退的老年公母鸽，2~3岁是繁殖旺期，4岁后要开始淘汰。对于某些母鸽产卵异常，产卵少或者踩破蛋或啄蛋恶习的应及时淘汰，对于抱窝性不强的，有弃蛋离巢者及时淘汰。

8. 适时补充营养

对于种鸽鸽精子活力下降引起的受精率低下，可使用禅泰药业的ADE鱼油和中药蛋多旺、激蛋散、生精散等混合于饲料中连续添加饲喂1周后，即可显著提高种鸽受精率。

四、提高产蛋率的措施

肉鸽生产在我国是一项新兴产业。然而，因肉鸽产蛋率低下，从而导致许多鸽场经济效益不高，甚至个别鸽场破产的现象时有发生，阻碍了肉鸽养殖业的正常发展。为此，笔者经多年探索，总结出提高肉鸽产蛋率的7要点，使肉鸽产蛋率一般由年4~5窝，提高到年9~12窝，经济效益提高1倍。在这里特作一介绍，意与广大养殖户交流。

1. 合理配制肉鸽饲料，满足种鸽营养需要

饲料配方：50%玉米、15%小麦、10%谷物、5%碎米、20%豆类（最好是用黑豆）。因黄玉米含有维生素A和叶黄素，能提高产蛋率，而白玉米缺乏，所以要多用黄玉米。谷物胚芽中含有生育酚，也能促进多产蛋，所以不能减少其用量。

2. 合理配制和供给充足保健砂

保健砂中除加入黄土、木炭、食盐、河砂外，还应加入3%的"多维"或"产蛋

多"、20%骨粉。很多鸽场因为保健砂配制不合理,结果影响了产蛋率的提高。

3. 注意选留高产种鸽和培育高产品系

凡是产蛋持久性强,冬休期短,产蛋强度大以及年产蛋 8 对以上的种鸽,可视为高产鸽,应给予保留生产。对于种鸽年产蛋不到 8 对的是低产鸽,应进行折对重新配对,若重组后产率仍不高,应将其中不合格的种鸽毫不留情的淘汰。对于高产品系的培育,可以用高产种鸽的优良后代,通过本品种选育和杂交方式培育。

4. 加强保健和疾病防治工作

任何一种疾病对产蛋率都有影响,特别是鸽副伤寒、鸽结核、白痢可使种鸽完全停止产蛋。

5. 加强环境条件的控制和改善

影响产蛋率的环境因素有光照、湿度、温度、气压、通风、声音等。光照是重要因素,光照不足可以使产蛋率下降,例如:江苏某鸽场,种鸽间阴暗无光,结果造成绝大多数种鸽不下蛋而被迫倒闭。因此,种鸽每天必须接受 10 小时的光照,在冬季每天还应补照 1 ~ 2 小时,温度也是重要因素,种鸽下蛋的适宜温度是 13 ~ 21℃。

6. 注意照蛋并蛋

种蛋下蛋 5 天后进行头照,剔出无精蛋,14 天时进行二照,剔出死胚蛋。对于留下的同日龄不同窝的单蛋实行并蛋,即放在 1 个窝中,这样可腾出部分种鸽让它们重新下蛋,提高产蛋率。

7. 及时抓出雏鸽

这样能让种鸽早日休养生息,早日进行下一轮产蛋,提高产蛋率,一般出雏日龄以 14 ~ 15 天为好。

五、提高肉鸽繁殖力的综合技术措施

肉鸽生产提供的产品是乳鸽,饲养者都希望每对种鸽能生产繁育更多的乳鸽供应市场,以获取最大限度的利润。因此如何提高肉鸽的繁殖力,成为肉鸽生产亟待解决的问题。本书从遗传、营养、饲养管理、环境等方面详细论述提高肉鸽繁殖力的综合技术措施。

(一) 保证种鸽优良化

种鸽的品质优劣,直接关系到繁殖率的高低,只有优良的品种,才有高产的优势。

1. 引进繁殖力高的种鸽

在年内能孵化 10 次,生产 20 只乳鸽,这是非常理想的种鸽。一般种鸽每年能繁殖 8 对乳鸽也属高产种鸽,至少 1 对种鸽每年能繁殖 6 对以上,否则获利很少。因此在引进种鸽时应引起高度重视,不能盲目引种,以免造成不必要的损失。

2. 去劣留优,培育优良高产的种鸽群

(1) 开始配对繁殖头 3 个月,逐步淘汰 8 个月龄还没配对繁殖的迟熟种和体重在 500 克以下的小型成年鸽。

(2) 观察记录 3 次产蛋和孵化育雏后,淘汰连续产单蛋、畸形蛋或孵化中死胚及育雏不成的亲鸽,如体型好、体格大的应将其拆开重新配对。如仍有上述现象,应淘汰。

(3)将繁殖出来的25天的雏鸽称重,凡能超过母鸽以及体重在650克以上的全部留种,体重低于母亲鸽的应予淘汰。

(4)淘汰后留下的优良种鸽,还应观察1年的繁殖力,繁殖力高于7对以上者留种,繁殖力低于5对者拆开重配,再观察,如繁殖力没有提高则淘汰。

3. 选择繁殖率高、孵化性能好的种鸽

在饲养过程中,发现繁育、孵化性能均好的种鸽,选择其后代进行培育留种,坚持自繁自育,建立高产核心群。

4. 重视种鸽的个体选种

在肉鸽生产中,要求乳鸽个体要大。体重要求600克以上,年产乳鸽6对以上,这才符合生产种鸽的标准。要达到这一理想目的,与生产种鸽的自身体重有相对的关系,为此,选择配对时,要对种鸽个体进行选重,公鸽750~800克,母鸽650~700克为最佳配偶。

(二)缩短种鸽的休产期

1. 种鸽的人工强制换羽

种鸽每年夏末秋初换羽1次,有部分在春季就换羽,换羽期长达1~2月。在此期间,除高产的种鸽外,其他种鸽普遍停产。可能还有这种情况,即1对种鸽换羽的迟早和快慢不同,换羽早和快的,虽然换羽后发情快,也要等到另一只换完羽发情后,才能再交配生产。这就无形中延长了休产期,群体的鸽子,发情早者在鸽群中寻找配偶,还会引起鸽群紊乱。为了避免上述问题的发生,可以利用人工强制换羽的方法,即当鸽群普遍换羽时,就降低饲料的质量和减少饲喂量;或者断食断水,使鸽群在较短的时间内迅速换羽,待鸽群换羽完后,再恢复原来的饲料营养水平。鸽子的人工强制换羽,可以模拟鸡的人工强制换羽方法进行探索。在换羽期间,如果施行人工强制换羽方案,对在换羽期间仍孵蛋或哺育的种鸽,仍然常供水供料。

2. 乳鸽人工哺育

人工哺育乳鸽与亲鸽自然哺育比较,可以减少亲鸽哺育的生理负担,提早10~20天产下1窝蛋,从而提高肉鸽年生产周期内的繁殖力,同时,依不同的品种,乳鸽增重率提高3.5%~8.8%。出壳的乳鸽通常亲鸽和保姆鸽喂养至8~12日龄时才进行人工哺育。广东省家禽研究所所用的人工哺育乳鸽的饲料配方是:玉米40%、麸皮10%、豌豆20%、奶粉5%、酵母粉5%,除此之外,在饲料中加入适量的蛋氨酸、赖氨酸、多维素、食盐和矿物质。哺喂时,用开水 [料水比为1:(2~3)] 调成糊状,也可煮熟,然后用注射器接胶管经食道注入乳鸽嗉囊内,每天喂2~3次。

3. 并蛋

在孵化期间,分别在第5天、第10天各进行照蛋一次。第1次照蛋时,凡蛋内有红色网状血管的是受精蛋,如透明而又无血管的则是无精蛋,若血管短小而扁平的则是死精蛋。第10天照蛋主要是剔出死胚蛋。把无精蛋、死胚蛋和死精蛋取出后,剩下的蛋可并到孵化期相同的其他窝内,按每2个蛋1窝合并。根据生产实践证明,每对种鸽可以孵化3个蛋,并在饲养管理工作中可灵活调并。有些新配对的种鸽,若产2个蛋后仍不孵化时,也可以根据以上原则,将它们的种蛋并到其他种鸽孵化。并蛋后,种鸽不再孵化，过10多天后又可产蛋，所以并蛋是提高肉鸽繁殖力的有效措施之一。

4. 并雏

并雏也是提高肉鸽繁殖力的有效措施之一。因为并雏后，不带雏的种鸽可以提早10天左右又产下1窝蛋，缩短了产蛋期，种鸽的产蛋率可以提高50%左右。生产实践证明，在良好的饲养管理条件和不连续哺喂前提下，1对种鸽可以哺育3只乳鸽。根据以上原则，1窝仅孵出1只雏鸽或1对乳鸽因中途死亡仅剩1只；乳鸽出壳13～15天，早熟高产的亲鸽又重新产蛋，产蛋后的亲鸽有个别弃雏不喂的，都可以合并到日龄相同或相近，大小相似的其他单雏或双雏窝里饲养。

（三）做好青年鸽的培育

3～4月龄的青年鸽应限制饲养，防止采食过多和体质过肥。有条件的应公母分开饲养，防止早熟、早产、早配等现象发生。典型的日粮结构为：豆类饲料20%、能量饲料80%。后者占据比例较高，对新羽毛的生长起到良好的作用。每天喂两次，每只每天喂料量35克。如不限制饲喂，常常出现早产、产无精蛋、畸形蛋、头窝蛋受精率低等不良现象。因此，青年鸽的限制饲养，也是提高肉鸽繁殖力的有效措施之一。

（四）采用人工配对的方法，提高肉鸽配对成功率

乳鸽是夫妻鸟，必须雌雄配对，才能繁殖后代，即所谓的"一夫一妻制"。传统的配对方法是大群自由配对，这种配对方法完成整群配对所需的时间较长，约需1月左右，且对配对双方不好进行控制。采用人工配对的方法就可以克服以上的缺点。这种方法是进行雌雄鉴别后，有目的地选择一对对的鸽子，放入专设的配对笼或笼养种鸽的鸽笼中，1个笼子放1对。在笼子中间事先用网隔暂时将2只鸽子分开，正常供水供料，待2只鸽子彼此亲近后，便移出网隔让它们成亲。这种方法的优点是：

1. 完成配对所需的时间短，只需几天就可以完成，并进入繁殖阶段，缩短了休产期。

2. 避免了近亲繁殖。因为近亲繁殖（如兄妹、父女、母女或表兄妹等）会导致后代生产能力、生活能力和繁殖能力下降，这是引起品种退化的原因。

3. 可以进行有计划的选配鸽子。最理想的繁殖年是1～4岁，2～3岁是它的黄金时代，利用人工配对方法，就可以选择适宜年龄的鸽子之间进行配对繁殖。同时，可以有计划的在高产的公母鸽及其后代之间进行配对，这样可以使得决定繁殖力的基因纯合，从而提高肉鸽的繁殖力。

（五）创造适宜的环境条件

为肉鸽创造适宜的环境条件是提高肉鸽繁殖力的基本条件。鸽舍的适宜温度以27～32℃为宜，理想湿度55%～60%，通风良好，光照充足。鸽舍内的温度、湿度、通风和有害气体之间有密切的关系，应当调节好，要做到冬暖夏凉，干燥清爽，使有害气体降到不至于危害鸽体健康的程度。鸽子的孵化温度不是受人工控制，受到自然湿度影响很大。天气寒冷，孵化早期易引起死胚，巢盘要适当增厚垫料和加封门窗。天气炎热，孵化后期易死胚，要适当减少垫料，打开门窗和用水洒地板，条件好的用风扇降温。

（六）种鸽笼养

变种鸽群养为笼养，能使种鸽都吃到数量保证、质量均衡的饲料；种鸽免受其他鸽子的干扰，配种顺利，种蛋受精率、孵化率和成活率都较高，繁殖力约比群养高20%左右；同时，容易观察记录，饲料、饮水和保健砂都较清洁；由于笼子搭的自然隔离，鸽子之间直接接触的机会少，故疾病少，即使有病也容易发现，并能及时隔离诊治，用药少，成活率高。

（七）科学饲养，严格日常管理

1. 日粮全价，科学饲喂日粮全价是提高肉鸽繁殖力的基本条件。在同一鸽舍中，常有带雏种鸽和非带雏种鸽之分，为了充分满足不同生理需要和发挥饲料的效应，常给种鸽配制 2 种不同的日粮配方。带雏种鸽的日粮配方为：豆类饲料占 35% ~ 40%，能量饲料占 60% ~65%，每天喂 4 次，上午、下午各喂 2 次，尽可能满足乳鸽生长发育的需要。非带雏种鸽的日粮配方的结构为：豆类饲料占 25% ~ 30%，能量饲料占70% ~75%，每天喂 2 次，每只每天喂 40 克。

2. 保健砂对养鸽起着重要的作用，为此，要整天供应种鸽采食配制好的保健砂，尤其对生产鸽的哺乳期，保健砂不能中断，并要保持新鲜。

3. 供给充足而清洁的饮水。早上投料后就清洗饮水器（水槽或水管），下午添水，整日供水，不能间断。

4. 严格日常管理。搞好日常管理是确保肉鸽健康，提高繁殖力的重要环节。每天要按时饲喂鸽子、供水、清洁食槽、打扫环境卫生、消毒，注意观察鸽群的活动情况，查看鸽粪，发现病鸽及时隔离和治疗，检查孵化窝有无踩烂的蛋，有无踩死的乳鸽，检查乳鸽的生长情况，做好生产记录工作。

（八）调整和充实种鸽群

肉鸽换羽时间较长，而且普遍停产，所以在这段时间要全面的检查种鸽的生长情况，根据生产鸽的原始记录资料，把生产性能差、换羽太早和时间太长、伤残的种鸽淘汰掉，并从后备种鸽中选择优良的个体给予充实，起到提高群体繁殖力的作用。

（九）注意事项

要经常检查巢盆内有无垫草，无垫草时容易使种蛋破裂而影响繁殖率。同时要注意巢盆稳定和位置固定，巢盆不稳定，容易摔坏或摔死幼鸽；巢盆不固定，易导致种鸽误入而发生争斗，影响繁殖。

试验表明，年轻种鸽，新配种鸽产的头 3 窝蛋，孵出的幼鸽表质、性能都良好，因此不能拿掉所谓"头窝蛋"。

由于种鸽对幼鸽哺育不勤，会导致幼鸽发育迟缓；给食没坚持定时定量，缺乏饮用水，也会影响幼鸽的正常发育。在饲养管理中要特别注意这些细节，发现情况及时处理。

孵化后的 1 周内，不能使母鸽与雏鸽分离。注意鸽舍和巢盘的卫生，防止寄生虫。

在鸽子孵化时，鸽子对外面的警戒心很高，所以一般不要去摸蛋，或偷看鸽子孵蛋，不要让外人进入鸽舍参观，尽量保持鸽舍的安静环境。遇到鸽子在孵蛋期间到外面活动的情形时，不必担心，鸽子会知道如何孵蛋、如何调节温度。

调整饲料的营养，粗蛋白质含量在18%～20%，才能使鸽子获得足够的营养，为雏鸽的出生准备好丰富的鸽乳。

如果发现鸽子每窝产一只蛋，或产软壳蛋和砂壳蛋，这时营养及保健砂的问题，解决的办法是提供给营养丰富的饲料和优质的保健砂。

如果遇无精蛋数量增多或种鸽性欲不强，可给雄鸽注射睾丸素，每次0.5毫升，连续注射4天，同时在日粮内长期添加禅泰种鸽生精散或激蛋散进行保健护理。另外，要注意群养鸽中雄鸽与雌鸽的比例适宜与否，如果雄鸽多于雌鸽，鸽群就会出现争偶打架现象，导致交配失败、打斗受伤。无论公或母的偏多，都会造成无精蛋及破蛋增多。

凡是无精蛋、死精蛋、死胚蛋、破蛋均要及时剔除。如果无用的蛋拿不出来，抱窝的时间过长，亲鸽将会自行弃蛋而不顾。长此以往，会影响今后的哺育能力。

如果同时有几窝都是产1只蛋，可以把2～3窝合并成1窝孵化。孵化中剔除了无精蛋、死胚蛋以后，剩下的单个发育正常的蛋在孵化时间接近的情况下，也可以2～3个合在一起孵，以提高鸽群的繁殖率。

发现某对种鸽产的蛋常有无精蛋或死精蛋出现，就要重新配对或淘汰。对于不会孵蛋和育雏，或孵化中发病、死亡的种鸽，可用保姆鸽代替孵化。

鸽蛋要保存在干燥、通风、正常的室温环境中，保存时间不能过长，否则会影响胚胎的成活率。

六、种鸽不育不孕的诊断与治疗

在养鸽生涯中，我们难免会遇到雄鸽不育和雌鸽不孕的问题，处理起来又颇为棘手。那么，鸽子不育不孕是什么原因引起的？应该如何诊断治疗？

（一）种鸽不育不孕的原因

种鸽不育不孕的原因很多。归纳起来主要有3方面：①环境条件影响所致；②先天性生理缺陷所致；③后天疾病所致。这3个原因都会程度不同地导致种鸽不育不孕。

1. 环境条件对种鸽生殖功能的影响

种鸽的生殖功能受外界环境条件刺激和内在激素因子所控制。种鸽的发情和性冲动随季节更替、光照长短和温度高低的变化而变化，与异性的气味、声音、触动、色彩、动作等信号的出现有一定的规律性联系。其中光照是重要的生态因素之一，光照与生殖周期有密切联系。随着光照的延长，生殖腺逐渐发育成熟，产生生殖行为。温度变化也是重要的外界因素，随着光照时间的延长，温度升高，新陈代谢旺盛，产生性行为。另外，雄鸽的追逐、叫声和熟悉的巢穴，都是引起鸽子生殖行为的外界刺激，使一定腺体，即激素分泌腺活跃起来。换言之，外界刺激物激发了内在刺激物，内在的刺激物引起行为上的变化。

种鸽性器官的发育和性的机能是受卵巢或精巢的性激素调控的。性激素是种鸽性成熟和生殖行为的有力的内在调控因子。睾丸的间隙细胞分泌睾（甾）酮及其他雄性激素，它们控制雄性器官发育和二次性征形成，推动精子产生，控制鸽子的雄性机能和性行为。

卵巢分泌 2 类雌性激素，其中一类是雌（甾）激素，这种激素控制卵巢的发育和二次性征形成。这种激素与卵泡的成熟和成熟卵子的排出及发情周期的变化有关。

性激素的分泌均受脑下垂体的促卵泡激素（FSH）所控制，FSH 的分泌则受下丘脑的促性激素释放因子（GNRH）所调节。下丘脑分泌 GNRH，受雌激素分泌的负反馈调节。此外，下丘脑是神经系统的一部分，它的分泌活动与神经调节网络相联系。因此，种鸽的生殖行为与外来刺激及神经中枢生理活动存在着密切联系。

由此可见，内外环境条件的异常变化，必然要影响到种鸽的生殖机能，引起种鸽不育不孕。长期关棚的鸽子，特别是死条鸽，得不到充足的光照，会导致不能生育。在寒冷的冬天和炎热的夏天，气温异常不但会引起种鸽不育不孕，还会引起患病。鸽子需要大量的蛋白质，各种糖类、脂肪、维生素，还需要各种微量元素。如果营养缺乏，也会引起不育不孕。而营养的失调，体内脂肪过剩。就会堆积起来，影响受孕。意外的惊吓，会严重影响神经系统的调控，导致不生育。经常把巢穴移来移去，没有固定而适宜的巢穴，同样会阻滞生育等。这些内外环境条件的异常变化，都是引起种鸽不育不孕的重要原因。

2. 生理缺陷的影响

（1）雄鸽的生殖系统由各种与生殖机能有关的器官组合而成。生殖器官包括精巢、输精管和附腺等。其中精巢是主要部分，是产生精子并分泌雄性激素的器官。精巢内充满了精细管。精细管内形成的精子通过管内腔道集中于附睾的管道而送至输精管。输精管将精子送至贮精囊暂时贮存。当雄鸽交配中进行射精时，前列腺分泌精液，贮精囊释放出精子混合其中，混合后的精液通过尿道而射出。精液内含有糖蛋白和果糖，这些物质给精子提供营养和游动介质。糖蛋白的缓冲性保证精子有最适合的 pH 环境和稳定的渗透压条件，精子因而能保持最大活力。

如果雄鸽生殖器官有缺陷或发育异常，导致精巢不能生成精子。输精管缺陷，导致精子不能正常通过。前列腺缺陷，精液量减少，精液中的糖蛋白和果糖减少，精子的活动力和存活率降低，从而导致雄鸽不育。

（2）雌鸽生殖系统包括卵巢、输卵管和附属器官等。卵巢是卵子的发生器。卵巢一般悬挂在肠系膜上。卵巢的上皮组织分生卵原细胞。性成熟期，卵母细胞通过减数分裂成为卵细胞。受卵巢所控制，产卵期内卵细胞分先后积累蛋白质成为白色小球，然后加速积累脂类，成为成熟的卵球。卵球积累的蛋白质主要有磷卵质和脂卵质，这两种成分结合，成为卵黄小片。卵子形成后，分布于卵巢表面，等待排卵。雌鸽卵子从卵巢排出后即被输卵管的喇叭口所接受。卵子在输卵管内向下输送，在中途如遇精子，即进行受精。受精卵在下移时进行分裂，接受了蛋白腺分泌的蛋白，卵壳腺分泌的卵壳，形成完整的鸽卵，它暂留于泄殖腔中等待排出体外。

从雌鸽的生殖功能看，如果生殖系统有先天性的生理陷缺，如卵巢发育不全，输卵管阻塞、分泌腺失调、雌雄同体等，就会导致有的不能产卵，有的精液不能通过，因此无法受孕。

（3）疾病对种鸽生殖功能的影响。除了生殖系统的生理缺陷外，后天疾病，如全身性疾病、营养缺乏、内分泌紊乱、肥胖病、神经系统功能失调等，也会影响生殖功能，引起种鸽不育不孕。这是因为鸽子是一个有机的整体，任何部位的病理变化都会影响到生殖功能。根据中医学知识，后天疾病引起的不育不孕，主要原因有：肾虚、气血虚、痰湿、肝郁、血瘀等。但实际上，很多疾病都会引起种鸽不育不孕。

（二）种鸽不育不孕症的诊断

种鸽不育不孕症很复杂，诊断也很困难，尤其是现代的医疗手段很少用于鸽病的诊断；有史以来诊断鸽病的经验又很少。但是，只要借鉴中医学诊断方法，对种鸽认真观察，进行辨证分析，就可以确定病因病理。

种鸽患有不育不孕症，如果性欲冷淡，精神疲乏，而爪冰冷，排便稀薄，舌淡白，则为肾阳虚。如果性欲偏旺，口干，屎便干，舌红，则为肾阴不足。如果不爱飞行活动，喜欢在安静处独居，不爱"咕咕"叫，形体偏瘦，为气血虚。如果性欲低下，性情忧郁不爱活动，很少鸣叫，干呕，舌红，则为肝气郁结。如果形体肥胖，食欲不振，有呕吐现象，性欲亢进，舌红，则为湿热下注。如果病处有肿块，肛门有黑点，舌青紫，不爱飞行活动，则是瘀血。根据以上症状，就可以对种鸽的不育不孕进行对症治疗。

（三）种鸽不育不孕症的治疗

种鸽不育不孕，属于生理缺陷的，治疗效果不大；属于病理性的，可根据中医进行治疗。雄鸽不育的主要病理变化在于肾，治疗重在益肾填精。雌鸽不孕的主要病理变化在卵巢和输卵管，治疗重在调理气血。

但是，由于引起不育不孕的原因是多方面的，治疗也要据病因不同给予不同方法。肾阳虚，以肾气丸加减；肾阴虚，以六味地黄丸加减；气血两虚，以归脾丸加减，肝气郁结，以逍遥丸加减；湿热下注，以龙胆泻肝汤加减；风湿症，以香砂养胃丸和木香顺气丸加减；瘀血，以当归丸加减；肥胖，以荷叶汤加减。当然，中医治病的药方很多，治疗时对症下药，灵活化裁。

此外，有人给雄鸽肌注丙酸睾丸素，或口服白胡椒、刺五加片，进行治疗；给雄鸽肌注黄体酮维生素 E，或服用红霉素，同时喂服禅泰生精散或激蛋散进行治疗；也有以代替亲鸽哺育雏鸽，恢复种鸽生育能力的。这些都不能不说是一种有效方法。

（四）种鸽饲养

虽然种鸽不育不孕，有些是能够治愈的，但我们也应该坚持"预防为主"的方针，注重平时的生活调养。种鸽需要大量的蛋白质、糖类、脂肪、维生素、矿物质和微量元素等营养物质，因此，食物要多样化，最好以豌豆为主，夹杂其他食物和保健砂。日常可使用禅泰种鸽专用生精散和激蛋散添加在日粮内进行保健。饮水中经常加碘盐。要定时定量供给，不要因喂食过多，食物结构不合理而导致肥胖；也不要因营养缺乏导致体质衰弱。要保证充足的光照，多晒太阳。鸽舍要通风透光，但室温不可过高或过低。平时注意观察，发现有病及时治疗。只要重视平时的生活调养，种鸽不育不孕有些是可以预防的。

种鸽不育不孕症很复杂，很难治，只是一点经验体会，不可能以点概全。作为抛砖引玉，期望能引出治疗种鸽不育不孕的更多的好办法。

七、种鸽的异常情况及处理

（一）无精蛋增多

未受精的蛋称为无精蛋。造成无清蛋有以下因素：

1. 无论公母都有少数个体是先天不育的，这种鸽子应予以淘汰。怀疑某只鸽子不育时，可令其先后同 3 只不同的异性交配，若 3 次交配都不产生受精蛋，则认为该鸽不育。

2. 母鸽生殖道异常，而不能产受精蛋。白灰质蛋壳的蛋几乎 100% 是无精或不能孵化的。某些类型的保健砂可使鸽不再产白灰质蛋壳的蛋，但器质性缺陷的母鸽一般是不可治愈的，应予以淘汰。

3. 交配不正常。如环境过于拥挤、配对鸽舍中若有单身鸽也会增加无精蛋的比例。

4. 鸽子年龄愈大，愈易产无精蛋。应对所有种鸽做好记录，以便随年龄增长能及时识别其中产高比例无精蛋的个体并及时淘汰。

5. 许多品种尤其是重型品种的年轻种鸽易产无精蛋，一般产第 1 窝无精蛋比例可高达 50% 以上。

6. 2 窝蛋间隔时间过短。若 1 对鸽子失去了所产的蛋而很快又产下一窝蛋，则后产的这一窝很可能是无精蛋。母鸽休息 7 ~ 10 天不产蛋，可恢复正常。

7. 管理不当或采食的日粮不当，会使鸽繁殖性能严重受损。饲料和保健砂不平衡，会增加无精蛋比例。

8. 肛门外绒毛太厚，影响交配，若用剪刀将肛门处绒毛剪短，可提高受精率。

9. 体格过大，尤其是母鸽体格过大常会不育。种鸽应选用体型适中和体格正常的。

（二）胚胎死亡过多

胚胎在孵化中有两个高死亡阶段：（1）孵化的 1 ~ 4 天（集中在 2 ~ 3 天）；（2）在出雏前 2 天内。引起胚胎死亡增多的原因可分为外部的和生理的两大类。

1. 外部原因

（1）弃巢。孵蛋的亲鸽弃巢现象是常见的，这可发生于孵化任何阶段，造成胚胎死亡。可将被抛弃的胚蛋在 24 ~ 36 小时内转移继养，从而使这种蛋获救。

（2）受惊。如清扫鸽舍或在月光明亮的夜晚上夜班使亲鸽受惊离巢。

（3）虫兽害。各种害虫害兽如虱、蝇、蚊子、臭虫、老鼠等，还有一些甲虫的幼虫会钻入刚啄破的蛋壳中吸食雏鸽血或直接以雏鸽为食。

（4）巢箱结构不合理。巢箱的构造以杯形为宜，使孵化中的蛋不致滚离亲鸽腹下。

（5）消毒剂、杀虫剂。所喷洒的消毒剂或杀虫剂若进入蛋壳内就会杀死胚胎。为此，在舍内最好不要撒生石灰。在喷洒消毒剂时，也应尽可能将蛋遮盖。

2. 生理原因

（1）亲鸽老、弱、病。亲鸽老、弱、病时胚胎死亡率较高，如老鸽和病鸽其胚胎死亡率高。

（2）品种及近交。某些品种或品系，由于遗传原因，胚胎死亡率较高。此外，近交也会使胚胎死亡增多。

（3）病理变化。缺碘可引起甲状腺肿，使雏鸽体弱或死于啄壳之时。胚胎感染了细菌或其他疾病则会死亡。感染鼠伤寒砂门氏菌的胚胎常在孵化最后几天死于壳内。

（4）蛋滞留于输卵管内。蛋在输卵管内停留时间过长会因缺氧造成胚胎死亡。母鸽在产蛋时受惊、输卵管畸形、内分泌腺功能失调等，都可延长蛋在输卵管的停留时间。

（5）蛋壳异常。蛋壳正常与否对胚胎发育有很大影响。蛋壳过厚，孵化时需较高的湿度。为此，可在雏鸽临啄壳前将厚壳蛋短时间浸入水中软化蛋壳使雏鸽易于出壳。薄壳蛋在孵化中比厚壳蛋的胚胎死亡率还高。

（6）胎位不正。胚胎位置不正，雏鸽不能出壳，这种情况在双胎蛋中特别多。单胎蛋的胎位不正常发生于长而窄的蛋，或雏鸽在蛋小头啄壳时。

（三）种鸽的停产

1. 种鸽过肥或过瘦。过肥的种鸽常很懒。营养不足过瘦时产蛋量也会降低甚至停产。

2. 患病或受伤。

3. 母鸽生殖道异常。

4. 先天性不育。

5. 性本能丧失。有时候即使条件十分优越鸽子也会停产，尤其易发生于刚换过羽的时候，可能是鸽群年龄过大。

6. 环境不卫生。肮脏的环境招致各种内外寄生虫侵袭，从而使亲鸽停产。鼠害严重时会使亲鸽在夜间因受惊吓而失去繁殖和哺育的兴趣导致停产。

7. 维生素缺乏。缺乏某些维生素时性器官会萎缩。

对停产的应找出原因对症处理。缺乏营养的补充营养，伤病的进行治疗。彻底清扫鸽舍，并进行粉刷、消毒。在换羽期对鸽舍进行洗刷对鸽子有良好的作用。如整圈鸽子没明显原因而停产，可将所有鸽子关在飞棚中48小时后再放入舍内，这样可刺激其性冲动而恢复繁殖，在饮水中加入龙胆浸剂也有作用。将1对鸽中的公鸽或母鸽拿走3~4天，会使双方受刺激而恢复性冲动。如所有方法都试过了仍不见效，则应将其拆对重配，对不能恢复的应将其淘汰。

（四）弃孵

在孵化受精蛋过程中，不待其出雏而停止孵化，停孵的蛋会变凉而使胚胎死亡。为防止弃孵，最重要的是环境必须舒适。如亲鸽对环境不满意（如持续响亮的敲击声，夜间鼠、虫害等），就会放弃孵蛋。但有时孵化条件很好亲鸽也会弃孵，这可能是体内激素分泌失调。刚配对的青年鸽在孵第1窝、第2窝蛋时，比年长的鸽较容易发生弃孵现象。如1对鸽子在无明显外因的情况下经常弃孵，最好把它们拆开重新配对，对发现的弃孵蛋进行寄孵。

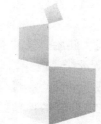

第五章 鸽病的诊断和防治技术

第一节 鸽病的预防

一、药物的预防

一般来说，鸽子是不容易生病的，但这必须做到以下几点：鸽舍内外经常保持清洁和干燥；不喂霉变的饲料；饮用洁净的水；供足保健砂；鸽舍内通风，让鸽子经常晒太阳；不惊吓鸽子，让它们有安全感；鸽舍内安排的鸽子数量要合理，不能太拥挤，要有宽敞的巢房；不能容留外来的情况不明的鸽子，防止带来病菌。

鸽子发病的原因无非是以下两个方面的因素：（1）身体素质差，先天性不健康，或本身带有病原微生物，或因偏食而缺乏某种营养成分造成体质衰弱；（2）外部环境不好，空气污染，鸽舍卫生条件差，食肉动物的攻击、惊吓、饮食不合要求等。

由此可见，鸽子生病是可以预防的，应当认真贯彻预防为主的方针，这是防止鸽子生病的最佳途径。

除了平时要加强管理外，有几个关键时期要特别注意。

（1）配对前2周。用1克红霉素溶于2升饮水中，连饮3~4天；同时饲喂富含蛋白质的日粮。这样除了可以提高孵化率外，还可以减少乳鸽的死亡率。

（2）哺乳期。当鸽群有毛滴虫病时，产卵后所有的种鸽用0.04%痢特灵拌料，或用0.02%痢特灵饮水给药，连用3~5天。某些受严重感染的鸽群在第3次产卵后，应重复1个疗程。在哺乳期，所有的种鸽和已断乳的幼鸽每周服1天金霉素，用量为20~40毫克/只。这可以预防秋虫病、霉形体病和砂门氏菌病等。

（3）断乳期。刚断乳的幼鸽很难养活。由于饲料的改变、与亲鸽分离和新的鸽舍环境，对幼鸽都有影响。此时，每只鸽子应喂金霉素20~40毫克，连喂3天，以增强鸽子对传染病的抵抗力。

（4）换羽期。正常健康的鸽子才会脱掉旧羽毛，换上新羽毛。鸽子在换羽期间，体质较弱，应注意采取适当措施以保证鸽子不患传染病。此时要及时饲喂微量元素、维生素、氨基酸的混合物，并加入金霉素或其他一些药物，以此来增强鸽子的抗病能力，促进换羽的进行，并使鸽子长处丰满而有光泽的新羽毛。

除此之外，在冬季要改进饲料，增加能量，每隔2周在饮水中给予多种维生素。还有，运输中鸽子由于环境和饲料等的改变，也极易患病，此时也要注意预防。关于这点，在前面已经提过，这里就不再重复了。

二、药物预防注意的问题

在饲料和饮水中添加适量的抗菌素、抗球虫、抗霉菌病等，可以有效地防止某些传染病和寄生虫病，促进家禽的生长发育。但是若使用不当，也会引起副作用，甚至影响鸽体健康。所以，防病用药要注意合理、适当。专家研究发现，药物和药物添加剂对公共卫生有如下几个方面的影响：

1. 导致畜禽中毒。如磺胺制剂用量不当引起机体发生出血性渗出等病理变化。

2. 引起畜禽过敏反应。

3. 导致畜禽肠道内某些细菌产生耐药性，并且可引起畜禽肠道内正常菌体紊乱。

4. 造成肉鸽、乳鸽、鸽蛋中的药物残留，危害消费者的健康。

5. 人们长期食用含药物残留的动物性食物可能会发生过敏反应、致畸、致癌等不良后果。

由此可见，用药物预防鸽病必须慎重，要注意以下几点：

1. 严格按照规定的使用方法、剂量及使用条件进行投用，严防滥用。

2. 按照世界卫生组织有关专门委员会规定，畜禽饲料中的抗菌素，不论单独使用或合并使用，用量均不能超过20毫克/千克，并且限用于动物生长早期。

3. 对于容易导致产生耐药性的抗菌素，应禁止使用。

4. 有些药物如磺胺等药对机体副作用较大，长期使用可影响机体的免疫功能，降低鸽体的抗病能力，所以，在选择防病添加药物时，不宜选择这类药物。

5. 不论用哪一种药物预防疾病，均不能时间太长，一般用3～5天，不得超过一周。

6. 肉鸽在出售前两周内，应停止应用各种抗菌药，以免造成肉品中药物残留。

第二节　鸽场免疫技术

免疫是机体对外源性或内源性异物进行识别、清除和排斥的过程，是机体免疫系统发挥的一种保护性生理功能。保持机体内外环境平衡是动物健康成长和进行生命活动最基本的条件。动物在长期进化中形成了与外部入侵的病原微生物和内部产生的肿瘤细胞作斗争的防御系统——免疫系统。通常所说的免疫都是指后天获得性的特异性免疫。

动物免疫也称疫苗接种，是指用疫苗刺激机体免疫器官和淋巴细胞产生特异性抗体的过程。免疫接种是预防动物传染病和某些寄生虫的有效手段。因此，《中华人民共和国动物防疫法》规定，饲养动物的单位和个人应当依法履行动物疫病强制免疫义务，按照兽医主管部门的要求做好强制免疫工作。经强制免疫的动物，应当按照国务院兽医主管部门的规定建立免疫档案，加施畜禽标识，实施可追溯管理。目前，国家明确规定对高致病性禽流感、新城疫等严重危害养殖业生产和人类健康的动物疫病实行计划免疫制度，实施强制免疫。

一、鸽常用生物制品

鸽常用生物制品大体上分为疫苗、免疫血清和诊断液 3 类。疫苗用于主动免疫，免疫血清和卵黄抗体则用于紧急被动免疫和特异性治疗。诊断液主要用于一些疫病的诊断与免疫监测。目前，我国对鸽的专用生物制品的研制开发较少，其专用制剂也不多，大部分都是借用禽的生物制品特别是疫苗，但在使用时应先做少量鸽试验，证明安全后再进行大群免疫。适用于鸽的主要制剂如下：

（一）鸽瘟油乳剂疫苗

又称鸽 I 型副黏病毒油乳剂疫苗或鸽新城疫油乳剂疫苗，是鸽新城疫（鸽瘟）的一种专用安全有效的疫苗。颈部皮下注射的免疫效果优于肌内注射和翼下接种途径。

（二）鸡新城疫疫苗

近几年的实践证明，其对鸽的免疫效果较好，合理注射对鸽的保护率较高，但有一定的副作用，使用时一定要多加注意，注射前一定要先试针，并先做好基础免疫。鸡新城疫疫苗种类、疫苗类型很多，灭活苗和活苗，毒力强、毒力弱的或无毒的疫苗均有。其中灭活疫苗只能用于注射，弱毒活疫苗可用于饮水、滴鼻、点眼或气雾等途径。鸡新城疫 I 系活疫苗是一种中等毒力苗，只适用于已经用 F 系或 Lasota 系免疫过的 2 月龄以上禽使用，不得用于雏禽，主要用于刺种、皮下或肌内注射。鸡新城疫 Lasota 系活疫苗是弱毒苗，有很多种，多用于 14 日龄以内的雏禽通过饮水、滴鼻、点眼或气雾等途径免疫。

（三）鸽痘活疫苗

对鸽有良好的免疫力，1 日龄的乳鸽即可使用。方法是：将翅膀张开，拔去翼膜上的小羽毛，滴 1~2 滴稀释的疫苗后涂擦；或用针头蘸取疫苗作皮下刺种 3~4 次即可，一般在接种后 7~10 天检查接种部，如出现针头大小的痘斑、结痂等反应，表明接种成功，其保护率可达 90% 以上，若没有痘斑等反应应及时补种。

（四）鸡痘鹌鹑化弱毒疫苗

它是禽类的通用苗，一般在翼内侧无血管处刺种，1 月龄内雏禽刺种 1 针，1 月龄以上刺种 2 针稀释苗。刺种后 4~6 天检查接种部，如在刺种局部有 80% 以上禽出现痘肿、水泡和结痂等反应，表示接种成功；若接种部无反应或反应率低，应考虑重新接种。

（五）免疫血清与卵黄抗体

目前在我国养禽业中应用十分广泛，多用于紧急接种，防病治病都只有短期效果，其中免疫血清的成本较高，而卵黄抗体相对价格低廉。已经投入使用的非规程制品有新城疫高免血清和卵黄抗体、新城疫与法氏囊二联高免血清和卵黄抗体等。

二、生物制品的使用

（一）生物制品的保存和运送

各类生物制品的特性与生产工艺不同，在产品流通、存放与使用过程中，应严格按照产品说明书规范操作。

1. 生物制品的保存

疫苗一般存在低温、阴暗及干燥的场所。灭活苗和类毒素应保存在 2～8℃的环境中，防止冻结；油乳剂灭活苗在冷冻后会出现破乳分层现象，影响其效力，应常温保存。大多数弱毒活疫苗应放在 -15℃以下冻结保存。对于真空冻干活苗，还应注意其真空度。

2. 生物制品的运送

弱毒活疫苗的运送一般要求"冷链"系统，即需要冷藏工具如冷藏车、冷藏箱、保温瓶等，购买时要弄清各种疫苗的保存和运输中的条件，运输时装入保温冷藏设备中，购入后立即按规定温度存放，严防在高温和日光下保存和运输。灭活苗在运输中也要防止冻结和暴晒。

（二）预防接种用器材

预防接种前，兽医人员需要准备一些操作中可能用到的药品和器材，主要有5%碘酊、70%酒精、新洁尔灭或来苏儿等消毒剂；金属注射器、玻璃注射器（1毫升、2毫升、5毫升等规格）、兽用连续注射器、针头（人用6～9号）、煮沸消毒锅、镊子、剪刀、体温计、气雾免疫发生器、乳头滴管、桶、脸盆、毛巾、肥皂、纱布、脱脂棉、带盖搪瓷盘、出诊箱、工作服和帽、胶靴、免疫登记册等。

（三）疫苗的稀释

生产厂家对各种生物制剂是否需要稀释，以及使用的稀释液、稀释倍数和稀释方法都有明确规定，必须严格地按照使用说明书操作。稀释疫苗用的器械必须是无菌的，以防疫苗受到污染。

1. 注射用疫苗的稀释

用70%酒精棉球擦拭消毒疫苗和稀释液的瓶盖，然后用带有针头的灭菌注射器吸取少量稀释液注入疫苗瓶中，充分振荡溶解后，吸取注入盛放疫苗液的空瓶中，反复冲洗疫苗瓶2～3次，使疫苗充分转入疫苗液瓶中，补足所需稀释液，摇匀备用。

2. 饮水用疫苗的稀释

饮水（或喷雾）免疫时，疫苗最好用蒸馏水或无离子水稀释，也可用洁净的深井水或泉水稀释，不能用自来水，因为自来水中的消毒剂会把活疫苗中的抗原失活，使疫苗失效。稀释前先用酒精棉球消毒疫苗的瓶盖,然后用灭菌注射器吸取少量的稀释液注入疫苗瓶中,充分振荡溶解后,抽取溶解的疫苗移入干净的容器中,再用稀释液把疫苗瓶冲洗几次,使全部疫苗转入容器中,然后按一定剂量补足所需稀释液。

(四) 生物制品使用注意事项

1. 接种前应根据鸽群免疫接种计划,确定接种日期及物理制品种类,准备足够的生物制品、器材、药品、免疫登记表。适时安排接种操作人员的技能培训,包括接种规范操作,接种后的饲养管理及观察,鸽保定的注意事项等。及时了解本地、本季及本鸽场各种疫病发生和流行情况,依据鸽疫病种类和流行特点做好各种准备,免疫工作在疫病来临之前要完成。

2. 接种前要观察鸽群的营养和健康状况,凡疑似发病、体温升高、体质瘦弱、处于产蛋期的鸽群均不宜接种疫苗,可待鸽健康后适时补充免疫,也可注射免疫血清或卵黄抗体,产蛋鸽应在产蛋前适时提前免疫。

3. 先用质量可靠的疫苗。用前要细心检查,凡没有瓶签或瓶签模糊不清,过期,瓶塞不紧,疫苗瓶有裂纹,疫苗色泽、气味或性状与说明不符,以及未按规定方法和要求保存的疫苗均不得使用。

4. 需经稀释后才能使用的疫苗,应按说明书的要求进行稀释。按照疫苗的使用说明书,选用规定的稀释液。吸取疫苗前,注意注射器、针头及瓶塞表面的消毒。先除去封口上的火漆或石蜡,用酒精棉球消毒瓶塞。按标明的羽份充分稀释、摇匀,稀释后的疫苗,如一次不能吸完,吸液后针头不必拔出,用酒精棉球包裹,以便再次吸取,给鸽注射过的针头,不能吸液,以免污染疫苗。

5. 根据疫苗使用说明及鸽的数量选择接种方法。疫苗使用前必须充分振荡,使其混合均匀后才能使用。免疫血清则不应振荡,沉淀不应吸取,并随吸随注。已经打开瓶塞或稀释过的疫苗,必须当天用完,未用完的处理后弃去。饮水、气雾、拌料接种疫苗的前 2 天、后 5 天不得让鸽饮用消毒药(如高锰酸钾等)也不得进行任何消毒,使用弱毒菌苗的前后各 1 周内不得使用抗微生物药。

6. 接种时应严格执行无菌操作。免疫接种的注射器、针头和镊子等用具,应严格采用高温高压或煮沸消毒。注射部位皮肤用 5% 的碘酊消毒,皮下注射及皮肤刺种用 70% 酒精消毒。针头要经常更换,注射时最好每注射 1 只更换 1 个针头。在针头不足时可每吸液 1 次更换 1 个针头,每注射 1 只后,应用酒精棉球将针头拭净消毒后再用。也可以将换下的针头浸入酒精、新洁尔灭或其他化消毒液中,浸泡 20 分钟后,用灭菌蒸馏水冲洗后重新使用。接种过程中也应注意消毒,接种后的用具、空疫苗瓶也应进行消毒处理。针筒排气溢出的药液,应吸集于酒精棉球上,并存放于专用的瓶内。用过的酒精棉球、碘酊棉球和未用完的药液都放在专用的瓶内,集中销毁。接种工作完成后,所用用具应清洗、消毒处理。

7. 做好接种记录,包括疫苗的种类、批号、生产日期、厂家、剂量、稀释液,接种方法和途径、鸽的数量、接种时间、参加人员、接种反应等,并对接种的检测效果进行记录。还应注明对漏免者补免的时间。给鸽接种后,应注意观察 7~10 天,加强护理,如有不良反应,可根据情况及时处理,不良反应要记载到免疫登记册或免疫卡上。

8. 为了保证免疫接种的安全和效果，接种前对部分幼鸽的母源抗体进行监测，选择最佳时机进行接种。同时，注意按种后的临床观察。

9. 工作人员应加强个人防护，操作时应穿工作服、胶靴、戴工作帽，必要时戴口罩。工作前后应洗手消毒，工作中要认真细致、规范操作，抓取或保定鸽时不应动作粗暴，不在工作时间吸烟或吃东西。

（五）免疫接种途径

鸽的免疫方法可分为个体免疫法和群体免疫法。前者免疫途径可包括注射、点眼、滴鼻、刺种、静脉注射等，后者包括饮水、拌料、气雾免疫等。选择合理的免疫接种途径可以大大提高鸽机体的免疫应答能力。

1. 注射免疫

适用于各种灭活苗和弱毒苗的免疫接种。根据疫苗注入的组织不同，又可分为皮下注射、肌内注射。注射接种剂量准确、免疫密度高、效果确实可靠，在实践中应用广泛。但费时费力，消毒不严格时容易造成病原体人为传播和局部感染，而且捕捉时易出现应激反应。

（1）皮下注射。多用于灭活苗及免疫血清、高卵黄抗体接种。接种部位先选皮薄、被毛少、皮肤松弛、皮下血管少的部位，最好在胸部或翼下，也可在头顶后的皮下。注射部位消毒后，注射者右手手持注射器，左手食指与拇指将皮肤提起呈伞状，沿基部刺入皮下注射针头的2/3，将左手放开后，再推动注射器活塞将疫苗徐徐注入。注射完毕后，用酒精棉球按住注射部位，将针头拔出。立即以药棉揉擦，使药液散开。

（2）肌内注射。多用于弱毒疫苗的接种。肌内注射操作简便，应用广泛，副作用较小，药液吸收快，免疫效果较好。注射部位应先择肌肉丰满、血管少、远离神经干的部位，宜在胸部肌肉或翅膀基部。使用的针头号数及长度适宜，防止过深刺伤内脏。针头管径越大，对鸽的刺激与损伤越大；管径太小，则注射油乳剂疫苗时阻力较大，不容易操作，故应选择合适的针头使用。

2. 点眼与滴鼻

禽类眼部具有哈德氏腺，鼻腔黏膜下有丰富的淋巴样组织，对抗原的刺激都能产生很强的免疫应答反应，操作时用乳头滴管吸取疫苗滴于眼内或鼻孔内。这种方法多用于雏鸽的首免。利用点眼或滴鼻接种时应注意：接种时均使用弱毒苗，如果有母源抗体存在，会影响病毒的定居和刺激机体产生抗体，此时可考虑适当增大疫苗接种量。点眼时，要等待疫苗扩散后才能放开鸽。滴鼻时，可用固定拿的手的食指堵住非滴鼻侧的鼻孔，加速疫苗的吸入。

3. 皮肤刺种

常用于鸽痘等疫病的弱毒疫苗接种。在鸽翅膀内侧无毛处，避开血管，用刺种针或钢笔尖蘸取疫苗刺入皮下。刺种后7~10天检查免疫的效果。一般来说，正确接种后在接种部位会出现红肿、结痂反应；如无局部反应，则应检查鸽群是否处于免疫阶段，疫苗质量有无问题或接种方法是否有差错，及时进行补充免疫。

4. 静脉注射

主要用于注射免疫血清，进行紧急预防和治疗。注射部位在翅下静脉。疫苗因残余毒力等原因，一般不通过静脉注射接种。

5. 经口免疫接种

分为拌料、饮水两种方法，即将疫苗均匀地混于饲料或饮水中经口服后而获得免疫。经口免疫效率高、省时省力、操作方便，能使全群鸽在同一时间内被接种，对群体的应激反应小，但鸽群抗体滴度往往不均匀，免疫持续期短，免疫效果往往受到其他多种因素的影响。口服免疫时，应按鸽的数量和鸽的平均饮水量及摄采食量，准确计算疫苗剂量。免疫前应停饮或停喂一段时间，一般夏季停水 4 小时，冬季停水 6 小时。疫苗混入饭水或饲料后，必须口服，保证在最短时间内摄入足量疫苗，进入鸽体内的时间越短效果越好。稀释疫苗的水应用纯净的冷水，不能含有消毒药，盛放疫苗液的器皿应清洁无污染。在饮水中最好能加入 0.1% 的脱脂奶粉。混有疫苗的饮水及饲料的温度，以不超过室温为宜，应注意避免疫苗暴露在阳光下。用于口服的疫苗必须是高效价的活苗，可增加疫苗用量，一般为注射剂量的 2～5 倍。免疫时应多设一些供料、供水点，保证有 2/3 以上的鸽子能同时饮水或吃食，避免鸽群因争抢而导致摄入疫苗量过多或过少。本法具有省时、省力的特点，适用于大群免疫。

6. 气雾免疫法

将稀释的疫苗在气雾发生器的作用下喷射出去，使疫苗形成 5～10 微米的雾化粒子，均匀地浮游于空气中，鸽随着呼吸运动，将疫苗吸入而达到免疫。气雾免疫分为气溶胶免疫和喷雾免疫 2 种形式，其中气溶胶免疫最为常见。气雾免疫法不但省力，而且对少数疫苗特别有效，适用于大群鸽的免疫。进行气雾免疫时，将鸽引入鸽舍，关闭门窗，尽量减少空气流动，喷雾完毕后，鸽在舍内停留 20～30 分钟即可放出。操作人员要注意防护，戴上大而厚的口罩。

（六）免疫接种的反应及处理

对鸽机体来说，疫苗是外源性物质，接种后会出现一些不良反应，按照反应的强度和性质可将其分为 3 种类型。

1. 正常反应

指由于疫苗本身的特性引起的反应。少数疫苗接种后，鸽常常出现一过性的精神沉郁、食欲下降、注射部位的短时轻度炎症等局部性或全身性异常表现。如果出现这种症状的鸽数量少、反应程度轻、维持时间短，则被认为是正常反应，一般不用处理。

2. 异常反应

1 次免疫注射后发生反应的鸽较多，表现为震颤、流涎、瘙痒等。原因通常是由于疫苗质量低劣或毒（菌）株的毒力偏强、使用剂量过大、操作不正确、接种途径错误或使用对象不正确等因素引起，要注意分析和及时对症治疗与抢救。

3. 严重反应

多属于过敏反应，轻则体温升高、黏膜发绀、皮肤出现丘疹等，重则全身淤血、呼吸困难、口吐白沫或血沫、骨骼肌痉挛、抽搐，最后循环衰竭导致猝死，多在 0.5～1 小时内死亡。主要与生物制品的性质和动物本身体质有关，仅发生于个别鸽，需用抗过敏药物和激素疗法及时救治，如有全身感染，可配合抗生素治疗。

（七）鸽免疫失败的原因

生产实践中造成免疫失败的原因是多方面的，各种因素可通过不同的机制干扰动物免疫力的产生。归纳起来，造成免疫失败的因素主要有以下几个方面：

1. 疫苗因素

（1）疫苗本身的质量问题。疫苗中免疫原成分的含量多少是疫苗能否达到良好免疫效果的决定因素。正规厂家生产的疫苗质量较为可靠，购买前应查看生产厂家、产品批号、生产日期等，了解厂家有无产销资质。

（2）疫苗的保存不当。对那些瓶签说明不清、有裂缝破损、色泽性状不正常（如灭活苗的破乳分层现象）或瓶内发现杂质异物等的疫苗，应停止使用。

（3）疫苗使用不当

①疫苗稀释不当。各种疫苗所用的稀释剂、稀释倍数及稀释的方法都有一定的规定，必须严格按照使用说明书操作。

②疫苗选择不当。一些疫苗，如鸡新城疫弱毒苗等，本身容易引起免疫损伤，造成免疫水平低下。

③首免时间选择不当。雏鸽刚出壳的几天内，体内往往存在大量母源抗体，若此时进行免疫（尤其是进行活疫苗的免疫），则体内母源抗体与免疫原结合，一方面会中和免疫原，干扰病毒的复制，另一方面会造成免疫损伤，影响免疫效果。

④疫苗间干扰作用。将两种或两种以上无交叉反应的抗原同时接种或接种的时间间隔很短，机体对其中一种抗原的抗体应答显著降低。

⑤免疫方法不当。滴鼻、点眼免疫时，疫苗未能进入眼内或鼻腔；肌内注射时，注入的疫苗又从注射孔流出等。

2. 鸽群机体因素

（1）遗传因素。不同品种免疫应答各有差异，即使同一品种的不同个体，因日龄、性别等不同，对同一疫苗的免疫反应强弱也不一致。

（2）母源抗体的干扰。主要是干扰疫苗病毒在体内的复制，影响免疫效果。同时母源抗体本身也被中和。

（3）营养因素。维生素及许多其他营养成分都会对鸽体免疫力产生影响。特别是缺乏维生素 A、维生素 D、维生素 B、维生素 E 和多种微量元素时，能影响机体对抗原的免疫应答，免疫反应明显受到抑制。

（4）健康原因。患病鸽接种疫苗不仅不会产生免疫效果，严重的可导致死亡。此外，鸽发生免疫抑制性疾病也是免疫失败的常见原因。

3. 病原体的血清型和变异性

许多病原微生物有多个血清型，容易出现抗原变异，如果感染的病原微生物与使用的疫苗毒（菌）株在抗原上存在较大差异或不属于一个血清型，则可导致免疫失败。如大肠杆菌病、禽流感等。另外，如果病原出现超强毒力变异株，也会造成免疫失败，如高致病性禽流感等。

4. 免疫程序不合理

疫苗的种类、接种时机、接种途径和剂量、接种次数及间隔时间等不适当，容易出现免疫效果差或免疫失败的现象。此外，疫病分布发生变化时，疫苗的接种时机、接种次数及间隔时间等应相应调整。

5. 其他因素

饲养管理不当，饲喂霉变饲料，饲料中蛋白质不均衡，动物误食铅、镉、砷等重金属或如卤素、农药等化学物质，均可抑制免疫应答，引起免疫失败。此外，接种期间或接种前后给鸽子消毒或使用治疗药物，也会影响免疫效果。

（八）鸽场的计划免疫

1. 计划免疫的概念

指根据鸽传染病疫情监测、鸽群免疫状况调查及鸽免疫特点的分析，按照免疫学原理和养鸽场制定的免疫程序，有计划地使用生物制品进行鸽群预防接种，以提高鸽群的免疫水平，达到控制以至最终消灭相应鸽传染病的目的。

2. 计划免疫的意义

计划免疫是养鸽场科学实施鸽群免疫的前提，是避免盲目、随意进行鸽群免疫，减少免疫失败的重要措施。要想有效地预防鸽传染病，必须在疾病流行季节来临之前及时接种疫苗，待鸽体受某抗原刺激后产生了抗体，才能起到预防疾病的作用。而不同的传染病又都有不同的发病季节性、地区性和不同的易感日龄、性别等，而且接种后，其作用有一定的时效性，不是接种 1 次就终身保护。因此，养鸽单位应根据鸽传染病发病特点科学地安排，有计划地、适时地进行免疫接种，以达到预防传染病的目的。

3. 计划免疫的内容

（1）组织领导。鸽场计划免疫工作的计划、检查、总结，鸽场免疫工作人员的配备与培训，鸽免疫接种器材的管理，定期开展查漏补种工作；开展免疫宣传等。

（2）基础资料。鸽存栏情况及背景资料，养鸽场历年使用生物制品情况的资料，本地鸽场传染病流行情况资料，鸽群免疫状况监测资料等。

（3）制度建设。安全接种制度，异常接种反应处理制度，查漏补种制度，疫苗和冷链管理制度等。

（4）免疫实施。疫苗检查，器械消毒，接种前鸽的临床检查，按程序正确接种，接种后鸽群观察等。

（5）免疫监测。定期监测鸽群抗体水平，掌握鸽群体免疫状态，确定免疫时机，适时补充免疫。

（九）鸽场免疫程序

指根据一定地区或养鸽场内不同传染病的流行状况及疫苗特性，为特定鸽群制定的免疫接种方案。主要包括所用各种疫苗的名称、类型、接种顺序、用法、用量、次数、途径及间隔时间。免疫程序不是统一的或一成不变的，目前并没有一个能够适合所有地区或养鸽场的标准免疫程序。免疫程序的制定，应根据不同鸽群或不同传染病的流行特点和生产实际情况，充分考虑本地区常发多见或威胁大的传染病分布特点、疫苗类型及其免疫效能和母源抗体水平等因素。具体制定免疫程序时，应考虑以下

几点:

1. 传染病的分布特征

由于鸽传染病在地区、时间和鸽群中的分布特点和流行规律不同,需要根据具体情况随时调整。有些传染病流行持续时间长、危害程度大,应制定长期免疫防制对策。

2. 疫苗的免疫学特性

疫苗的种类、品系、性质、免疫途径、产生免疫力需要的时间、免疫期等差异以及疫苗间的相互干扰是影响免疫效果的重要因素,在制定免疫程序时应予以充分考虑。

3. 鸽的种类、日龄及用途

使用何种疫苗应根据鸽的种类、日龄而定,鸽的用途不同,生长期或生长周期会有差异,也会影响疫苗的使用。同时,要考虑减少捕捉鸽的次数等。

4. 鸽体免疫状况

严格来讲,应根据鸽体内的抗体水平来决定鸽是否应该免疫。因此,应考虑鸽体内抗体滴度的高低、母源抗体的有无,有条件时进行抗体监测。

5. 配套防疫措施及饲养管理条件

规模化养鸽场的配套防疫措施及饲养管理条件较好,免疫程序应用效果良时,一般较为固定。散养场户由于管理粗放,配套防疫措施跟不上,制定程序时应灵活并适时调整。

(十) 补充免疫和紧急免疫

1. 补充免疫

补充免疫是按照计划,在对大群鸽按免疫程序免疫后,而对未免疫的小群鸽实施的免疫。凡属以下情况的鸽应实施补充免疫:由于个体暂不适于免疫,在群体免疫时未予以免疫的鸽;因各种原因免疫失败的鸽群;散养鸽在每年春、秋两季集中免疫后,每月应对未免疫的鸽群或个体进行定期补充免疫。

2. 紧急免疫

紧急免疫是指在发生疫病后,为迅速控制和扑灭疫病的流行,而对疫区和受威胁区尚未发病的鸽进行的应急性免疫接种。其目的在于建立环状免疫隔离带或免疫屏障以包围疫区,防止疫情扩散。实践证明,在疫区和受威胁区内使用疫苗紧急接种,不但可以防止疫病向周围地区蔓延,而且还可以减少未发病动物的感染死亡。

3. 紧急免疫注意事项

(1) 只能对临床健康鸽进行免疫接种,对于患病和处于潜伏期的鸽不能接种,只能扑杀或隔离治疗。使用高免血清、卵黄抗体等生物制品时,具有安全、产生免疫快的特点,但免疫期短、用量大、成本高。

(2) 对疫区、受威胁区域的所有易感鸽,不论是否免疫过或免疫到期,发生地都要重新进行 1 次免疫,建立免疫隔离带。紧急免疫顺序应是由外到里,即从受威胁区到疫区。

(3) 紧急免疫必须使免疫密度达到100%,即易感鸽要全部免疫,才能一致地获得免疫力。同时,操作人员必须做到 1 只鸽用 1 个针头,避免人为导致交叉感染。

(4) 为了保证接种效果,有时疫苗剂量可加倍使用。但必须注意,不是所有疫苗均可用于紧急接种，只有证明紧急接种有效的疫苗才能使用。

（5）紧急免疫必须与疫区隔离、封锁、消毒及病死鸽的生物安全处理等防疫措施相结合，才能收到好的效果。

第三节　鸽病的检疫与监测

一、鸽病的检疫

动物检疫是指为了预防和控制动物疫病的传播、扩散和流行，保护动物生产和人体健康，遵照国家法律，运用强制性手段，由法定的机构、法定的人员，依照法定的检疫项目、标准和方法，对动物及其产品进行检查、定性和处理的技术行政措施。

鸽场在生产过程中应重视产地检疫，每年要根据当地的疫情进行定期和不定期的检疫，以了解鸽的感染情况和免疫状态，以便于采取相应的措施。鸽场为了防止引入疫病，应开展引进隔离检疫，即应从无鸽疫病区引进雏鸽或种鸽、种蛋，而且引进的雏鸽或种鸽、种蛋必须经当地动物检疫部门检疫合格，并具有检疫合格证明。特别要重视加强种蛋的检疫，杜绝砂门氏菌病等垂直传播性疫病的发生。鸽的出售和运输也应经过检疫合格后才能进行，以防止本场疫情的传播和蔓延。

凡在检疫中检出的有临床症状和剖检病理变化的病死鸽应扑杀、焚烧；血清抗体阳性的可隔离治疗或扑杀处理；对尚无临床表现、血清学检查阳性的假定健康群，则进行紧急免疫接种或药物治疗；对污染或感染的种群，不论其污染或感染程度如何，一律全群淘汰处理。

二、鸽病监测

为了切实预防鸽疫病的发生，提高免疫接种工作的针对性，鸽场特别是种鸽场应根据《动物防疫法》及其配套法规的要求，结合当地实际情况，制定本场的疫病监测方案，常规监测的疫病至少包括高致病性禽流感、鸽新城疫等，并将监测检查的结果报告当地兽医行政管理部门。种鸽不得检出高致病性禽流感、鸽新城疫等病原体，经检验不合格的种鸽应淘汰或扑杀、焚烧处理。销售的种鸽不得检出大肠杆菌、李氏杆菌、结核分枝杆菌、支原体、伤寒砂门氏菌等病原体，经检验带菌的应立即治疗或淘汰，不得销售。

通过抗体监测可了解鸽群的免疫状态，测定疫苗的免疫效果，从而完善免疫程序，提高鸽群的抗病能力，更有效地防制鸽的各类传染病。如用 HI 试验（血凝抑制试验）测定鸽群血清抗体，监测鸽群的免疫状态，发现鸽群和个体血清中的 HI 抗体（血凝抑制抗体）水平与弱毒疫苗应用效果和对强毒侵袭的抵抗都有密切关系，当 HI 抗体在 7 以上时进行免疫，由于病毒被中和而未能在体内复制，故不能产生免疫力，HI 抗体在

第五章　鸽病的诊断和防治技术

4~6之间时，免疫效果也不佳，当 HI 抗体降至 3 或 3 以下时，则免疫效果良好。而鸽在受到自然强毒感染时候，HI 抗体水平越高，抵抗力越强，当 HI 抗体在 4 以上时，保护率在 90% 以上；在 3 时，只有 50% 的鸽得到保护；在 2 以下时，则大部分得不到保护。因此对鸽群 HI 抗体水平进行免疫监测，借以选择最佳的初次免疫和再次免疫时间，是制定免疫程序和保证鸽群免于鸽鸽新城疫病毒感染的有效方法。

第四节　鸽场消毒技术

一、鸽舍消毒

保持鸽体健康，防止疫病发生，定期对鸽舍消毒是一个很重要的环节。消毒之前，应先对鸽舍进行彻底的清扫，若发生了人禽共患传染病，如丹毒、鸟疫等，则清扫之前应用水或消毒药物喷洒后再打扫，以免病原微生物随尘土飞扬，造成更大的污染。清扫时要把笼架、饲槽、水槽洗刷干净，将垫草、垃圾、剩料和粪便等清理出去，打扫干净，然后进行消毒。一般采用消毒液冲洗。

鸽舍消毒常用的消毒剂有：3% 的来苏儿水、2%~3% 的氢氧化钾、2%~3% 的石灰酸、5%~10% 的漂白粉、10%~20% 的石灰乳、2%~4% 的福尔马林等。消毒药的选用应根据具体情况而定，应以效高、廉价为原则。若发生了传染病，则应选择对该种传染病的病原有效的消毒剂。配制消毒液时，要注意浓度不能太低，也不能太高。太低，达不到消毒效果；太高，造成不必要的浪费。药液的用量应根据鸽舍的大小而定，一般来讲，喷洒墙壁和天花板按 0.5~1 升/米²、地面按 1 升/米² 计算，另外还要根据天花板和地面的具体情况来定，如果光滑，可以适当少用；如果粗糙不平，那就要加大用量。消毒时还要注意消毒的时间不能太短，尤其采用气雾消毒方法时，更应注意，应按照规定的药物浓度、用量及作用时间进行。在应用烧碱等腐蚀性强的消毒剂时，消毒 2 小时后要用清水将碱液洗净，以免烧伤鸽爪。

二、消毒药品的种类

环境消毒药是指在短时间内能迅速杀灭周围环境中病原微生物的药物。在鸽场的实际工作中，应用环境消毒药，杀灭生长环境中（鸽舍、饲料设备、孵化房、运输车辆及周围环境）的病原体，切断各种传播病原体的重要途径，预防各种传染病的发生，对保证鸽的成活率及正常生长与繁殖具有重要的作用和实际意义。环境消毒药种类较多，有酸类、碱类、卤素、氧化剂及表面活性剂，现介绍鸽生产中常用的一些消毒药。

（一）酚类

包括苯酚、甲酚、克辽林等化合物。它们可使微生物原浆蛋白质发生变化，沉淀而超杀菌或抑菌作用。酚类对一般的细菌有杀灭作用，但对细菌芽胞、病毒与真菌无效。

1. 苯酚（石炭酸）

【性状】本品为无色或淡红色结晶或白色晶块，有特殊的臭味。遇光、接触空气或储存过久，色渐变红，水溶液呈弱酸性反应，易溶于醇、甘油及油。

【作用与应用】苯酚为原浆毒，能使菌体蛋白质变性、凝固而呈现杀菌作用。0.1%~1%溶液有抑菌作用；1%~2%溶液有杀菌和杀真菌作用；3%溶液能杀死葡萄球菌和链球菌。但细菌芽胞和病毒对本品耐受性很强，所以一般无效。苯酚的杀菌效果与温度呈正相关。碱性环境、脂类、皂类等能减弱杀菌作用。本品多用于运输车辆、墙壁、运动场地、鸽舍以及病鸽的分泌物和排泄物的消毒。也可用于皮肤止痒和生物制品防腐。由于本品杀菌作用不强，且毒性较大，已逐渐被苯酚的衍生物替代。

【剂量与用法】配成2%~5%水溶液用于处理污物、消毒用具和器械，并可用作环境消毒。涂擦1%水溶液可使皮肤止痒，加入0.5%苯酚可用作生物制品的防腐剂。

【注意事项】本品忌与碘、溴、高锰酸钾、过氧化氢配伍应用。因腐蚀性很大，毒性较强，不宜用于创伤、皮肤的消毒。

2. 煤酚（甲酚）

【性状】本品新制得时为无色液体，遇日光则色泽逐渐变深。商品多为浅棕黄色或暗红色的澄明液体，能溶于乙醇和乙醚，难溶于水，与水混合则为浑浊的乳状液，有类似苯酚的臭味。

【作用与应用】本品比苯酚毒性小，但其抗菌作用比苯酚强约3倍。对大多数繁殖型细菌有强烈的杀菌作用，同时也可以杀灭寄生虫，对真菌也有一定的杀灭作用，但对细菌芽胞和病毒作用不可靠。由于本品在水中溶解度低，故常以50%肥皂溶液（即煤酚皂溶液、来苏儿）用于器械消毒和排泄物处理。稀溶液可用于皮肤的消毒。

【注意事项】密封保存。

3. 煤酚皂溶液（来苏儿）

【性状】为黄棕色至红棕色的浓稠液体，有甲酚的臭味，能溶于水和乙醇。

【作用与应用】1%~2%煤酚皂溶液用于体表、手术器械的消毒；3%~5%溶液用于鸽舍进门、出门消毒；5%~10%溶液用于鸽舍或污物及病鸽排泄物的消毒。

【注意事项】由于本药有特殊臭味，因此不宜用于种蛋、蛋库的消毒。本品对皮肤有一定的刺激作用。还应注意避光密封保存。

4. 克辽林（臭药水）

【性状】本品是煤酚的精制剂，即在煤酚中加入松香、肥皂和氢氧化钠等制成。呈暗褐色液体，用水稀释时即成乳白色。

【作用与应用】本品因毒性较低，常用其3%~5%溶液消毒鸽舍、用具和排泄物、污染物的消毒。

【剂量与用法】本品因毒性较低，常用其3%~5%溶液消毒鸽舍、用具及排泄物。

5. 复合酚（菌毒敌、农乐）

【性状】本品为深红色或褐色黏稠液体，有特殊臭味，易溶于水。

【作用与应用】本品为国内生产的新型、广谱、高效消毒剂，可杀灭多种细菌、真菌、病毒及寄生虫卵，还可抑制蚊、蝇等昆虫和鼠害的孳生。主要用于鸽舍、用具、饲养场地、运动场、运输车辆、病鸽排泄物及污物的消毒。对严重污染的环境，可适当增高浓度和增加喷洒的次数。一般用药 1 次，药效可维持 1 周。

【剂量与用法】常用 0.35% 溶液用于常规消毒，也可用于被细菌污染的鸽舍、用具消毒。1% 的溶液用于病毒性疾病污染的鸽舍、环境场地及用具的消毒。

【注意事项】当环境温度低于 8℃ 时，应用温水稀释。禁与其他消毒药（特别是碱性消毒药）配伍使用，以免降低效果。由于高浓度对皮肤、黏膜有刺激，应注意防护。国外产品农福亦为复合酚类消毒剂，作用与应用同复合酚。

（二）醛类

醛类能使蛋白质变性，杀菌作用较强，其中以甲醛的杀菌作用最强。

1. 甲醛溶液（福尔马林、蚁醛）

【性状】本品为无色或几乎无色的透明液体，与水或醇能任意混合，有刺激性臭味。通常把 40% 甲醛溶液称为福尔马林。兽医药典规定甲醛溶液不得少于 36%，并规定其内含有 10%～20% 甲醇，以防聚合生成多聚甲醛白色沉淀。

【作用与应用】具有广谱杀菌作用，对细菌、真菌、病毒和芽胞等均有强大的杀灭作用。主要用于鸽舍、衣物、用具、排泄物及室内空气的消毒以及器械的熏蒸消毒和标本、尸体的消毒防腐，还可用于种蛋的消毒。

【剂量与用法】含甲醛 37%～40% 溶液，以 2% 福尔马林（0.8% 甲醛）用于器械消毒；0.25%～0.5% 甲醛溶液常用于鸽舍、孵化室等污染场地的消毒；10% 福尔马林（4% 甲醛）用于固定保存标本，还可用于生物制品的防腐。

熏蒸消毒：消毒前，为提高消毒质量，应先将鸽舍清洗干净，使用时要求室温不能低于 15℃（最好在 25℃ 以上），空气相对湿度在 60%～80%，如湿度不够，可在地面洒水及向墙壁喷水，同时关好门窗，计算好鸽舍空间大小，每立方米用 14 毫升福尔马林，并倒入等量水后加热，使福尔马林溶液蒸发；或加入 7 克高锰酸钾，方法是先将高锰酸钾倒入大的搪瓷容器内，再加入所需的福尔马林溶液，迅速从室内退出，关好门，30 分钟后再打开门窗。用于种蛋熏蒸消毒时要在密闭的容器内，每立方米用福尔马林 21 毫升，高锰酸钾 10.5 克，20 分钟后通风换气。孵化器内种蛋的消毒是在孵化后 12 小时之内进行，关闭机内通风口，福尔马林用量：每立方米 14 毫升，高锰酸钾 7 克，20 分钟后打开通风口换气。

【注意事项】本品刺激性较大，消毒熏蒸时应注意人与鸽的防护。熏蒸消毒时室温不能低于 15℃，空气相对湿度为 60%～80%；当福尔马林和高锰酸钾合用时要特别注意，千万不要把高锰酸钾倒入福尔马林溶液中去。

2. 戊乙醛

【性状】本品为无色油状液体，味苦，有微弱的甲醛臭，能溶于水和乙醇，溶液呈弱酸性。

【作用与应用】本品具有广谱抗菌活性，对繁殖期革兰氏阳性菌和阴性菌作用迅速，对耐酸菌、芽胞、某些真菌和病毒也有效，消毒作用快而强。其碱性水溶液的杀菌作用较好，当 pH 值为 7.5～8.5 时作用最强，较甲醛强 2～10 倍。主要用于鸽舍及器具消毒。

【剂量与用法】20％或25％戊二醛溶液，配成2％溶液喷洒、浸泡消毒。

【注意事项】由于本品刺激性较强，应避免接触皮肤和黏膜，如接触后应及时用水冲洗干净。禁止使用铅制品并遮光、密封、凉暗处保存。

（三）碱类

1. 氢氧化钠（烧碱、苛性钠）

【性状】本品为白色干燥块状、棒状或片状结晶，易溶于水及乙醇，极易潮解，故需密闭保存，水溶液呈碱性反应。在空气中易吸收二氧化碳，形成碳酸盐。

【作用与应用】本品是强消毒剂，能杀灭所有微生物（细菌、芽胞和病毒）和寄生虫虫卵（球虫病等）。杀菌作用与温度呈正相关，常用于预防细菌性或病毒性传染病的环境消毒或鸽场、器具和运输车船等的清理消毒。

【剂量与用法】2％溶液用于细菌、病毒污染的鸽舍、饲槽、运输车辆等的消毒。5％溶液用于细菌芽胞的消毒。

【注意事项】由于本药有很强的腐蚀性，消毒时应十分小心。先将鸽驱出鸽舍，消毒后间隔12小时后用水冲洗地面、用具后方可让鸽进入。高浓度对金属制品、铝制品、纺织品、漆面等有损坏和腐蚀作用。使用时应注意个人的安全防护。

2. 草木灰（氢氧化钾）

【性状】柴草燃烧后所剩的新鲜粉末，主要含碳酸钾和氢氧化钾。

【作用与应用】作用与氢氧化钠相似。也有很强的消毒力，能杀死非芽胞菌和病毒。可替代氢氧化钠用于消毒鸽舍、饲槽、用具及地面和出入口消毒池等的消毒。

【剂量与用法】通常用5千克新鲜草木灰加水10升，煮沸20~30分钟后去渣，再加水10升，可配制成含1％氢氧化钾的草木灰水。

【注意事项】干燥的草木灰制成的溶液具有消毒作用，吸湿后则失去消毒作用，故必须保存在干燥处。加热至50~70℃时作用更强。

3. 生石灰（氧化钙）

【性状】本品为白色或灰白色的硬块，无嗅，吸潮性很强，在空气中能吸收二氧化碳，逐渐变成碳酸钙而失效。生石灰加水即成氢氧化钙，俗称熟石灰。

【作用与应用】本品价廉易得，消毒效果良好，对大多数繁殖型细菌均有较强的杀菌作用，但对芽胞及结核杆菌无效。常用于鸽舍墙壁、地面、运动场地、粪池及污水沟等的消毒。

【剂量与用法】一般加水配成10％~20％的石灰乳液涂刷鸽舍墙壁，寒冷地区常撒在地面、粪池及污沟或鸽舍出入口作消毒用。

【注意事项】熟石灰可从空气中吸收二氧化碳，变成碳酸钙而失效，故应现用现配。本品有一定的腐蚀性，消毒后的物品待干后才能使用。

（四）酸类

1. 过氧乙酸（过醋酸）

【性状】本品为无色透明液体，易溶于水和有机溶剂。呈弱酸性，且易挥发，有刺激性气味，并带有醋酸味。

【作用与应用】本品属强氧化剂，是强效、速效消毒剂。具有杀菌作用快而强，抗菌谱广的特点，对细菌、病毒、真菌和芽胞均有效。本品可用于耐酸塑料、玻璃、搪瓷用具的浸泡消毒，也可用于鸽舍地面、墙壁、食槽的喷雾消毒和室内空气消毒。

【剂量与用法】过氧乙酸溶液浓度为20%，0.04%～0.2%溶液用于饲养用具和人员的手臂浸泡消毒；0.05%～0.5%溶液用于鸽舍、食槽、墙壁通道和运输工具及周围环境的喷雾消毒；也可配成3%～5%的溶液，10～15毫升/米^{3}进行熏蒸消毒，熏蒸时空气相对湿度以60%～80%为宜。

【注意事项】本品对组织有刺激性和腐蚀性，对金属和橡胶制品也有腐蚀性，应注意人和鸽的防护。由于在45%以上高浓度时遇热易爆炸，所以应避光密封贮存。经稀释后药液只能保持3～7天，因此要现用现配。

2. 硼酸

【性状】本品为无色微带珍珠状光泽鳞片或疏松的白色粉末，无嗅，水溶液呈弱酸性。

【作用与应用】本品只有抑菌作用，无杀菌作用。因刺激性较小，不损害组织，常用于冲洗较敏感的组织。

【剂量与用法】2%～4%溶液用于冲洗眼部及口腔黏膜等；3%～5%溶液冲洗新鲜创伤，硼酸磺胺粉（1:1）用于治疗创伤；硼酸甘油（31:100）用于治疗口腔及鼻黏膜炎症；硼酸软膏（50%）可治疗溃疡、褥疮等。

（五）乙醇（酒精）

【性状】本品为无色透明液体，易挥发，易燃烧。无水乙醇含量99%以上，凡处方上未指明浓度的乙醇均指95%乙醇。

【作用与应用】乙醇是目前临床上使用最广泛的一种皮肤消毒药。能杀死一般繁殖型的病原菌，但对细菌芽胞无效。可用于皮肤涂擦消毒，也可用于治疗关节炎、腱鞘炎、肌炎等。

【剂量与用法】70%～75%乙醇可用于手指、皮肤、注射针头及小的医疗器械等消毒，不仅能迅速杀灭细菌，还具有溶解皮肤、清洁皮肤等作用。

【注意事项】本品易挥发，应密封保存。使用时浓度不能超过75%，否则菌体表层蛋白将迅速凝固，妨碍乙醇向菌体渗透，杀菌效果反而降低。

（六）卤素类

卤素类中能作环境消毒药的主要是氯、碘及能释放出氯、碘的化合物。

1. 碘

【性状】本品为灰黑色带金属光泽的片状结晶或颗粒，有挥发性，难溶于水，溶于乙醇及甘油，在碘化钾的水溶液中易溶解。

【作用与应用】碘通过氧化和卤代作用而呈现强大的杀菌作用，能杀死细菌芽胞、真菌和病毒，对某些原虫和螨虫也有效。碘酊是最有效也是最常用的一种皮肤消毒药。也可作饮水消毒用。

【剂量与用法】用于鸽皮肤消毒一般为 2% 浓度；用于饮水消毒，可在 1 升水中加入 2% 碘酊 5~6 滴，一般能杀死致病菌及原虫，15 分钟后可供饮用。1% 碘甘油制剂，用于黏膜炎症的涂封在冷暗处保存。

2. 漂白粉（含氯石灰）

【性状】本品为灰白色粉末，微溶于水和醇，有氯臭味。受潮易分解失效，新制的漂白粉含有效氯 25%~36%。

【作用与应用】具有较强的消毒杀菌能力，能杀死细菌、芽胞和病毒，在酸性环境中作用强，碱性环境中则作用减弱。主要用于鸽舍、用具、运输车辆及排泄物的消毒。本品也是一种除臭剂，可用于污染物品及场地的消毒。

【剂量与用法】鸽舍及场地消毒通常用 5%~20% 混悬液喷洒，也可用干燥粉末撒布；1%~3% 溶液用于饲槽、饮水槽及其他金属用具的消毒；0.03%~0.15% 浓度用于饮水消毒；10%~20% 混悬液用于排泄物及污染物的消毒。

【注意事项】本品应现用现配，久放易失效。因对金属及衣物有轻度腐蚀性，对皮肤和黏膜有一定刺激性，故消毒时应注意人员的防护。本品应放于阴凉干燥处保存，不可与易燃易爆物品放在一起。

3. 二氯异氰尿酸钠（优氯净、消毒灵）

【性状】为白色结晶粉末，有强烈的氯臭味。

【作用与应用】本品为新型广谱高效消毒药，可杀灭多种细菌、真菌孢子、芽胞及病毒，并有净水、除臭、去污等作用。常用于饮水、器具、鸽舍、地面、运动场、排泄物、孵化室、种蛋、运输工具以及带鸽消毒等。

【剂量与用法】含有效氯 60%~64%。0.5%~1% 溶液可用于杀灭细菌与病毒，消毒用具可用喷洒、浸泡、擦拭等方法（15~30 分钟）；地面消毒可用 5%~10% 溶液杀灭细菌芽胞（1~3 小时）；粉剂可用于粪便消毒，用量为粪便的 1/5；场地消毒为每平方米用本品 10~20 毫升，作用 2~4 小时，冬季气温在 0℃ 以下时，50 毫升/平方米，作用 16~24 小时；消毒饮水时，每升水用 4 毫克作用 30 分钟。

【注意事项】现用现配。密闭，阴凉干燥处保存。

4. 三氯异氰尿酸

【性状】本品为白色结晶状粉末或粒状固体，具有强烈的氯气味，水中的溶解度约为 1.2%，遇酸或碱易分解。

【作用与应用】本品为新型、广谱、高效、安全的消毒剂，对细菌、病毒、真菌和芽胞有强大的杀灭作用。可用于环境、饮水、饲养用具及带鸽消毒等。

【剂量与用法】本品含有效氯 85% 以上。粉剂可用于饮水消毒，每升水用 4~6 毫克；环境及用具用 0.02%~0.04% 溶液喷洒消毒。

【注意事项】本品在溶解后应立即使用。禁止与其他碱性或酸性消毒药混用。于阴凉通风干燥处密封保存。

（七）氧化剂类

氧化剂是一些含不稳定的结合态氧的化合物，一旦遇有机物或酶立即放出初生态氧，破坏菌体蛋白质或酶而呈现杀菌作用，同时对组织细胞也有不同程度的损伤与腐蚀作用。氧化剂对厌氧菌作用最强，对革兰氏阳性菌和某些螺旋体也有效。

1. 新洁尔灭（溴苄烷胺、苯扎溴铵）

【性状】本品为无色或淡黄色澄明液体，易溶于水，水溶液稳定、耐热，可长期保存而不影响效力，对橡胶、塑料和金属制品无腐蚀作用。

【作用与应用】本品属季铵盐类阳离子表面活性剂，有杀菌和清洁去污两种作用。本品抗菌谱较广，对多种革兰氏阳性和阴性细菌均有杀灭作用，但对阳性菌的效果优于阴性菌，对多种真菌也有一定作用，而对芽胞作用很弱。由于本品毒性低，对组织刺激性小，比较广泛地用于皮肤、黏膜的消毒，也可用于鸽用具及种蛋卵化前的消毒。

【剂量与用法】本品市售有1%、5%、10%3种溶液。临用前用水稀释。0.1%水溶液用于手部（浸泡5分钟）以及蛋壳、手术器械和玻璃、搪瓷器具（浸泡30分钟以上）等的消毒。0.01%~0.05%水溶液用于创伤黏膜（泄殖腔和输卵管脱出）和感染伤口的冲洗消毒。0.15%~0.2%水溶液可用于鸽舍内的喷雾消毒。

【注意事项】不宜与阴离子表面活性剂如肥皂、洗衣粉及过氧化物、碘、碘化钾等配伍，以防对抗或减弱其抗菌效力。操作者用肥皂洗净手后，必须用水冲净后再用本品。浸泡消毒时，药液一旦浑浊要立即更换，防止人体产生药物过敏。避免使用铝制器皿，以免降低本品的抗菌活性。

2. 高锰酸钾（灰锰氧、PP粉）

【性状】为紫黑色结晶，有金属光泽，易溶于水。溶液呈粉红色或暗紫红色。

【作用与应用】本品为强氧化剂，其水溶液能与有机物迅速氧化而起杀菌作用，低浓度时还有收敛作用，高浓度时有刺激的腐蚀作用。在酸性溶液中杀菌作用增强，常用其氧化性能以加速福尔马林蒸发而起空气消毒作用。本品可用于饮水消毒，也可作为创伤、黏膜的洗涤消毒，还可用来洗刷污染的食槽、饮水器及器具等。

【剂量与用法】0.05%~0.1%溶液（每升水加0.5~1克）用于鸽群皮肤、黏膜创面的冲洗及饮水消毒，2%~5%水溶液用于洗刷污染食槽、饮水器及其他器具的消毒等。

【注意事项】本品水溶液遇甘油、酒精等有机物而失效，遇氨及其制剂产生沉淀，故禁与还原剂如碘、糖、甘油等混合。现用现配，久贮易失效。

三、常用的消毒方法

1. 物理消毒法

物理消毒法是消毒工作中较常见的方法，该方法比较简便。物理消毒法包括以下几种：

（1）日光照晒。日光照晒消毒是一种最经济方便的方法。它是把被消毒的物品放在日光下暴晒，利用阳光中的紫外线作用，使病原微生物灭活。此法适用于鸽舍的垫草、用具等消毒。日光照晒时要让被消毒物品充分暴露在阳光下，如垫草在晒的时候应勤翻动。一般须晒2小时以上。

（2）机械清扫。这是消毒工作中的一个环节，不能单独作为一种消毒方法来用。必须结合其他消毒方法一起使用。因为机械消毒是用通风、打扫、清洗等办法将鸽舍内空气、用具及地面污物清理出鸽舍，并不杀死病原体。

（3）蒸汽消毒。蒸汽消毒是通过高热水蒸气的高温使病原体丧失活性。此法是一种应用较为广泛、效果确实不错的消毒方法。因为高温蒸汽穿透力强，物品受热快。此法常用于医疗器械等小型物品的消毒。须注意消毒时间不能太短。

（4）煮沸消毒。这是利用沸水的高温作用杀灭病原体的一种消毒方法。它简单易行，且经济有效，常用于玻璃器皿，如试管、器皿、注射器、金属器械、工作服等物品的消毒。煮沸消毒时，若在水中加入 0.5%～1% 的肥皂或碱，可使物品上的污物溶解，同时，可提高沸点，增强消毒效果。应用本法消毒时，要掌握消毒时间，一般从沸水时算起，煮沸 20 分钟左右。对于寄生虫病原体，时间应该加长。

（5）焚烧。这是最为彻底的消毒方法。对于同时发生且严重传染的鸽舍内的垫草、病鸽尸体、死胚蛋及蛋壳等应采用此法消毒。酒精火焰喷灯消毒也是一种焚烧消毒法，常用于鸽笼、料盘等金属工具的消毒。

2. 化学消毒法

化学消毒法是利用化学消毒剂对被消毒物品进行浸洗、浸泡、喷洒、熏蒸来杀灭病原体的一种消毒方法。它包括以下几种：

（1）浸洗或清洗法。如接种或注射药物时，对局部用酒精棉球、碘酒擦拭即是属于此法。在发生传染病后，对鸽舍的地面、墙裙用消毒液清洗也属于这种消毒方法。

（2）浸泡法。这是将药物浸泡于消毒液中的一种方法。此法常用于医疗剖检器械的消毒。另外，在动物体表感染寄生虫等病时，采用杀虫剂或其他药剂进行药浴也是一种浸泡消毒法。

（3）喷洒法。此法是将消毒液喷洒于地面、墙壁、天花板等处，以杀灭这些部位的病原体。它常用于环境消毒，如鸽舍的日常消毒。

（4）熏蒸法。这是利用某些化学消毒剂易于挥发，或是两种化学剂起反应时产生的气体对环境中的空气及物体进行消毒的方法。如过氧乙酸气体消毒法、甲醛熏蒸消毒法即为此类消毒法。

过氧乙酸气体消毒法较适合用于鸽舍内熏蒸消毒，此法具有杀菌（或杀病毒）范围广、耗药量小、易于操作、节约开支等优点，并且可以在鸽子存在的情况下进行。采用过氧乙酸气体消毒时，先将药液所需要量倒入搪瓷小盆或玻璃烧杯中（切勿用金属容器），然后盛药容器置于三脚架上，随后用酒精灯或其他加热用具进行加热，使之产生蒸汽，同时将门窗关上。用量及消毒时间应根据具体情况，如鸽舍内温度、湿度及病原体等而定。用量一般在每立方米空间 1～5 克，作用时间 1～2 小时。

甲醛熏蒸消毒法是把高锰酸钾与福尔马林混合，利用其所产生的热量，使福尔马林中的甲醛释放出来，通过甲醛气体杀灭病原体。根据不同的消费要求，用药浓度分为三级：一级浓度是指每立方米空间，用甲醛溶液（即福尔马林）14 毫升、高锰酸钾 7 克；上述两种药品的用量均增加一倍，即甲醛溶液 28 毫升，高锰酸钾 14 克，消毒空间仍为 1 立方米，即为 2 级浓度；每立方米消毒空间用福尔马林 12 毫升，高锰酸钾 21

克，则为3级浓度。配药时要注意先将高锰酸钾加入容器中，再加福尔马林。容器不能用金属制的，同时容器应深一些、大一些，其容量应比药液量大10倍以上。另外，采用此法消毒时应注意操作人员的自身防护。

3. 生物消毒法

生物消毒是利用自然界广泛存在的微生物在氧化分解污物（如垫草、粪便等）中的有机物时所产生的大量热能来杀死病原体。垫料、粪便等污物的无害化处理多采用此方法。用此法消毒，粪便等经处理后不失其为肥料的价值，所以是一种经济实用的方法。常用的有地面泥封堆肥发酵法、地面台式堆肥发酵法及坑式堆肥发酵法。无论采用哪种方法，都要注意以下问题：

（1）堆料内不能只堆放粪便，还应该堆放垫草、稻草之类的含有机质丰富的东西，以保证堆料中有足够的有机质，作为微生物活动的物质基础。

（2）堆料应疏松，忌压，以保证堆内有足够的空气。

（3）堆料的干湿度要适当，含水量应在50%～70%。

（4）堆肥时间要足够，须等腐熟后方可截堆。一般在夏季需1个月左右，冬季需2～3个月方能腐熟。

四、饲养管理人员及器械消毒

在鸽场的工作人员（包括饲养管理员和防疫员）及工作器械常会被污染，因此，在工作结束后，尤其在鸽场发生疫病，处理工作完毕时，必须经消毒后方可离开现场，以免引起病原在更大范围内扩散。

消毒方法如下：将穿戴的工作服、工作帽及器械物品浸泡于有效的化学消毒液中，工作人员的手及皮肤裸露部位擦洗、浸泡一定时间后，再用清水清洗掉消毒药液。平时的消毒可采用消毒药液喷洒法，不需浸泡，直接将消毒液喷洒于工作服、工作帽上；工作人员的手、皮肤裸露处和器械，可用蘸有消毒液的纱布擦拭。而后再用水清洗。常用的、效果较好的消毒剂为0.3%～0.5%的过氧乙酸。

第五节　鸽病诊断技术

一、肉鸽发生疾病的原因

从本质上说，肉鸽发生疾病是由于机体的新陈代谢障碍造成的，表现为组织器官损伤和功能紊乱。引起肉鸽发生疾病的原因有内源性和外源性两个方面。内源性因素一般是指遗传、营养、机体免疫（抵抗力）状况等。例如，不同品种的肉鸽由于遗传因素的原因对马立克氏病病毒的抵抗力不同；营养水平差的肉鸽容易发生砂门氏菌病；一群肉鸽由于个体免疫状况的差异，传染病流行，有的发病严重，有的却没有临床表现。外源性因素主要是指细菌、病毒等病原微生物的侵袭和饲养管理不当等。例如，肉鸽砂门氏菌病和鸽瘟（鸽新城疫）分别是由细菌和病毒感染造成。

肉鸽的异嗜病等都与饲养管理有关

肉鸽发病是内外源因素共同作用的结果，对于不同性质的疾病，内外源因素所起的作用不同。根据引起疾病的主要因素，可将鸽病的病因归纳为3大类：

（1）由微生物引起的疾病。它是最主要的一类疾病，其明显的特征是具有传播性和流行性。由于微生物长期对肉鸽的适应及其本身的特性，不同微生物引起的疾病，其传播性和流行性有显著的差异。

（2）由寄生虫引起的疾病。它也具有一定的传播性，虽然寄生虫对宿主（肉鸽）的适应性更高，但因其自身发育有一定的周期，所以其致病性和传播性一般比微生物弱。

（3）由物理、化学以及营养、代谢和遗传因素等引起的疾病。这类疾病没有传播性，但发病有一定的季节性、地区性和群发性。例如，中暑病有季节性，某些营养性疾病有地区性，中毒病有群发性。

二、肉鸽疾病的种类

在临床上有关疾病的分类方法很多。例如，根据病理变化的部位可分为消化道疾病、呼吸道疾病、神经系统疾病等；根据临床症状可分为腹泻性疾病、消瘦性疾病等；根据疾病的病因可分为传染病、寄生虫病和普通病。一般来说，根据疾病病因分类是较科学合理的。

1. 传染病

它是肉鸽业中最主要的、造成严重损失的一类疾病。引起传染病的微生物有病毒、细菌、真菌、霉形体、衣原体以及螺旋体等。

（1）病毒。是个体最小的一类微生物，用光学显微镜一般是看不到的。它本身没有完全的代谢系统，必须在活体细胞中生存，依靠寄主活细胞的代谢系统完成自己的生命周期和增殖。因此，能杀灭病毒的药物往往对机体细胞也有毒害作用。在临床上，抗病毒药物的作用常常是不确切的，目前还没有针对病毒病的特效药物，所以，病毒病的预防措施主要是免疫接种。

引起肉鸽病毒病的病毒主要有正黏病毒（流感）、副黏病毒（即鸽瘟或鸽新城疫）、疱疹病毒（引起鸽马立克氏病和鸽疱疹病毒病）和痘病毒（引起鸽痘）等。

（2）细菌。是一类很小的微生物，肉眼看不到，但比病毒大1 000倍左右，能用光学显微镜看到。细菌有细胞结构，只是遗传物质——核酸还没有形成细胞核，但它有完整的代谢系统。它的代谢系统与动物的代谢系统不同，所以，对细菌代谢系统有伤害作用的药物，对动物机体的毒性却很小。抗菌药物破坏细菌代谢系统而达到治疗细菌病的目的。目前，由于抗菌药物使用过多过滥，致使很多细菌产生抗药性，给治疗细菌病带来疗效不确切等不利影响。

引起肉鸽细菌病的细菌主要有砂门氏菌、致病性大肠杆菌、巴氏杆菌（引起鸽霍乱）、丹毒杆菌、麦氏弧菌、结核杆菌和李氏杆菌等。

（3）真菌。是比细菌更大的一类微生物。它的生理结构与细菌有很大的不同，其遗传物质——染色体形成了有膜包裹的细胞核，它的细胞壁也与细菌不同。因此，对细菌病有效的抗生素，一般对真菌病的疗效很差，治疗真菌病要用抗真菌药物。

真菌一般不在肉鸽体内生长，只有在饲养管理条件很差的情况下，或者长期使用抗生素时，由于体内正常细菌的拮抗作用被抑制，才会发生真菌病。在幼鸽刚出生时，通常由于其抵抗力较差，也容易被真菌感染。常见的真菌感染有曲霉菌感染（雏鸽霉菌病）和念珠菌感染。

（4）霉形体和衣原体。还有一些微生物，它们的生理特点介于病毒与细菌之间（如霉形体、衣原体），或者介于细菌与真菌之间（如螺旋体），因为它们都有细菌的某些特性，所以它们对一些抗生素也是敏感的，可以用抗生素来治疗这类传染病。

鸽霉形体感染是较常见的，但临床上常常不表现出症状而为隐性感染，影响种鸽的产蛋率和幼鸽的健康。

衣原体感染在临床上称为鸟疫。鸟疫虽然对鸽子来说不是严重的疾病，但也影响鸽子的健康，使其飞翔能力和生产能力下降。更值得注意的是，鸟疫为人畜共患病，会影响人的身体健康，是鸽子在国际间交流时必须检疫的疾病之一。感染鸟疫的种鸽或肉鸽是不能进出口的。

2. 寄生虫病

寄生虫由于长期适应性进化，一般其致病性不强。肉鸽感染寄生虫而发病比较普遍，其中蠕虫病和外寄生虫感染可导致鸽子的生产能力下降；有些原虫病常常给肉鸽造成重大损失，有时也能致鸽死亡。

鸽子感染的原虫主要有毛滴虫、球虫、弓形虫等，蠕虫有绦虫、蛔虫等，外寄生虫有虱、螨、蜱等。

3. 普通病

这类疾病往往是由于饲养管理不当造成的。有些遗传因素引起的疾病，临床上发病并不普遍。比较常见的普通病有：

（1）营养缺乏症。肉鸽所需的主要营养物质，有蛋白质、氨基酸、糖类、脂肪、维生素和代谢必需的微量元素。其中容易缺乏的物质是维生素、氨基酸和微量元素。当某一种营养物质发生严重缺乏时，肉鸽就会表现出机体生产能力和飞翔能力的下降，出现一定的临床症状。有时这些临床症状具有明显的特征。常见的营养缺乏症有维生素缺乏症、微量元素缺乏症和氨基酸缺乏症。维生素缺乏症主要是指维生素 A、维生素 D、维生素 E、维生素 B 和胆碱缺乏。微量元素缺乏症主要是指铁、铜、钴、锌、钼、硒、碘等元素缺。氨基酸缺乏症主要是由于饲料中的蛋白质饲料选择和配比不当引起的，较常见的是赖氨酸和蛋氨酸的缺乏。

（2）代谢障碍性疾病。肉鸽临床上容易发生的代谢障碍性疾病有蛋白质代谢障碍引起的痛风和脂肪代谢障碍引起的脂肪肝综合征。

（3）中毒病。肉鸽的中毒病随着饲养规模扩大和管理科学化，发病率已远远低于过去。但是对肉鸽来说，尤其是远距离放飞的肉鸽，由于放飞途中鸽子需要自己觅食，误食染有杀虫剂等农药和灭鼠药的情况比以往有所增加。由于饲料霉变、预防性药物添加不当和治疗疾病时药物使用不合理等，造成药物中毒的情况也时有发生。当前，临床上常见的中毒病有真菌毒素中毒病（如曲霉菌毒素中毒等）、药物中毒病（如喹乙醇中毒、磺胺类药物中毒、呋喃类药物中毒等）、其他物质中毒（如食盐中毒，砷、汞等重金属中毒）。

（4）遗传病。肉鸽的遗传性疾病比较少见，但在鸽群较小、同群内繁殖时，由于近亲繁殖，容易使鸽群退化，遗传性疾病出现概率较高，只是饲养者不易观察到。因为肉鸽在哺育子代时，发现幼鸽有病就不再喂养而把幼鸽遗弃，所以在临床上仅表现为幼鸽育成率下降。由于上述原因，对肉鸽遗传病的研究开展得较少。肌肉退行性变化、痛风等常怀疑是遗传原因造成的。

（5）其他普通病。包括外科病、肿瘤等，在肉鸽中一经发现即予淘汰，一般影响不大。但由于管理上的原因造成的普通病，例如中暑等，有时会造成较大损失，应该予以重视。

三、鸽病诊断技术

1. 流行病学调查

流行病学调查是鸽病诊断的重要方法，也是养鸽场制定有效的防治对策及措施的依据，尤其在集约化养鸽场所更为重要。

流行病学调查的内容和范围十分广泛，凡与疾病发生发展相关的自然条件和社会因素都在内。诸如鸽场的位置、规模及周边环境；鸽子的品种、品系、数量、性别比例；饲养习惯、饲料种类及来源、饮用水来源；日常消毒情况；免疫接种情况；发病鸽群及个体与未发病鸽群及个体的背景材料；发现病鸽的时间、鸽病发生高峰的时间、鸽病发展趋势；过去有无此类鸽病、过去此类鸽病的发病及防治情况；邻近鸽场发病情况；其他禽鸟类有无类似疾病、当时对该病防治效果等，均在调查之列。

流行病学的调查方式多种多样，一方面可组织座谈会，约请鸽场饲养人员、管理人员、当地兽医、检疫人员等座谈，了解发病鸽场的建设及饲养管理情况、鸽病发生发展情况、饲料来源及加工配制过程、引种和动物出入、当地自然环境状况、当地鸽病的发病史等；另一方面可进行现场实地调查，必要时对新鲜病死鸽及濒死鸽进行剖检，掌握鸽群的病情及病鸽的临床症状、病理变化，然后结合座谈了解的一般情况，可以对鸽病作出初步的判断。

流行病学调查和分析的目的是认识疾病并提出应对措施，有时需结合实验室诊断技术，才能最终确诊。一般来说，如系微生物感染，实验室诊断技术应可以查出病原体；寄生虫病，应可以查出虫体或虫卵；中毒性疾病，应可以追溯到毒物来源，断绝毒物来源后，疾病应能控制；管理不善造成的疾病，改善饲养管理条件后，疾病应能得到缓和和控制。

2. 临床检查

鸽病的临床检查是及时正确诊断鸽病的重要手段，主要是对病鸽天然孔的检查，如眼睛、鼻孔、口腔和肛门。此外，对消化系统、呼吸系统和运动功能应进行重点检查。

（1）口腔检查。检查口腔和咽喉黏膜的颜色，有无黏液、溃疡、假膜及异常味道。黏膜型鸽痘、鹅口疮、毛滴虫病、口腔炎和咽喉炎等疾病，口腔和咽喉的黏膜常出现潮红、白色或黄色干酪样病灶、溃疡或白色假膜等。维生素缺乏时，这些部位常有针头大小的白色结节。

（2）眼睛检查。患皮肤型鸽痘时，眼睛周围有痘疹，严重者可导致单侧或双侧眼睛失明。眼线虫、鸟疫和维生素 A 缺乏病，可以引起鸽的眼睛发炎红肿和分泌物增加。有机磷农药和阿托品中毒时，分别引起瞳孔缩小和扩大。

（3）鼻瘤和呼吸系统检查。健康鸽的鼻瘤洁净，呈白色。若出现鼻瘤潮湿、白色减褪，鼻孔有浆液性分泌物等症状，可能是感冒、鼻炎、副伤寒和鸟疫等疾病所致。鸽子正常的呼吸次数为每分钟 30～40 次，若患鼻炎、喉气管炎、肺炎、丹毒病、曲霉菌病和鸟疫等疾病时，可能出现咳嗽、打喷嚏、气喘、气囊啰音和呼吸困难等症状。

（4）嗉囊检查。用手摸鸽子的嗉囊，可以略知其消化功能状况。正常情况下，鸽子进食 3～4 小时后，饲料向下移动而使嗉囊缩小；否则就说明鸽子消化不良或者有嗉囊病。嗉囊病有两种：①摸着硬，可能是硬性食物梗塞所致，或由某些传染病引起的嗉囊积食；②摸着软，倒提鸽子时，口中流出酸臭液体的软嗉囊病，常由长期积食和缺乏运动造成。

（5）肛门和泄殖腔检查。鸽新城疫、溃疡性肠炎、胃肠炎、鸟疫和副伤寒等疾病常引起鸽子腹泻，粪便沾染肛门周围的羽毛。皮肤型鸽痘常引起鸽子肛门周围出现痘疹。患鸽霍乱、胃肠炎等疾病，鸽子的泄殖腔可能充血或有点状出血。

（6）皮肤和体温检查。观察皮肤的颜色是否正常，有无损伤和肿瘤。鸟疫和丹毒病可导致皮肤发绀。鸽子正常体温范围是 40.5～42.5℃，除捕捉和烈日照射可以引起体温升高外，鸽霍乱、肺炎和丹毒等都可以引起鸽子体温升高。

（7）运动功能检查。除骨折、骨骼损伤和关节脱臼直接引起运动障碍外，鸽新城疫、副伤寒、丹毒、关节炎、神经性疾病、有机磷农药、呋喃类药物和食盐等中毒，都可能引起双脚无力，单侧或双侧翅膀麻痹，共济失调，飞行和行走困难等症状。通过以上各项检查和综合分析后，对疾病可以作出初步诊断。仍不能确诊的疾病，必须进行实验室检查。

（8）尿液检查。可肉眼观察输尿管是否增粗，有无尿酸盐沉积。

（9）粪便检查。不同的鸽病其病理表现不同，在一定程度上可依据粪便的性状诊断疾病。病鸽的粪便表现有血性粪便、白色粪便、绿色粪便、水样下痢等区别。发现肠道的血细胞、寄生虫、虫卵等，从而确诊胃肠出血及肠道寄生虫。

3. 病理剖检

许多鸽病有典型的或特殊的病理变化，在流行病学调查和临床检查的基础上，开展病理剖检，观察病鸽器官组织的变化，可以为正确诊断提供可靠的依据。同时也可为实验室检查提供病原学、免疫学、病理组织学等所需要的病理材料，是对疾病进一步诊断的重要措施。

（1）常见病理变化。鸽子患病的病理变化，常见的有以下几种：

①充血。局部器官组织毛细血管扩张，血液含量增多，称为充血。充血部位表现为增温、轻微肿胀并发红，而发红部位的皮肤用指压后即褪色，指放开即恢复原状。充血是动物体的一种防卫反应，主要见于炎症。

②淤血。亦叫静脉充血，是静脉血液回流发生障碍所引起的。具体表现为：发绀、肿胀、温度降低；切开时，从血管内流出多量暗红色不凝固的血液。淤血往往多见于肺、肝、脾、肾等实质器官。

③出血。血液流到心脏血管系统之外，称为破裂性出血；血液中的红细胞从小血管渗出，则叫渗出性出血。破裂性出血可见于盲肠球虫病的盲肠血管被寄生虫破坏，流出血液，随粪便排出。渗出性出血可见于多种疾病，多数因病原微生物在血液中繁殖，使血管壁通透性改变而造成，具体表现在局部器官组织有出血点或小的出血斑，例如鸽新城疫的肌胃角质膜下有斑状出血（或充血）。

④贫血。红细胞的数量在血液中不足时称为贫血，表现为黏膜、皮肤苍白。引起贫血的原因较多，主要是失血、溶血（红细胞被致病因子破坏）、营养不良、红细胞再生障碍（多见于慢性中毒）等。

⑤萎缩。器官组织功能减退和体积缩小称萎缩。有病理性萎缩和生理性萎缩之别，如法氏囊（亦称腔上囊）可随年龄的增大而缩小是生理性萎缩；如因病而致萎缩的则叫病理性萎缩。

⑥坏死。机体内局部组织细胞的病理死亡称为坏死。坏死主要是由于病原微生物直接破坏细胞及其周围的血液循环所致。具体可分凝固性坏死——组织坏死后，蛋白质凝固，形成灰白色或灰黄色、较干燥、无光泽的凝固物，如鸽霍乱病肝上所出现的坏死点；液化性坏死——组织坏死后分解液化，成为脓汁；坏疽——坏死性腐败。

⑦糜烂与溃疡。坏死组织一经脱落而留下已形成的残层缺损叫做糜烂，较深的缺损称为溃疡。

⑧炎症。当动物机体出现一种防卫性反应即称炎症，具体表现为红、肿、热、痛和功能障碍，发炎的部位还出现变质、渗出、增生3种基本病理变化。

⑨败血症。病原微生物进入血液，在其中繁殖并产生毒素，引起严重的全身症状，称为败血症。该症常使血管壁的通透性改变，红细胞渗出，在许多器官造成出血性病理变化。

⑩肿瘤。机体某一部分细胞发生异常增生，且其生长失去正常控制，而形成肿块，称为肿瘤。它有良性和恶性之分，恶性肿瘤的特点是生长迅速，能向周围组织浸润扩散，能向其他部位转移，对机体危害严重。鸽的恶性肿瘤见于马立克氏病等。

（2）剖检要求

①部检所需器材。经严格消毒的剪刀、镊子、搪瓷盘、灭菌容器、消毒药液、载玻片、酒精灯、白金耳等，为加强个人防护，应备操作人员所用的消毒手套、帽子、胶鞋、工作服、肥皂、毛巾等。

②剖检病例的选择。原则上应选择未经治疗的、临床症状明显的濒死鸽或死亡不超过 4 小时的新鲜死鸽。剖检病例在性别、品种、品系甚至个体大小上应兼顾，使病例具有代表性。剖检数量应根据鸽群结构、初步诊断的结果以及采集病料的需要而定，以获得规律性的病理变化结论为准。

③剖检地点的要求。为了防止污染和病原扩散，原则上剖检应在实验室、兽医诊疗室、剖检室或焚尸炉、污物处理坑旁进行，将病鸽放在搪瓷盘或塑料布上进行剖检。严禁在鸽舍内或鸽舍旁剖检，不宜在难以清理和消毒的台面、地板上剖检。剖检前应用清水或消毒药液打湿鸽体，防止羽毛飞散。病死鸽应用不漏水塑料布包扎后运送，剖检完毕，要将尸体、包装物、污染的泥土消毒后深埋处理，对剖检场地严格消毒。

④病理剖检注意事项。在鸽临死前剖检，对于已经死亡的鸽尸体，应尽早剖检；尽可能多剖检几只，以便找出规律性的病理变化，才能作出正确的诊断。剖检后，应做好人员、用具、器材等清洗消毒工作。如果需要将病料送到鸽场外进一步诊断，必须附上剖检结果、症状等情况记录。

（3）剖检方法。首先检查病死鸽的外部状况，如羽毛、体况、营养、眼鼻嘴等可视黏膜、爪子和肛门周围的变化并做详细记录。然后用消毒药液湿润尸体，做仰卧位保定，切开大腿和腹壁间的皮肤和筋膜，用力将两大腿向下掰压使两髋关节脱臼，两腿外展固定。随后用剪子自肛门处沿腹中线直剪至颈部，暴露腹胸腔和内脏器官，并检查颈、胸、腹部皮下变化和胸、腿肌肉病理变化。继而从嗉囊后端切断气管，取出腺胃、肌胃、肝、脾、肠等脏器，再摘下心脏、输卵管、卵巢或睾丸及肺、肾。再由右侧嘴角向后剪开口腔，剖开喉头、气管、食管。最后剪开头部皮肤，打开脑颅骨，露出硬脑膜、软脑膜和脑组织。

（4）剖检内容

①腹腔。腹腔暴露后、摘出内脏器官前，先观察腹腔的大体变化。腹腔积液呈淡黄色，并有黏稠的渗出物附在内脏表面，可能是腹水症、大肠杆菌。腹腔中积有血液和凝血块，常见于急性肝破裂，可能为肝脾的肿瘤性疾病、包涵体肝炎等。腹腔器官表面，特别是肝、心、胸系膜等内脏器官两面有一种石灰样白色沉着物，这是痛风的特征。腹腔脏器粘连，并有破裂的卵黄和坚硬卵黄块，这是大肠杆菌、鸽砂门氏菌病等引起的卵巢腹膜炎。

②食管和嗉囊。食管黏膜上生成许多白色结节，可能是维生素 A 缺乏或毛滴虫病病灶。嗉囊充满食物，说明该鸽为急性死亡，应根据具体情况进行判断，若有大批发生，可以为中毒或急性传染病。嗉囊膨胀并充满酸臭液体，可见于嗉囊卡他性炎症或鸽新城疫。嗉囊黏膜增厚，附着多量白色黏性物质，可能有线虫寄生；若有假膜和溃疡，这是鹅口疮的特征。

③腺胃和肌胃。肌胃的角质层应当剥离后观察。腺胃肿大或发炎，可能是马立克氏病理变化或是寄生虫引起的。腺胃乳头及黏膜出血，是鸽新城疫的特征。腺胃和肌胃的交界处有 1 条状出血，可以是一种免疫器官受体的急性病毒性传染病。

④小肠、大肠及胰腺。从十二指肠到泄殖腔都应剪开，有时也可重点剪开几段肠管检查。观察内容物及黏膜的状态，肠道中有无寄生虫，在何段肠道，数量多少。小

肠黏膜急性卡他性或出血炎症，黏膜呈深红色有出血点，表面有多量黏液性渗出物，常见于鸽新城疫、鸽霍乱、肠炎等。

小肠壁增厚，剖开肠道黏膜外翻，可能是慢性肠炎、鸽砂门氏菌病。小肠黏膜上形成大量灰白色的小斑点，同时肠道发生卡他性或出血性炎症，多见于小肠球虫病。胰腺有体积缩小、较坚实、宽度变窄、厚度变薄等病理变化，可能是缺硒或缺乏维生素 E。肠壁上形成大小不等的肿瘤状结节，可见于马立克氏病、淋巴细胞增生、恶性肿瘤、结核病以及严重的绦虫病。盲肠肿大，黏膜呈深红色严重炎症，肠腔内含有血色或血液凝块，这是盲肠球虫病的特征。盲肠壁肥厚，内含黄色干酪样凝固渗出物，可能是鸽传染性盲肠肝炎。泄殖腔黏膜呈条状出血，这是慢性或非典型鸽新城疫的表现。

⑤肝脏和脾脏。肝脏的体积、色泽正常，但表面和切面有数量不等的针尖大小的灰白色坏死小点，是鸽霍乱的特征，也见于鸽砂门氏菌病。肝脾色泽变淡，呈弥漫性增生，体积可超过正常数倍，见于马立克氏病。肝稍肿大，表面形成许多界限分明的大小不一的黄色圆形坏死灶，边缘稍隆起，此为鸽传染性盲肠肝炎的特征病理变化。肝脏的硬度增加，呈黄色，表面粗糙不平，常有胆管增生，见于黄曲霉素中毒。肝或脾出现多量灰白色或淡黄色珍珠结节，切面呈干酪样，见于鸽结核病。肝脏淤血肿大，呈暗紫色，表面覆盖一层灰白色纤维蛋白膜，为大肠杆菌引起的肝周炎。

⑥肾脏和输卵管。肾脏显著肿大，呈灰白色，常见于马立克氏病。肾脏肿大，肾小管和输出卵管充满白色的尿酸盐石灰样沉着，见于痛风。

⑦卵巢和输卵管。卵巢形态不整，皱缩，干燥和颜色改变，见于慢性砂门氏菌病、大肠杆菌病或慢性禽霍乱。卵巢体积增大，呈灰白色，见于马立克氏病或卵巢肿瘤。

⑧心脏和心包。心外膜、心内膜或心冠脂肪上有出血点，是一般急性败血症的病理变化，如急性禽霍乱、鸽新城疫等。心外膜上有灰白色坏死小点，见于鸽砂门氏菌病。心外膜上有石灰样白色尿酸盐结晶，为内脏型痛风。心肌肥大，心冠脂肪组织变成透明的胶冻样，是严重营养不良的表现，也见于马立克氏病。

⑨气囊、气管和肺。气囊、气管和肺充血，见于非典型鸽新城疫。胸腹部气囊浑浊，含有灰白色干酪样渗出物，可见于大肠杆菌病。鸽的肺和气囊上生成灰白色或黄白色的小结节，常见于曲霉菌病。

（5）送检病鸽及病料。及时采集传染病病料，并送有关兽医检验部门检验，是快速确诊鸽病的有效措施。如果没有条件采集病料，可直接送检病鸽和死亡时间不超过 6 小时的病死鸽数只。如是病鸽，可直接装箱；如是病死鸽，可将其直接包入不透水的塑料薄膜、油布或数层油纸中，装入箱内，送至有关单位检验。如果有条件采集病料送检，需注意以下问题：

①要严格按照无菌操作程序进行，并严防病原散播。采集病料的器械需事先消毒。如刀、剪、镊子等可煮沸 15 分钟消毒。

②采集病料的时间，以死后不超过 6 小时为宜，最好死后立即采集。一套器械与容器只能采取或容装一种病料。

③在打开尸体后先采取相应病料，再进行病理检查，或在剖检的同时，无菌采取病原诊断所需的病料组织块、血液、分泌物等。一般按先腹腔后胸腔的顺序采取病料。

④应正确保存和包装病料，正确填写送检单。病料送检时间越快越好，以免材料腐败或病原微生物死亡。

4. 病理组织学检查

病理组织学检查是明确鸽肉眼病理变化的性质和鸽病性的一种重要手段，包括病理切片技术和显微镜观察两部分。根据组织、细胞的充血、出血、炎性、坏死、溃疡崩解和包涵体等变化作出病理组织学诊断。由于病理切片制作方法较繁琐，需要较长时间，故在基层单位使用不太广泛，在此仅做简要说明。

（1）病理切片技术。一般而言，从病料的采取到制成染色标本，要经过取材、固定、冲洗（保存）、脱水、透明、透蜡、包埋、切片、染色和封固等步骤。

（2）病理切片镜检。切片制成后，在油镜下观察，可见细胞核呈蓝色，细胞质、细胞间物质和结缔组织呈浅红色，肌纤维呈深红色，红细胞与嗜酸性粒细胞呈红色。

5. 病原学检查

对鸽传染病和寄生虫进行病原学检查是确诊疫病的依据，同时也是制定正确防治措施的根据。由于细菌、病毒、寄生虫的生活特性不同，病原学检查的方法也各异。

（1）细菌学检查。通常在显微镜下检查细菌的染色形态，分离培养细菌，观察其培养特点，以及对分离的细菌进行生化试验，从而鉴定细菌。

①细菌形态检查。将病料涂片、触片自然干燥或用甲醇固定后，做染色镜检观察形态。常用的细菌染色方法有革兰氏染色法、碱性美蓝染色法、抗酸染色法、姬姆萨氏染色法等，真菌病料可制成压片、螺旋体病料可制成悬滴标本直接镜检，可分别见到菌丝、孢子和运动的螺旋体。

②细菌分离培养。多数病原菌可在普通琼脂培养基、血液（血清）琼脂培养基和厌气肉肝琼脂培养基上生长并呈现菌落特征；真菌可在砂氏琼脂上生长，支原体可在加有血清（马、猪）的合成琼脂上生长。通常先作划线、培养，然后挑选单个典型菌落进行分离培养与鉴定。

③病原菌鉴定。通常可根据病原细菌的形态特征、培养特性、生化特点和定型血清交叉试验等进行，同时也可通过本动物致病性试验鉴定其病原性。

（2）病毒学检查

①病料处理。取保存的病料置于5～10倍体积的灭菌生理盐水（Hank's液、磷酸盐缓冲液）中洗去保存残液，然后置于5～10倍病料体积含双抗（青霉素、链霉素各500毫克/毫升）的生理盐水中制成匀浆悬液，低速离心后上清液即为病毒分离材料，置于−30℃保存备用。

②病毒分离培养。

a. 鸡胚培养。多数病毒特别是禽病毒，可通过绒毛尿囊膜、尿囊腔、羊膜囊、卵黄囊等不同途径，接种不同日龄鸡胚而生长繁殖，多数病毒还能形成胚胎病理变化，如致死、水肿、出血、病斑等，然后收取胚液、胚体，即为含毒物，置于−30℃保存备用。

b. 细胞培养。通常根据病毒的培养特性（鸡胚病理变化、细胞病理变化）、电镜检查、特性检查（理化特性、生物学特性）和免疫血清学检查出鉴定，同时也可回归本动物作病原性鉴定。

（3）寄生虫学检查

①虫体检查。可将剖检时采集的体内、体外虫体标本（蛔虫、绦虫、线虫和蜱、螨、虱等）在放大镜、显微镜下进行检查鉴定；有些小体虫如吸虫、球虫也可利用粪便检查鉴定。

②蠕虫病虫体检查。简单常用的检查方法有两种：一是直接涂片法，即在载玻片上滴少许5%甘油生理盐水，加上少许新鲜粪便混匀成粪液，盖上盖玻片后镜检，此法检出率不高；另一种是集卵法。利用虫卵在清水中下沉和在饱和盐水中上浮的特性收集后镜检，可提高检出率。其一是沉淀法，即取粪便3~5克加清水稀释搅匀成粪水，用铜筛网过滤除去粪渣，滤液静置30分钟，弃去上清液，沉淀渣用水反复洗数次直到上清液透明，取沉淀镜检，本法适用于检查吸虫卵。其二是漂浮法，即取粪便5克，加入饱和食盐水50毫升，搅匀后用铜筛网过滤除去粪渣，滤液静置30分钟，虫卵上浮后用白金耳勾取表层液膜置于载玻片上镜检。本法适用于线虫卵、球虫卵囊检查。

③原虫病检查。寄生于鸽的原虫有血液原虫、消化道原虫和组织原虫等。

a. 血液原虫检查法。采取血液涂片，干后用无水中性甲醇固定，用姬姆萨液染色后镜检。

b. 消化道原虫检查法。取少许新鲜带血粪便，置于滴有1滴生理盐水的载玻片上，混匀涂片，盖上盖玻片镜检，本法适用于检查毛滴虫、球虫等。

c. 组织原虫检查法。取组织病料作抹片、触片或制成组织切片，前者经姬姆萨氏染色或瑞氏染色后镜检，后者可用苏木业-伊红染色后镜检。

6. 免疫学检查

免疫学方法不但可以确定病原，还可以检测鸽子产生的抗体。通过检查病原，可以确诊疾病，定期检测血清抗体浓度的变化，可以对鸽群免疫状态、免疫效果进行定量分析，不仅有利于调整免疫程序，而且能为防治疾病提供可靠依据。免疫学诊断方法有多种，如病毒血凝试验和病毒血凝抑制试验、试管凝集试验可以检查病毒、细菌等病原微生物刺激鸽体产生的抗体等。

病毒血凝试验和血凝抑制试验。病毒血凝试验和血凝抑制试验是一种快速、微量、简便、准确的血清学诊断方法，病毒血凝试验可以检查有无病毒，而病毒血凝抑制试验可以检查相应抗体，用于鸽新城疫、鸽痘等流行病的诊断和免疫监测。以鸽新城疫诊断为例，将病毒血凝试验和血凝抑制试验介绍如下。

鸽新城疫病毒有血凝特性，即与鸡、鸽等红细胞相遇时，在一定条件下能凝集这些红细胞，而且凝集现象稳定明显。利用这一特性，将未知病毒与鸡或鸽的红细胞做凝集试验，如果发生红细胞凝集，就说明未知病毒可能是鸽新城疫病毒或类似病毒。这就是病毒的血凝试验。反之，如果用一定浓度的鸽新城疫病毒作为已知病毒，与待测病鸽的血清做凝集反应试验，如果病鸽血清中含有抗新城疫抗体，则该抗体能与病毒结合，接着加入鸡或鸽子红细胞后，红细胞不再发生凝集，这种反应就是病毒血凝抑制试验。在病毒的血凝抑制试验中，还可以反映出血清中抗体的浓度，从而检查病鸽对病毒的反应程度，或者正常鸽注射疫苗后的免疫效果。

微量法病毒血凝试验和血凝抑制试验通常在96孔反应板上进行。

病毒血凝试验、操作步骤如下：

（1）制备pH值7.0～7.2磷酸缓冲盐水。配方：氯化钠170克，磷酸二氢钾13.6克，氢氧化钠3克，蒸馏水1 000毫升。将以上各成分溶解后，高压灭菌，4℃保存，临用时用蒸馏水作20倍稀释。

（2）制备0.5%鸡红细胞悬液。方法：从健康公鸡翅静脉采血，加入有抗凝剂（3.8%枸橼酸钠液）的试管内，用20倍量pH值7.0～7.2磷酸缓冲盐水洗涤3～4次，每次以2 000转/分离心3次，每次10～15分钟。每次离心后弃去上清液，并彻底吸去血浆及白细胞，最后用磷酸缓冲盐水按红细胞体积稀释成0.5%悬液，0～4℃冰箱保存。

（3）用微量加样器向反应板上每个孔中分别加磷酸缓冲盐水50毫升。更换加样器吸头，吸取50微升病毒液，加于第1孔中，用该加样器吹吸3次使病毒混合均匀，然后向第2孔移入50微升，挤压3次后再向第3孔移入50微升，依次倍比稀释到第11孔，使第11孔中液体混合后从中吸出50微升弃去。第10孔不加病毒抗原，只作对照。再更换微量加样器吸头，吸取0.5%红细胞悬液依次加入12个孔中，每孔加50微升。加样完毕，将反应板放于微型振荡器上振荡1分钟，或置37℃恒温培养箱中作用20～30分钟后取出，观察并判定结果。

7.鸽病的简易诊断

（1）病鸽的异常表现。因为鸽的体型小，抵抗力较差，生病后死亡率较高，所以平时应细心观察，尽早发现病鸽，以便及时治疗与处理。健康鸽精神饱满、活泼机敏，全身羽毛丰满整洁，具有光泽而富含脂质；双目明亮而有神，无眼泪或眼屎；鼻瘤干净，有弹性，呈浅红色或粉红色，鼻孔润滑，稍显湿润；嘴湿润干净，无嗅无黏液或污秽物，呼吸平稳（30～40次/分钟），呼吸时不带声音；粪便呈浅褐色或灰色，较硬，形如条状或螺旋状，粪便上面有白色附着物；泄殖腔周围与腹下绒毛洁净而干燥；行走步伐平稳，双翅有力，时飞时落，食欲旺盛（有抢食现象）等。若发现与以上的情况不相同时，即为异常表现，可怀疑或确定鸽子患病了。

一般来说病的鸽子具体有如下异常表现：

①精神委顿，反应迟缓，缩颈弓背，无精打采，不爱运动，羽毛竖立且蓬乱无光，翅膀下垂，避光喜暗，离群独处。

②病鸽体型消瘦，呼吸线表急促，呼吸时喘鸣或从喉头器官发出异常的声音。双目无神，或闭目似睡，有时还会出现浆液、黏液性或脓性分泌物，眼结膜色泽异常，眼睑肿胀发炎。有的病鸽出现扭头曲颈，甚至身体滚转、角弓反张、跛行摇晃、瘫痪卧地等。

③鼻瘤色泽暗淡，潮湿污秽，肿胀无弹性，手触有冷感，鼻孔过干或不时流出浆性、黏性及脓性鼻液。口腔黏膜过干、发臭，有的口腔流出黏液，时时打哈欠等。

④病鸽食欲不振，减食或不食，但喜饮水或狂饮水，母鸽不哺育幼鸽。粪便松软，含水量多，严重者拉灰白、灰黄或绿色稀便，恶臭难闻，甚至拉红色和黑色血便。若出现上述粪便时，则可见泄殖腔周围的羽毛上沾有粪污。

（2）鸽病简易诊断。鸽病的简易诊断方法概括起来有"视"、"触"、"嗅"、"听"、"剖"5个字。就是用人的感官对鸽体的健康状况进行判断、分析，以对其病症作出诊断。

"视"，即视诊，就是用人的眼睛对鸽的群体和个体进行观察的方法。群体检查的内容包括静观察、动观察、粪便及饮食的观察4个方面。观察鸽群在安静状态下鸽体的精神状态、体态、被毛是否有异常，然后驱赶鸽群进一步观察其运动、飞翔状况，判断对周围的反应敏感与否，有无离群独居现象。同时观察鸽群的采食、饮水状况及粪便的性状是否异常。在群体观察中若发现有异常表现者，随即剔出进行个体检查。个体检查时，首先观察鸽的头部，看其喙、鼻瘤及其他无毛部位有无苍白、痘疹等；观察其眼、口、鼻孔有无异常分泌物；打开口腔看有无过多的分泌物，黏膜是否苍白、充血、出血，口腔黏膜与喉头部位有无假膜或异物附着。然后看其胸肌、腿肌的肥瘦程度、关节有无肿大、骨折等现象。最后，看其背毛是否清理整洁，有无光泽，同时注意观察泄殖腔周围有无粪污。

这里要特别注意观察鸽子的眼睛。鸽的眼睛除了作为鸽的视觉器官外，眼睑及眼球深部的哈德氏腺还具有重要的免疫防御功能。同时，由于眼眶与外界环境直接接触，因此它也可能作为许多病原体侵入的门户。鸽子的许多疾病都可以引起鸽子的眼睛发生异常改变，例如，患鸟疫、副伤寒、霉形体病、维生素A缺乏症及眼炎时，可见鸽子的眼红肿发炎，分泌物增多；鸽患结膜炎时，则结膜潮红，血管扩张；患丹毒病或肺炎时，结膜紫蓝色；贫血或营养不良时，结膜苍白；有机磷农药中毒时，可见瞳孔缩小，口内流出大量黏液；如阿托品中毒，则瞳孔扩大，口腔干燥。仔细观察鸽子的眼睛，能捕捉到一定的信息，对诊断鸽病大有好处。

"触"，即触诊，就是用手触摸被检查部位的质地、软硬度。如用手触摸嗉囊，感触其充实度，判断其内容物的性状；触摸其胸肌、腿肌的厚度；有时还可以手伸入泄殖腔内触摸泄殖腔内器官有无肿胀、病理结节等。

"嗅"，即听诊，就是用听觉来判断鸽体的鸣叫声是否异常，呼吸时有无喘鸣或"呼噜噜"的异常音响出现。

"剖"，即剖检诊断。为了对患鸽的病情有一个全面了解，仅在生前做临床观察是不够的，还必须对病死鸽或濒死期的鸽体作剖检观察，以了解内脏器官的病理变化情况。剖检诊断时应对被剖鸽的心、肝、脾、肺、肾、卵巢、腔上囊等器官作全面检查，同时要注意观察胃、肠黏膜有无异常变化。

第六节　鸽病治疗技术

一、采血技术

在鸽病的免疫学、血液学及病原学检查中，常常需要从活鸽身体采取新鲜血液用于研究。鸽的采血方法主要有翅内侧腋下静脉采血和心脏采血法等。采血时，采血者要认真做好自身防护工作，采血设备需经消毒干燥。要做好采血记录。在送样过程中，血样不可剧烈摇晃，以免溶血。血样送至实验室后要立即分离血清，不能立即分离的需及时冷藏。

（一）翅内侧腋下静脉采血法

助手用左手抓住鸽的两腿，右手固定住两翅，右手稍高于左手，暴露出翅内侧，采血者左手拨开翅内侧羽毛，在翅静脉外消毒后，右手持 5 号采血器与皮肤呈 45°顺血管进针，见血液回流，慢慢回抽针芯，不可操之过急，采血完毕后，局部消毒按压 30 秒后放走。进针时手要稳，进针不宜过深，否则刺穿血管，皮下很快水肿，导致采血失败。

（二）心脏采血法

该法容易使被采血鸽因失血过多而死亡，所以在常规免疫监测中较少使用。助手固定鸽两翅及两腿，右侧卧保定，在胸骨脊前端至背部下凹处连线 1/2 处或稍前方可触及心脏明显搏动，在此处消毒后，采血者手持 7 号采血器垂直刺入 2 ~ 3 厘米，回抽针芯，见有血液回流即可。

二、给药技术

肉鸽患病时，可以通过药物治疗、手术治疗等。药物治疗可分为群体给药及个体给药。给药途径不同，则药物的吸收速度、药效出现快慢及维持时间就不同，甚至能引起药物作用性质的改变。因此，应根据药物的特性和鸽的生理、病理状况选择不同的给药途径。手术治疗主要对个体治疗。

（一）群体给药法

1. 混水给药

将药物溶于水中，让鸽群自由饮水，此法常用于预防和治疗鸽病，应用混水给药时注意药物的溶解度，易溶于水的药物用混水给药效果较佳。掌握混水给药时间的长短，在水中一定时间内易破坏的药物，先用少量水将药物调匀，再用多量水混合制成混悬液，并适时搅拌。

2. 混料给药

将药物均匀地混入饲料中，让鸽采食饲料时同时食进药物，此法简单易行，是长期投药的一种给药方法，有些不溶于水而且适口性又差的药物，用此法给药更为合适。药物与饲料的混合必须均匀，尤其是易发生不良反应的药物及用量较少的药物，更要充分混合均匀。鸽一般食粒料，在拌料给药时，可先用相当于饲料重量 1/4 ~ 1/2 的水和药物混合，然后与饲料混合，并充分搅拌，1 ~ 2 小时后再喂鸽子。

3. 外用给药

此法多用于鸽的体表，以杀灭体外寄生虫或体外微生物；也可以用于消毒鸽舍、周围环境和用具等，外用给药常用喷雾、药浴、喷洒、熏蒸等方法。外用药物一般毒性较大，应认真选择，严格掌握药液的浓度，药量太大时就会造成中毒。驱杀鸽体外寄生虫最好选用毒性较低的药品。使用喷雾法时，浓度较大的应适当稀释，尽量不要喷到鸽的头部。也可将药物按一定浓度稀释到水中让鸽淋浴、沐浴或者捉鸽洗浴。在沐浴、淋浴或喷雾之前，应让鸽饮足清水，避免因口渴而误饮较多的药液，导致中毒。

（二）个体给药法

1. 注射法

常应用于预防和治疗鸽病，在颈部、胸肌、翼窝等处肌内注射。其中，肌内注射时，药物发挥作用最快，皮下注射次之，皮内注射吸收较慢。在胸肌处注射效果最好，但应注意的是，注射时针头与胸部保持30°角，而且用6号或7号针头，进针深度在1~1.5厘米为宜。注射法优点是给药剂量准确，药效可靠。

2. 口服法

将水剂、片剂、丸剂、胶囊及粉剂等药物，经口投服，药效可靠。可以将药片压碎成细小颗粒，将鸽嘴掰开投入，再向口腔中滴入几滴水，帮助鸽子吞咽。或者将药物研成粉末，拌入麸皮、面粉等，加水调成粒状投服。纯粹液体药剂，可以滴入或灌服，1次0.5毫升左右。

（三）保健砂给药法

鸽子每天都吃一定量的保健砂，将药物均匀地混于保健砂中，鸽子在食入保健砂的同时食入一定量的药物，在预防鸽病中起到一定的作用。这是一种较为简便的方法，适用于药量较小、毒性较低及长期投喂的药物，特别适用于某些不溶于水且适口性较差的药物。使用此法时应注意以下问题：

1. 药物应掺混均匀

鸽子食入保健砂的数量较少，每天采食量为3~10克（不同时期鸽子采食量不同，每只每天平均采食3克左右）。应保证药物掺混均匀，尤其是易产生不良反应的呋喃类、磺胺类及某些抗寄生虫药物，用量较少的药物更应充分混匀。先取少量配制好的保健砂，将药物倒入其中反复搅拌，然后再倒入所需要量的保健砂中，反复搅拌5~6次。

2. 注意药物和保健砂成分的关系

保健砂中的成分较多，有常量元素、微量元素、维生素等，使用药物时，应注意避免失效或造成不良反应。例如四环素、土霉素能与钙离子结合成一种不溶解的盐，不能被机体吸收。

3. 坚持现用现配

将适量的药物混于当天用的保健砂中供鸽采食，才能收到良好效果。避免将药物混入保健砂中连续使用几天甚至十几天。

第七节　鸽病防治技术

一、肉鸽疾病的一般治疗原则

临床诊断只是防治疾病的一个基本过程，最终目的是指导用药治疗，以控制疾病的进一步发生、发展，减少畜牧业经济损失，达到以最低成本创造最高效益的目的。在对肉鸽疾病治疗过程中必须遵从如下原则：

1. 贯彻预防为主、治疗为辅的原则

在临床疾病治疗过程中，必须贯彻预防为主、治疗为辅的原则。必须制定相应的适合于本地的疾病防疫程序。在对疾病治疗过程中，既要治疗发生病例，同时要配合畜主预防相关疾病，并有责任和义务宣传和对养殖户进行疾病防治的基本原则。

2. 及时、准确的原则

治疗及时可以及早发现疫情，及早治疗疾病，在短时间内控制疾病的进一步蔓延和发展，尤其对烈性传染病的控制能够在很大程度上降低损失。

准确治疗，可以及时有效的控制疾病的进一步发展，同时能够降低用药成本。当然治疗的准确程度与诊断的正确性密切相关，即诊断的正确性越高，对疾病的治疗措施的准确性越高，临床控制疾病的效果也就越好。

3. 标本兼治的原则

在临床病例的发生、发展、转归过程中，有导致该病发生的根本原因（病因），有由该病因所引起的或其他原因所导致的临床症状（症状）。在临床诊断中，已准确判定导致该病的病因（本），哪些是症状（标）。在治疗中，我们就必须考虑标本兼治，也即是既要考虑对因治疗（消除致病的根本原因），又要对症治疗（消除临床症状）。例如，对鸽单眼伤风病，导致该病的病原是衣原体，眼部水肿、眼结膜潮红等是症状，对该病的治疗既要考虑杀灭致病性衣原体，同时要考虑消除毛滴虫感染。因此在选择用药时，将治疗毛滴虫药和抗生素混合给药。通过综合用药、标本兼治，才能有效提高该病的治疗效果。

4. 治疗与预防兼顾

在疾病诊治过程中，不仅考虑对发病鸽进行治疗，同时要考虑对同圈或同群假定健康鸽进行有效的防治。尤其在发现某些法定传染病，在按相关措施和法规进行处理的同时，必须加强对该病的紧急预防工作，以尽可能将损失减少到最低。

5. 用药科学合理的原则

在明确疾病的性质、疾病的种类、致病的原因、治疗的方法以后，选择用药也必须科学合理，既要考虑对病原的敏感性又要考虑用药的成本。一般普通的常规制剂能够解决问题的，尽可能使用常规制剂。两种或多种药物配伍时既要考虑其对疾病的有效性，又要考虑其对动物机体的毒副作用，同时还要考虑几种药物之间的配伍禁忌。既要考虑药物对疾病病原的敏感性，又要考虑病原对药物的耐药性。

6. 贯彻"三分治疗七分管理"的原则

引起某种疾病的发生，一般是多种因素作用的结果。因此在临床治疗过程中，必须科学全面。既要考虑导致疾病的主要原因，同时还要考虑其次要原因。尤其要重视饲养管理，在整个疾病的防治过程中，始终要坚持"三分治疗七分管理"的原则。针对目前疾病现状，由条件性致病的疾病种类较多，加强饲养管理不仅可以减少该类疾病的发生率，同时可以通过调节肉鸽生理机能，促进肉鸽的康复，提高对疾病的治愈率。

7. 具备良好的职业道德

作为从事肉鸽疾病防治的专业人员，应该树立良好的职业道德，能够从疾病防治全局出发，能够急养殖户之所急，不能一味注重经济效益而不顾养殖户的利益，不能为掩饰自己技术水平的低下而故意使病情随意加重或降低，不能片面主观的认定临床病例，不能草率从事，不能故意推卸责任等。

二、肉鸽疾病防治的用药原则

在疾病防治中，有了准确的临床诊断和治疗方法以后，最后一道程序就是用药实施治疗。在用药治疗中，作为兽医工作者又必须掌握以下几点：

1. 准确的认识疾病是选择用药的前提

只有对疾病有一个准确的认识，才能对症下药。通过准确的诊断，明确该病的治疗原则和治疗方向以后，我们才能知道首先应该选择什么药作为主药，什么药作为辅药。也只有明白疾病的发展趋势，才能明确首先应该控制的措施，为整个疾病的治疗用药提供明确的方向。

2. 合理选择药物

根据所掌握疾病的基本情况，选择对病原高度敏感的药物成为用药的主要工作。一般在选择药物时需要注意以下几点：

（1）首先考虑对病原高度敏感且抗菌谱相对较窄的药物。因为既要考虑对该病的有效，又要考虑耐药性问题，防止药物在治疗过程中交叉耐药性的问题。

（2）常规制剂能够解决问题时，首先考虑常规制剂。因为其不仅可以降低用药成本，同时可以避免耐药性和药物生命周期缩短，因新药一般采取更新的换代或复方制剂组成，首先使用新药虽能够迅速控制疾病但同样会导致疾病对该类药物的依赖性。

3. 了解药物治疗疾病的作用机理和方式、类型

对所选择药物必须有足够的认识和了解，包括其作用机理、作用方式、作用的类型。因为对其作用机理的了解可以掌握所选药物对疾病作用机理、作用靶器官等，做到心中有数；对作用方式的了解可以根据临床需要选择用药，同时可以合理避免药物本身或使用过程中的副作用、毒性作用、过敏反应、继发反应、后遗效应、残留及致畸、致癌、致突变等；对作用方式的了解可以明确药物的选择合理性，临床动物疾病主要表现亢奋，我们就应该考虑选择抑制机能活动（镇静类）的药物。

4. 准确选择的用药剂量、给药途径、疗程

用药中还必须考虑准确的用药剂量，因为每一种药物均有其治疗的安全范围，有效范围。超出该范围，均有可能造成药物中毒或无效。

选择与药物相适应的给药途径是保证药物发挥有效作用的基本条件。一般给药途径有口服、注射（皮下、肌肉、静脉、胸腔、腹腔、气管、穴位注射等）、局部用药（涂擦、撒粉、喷雾、灌注、洗涤等）及环境用药。每一种药物均有其相适应的给药途径，因此在临床中必须参照使用说明书选择合适的给药途径，以保证药物发挥最佳的效果。

保证药物充足的疗程是彻底治疗疾病的关键。因为每种药物均有其相应的作用时间，在疾病治疗过程中保持较高的血药浓度是有效杀灭或抑制病原、治疗疾病的基本保障。但是并不是药物使用越长越好，对于一些容易很快产生耐药性的药物必须注意控制其药物的使用时间，在实际使用中可以采用轮换使用的方法。如球虫药必须考虑轮换使用。

5. 合理利用药物的双效性，达到治疗疾病的目的

药物具备双重性的特点，即在治疗过程中产生有利于机体的防治作用，也同时可能产生一些不利于机体的不良反应。因此在临床用药中要尽可能发挥药物的治疗作用，避免不良反应的产生。但是二者又不是绝对的，有时二者会相互转化。在药物配伍中就要考虑药物的双重效果问题，合理利用药物与药物、药物与机体之间的双重功效关系，发挥药物最大的治疗效果，减少不良反应的发生。

6. 了解影响药物作用的因素，合理配伍用药

临床用药中，影响药物作用的因素有很多。如：肉鸽的种类、年龄、性别和个体差异；药物的剂量、剂型、给药的途径；环境因素等均会影响药物的作用和疾病治疗的效果。了解影响药物作用的诸多因素，能够有效指导临床用药，保证疾病治疗的效果，同时还能保证用药的安全性。如体况较差和肾功能衰竭的肉鸽用药时就必须考虑其承受力。在用药时就可以考虑辅以调节受损组织器官功能和补充营养的药物以达到用药安全的作用。另外，联合用药能够增强治疗效果，减少或消除药物的不良反应。

7. 对特殊药品和疗法的运用要有足够的认识

（1）对生物制品的使用需要掌握相关的注意事项。如必须掌握本地区传染病流行情况，需了解使用肉鸽健康状态，了解当地有无疫情，需了解使用生物制品的质量、使用方法、剂量，使用中需注意消毒，部分生物制品使用中不能同时使用抗生素等。

（2）使用抗菌药物应遵循以下原则：①对症用药；②用量适当、疗程充足；③联合用药，要有明确的临床指征；④注意观察患病鸽的反应，及时修改治疗方案；⑤必须强调综合性治疗措施；⑥注意药物配合使用时的无关、蓄积、协同、拮抗作用等。

（3）消毒药物使用中必须注意：①针对不同对象选择不同浓度；②根据药物及病原特性，确定作用时间；③药物浓度越高，杀菌能力越强；④有机物的存在以及微生物的特点也会影响药物消毒防腐的效果。

（4）抗寄生虫药物使用中要注意：①针对寄生虫的生活史选用药物，确定给药方案；②根据动物年龄、体况确定适宜给药剂量；③球虫等容易产生耐药性，临床用药时应注意足剂量、足疗程投药，并考虑合理轮换用药；④拌料或饮水投喂抗虫药时，应当混合均匀投喂。

三、肉鸽用药的十大误区

对于广大养鸽者来说，预防和控制肉鸽疾病发生，是一项经常性的工作，为了准确合理运用药物来控制鸽病发生，笔者在养鸽实践中总结出以下10种可能会发生的情况，提供鸽友们作参考。

1. 药量偏小

不少鸽友为了预防鸽病或害怕药物产生毒副作用，认为剂量小一点比较安全，其实这样做不但达不到效果，反而贻误了病情，甚至产生耐药性。

2. 药量偏大

通常情况下，使用治疗量可获得良好的效果，若投药量掌握不准，加大使用剂量，就会引起药伤，特别是幼鸽。

3. 时间错位

多数鸽友在给鸽子投药时，往往安排在白天或在鸽子觅食前后，而忽视了夜间投药。这会导致白天血液中药物浓度高，夜间偏低，影响疗效。按照要求，有些药 1 日需服用 2 次，每隔 12 小时 1 次，有些药需每日 3 次，每隔 8 小时 1 次。

4. 时断时续

药物在鸽子体内发挥治病作用，主要取决于药物在血液中维持稳定的浓度。如不按时投药，达不到有效浓度，就无法控制疾病发展。

5. 疗程不足

采用药物治疗鸽病时，需要一定的时间和过程，若用药 1 ~ 2 天症状有所缓解就停药，可能引发慢性感染。

6. 当停不停

药物达到预期效果后就应适时停止用药，否则会引起毒副作用，如二重感染、依赖性，甚至会蓄积中毒。

7. 突然停药

有些慢性疾病需要长时间坚持用药，控制病情，巩固疗效，不能擅自停药。否则会旧病复发。

8. 随意换药

药物显示治疗效果需要一定时间和过程，如伤寒病用药需 3 ~ 7 日，若随意不当换药，将使治疗复杂化，增加诊治的难度。

9. 多多益善

采用两种或两种以上药物联合使用，是为了增强疗效，但配合不当会产生相互抵抗作用（作用机理相同的药物合用疗效并不增强，但可能相互增加毒性或出现拮抗作用），以致发生降效、失效，甚至引起毒性反应。

10. 以病试药

有些鸽病久治不愈，鸽主乱投医，寻找偏方、验方，进行试验性用药。这样做往往会使病情加重，难以救治。

不管用鸽药、人药还是兽药治疗，必须在了解其药物成分的前提下正确投药。

第六章　肉鸽常用药物介绍

第一节　药物使用的基本知识

一、鸽药的概念

用于预防、治疗、诊断鸽子疾病，有目的地调节其生理机能并规定作用、用途、用法和用量的物质。通常分成以下几种：

天然药物：指那些未加工或仅仅经过简短加工的物质，包括植物药、动物药、矿物药。

合成药物：安乃近。

生化药品：抗生素。

生物制剂：抗血清、菌（疫）苗、诊断液。

二、鸽药的分类

1. 按作用分：抗病毒药、肠道药、呼吸道药、抗寄生虫药、营养补充剂、解毒护肝药等。

2. 按剂型分：注射剂、溶液剂、片剂、丸剂、气雾剂、软膏剂、粉剂（粉末状）、胶囊、包被颗粒剂等。

①注射剂：分注射粉针和注射针剂；指可注射药物经过严格消毒或无菌操作制成的水溶液、油溶液、混悬剂、乳剂或粉剂。

②溶液剂（又称口服液）：指非挥发性药物的澄明水溶液，可供注射、内服或外用。

③散剂（又称粉剂）：是将 1 种或多种粉碎药物均匀混合而制成的干燥粉末状剂

型，可供内服或饮水。可分可溶性粉、预混剂、中药散剂等。

④片剂：是将1种或多种药物与适量的赋形剂混合后，用压片机压制成扁平或两面稍凸起的小圆形片状制剂。可分为糖衣片等。

⑤丸剂：是将1种或多种药物与适量的赋形剂制成的球形或椭圆干燥或呈湿润状的内服固体剂型。

⑥气雾剂：将药物与喷射剂共同封装于具有阀门系统的耐压容器中，使用时掀开阀门系统，借喷射剂的压力将药物喷出的剂型。供吸入给药、皮肤黏膜给药或空气消毒。

⑦软膏剂：将定量的药物与适宜基质如凡士林、油脂等均匀混合制成的具有适当稠度，易涂布于皮肤、黏膜上的半固体外用制剂，如鱼石脂软膏；有一些软膏虽应用于体表，但所含药物经透皮吸收后可起到全身治疗作用，又称透皮吸收软膏或透皮剂或涂皮剂。

⑧粉剂：为1种或多种药物配比成的可溶性粉剂，为肉鸽治疗和保健药品中最为普遍的一种剂型，一般为5克每袋、每袋一般兑水2升。

⑨胶囊：是将一种或多种药物制成的胶囊，是内服剂型。一般为特效治疗剂或提速时催生速度专用剂。

⑩包被颗粒剂：为特效营养或保健类制剂。采用国际最先进双重生物活性包膜颗粒工艺和进口原料，产品不易被氧化，营养保存完整，极易溶解，口服吸收完全。佛山禅泰动物药业有限公司生产的"金鸽维他"即是此类产品，金鸽维他是一种富含多种维生素、微量元素、氨基酸、复合酶、功能寡糖、电解质等配伍而成的一种高效浓缩包被颗粒功能性散剂。

三、药物剂量与用法

1. 药物的剂量是指发挥防治疾病功效的1次给药用量，单位有：克、毫克、毫升、国际单位、%、毫克/千克。

$$1 立方米（m^3）=1\,000 升（L）$$
$$1 升（L）=1\,000 毫升（ml）$$
$$1 毫克/千克 = 百万分之一浓度$$
$$1 毫克（mg）=1\,000 单位（青霉素、黏菌素除外）$$
$$1 公斤 = 2 斤 = 1 千克（kg）=1\,000 克（g）$$
$$1 克（g）=1\,000 毫克（mg）$$
$$1 吨 = 1\,000 千克（kg）$$

2. 个体给药剂量，按千克体重用量表示如克/千克、毫克/千克，用药时按个体实际重量计算给药剂量。

3. 群体给药剂量的计算。在养殖场饲养条件下鸽群给药往往采用混水或混料的方法给药。混饲或混水给药时，由于饮水量约为采食量的2倍，因此，加入饲料中药物浓度为饮水中药物浓度的2倍，此外还应注意每公斤体重给药剂量与混饮、混料、添加量的换算。

4. 给药方式

（1）群体给药

①混水给药。首先要了解药物在水中溶解度；其次要根据饮水量计算药物用量，若因药物在水中稳定性差时可考虑"口渴服药法"——即用药前 2 小时将鸽棚内水壶清理出来，停水断食，2 小时后将药物 1 次配好加入水壶内，同时送入鸽棚供饮。

②混料给药法。将药物混入饲料供自由采食，但药物和饲料必须混合均匀，可采用递加稀释法。

③气雾给药。

④带鸽消毒。炎夏每天进行 1 次，春秋每 3~5 天 1 次，冬季每周 1 次。

（2）个体给药

①口服给药。优点是安全、方便、经济，缺点是药物起效时间慢、不规则。但下列情形不宜采取口服给药：病鸽病情危急，不能下咽、呕吐或胃肠有病不能吸收、药物本身在胃肠中易被胃肠酸碱所破坏、口服不能获得药物的某种作用，如硫酸镁口服只能起泻下作用，如镇静必须注射。

②注射给药。优点是药物吸收快而完全，剂量准确，作用效果好，缺点是操作比较麻烦，无菌要求高，若注射器械消毒不严可造成感染，注射局部可引起疼痛。注射给药有颈部皮下注射、肌肉注射、嗉囊注射等。

③局部给药。涂擦、撒粉、湿敷、滴入、吸入等。

四、影响药物作用的因素

1. 本身因素

（1）年龄与性别。

（2）体重。

（3）营养状况。

（4）机体状态和病理状态。

2. 药物因素

（1）理化性质。

（2）剂量与剂型。

（3）给药途径。

（4）给药时间。

（5）用药次数和间隔时间。

（6）联合用药。

3. 环境因素

（1）饲养管理：如鸽群密度。

（2）环境条件：温度、湿度、给药时间。

第二节 常用药物种类

一、抗生素类药物

抗生素原称抗菌素，是指由各种微生物（如细菌、真菌、放线菌等）在生长繁殖过程中所产生的代谢产物，能选择性地抑制或杀灭病原微生物。抗生素不仅对细菌、真菌、放线菌、螺旋体、霉形体、某些衣原体和立克次氏体等有作用，而且某些抗生素还有抗寄生虫、抗病毒、杀灭肿瘤细胞和促进动物生长等功效。

（一）青霉素类

1. 青霉素（苄青霉素、青霉素G）

【性状】本品是一种不稳定的有机酸，难溶于水，纯品呈白色结晶性粉末或微黄色的结晶。而制成供临床使用的钾盐或钠盐，则易溶于水，稳定性高，为白色结晶性粉末，粉针剂可保证3年不失效。水溶液不稳定，故稀释后的青霉素应及时用完。

【作用与应用】青霉素对大多数革兰氏阳性菌和部分革兰氏阴性菌（少数阴性球菌）有抑制和杀灭作用，常用于治疗鸽的葡萄球菌病、霉形体病、坏死性肠炎等，对禽霍乱和鸽球虫病亦有一定的疗效。

【制剂与用法】注射用青霉素钾（钠）每瓶（支）80万单位和160万单位。肌内注射，幼鸽每只每次5 000单位，成年鸽3万~5万单位/千克体重/次，1日2次，一般连用3~5天，也可按每只鸽2万单位溶于少量饮水或混于精饲料中，在1~2小时内服完，一般连用3~5天。

【注意事项】本品水溶液不稳定，宜现用现配，不宜与四环素、土霉素、卡那霉素、庆大霉素、磺胺药等混合应用，否则会降低或丧失青霉素的抗菌作用。本品不耐酸，一般不宜口服。

2. 氨苄青霉素（氨苄西林、安比西林）

【性状】本品属于半合成青霉素，为白色结晶性粉末，微溶于水，其钠盐易溶于水，水溶液呈碱性（pH值8~10），极不稳定，在碱性环境中能迅速分解失效，内服片剂为氨苄青霉素的水合物，注射剂为钠盐。

【作用与应用】本品为广谱抗生素，对革兰氏阳性菌和革兰氏阴性菌如链球菌、葡萄球菌、巴氏杆菌、大肠杆菌和砂门氏菌等均有抑制作用，但对革兰氏阳性菌的作用不及青霉素，对耐青霉素的金黄色葡萄球菌和绿脓杆菌无效，对革兰氏阴性菌的作用优于四环素。本品与其他未合成青霉素和氨基糖苷类抗生素配伍有协同作用。主要用于治疗肉鸽大肠杆菌引起的败血症、腹膜炎、输卵管炎、气囊炎以及禽副伤寒、禽霍乱等。

【制剂与用法】

55%氨苄西林钠可溶性粉。混饮，600毫克/升。

片剂、胶囊剂。0.25 克/片（粒），有效期 2 年。内服，20～40 毫克/千克体重，每日 1～2 次，连用 2～3 天。

粉针剂。每支 0.5 克、1.0 克、2.0 克，有效期 3 年。肌注或静注，20 毫克/千克体重/次，1 日 2 次。

【注意事项】本品对耐青霉素的革兰氏阳性菌所引起的疾病无效，严重感染病例，可与其他抗生素如庆大霉素等联用；其他注意事项与青霉素相似。

（二）头孢菌素类（先锋霉素类）

【性状】头孢菌素类抗生素是由头孢菌产生的头孢菌素 C 催化水解制成，再用化学合成方法在母核上加上不同侧链即得先锋霉素Ⅰ、Ⅱ、Ⅵ等多种半合成产品。先锋霉素Ⅰ、Ⅱ为白色结晶性粉末，先锋霉素Ⅵ为白色或淡黄色结晶性粉末，均能溶于水。

【作用与应用】本品是广谱抗生素，其结构和作用原理与青霉素相似。本类药物对葡萄球菌、链球菌、肺炎球菌等革兰氏阳性菌（包括对青霉素耐药的菌株）有较强的抗菌作用。对革兰氏阴性菌如大肠杆菌、砂门氏菌、多杀性巴氏杆菌等也有抗菌作用。临床上主要用于鸽的葡萄球菌病、链球菌病、大肠杆菌病及呼吸道感染、腹膜炎、输卵管炎、关节炎、皮肤感染等疾病的防治，对鸽霍乱、鸽副伤寒也有一定的疗效。

【制剂与用法】

头孢氨苄胶囊（先锋霉素Ⅵ）每粒 0.125 克、0.25 克。内服，25 毫克/千克体重，1 日 2 次。

注射用先锋霉素Ⅰ 0.5 克/支。肌注，10～20 毫克/千克体重，1 日 1～2 次。

【注意事项】本品与青霉素之间偶尔有交叉过敏反应，不宜与庆大霉素联用。

（三）氨基糖苷类

1. 链霉素

【性状】本品是从链球菌的培养液中提取的有机碱，常用其硫酸盐即硫酸链霉素。本品为白色或类白色粉末，性质较稳定，也易溶于水。其效价单位以质量计算，即 1 克链霉素等于 100 万单位。

【作用与应用】本品抗菌谱广，主要对革兰氏阴性菌和结核杆菌有效，对大多数革兰氏阳性菌的作用不及青霉素。本品在低浓度时抑菌，较高浓度时杀菌。可用于治疗鸽霍乱、传染性鼻炎、大肠杆菌病、鸽副伤寒砂门氏菌病、鸽结核病等。

【制剂与用法】

硫酸链霉素片剂。每片 0.1 克（10 万单位），有效期 2 年。混饮，30～120 毫克/升；混饲，13～55 毫克/千克饲料。

粉针剂。每支 1 克（100 万单位）、2 克（200 万单位），有效期 3 年，肌注，幼鸽每只每次 5 毫克（5 000 单位），成年鸽 3 万～5 万单位/千克体重，每日 2 次，连用 3～4 天。临床常将青霉素、链霉素联用，效果更好。

【注意事项】因为链霉素过量会损伤第 8 对脑神经——即听神经，故本品使用时剂量不能过大，用药时间也不能过长，以防出现严重的毒性反应。

2. 硫酸卡那霉素

【性状】本品是从链霉菌的培养液中提取而得，性质稳定，其硫酸盐为白色或类白色粉末，易溶于水。

【作用与应用】本品对大多数革兰氏阴性菌如大肠杆菌、变形杆菌、砂门氏菌、多杀性巴氏杆菌等均有很强的抗菌作用，对金黄色葡萄球菌和结核杆菌也有效，但对革兰氏阳性菌则作用很弱。临床用来治疗鸽霍乱、大肠杆菌病、鸽副伤寒砂门氏菌病、葡萄球菌病等。

【制剂与用法】

可溶性粉。每50克含2克（4%）。混饮，30～120毫克/升；混饲，60～250毫克/千克饲料，连用3～5天。原粉则按照0.01%～0.02%饮水。

片剂。每片0.25克。内服，30毫克/千克体重/次，1日2次。

粉针剂。每支2毫升：0.5克（50万单位），10毫升：1克（100万单位），10毫升：2克（200万单位），有效期4年。肌注10～30毫克/千克体重，1日2次。

【注意事项】本品的毒性与血药浓度有关，血药浓度突然升高时有呼吸抑制作用，故规定只能肌注，剂量不宜过大，时间不宜过长，不宜静注。与头孢菌素类、多西环素合用，疗效增强。

3. 庆大霉素（正泰霉素、艮他霉素）

【性状】本品由放线菌属小单孢菌所产生，常用其硫酸盐，呈白色粉末，有吸湿性，易溶于水，水溶液对温度、酸、碱稳定。

【作用与应用】本品对许多革兰氏阳性菌、阴性菌都有抑制和杀灭作用，是最常用的氨基糖苷类抗生素，抗菌活性最强。本品与青霉素合用抗菌谱扩大。临床上常用于肉鸽各种敏感菌所引起的呼吸道、肠道感染及败血症等。如鸽霍乱、鸽葡萄球菌病、鸽副伤寒砂门氏菌病、大肠杆菌病、传染性窦炎等。

【制剂与用法】

可溶性粉。100克：4万单位。混饮，20～40毫克/升（肠道感染），治疗输卵管炎、腹膜炎时增大到50～100毫克/升；混饲，50～200毫克/千克饲料。

片剂。每片20毫克：2万单位，40毫克：4万单位。按0.01%～0.02%饮水。

注射液。每支1毫升：4万单位（40毫克），2毫升：8万单位（80毫克），5毫升：20万单位（200毫克），10毫升：40万单位（400毫克）。肌注，幼鸽每只每次3～5毫克，成年鸽10～15毫克/千克体重，1日2次。

【注意事项】细菌对本品易产生耐药性，耐药发生后，停药一段时间又可恢复敏感性，故临床用药剂量要充足，疗程不宜过长。其不良反应与链霉素相似。

4. 小诺米星（小诺霉素、砂加霉素）

【性状】本品是由生产小诺霉素的副产物研制而成，含小诺霉素及庆大霉素等成分，其硫酸盐易溶于水，几乎不溶于甲醇等有机溶剂，稳定性良好。

【作用与应用】本品对多种革兰氏阳性菌和革兰氏阴性菌（大肠杆菌、砂门氏菌、绿脓杆菌等）均有抗菌作用，尤其是对革兰氏阴性菌作用较强，抗菌活性略高于庆大霉素，而毒、副作用较同剂量的庆大霉素低。临床应用与庆大霉素相似，尤其是用于庆大霉素、卡那霉素等耐药的病原菌所引起的各种感染。对砂门氏菌等革兰氏阴性杆菌高度敏感，临床上常用于禽霍乱、禽副伤寒、大肠杆菌病、链球菌等疾病的治疗，也可用于呼吸道感染及腹膜炎、输卵管炎、泄殖腔炎、关节炎等，对霉形体病也有效。

【制剂与用法】

注射液。每支 2 毫升：80 毫克，5 毫升：200 毫克，10 毫升：400 毫克。幼鸽 3~5 毫克/次，青年鸽、成年鸽 4~6 毫克/千克/次，1 日 2 次。

【注意事项】一般肌内注射，禁止静注。

（四）四环素类

1. 土霉素（氧四环素、地霉素）

【性状】本品从龟裂链霉菌的培养液中提取，为淡黄色或暗红色的结晶性粉末。其盐酸盐为黄色晶粉，易溶于水。盐酸土霉素在弱酸性溶液中较稳定，在碱性溶液中易被破坏而失效。

【作用与应用】本品为广谱抗生素。主要抑制细菌的生长繁殖，对革兰氏阳性和阴性菌均有抗菌作用，对鸽衣原体（单眼伤风）、霉形体、立克次氏体、螺旋体等也有一定的抑制作用。临床主要用于防治鸽霍乱、鸽副伤寒、大肠杆菌病、鸽链球菌病、霉形体病等。这不仅用于疾病的治疗，还用作饲料添加剂，能促进鸽的生长发育。

【制剂与用法】

土霉素碱（原粉）有效期 4 年。

片剂。每片 0.05 克（5 万单位）、0.125 克（12.5 万单位），0.25 克（25 万单位）。内服，幼鸽每只每天 25~30 毫克；青年鸽、成年鸽按 50~100 毫克/千克体重，1 日 2 次，连用 3~5 天。混饲，按 0.1%~0.2% 的含量添加。

盐酸土霉素水溶性粉。混饮，150~250 毫克/升。

注射用土霉素。每支 0.125 克（12.5 万单位），0.025 克（25 万单位），0.5 克（50 万单位），1 克（100 万单位）。肌内注射，每次 25 毫克/千克体重，连用 3~5 天。

【注意事项】本品忌与碱性溶液和含氯量多的自来水混合，内服后在肠内吸收不完全，不宜同时服用钙、铝等金属离子较多的药物。长期或大剂量应用，可引起二重感染。

2. 盐酸多西环素（强力霉素）

【性状】本品是由土霉素脱氧制成的半合成四环素。其盐酸盐为淡黄色或黄色晶粉，易溶于水，水溶液为强酸性，较四环素、土霉素稳定。

【作用与应用】本品为高效、广谱、低毒的半合成四环素类抗生素，抗菌范围与土霉素、四环素相似，但抗菌作用要强 2~10 倍，对溶血性链球菌、葡萄球菌等革兰氏阳性菌，以及多杀性巴氏杆菌、砂门氏菌、大肠杆菌等革兰氏阴性菌均有较强的抑制作用。对耐土霉素、四环素的金黄色葡萄球菌有效。临床主要用于鸽霍乱、鸽副伤寒、大肠杆菌病、霉形体病等疾病的防治。另外，本品对呼吸道感染不仅有一定的防治作用，还有一定的镇咳、平喘与祛痰（对症治疗）作用。

【制剂与用法】

含量 1.25% 的预混剂。混饲，100~200 克/千克饲料。

含量 5% 的可溶性粉。混饮，50~100 毫克/升。

片剂、胶囊。每片 0.05 克、0.1 克，每粒 0.1 克。内服，幼鸽每次 3~5 毫克，只，1 日 2 次，青年、成年鸽每次 10~15 毫克/千克体重，1 日 2 次。

粉针剂。每支 0.1 克、0.2 克。肌注，10 毫克/千克体重，每日 1 次。

【注意事项】参见土霉素。

(五) 氯霉素类

1. 甲砜霉素（甲砜氯霉素、硫霉素）

【性状】本品是氯霉素的同类物，已人工合成，为白色结晶性粉末，微溶于水，溶于甲醇，几乎不溶于乙醚和氯仿。

【作用与应用】本品为广谱抗生素，对多数革兰氏阳性菌和阴性菌都有抗菌作用，但对革兰氏阴性菌的作用比革兰氏阳性菌作用强。主要用于防治大肠杆菌病、砂门氏菌病、禽霍乱，也可用于敏感细菌引起的各种呼吸道及肠道感染。

【制剂与用法】

5% 散剂。内服，10~20 毫克/千克体重/次（以甲砜霉素计），1 日 2 次，拌料饲喂。

片剂。每片 25 毫克、100 毫克、125 毫克、250 毫克。内服，20~30 毫克/千克体重/次，1 日 2 次，连用 3~5 天。

【注意事项】本品可抑制免疫球蛋白及抗体的生成，与喹诺酮类药物联用可生产拮抗作用。

2. 氟苯尼考（氟甲砜霉素）

【性状】本品为人工合成的甲砜霉素单氟衍生物，为白色或灰白色结晶性粉末，极微溶于水，能溶于甲醇、乙醇。

【作用与应用】本品抗菌范围与抗菌活性稍优于甲砜霉素，对多种革兰氏阳性菌和革兰氏阴性菌及霉形体均有作用。临床常用于鸽砂门氏菌病、大肠杆菌感染、传染性鼻炎、慢性呼吸道病及葡萄球菌病的防治。

【制剂与用法】

10% 可溶性粉。混饮，500 毫克/升，拌料按每千克饲料 1~2 克拌料，每天 1 次，连用 3~5 天。

注射液。每支 2 毫升：0.6 克。肌注，20~30 毫克/千克体重/次，1 日 2 次，连用 3~5 天。

【注意事项】本品不宜与喹诺酮类抗菌药联用，以防止降低氟苯尼考的疗效。

(六) 大环内酯类

1. 红霉素

【性状】本品是从红链霉菌的培养液中提取，为白色、类白色结晶或粉末，难溶于水，与乳酸或硫氰酸结合生成的盐易溶于水。

【作用与应用】本品的抗菌范围与青霉素相似，对大多数革兰氏阳性菌如金黄色葡萄球抗菌作用较强。对革兰氏阴性菌如巴氏杆菌和霉形体也有一定的作用，但对大肠杆菌、砂门氏菌等均无效。临床主要用于防治霉形体病、葡萄球菌病、链球菌病、坏死性肠炎、衣原体病等。也可预防环境引起的应激。

【制剂与用法】

片剂。每片 0.125 克、0.25 克，硫氰酸红霉素可溶性粉。5%、5.5%、55%。预防：红霉素 0.0005%～0.002%，治疗：红霉素 0.02%～0.05% 拌料，连用 5～7 天。混饮，红霉素 0.01%，连用 3～5 天。

粉针剂。每支 0.25 克、0.3 克。肌注，20～50 毫克/千克体重，连用 3 天。

【注意事项】本品在干燥状态或碱性溶液中较稳定，忌与酸性物质配伍，在 pH 值 4 以下时易失效。长期内服易产生耐药性，可引起消化功能紊乱，也可使产蛋率下降。

2. 泰乐菌素

【性状】本品从弗氏链霉菌的培养液中提取，为白色结晶，弱碱性，微溶于水，其盐类易溶于水。临床多用酒石酸泰乐菌素、盐酸泰乐菌素和磷酸泰乐菌素。

【作用与应用】本品对鸽霉形体作用强大，对革兰氏阳性菌如金黄色葡萄球菌、化脓链球菌及一些革兰氏阴性菌、螺旋体等均有抑制作用。但对革兰氏阳性菌的作用不及红霉素。

【制剂与用法】

酒石酸泰乐菌素可溶性粉、片剂。每片 0.2 克。混饮，0.5 克/升（以泰乐菌素计），治疗连用 3～5 天。内服，成年鸽 25 毫克/千克体重，每天 1 次，连用 3～5 天。

预混剂。20 克：1 000 克，40 克：1 000 克，100 克：1 000 克。混饲，促生长 20～50 毫克/千克饲料。

【注意事项】本品的水溶液不能与铁、铜、铝等离子配伍，容易形成络化物而失效。

（七）抗真菌抗生素

1. 制霉菌素

【性状】本品从链霉菌的培养滤液中提取，为淡黄色粉末，有吸湿性，不溶于水，在干燥状态下性质稳定。

【作用与应用】本品属多烯类抗生素，具有广谱抗真菌作用，即对各种真菌如曲霉菌、念珠菌、球孢子菌等都有效。临床上主要用于治疗幼鸽曲霉病、鸽口疮等真菌疾病。也用于长期服用广谱抗生素所引起的真菌性二重感染。

【制剂与用法】

片剂。每片 10 万单位、25 万单位、50 万单位。内服，幼鸽每只每次 0.5 万～1 万单位，1 日 2 次，连用 3～5 天；成年鸽 1 万～2 万单位/千克体重，1 日 2 次。或按照每千克体重 5～10 毫克口服，按每千克体重 50～100 毫克拌料，按 50 万单位/立方米气雾治疗。

【注意事项】本品内服不易吸收，混饲对全身抗真菌感染无明显疗效；用于幼鸽霉菌性感染，气雾治疗疗效更好。本药应密闭保存于 15～30℃环境中。

2. 克霉唑（三苯甲咪唑、抗真菌 1 号）

【性状】本品属咪唑类人工合成的广谱内服抗真菌药物。为白色晶粉，呈弱碱性，难溶于水。

【作用与应用】本品为广谱抗真菌药，对表皮癣菌、毛癣菌、曲霉菌、念株菌等均有良好的作用。本品应用基本同制霉菌素，临床上主要用于防治鸽曲霉菌病、鸽口疮等真菌疾病。

【制剂与用法】

片剂。每片0.25克、0.5克。内服，幼鸽每只每次10~25毫克，1日2次；成年鸽50~80毫克/千克体重，1日2次。或每100羽幼鸽用0.8克，连服7天以上。

软膏剂。1%、3%、5%。

癣药水。8毫升：0.12克。局部外用。

【注意事项】本品与两性霉素B合用，会使抗菌作用降低。不能过早停药，否则容易复发，但因对肝脏有较强毒性，不宜大剂量长期服药。内服对胃肠道有刺激性。

（八）合成抗菌药物

喹诺酮类　喹诺酮类药物为广谱杀菌性抗菌药。对革兰氏阳性菌、革兰氏阴性菌、霉形体及某些厌氧菌有效。

1. 诺氟砂星（氟哌酸）

【性状】本品为类白色或淡黄色结晶性粉末，难溶于水，其乳酸盐、盐酸盐可溶于水。

【作用与应用】本品为广谱抗菌药，对霉形体和多数革兰氏阴性菌（如大肠杆菌、砂门氏菌、李氏杆菌及绿脓杆菌等）有较强杀灭作用，对革兰氏阳性球菌（如金黄色葡萄球菌）亦有作用。主要用于鸽副伤寒、大肠杆菌病、鸽霍乱、鸽链球菌病及支原体病等疾病的防治。

【制剂与用法】

盐酸诺氟砂星可溶性粉。100克：2.5克，100克：5克。混饮，500毫克/升；混饲，1~1.5克/千克饲料。

乳酸诺氟砂星可溶性粉。100克：2克。混饮，250~500毫克/升；混饲，2克/千克饲料，连用3~5天。

2. 环丙砂星（环丙氟哌酸）

【性状】本品为类白色或微黄色结晶性粉末，难溶于水。临床常用其盐酸或各阶层酸盐，均为白色或微黄色晶粉，易溶于水。

【作用与应用】本品抗菌范围与诺氟砂星相似，但抗菌活性比诺氟砂星强2~10倍，是喹诺酮类抗菌活性最强的药物之一。对大多数革兰氏阳性菌和阴性菌均有较强的抗菌作用。对绿脓杆菌、霉形体也有一定的作用。临床上主要用于防治大肠杆菌病、鸽副伤寒、鸽霍乱、链球菌病、葡萄球菌病、支原体病等，还可用于治疗绿脓杆菌病等。

【制剂与用法】

盐酸环丙砂星可溶性粉。100克：2克，100克：2.5克，100克：5克。混饮，50毫克/升，连用3~5天。

盐酸环丙砂星注射液。每支2毫升：40毫克，100毫升：2克，100毫升：2.5克。

肌注，5 毫克/千克体重/次，1 日 2 次。

乳酸环丙砂星注射液。每支 2 毫升：50 毫克，100 毫升：2 克。用法同盐酸环丙砂星注射液。

3. 恩诺砂星（乙基环丙砂星）

【性状】本品为微黄色或淡橙黄色结晶性粉末。

【作用与应用】本品为动物专用的第三代喹诺酮类广谱杀菌剂。其抗菌谱与环丙砂星相似，但抗支原体的能力较强，霉形体对泰乐菌素、硫黏菌素易耐药，但对本品敏感。临床上用于治疗鸽大肠杆菌、砂门氏菌、巴氏杆菌、链球菌、葡萄球菌和支原体等所引起的呼吸道、消化道感染。

【制剂与用法】

盐酸恩诺砂星可溶性粉。100 克：2.5 克。混饮，25～75 毫克/升水；混饲，100 毫克/千克饲料，连用 3～5 天。

恩诺砂星注射液。每支 10 毫升：50 毫克，10 毫升：250 毫克，100 毫升：0.5 克，100 毫升：1 克，100 毫升：2.5 克，100 毫升：5 克。肌内注射，2.5～5 毫克/千克体重/次，1 日 2 次，连用 3 天。

【注意事项】防剂量过量中毒，尤其是幼鸽。注意休药期（8 日）。

4. 氧氟砂星（氟嗪酸、粤复欣）

【性状】本品为黄色或灰黄色结晶性粉末。

【作用与应用】本品抗菌范围广，对多数革兰氏阴性菌、革兰氏阳性菌、某些厌氧菌和支原体有较强的杀灭作用。体外抗菌作用优于诺氟砂星。主要用于大肠杆菌病、砂门氏菌病、传染性鼻窦炎、鸽霍乱及慢性呼吸道病等。

【制剂与用法】

可溶性粉。50 克：1 克。混饮，50～100 毫克/升。

片剂。每片 0.1 克。内服，5～10 毫克/千克体重/次，1 日 2 次。

注射液。每支 100 毫升：2.5 克，100 毫升：4 克。肌内注射，2.5～5 毫克/千克体重/次，1 日 2 次，连用 3～5 天。

5. 砂拉砂星

【作用与应用】本品为动物专用第三代喹诺酮类药物，具有广谱、高效、低毒、不易产生耐药性等特点，对呼吸道病有特效，对多种革兰氏阳性菌、革兰氏阴性菌（如大肠杆菌、巴氏杆菌、变形杆菌、绿脓杆菌）及霉形体均有强大抗菌活性。临床主要用于鸽急慢性呼吸道病、大肠杆菌病、砂门氏菌病、鸽霍乱、传染性鼻炎、支原体病及支原体与大肠杆菌的混合感染。

【制剂与用法】

可溶性粉。50 克：1 克；混饮，25～50 毫克/升，混饲，0.5 克/千克饲料。

注射液。100 毫升：0.5 克，2 克等。肌内注射，5～10 毫克/千克体重/次，1 日 2 次，连用 3～5 天。

6. 达诺砂星（丹乐星、单诺砂星）

【性状】本品为白色至淡黄色结晶性粉末。

【作用就应用】本品是新型动物专用的优秀高效广谱杀菌药物。抗菌范围与恩诺砂星相似，但抗菌作用比恩诺砂星强2倍。其特点是内服、肌内或皮下注射，吸收迅速而完全，生物利用度高；体内分布广泛，尤其是在肺部中的浓度是血浆浓度的5~8倍，故对支原体或细菌所引起的呼吸道感染疗效更佳。主要适用于治疗鸽慢性呼吸道病、传染性鼻炎、细菌性呼吸道病、鸽砂门氏菌病、大肠杆菌病、鸽霍乱、绿脓杆菌病、葡萄球病及支原体与细菌混合感染。

【制剂与用法】

甲磺酸达诺砂星可溶性粉100克：2克，100克：2.5克。内服，2.5~5毫克/千克体重/次，每日1次。混饮，25~50毫克/升，连用3~5日。

甲磺酸达诺砂星注射液。每支2毫升：50毫克，5毫升：50毫克，5毫升：125毫克，10毫升：100毫克，10毫升：250毫克。肌注，1.25~2.5毫克/千克体重/次，1日2次，连用3天。

（九）磺胺类

1. 磺胺嘧啶（大安、SD）

【性状】本品为白色或类白色结晶或粉末，遇光颜色渐变暗，应避光、密封保存。

【作用与应用】本品为中效磺胺药，对各种感染的疗效较高，副作用小。常用于治疗链球菌、葡萄球菌、大肠杆菌感染及禽霍乱、鸽伤寒等疾病。

【制剂与用法】

片剂、粉剂。每片0.5克。内服，成年鸽每只0.05~0.15克，1日2次，连用3天，首次量加倍，大群防治：混饲，0.4%~0.5%；混饮，0.1%~0.2%。

磺胺嘧啶钠注射液。每支2毫升：0.4克，5毫升：1克，10毫升：1克，50毫升：5克，100毫升：10克。肌注，0.1克/千克体重，首次加倍，每日2次，连用5~7天。即使症状消失后，仍要给予1/2的维持量。

【注意事项】服药期间禁用普鲁卡因等含对氨基甲酸的制剂。本品针剂为钠盐，忌与酸性药物配伍。服药时应配合等量的碳酸氢钠。鸽产蛋期一般禁用。

2. 磺胺二甲基嘧啶（SM2）

【性状】本品为白色或微黄色结晶或粉末，遇光颜色渐变深，应避光、密封保存。

【作用与应用】本品抗菌效力与磺胺嘧啶相似，可用于各种敏感菌所引起的全身及局部感染。常用于治疗鸽霍乱、鸽巴氏杆菌感染、大肠杆菌病、球虫病等。

【制剂与用法】

片剂。每片0.5克。混饲，0.1%~0.2%；内服，成年鸽10毫克/千克体重/次，1日2次。

注射液。2毫升：0.4克，5毫升：1克，10毫升：2克，50毫升：5克。肌注，剂量同磺胺嘧啶。

【注意事项】首次使用时必须加倍。连续饲喂时间不能超过4天，有肾脏疾病时慎用。

3. 磺胺异噁唑（磺胺二甲异噁唑）

【性状】白色或微黄色结晶性粉末，不溶于水。

【作用与应用】本品抗菌作用比磺胺嘧啶强。对大肠杆菌、痢疾杆菌、李氏杆菌、葡萄球菌作用较强。临床主治禽霍乱、禽副伤寒、葡萄球菌病及消化道、呼吸道感染等疾病。本品与甲氧苄氨嘧啶联合应用，抗菌作用增强数倍至数十倍。

【制剂与用法】

粉剂。混饲，0.1%～0.2%，连用3天。

片剂。每片0.5克。内服，30～50毫克/千克体重，1日2次，首次量加倍，连用3天。

注射液。每支5毫升：2克。深部肌注或静注，0.07克/千克体重，1日2次。

【注意事项】本品不宜与酸性药物配伍，内服时应加等量的碳酸氢钠。幼鸽应谨慎使用，鸽产蛋期间一般禁用，可使产蛋量下降。应遮光、密封保存。

4. 磺胺间甲氧嘧啶（磺胺-6-甲氧嘧啶）

【性状】白色或微黄色结晶性粉末，不溶于水，其钠盐易溶于水。

【作用与应用】本品是体外抗菌作用最强的磺胺药，除对大多数革兰氏阳性菌和阴性菌有抑制作用外，对鸽球虫、血液原虫病有效。

【制剂与用法】

粉剂。混饮，0.025%～0.1%，预防量减半，每日2次。

片剂。每片0.5克。混饲，0.05%～0.2%；内服，0.05～0.1克/千克体重/次，1日2次。

【注意事项】本品应遮光、密封保存。

5. 磺胺甲氧嗪（磺胺甲氧达嗪、SMP）

【性状】本品为白色晶粉，略溶于水。

【作用与应用】适用于轻度的全身性细菌感染及鸽的大肠杆菌性败血症、伤寒及鸽霍乱等。

【制剂与用法】

粉剂。混饲，0.2%。

片剂。内服，0.1克/千克体重/次，1日1次。

二、抗菌增效剂

1. 甲氧苄啶（三甲氧苄氨嘧啶、TMP）

【性状】本品呈白色或类白色结晶性粉末，难溶于水。

【作用与应用】本品为抗菌增效剂，也是广谱抗菌药。作用较磺胺类药要强。对多数革兰氏阳性菌和阴性菌均有抑制作用。与磺胺类药、抗生素配合应用，抗菌作用可增强数倍至数十倍，并可降低磺胺类药及抗生素的用量，减少其副作用。临床上常用本药与磺胺类药或抗生素并用，一般按1:5比例配方，用于治疗鸽霍乱、鸽伤寒、鸽大肠杆菌性败血症、球虫病及呼吸道疾病的继发性感染。

【制剂与用法】

片剂。每片0.1克。内服，10毫克/千克体重/次，1日1次。

复方磺胺嘧啶片（双嘧啶片）每片含本品 0.08 克、磺胺嘧啶 0.4 克。内服，30~50 毫克/千克体重/次，1 日 2 次。

复方磺胺甲基异噁唑片（复方新诺明片）每片含本品 0.08 克、磺胺对甲氧嘧啶片 0.4 克。内服，50~80 毫克/千克体重，1 日 1 次。

复方磺胺甲氧嗪注射液。每支 10 毫升，含本品 0.2 克、磺胺甲氧嗪 1 克。肌注，20~30 毫克/千克体重/次，1 日 2 次。混饮，120~200 毫克/升。

【注意事项】大剂量长期使用，可引起贫血、血小板和颗粒细胞减少。在鸽配对前后和产蛋期间禁用。本品不宜单独使用，防止产生耐药性。

2. 二甲氧苄啶（敌菌净、DVD）

【性状】本品为白色结晶性粉末，微溶于水。

【作用与应用】本品的抗菌作用及抗菌范围与甲氧苄啶相似，比甲氧嘧啶稍弱，为畜禽专用药。对磺胺类药和抗生素有明显的增效作用，与抗球虫的磺胺类药合用对球虫的抑制作用比甲氧苄啶强。肉眼吸收较少，临床主要用于肠道细菌感染和球虫病，单独使用也具有防治球虫的作用。

【制剂与用法】

复方磺胺预混剂。由本品与磺胺对甲氧嘧啶（SMD）或其他磺胺药按 1∶5 组成。混饲，240 毫克/千克饲料。

复方乱菌净片（DVD-SMD）。由本品与 SMD 或磺胺脒（SG）、SM2 按 1∶5 组成。内服，30 毫克/千克体重/次，1 日 2 次。

三、抗寄生虫药物

1. 哌嗪

【性状】本品为白色结晶粉末或透明结晶颗粒，易溶于水。

【作用与应用】本品为高效低毒驱虫药，对鸽有很好的驱虫效果。

【制剂与用法】

枸橼酸哌嗪片。每片 0.5 克。内服，0.25 克/千克体重/次。

磷酸哌嗪片。每片 0.25 克、0.5 克。内服，0.2 克/千克体重/次。

【注意事项】将本品混饲或饮水给药时，务必在 8~12 小时内用完。

2. 左旋咪唑（左噻咪唑）

【性状】本品为噻咪唑的左旋异构体，为白色晶粉，易溶于水。

【作用与应用】本品为广谱、高效、低毒驱虫药之一。对鸽多种线虫有效，如鸽裂口线虫、支气管杯口线虫等有良好的驱虫效果。还具有调节免疫的作用，临床上可作为免疫增强剂应用。

【制剂与用法】

片剂。每片 25 毫克、50 毫克。内服，25 毫克/千克体重（间隔 24~48 小时）；治疗鸽裂口线虫病，70 毫克/千克体重/次，间隔 2~3 天重复 1 次。

注射液。皮下注射，25 毫克/千克体重/次。

【注意事项】本品的毒性虽低，但注射给药时易发生中毒甚至死亡，故一般内服给药，中毒时可用阿托品解毒。

3. 阿苯达唑（丙硫咪唑、抗蠕敏）

【性状】本品为白色或类白色结晶粉末，不溶于水。

【作用与应用】本品为广谱、高效、低毒驱虫药。对鸽线虫、棘口线虫等有高效，驱杀效果可达100%。

【制剂与用法】

片剂。每片25毫克、50毫克、200毫克、500毫克。内服，25～50毫克/千克体重。

【注意事项】鸽用药后，5小时后开始排虫，通常48小时内排完。配对期间尽可能不用，否则会影响种鸽受精。

4. 吡喹酮

【性状】本品为白色或类白色结晶性粉末，不溶于水。

【作用与应用】本品为疗效高、抗虫谱广、毒性小、使用安全的驱虫药。主要用于鸽剑带绦虫、膜壳绦虫及其他膜壳科绦虫，驱杀效果可达100%，对棘口线虫、前殖吸虫、身形嗜气管吸虫均有良效。

【制剂与用法】

片剂。每片0.1克、0.2克、0.5克。内服，10～20毫克/千克体重/次（治疗绦虫病）；50～60毫克/千克体重（治疗吸虫病）。

【注意事项】本品一般无不良反应，若有不良反应，静注高渗葡萄糖溶液、碳酸氢钠注射液，可减轻反应。

5. 硫双二氯酚（别丁）

【性状】本品为白色或类白色粉末，不溶于水。

【作用与应用】本品是我国广泛使用的广谱驱吸虫、绦虫药。本品可驱除鸽的各种吸虫，对前殖吸虫、棘口吸虫及鸽的剑带绦虫、膜壳绦虫等都具有良效。

【制剂与用法】

片剂。每片0.25克、0.5克。内服，200毫克/千克体重。

【注意事项】禁用乙醇或稀碱溶解本品后混饮。用量不能太大，以减轻腹泻、产蛋下降等副作用，停药后几日内可逐渐自行恢复。

6. 氢溴酸槟榔碱

【性状】本品为白色微细、味苦的结晶性粉末。

【作用与应用】本品虽然是一种传统的驱绦虫药，但由于槟榔碱对绦虫肌肉有较强的麻痹作用，使其丧失吸附于肠壁的能力，故临床上可用于驱除绦虫，如鸽剑带绦虫、膜壳绦虫，驱虫率可达100%；对吸虫也有效，驱虫率可达91%～100%。

【制剂与用法】

片剂。每片5毫克、10毫克。内服，1～2毫克/千克体重/次。

【注意事项】本品用量不宜过大，瘦弱鸽用量应适当减少，幼鸽慎用。发生药物中毒时可用阿托品对症解救。

7. 盐酸氨丙啉（氨保宁、氨保乐）

【性状】本品为白色或类白色粉末，易溶于水。

【作用与应用】本品具有高效、安全、不易产生耐药性等优点，虽是20世纪60年代上市的抗球虫药，但至今仍在广泛应用。本品的结构与硫胺相似，因此能抑制球虫体内的硫胺代谢而发挥抗球虫作用。临床上常用于鸽球虫病的防治。

【制剂与用法】

粉剂。30克：6克。混饲，预防量100~125毫克/千克体重；治疗量250毫克/千克体重。混饮，预防量60~100毫克/升；治疗量250毫克/升，连用1周。

【注意事项】禁与维生素 B_1 同时应用，以免降低药效。长期大量使用可引起鸽的维生素 B_1 缺乏症。种鸽配对期禁用，肉鸽比赛前1周禁用。

8. 盐霉素（砂利霉素、优素精）

【性状】本品为白色或淡黄色结晶粉末，难溶于水。

【作用与应用】本品为聚醚类广谱抗球虫药，对某些细菌及真菌也有效，为抗球虫病抗生素。

【制剂与用法】

预混剂。100克：5克，100克：10克，100克：50克。混饲，每千克饲料添加60毫克（盐霉素实际含量）。

【注意事项】本药使用时间不能过长，用量不能过大，若每千克饲料超过100毫克时，能抑制机体对球虫产生免疫力，并出现毒性作用。产蛋鸽禁用，肉鸽休药期5天。

9. 磺胺喹噁啉（SQ）

【性状】本品为磺胺类药中专用于抗球虫的药物，至今仍广泛应用。若与盐酸氨丙啉或抗菌增效剂合用，则抗球虫作用更强。临床上用于防治鸽球虫病。

【制剂与用法】

可溶性粉。100克：10克。混饮，3~5克/升；混饲，125毫克/千克饲料。

【注意事项】本品对幼鸽毒性较低，但药物浓度不能过高（0.1%以上）、饲喂时间不能过长（5天以上），否则会引起与维生素K缺乏有关的出血和组织坏死现象，所以连用不能超过7~10天。肉鸽比赛前应停药10天。

10. 地克珠利

【性状】本品为微黄色粉末，不溶于水。

【作用与应用】本品为新型、广谱、高效、低毒的抗球虫药，有效用药浓度低，能有效地防治鸽球虫病。临床应用本品防治幼鸽球虫病疗效显著。

【制剂与用法】

预混剂。100克：0.5克。混饲，1毫克/千克饲料。

口服液。10毫升：0.05克，20毫升：0.1克，50毫升：0.25克，100毫升：0.5克。混饮，0.5毫克/升。

【注意事项】由于本品的药物作用时间短，一般作用仅为1日，因此必须连续用药，以防球虫病再度暴发。为防止球虫耐药性的产生，宜采用穿梭或轮换用药的方法。因用药量极低，混饲必须均匀。

11. 盐酸氯苯胍（罗本尼丁）

【性状】本品为白色或微黄色结晶性粉末，难溶于水。

【作用与应用】对多种球虫有较强的活性，且广谱、高效、低毒，其作用峰期在感染后第 3 天。

【制剂与用法】

预混剂。100 克：10 克，500 克：50 克。混饲，40～60 毫克/千克饲料。

片剂。每片 10 毫克。内服，10～15 毫克/千克体重/次。

【注意事项】本品长期使用可产生耐药性，应合理应用。停药过早可导致复发。比赛前停药 5 天。

12. 伊维菌素（艾佛菌素、灭虫丁）

【性状】本品为白色或淡黄色结晶性粉末，难溶于水。

【作用与应用】本品为新型广谱、高效、低毒的大环内酯类抗生素驱虫药。对畜禽体内多种线虫有良效，也对鸽体外寄生虫如皮蝇、鼻蝇各期的幼虫，以及疥螨、毛虱和血虱等有良效，但对绦虫和吸虫无驱杀作用。

【制剂与用法】

预混剂。100 克：0.6 克。混饲，0.1 毫克/千克体重。

注射液。50 毫升：0.5 毫克，100 毫升：1 克。皮下注射，0.2 毫克/千克体重。

【注意事项】通常用药 1 次即可，必要时间隔 7～9 天，再用药 2～3 次。用药后 5 周内不可参加比赛。本药仅限于皮注，肌注和静注易引起中毒反应。

13. 溴氰菊酯（敌杀死、信特）

【性状】本品为白色粉末，不溶于水。

【作用与应用】本品为接触毒的杀虫剂，是使用最广泛的拟菊酯类杀虫药。对动物体外多种寄生虫，如螨、虱、蜱、蚊等都有杀虫作用。杀虫力强、抗虫力强、抗虫谱广、残留少、安全价廉、使用方便。

【制剂与用法】

5% 乳油。药浴或喷淋，每毫升本品加水 1 000 升，稀释后喷洒，可间隔 8～10 天，再重复用药 1 次，可用于灭蜱、虱、蚤；按每平方米 1～10 毫克喷洒鸽舍、墙壁等，可有效杀灭蚊、蠓等双翅昆虫。

【注意事项】本品对皮肤和呼吸道有刺激性，用时必须注意人、鸽安全。本药急性中毒时无特效解毒药，但阿托品可阻止流涎症状。对鱼剧毒，切勿倒入鱼塘内。

四、维生素类药物

维生素是肉鸽正常生理活动和生长、发育、繁殖、生产以及维持机体健康所必需的营养物质，在鸽体内起着调节和控制新陈代谢的作用。绝大多数维生素在体内不能合成，有的虽能合成但不能满足需要，必须从饲料中获取。在活棚饲养条件下，饲养于农村或城郊结合部的鸽能采食大量青绿饲料，一般情况下不会缺乏维生素，但若在大中城市高楼上建立的鸽场，则应注意维生素的补充。维生素缺乏时会导致各种维生素缺乏症,使鸽的生产性能下降,生长发育受阻。因此,在给肉鸽补充青绿饲料的同时,应该给予一些相应的维生素类药物,使鸽体摄入的维生素含量平衡。

(一) 维生素 A

【性状】本品为淡黄色的油溶液,在空气中易氧化,遇光易变质,在乙醇中微溶,在水中不溶。

【作用与应用】本品具有促进上皮细胞的形成,维持视网膜的感光功能,参与合成视紫红质,保护上皮组织的完整性,提高鸽繁殖能力和免疫功能,促进鸽的生长发育。维生素 A 主要用于防治维生素 A 缺乏症,还常用于增强肉鸽对感染的抵抗力,减轻疫苗接种的应激反应。

【制剂与用法】

维生素 A-D₃ 粉。每袋 500 克,含维生素 A 250 万单位、维生素 D₃ 50 万单位。混饲,按每 1~2 千克饲料 1 克的比例添加。

维生素 A-D 油。1 克含维生素 A 5 000 单位、维生素 D 500 单位。内服,1~2 毫升/次。

鱼肝油。1 克含维生素 A 850 单位、维生素 D 85 单位。内服,1~2 毫升/次。

维生素 A-D 注射液。5 毫升含维生素 A 25 万单位、维生素 D 2.5 万单位。肌内注射,0.25~0.5 毫升/次。

【注意事项】大剂量长期摄入可产生毒性,表现为食欲不振、体重减轻、皮肤发痒、关节肿胀等。应遮光密封保存于阴凉处。拌入饲料后注意保管,防止发热、发霉和氧化。使用时不能剂量过大,以免中毒。

(二) 维生素 D

【性状】维生素 D₂ 和维生素 D₃ 均为无色针状结晶性粉末,无嗅、无味,遇光或空气均易变质,在乙醇中易溶,在植物油中略溶,在水中不溶。

【作用与应用】维生素 D 是体内钙、磷代谢,骨化,蛋壳形成不可缺少的营养物质。缺乏时,幼鸽生长发育不良、喙爪变软、弯曲,腿部畸形、胸骨弯曲;母鸽产蛋量减少,蛋壳变薄,孵化率下降。维生素 D 主要来自鱼肝油、维生素 D 制剂。

【制剂与用法】维生素 D 的生物效价用国际单位 (IU) 表示。1 个单位相当于0.025 微克结晶维生素 D₃。维生素 D₃ 鸽需要量为 500 单位/千克饲料。

鱼肝油、维生素 A-D 油、维生素 A-D 注射液。规格、剂量见维生素 A。

维生素 D₂ 胶性钙注射液。肌内注射,1.5 万单位/次。

【注意事项】不论是平时饲料中添加还是治疗时,维生素 D 过量都有可能引起鸽体中毒,当每千克饲料中维生素 D 的含量超过正常需要量的 4~6 倍时,可使鸽肾脏受到损害。

(三) 维生素 E (生育酚)

【性状】本品为微黄色或黄色透明的黏稠液体,几乎无嗅,遇光颜色渐变深。在乙醇中易溶,在水中不溶,不易被酸、碱、热破坏,遇氧迅速被氧化。

【作用与应用】临床上主要用于防治动物的白肌病(可配合应用亚硒酸钠)、不育症、流产和少精以及生长不良、营养不足等综合性缺乏症。在应用时可配合应用维生素 A、维生素 D、B 族维生素等。维生素 E 可提高鸽的生殖功能。

【制剂与用法】

片剂。每片 50 毫克、100 毫克。内服，5～10 毫克/次。在饲料中添加时用量为 0.005%～0.01%。

注射液。1 毫升：50 毫克。肌内注射，10～20 毫克/次。

亚硒酸钠-维生素 E 粉。含 0.04% 亚硒酸钠、0.5% 维生素 E。内服，50～100 克/只。

【注意事项】应避光密闭保存。将维生素 E 添加在饲料中时，1 次不能处理过多，而且添加后应尽快使用。

（四）维生素 B_1（硫胺素）

【性状】本品为白色结晶或结晶性粉末，有微弱的特异臭，味苦，在水中易溶，在乙醇中微溶。

【作用与应用】主要功能是控制鸽体内水分的代谢，维持神经组织及心脏的正常功能，维持肠蠕动和促进消化道内脂肪吸收。缺乏时会导致幼鸽食欲减退，生长发育受阻，痉挛，严重时头向后背极度弯曲，瘫痪，卧地不起，引起多发性神经炎、生殖器官萎缩。维生素 B_1 主要来源于禾谷类加工副产品、谷类、青绿饲料、优质干草及维生素 B_1 制剂。

【制剂与用法】

片剂。每片 10 毫克。内服，2.5～8 毫克/千克体重/次。混饲，30 克/吨饲料。

注射液。每支 2 毫升：50 毫克，2 毫升：100 毫克。肌注，1～3 毫克/千克体重，1 日 2 次，连用 3～5 天。

【注意事项】维生素 B_1 应保存于干燥环境中。较长时间使用抗球虫药如氨丙啉时，要加大维生素 B_1 的用量，或间断使用此类药物。

（五）维生素 B_2（核黄素）

【性状】本品为橙黄色结晶性粉末，微嗅，味微苦，溶液易变质，在碱性溶液中遇光变质更快，在水、乙醇中几乎不溶。

【作用与应用】主要用于维生素 B_2 缺乏症的防治，如口炎、皮炎、角膜炎等。维生素 B_2 起辅酶作用，影响蛋白质、脂肪和核酸的代谢功能。如果鸽体内缺乏维生素 B_2，会引起幼鸽生长迟缓，足趾蜷曲麻痹，母鸽产蛋量减少，受精蛋孵化率降低，死胚增加。维生素主要来源于干酵母、苜蓿粉、动物性蛋白质、核黄素制剂等。

【制剂与用法】

片剂。每片 5 毫克、10 毫克。按 10 毫克/千克体重/次，连用 3～5 天。如果混于饲料中，按 2～5 克/吨料添加。

注射液。每支 2 毫升：1 毫克，2 毫升：5 毫克，5 毫升：10 毫克。肌注，幼鸽 0.5～1 毫克/次，每日 1 次。连用 3～4 天；成年鸽可参照内服剂量。

【注意事项】保存于干燥环境中。

（六）维生素 B_6

【性状】本品为白色或类白色的结晶或结晶性粉末，无嗅，味微苦，见光渐变质，在水中易溶，在乙醇中微溶。

【作用与应用】维生素 B_6 是吡哆醇、吡哆醛、吡哆胺的合称。常与维生素 B_1、维生素 B_2 和烟酸等合用，综合防治 B 族维生素缺乏症。维生素 B_6 也用于治疗氰乙酰肼、异烟肼、青霉胺、环丝氨酸等中毒引起的胃肠道反应和痉挛等兴奋症状。

【制剂与用法】

片剂。每片 10 毫克。内服，2.5～8 毫克/千克体重，每日 2 次，连用 5～7 天。混饲，预防量 3.0 毫克/千克体重，治疗量 6.0 毫克/千克体重。

注射液。每支 1 毫升：25 毫克，1 毫升：50 毫克，2 毫升：100 毫克。皮下或肌内注射，2.5～8 毫克/千克体重/次。

【注意事项】防潮保存。

（七）维生素 B_12

【性状】本品为深红色结晶性粉末，无嗅，无味，吸湿性强，在水或乙醇中略溶。

【作用与应用】维生素 B_{12} 是促红细胞生成因子，又叫钴胺素。是含有金属元素的维生素，主要功能是维持正常的造血功能，有助于提高造血功能和日粮中蛋白质的利用率。缺乏时，会引起幼鸽生长速度减慢，母鸽产蛋量下降，孵化率降低，脂肪沉积并有出血症状。维生素 B_{12} 主要来源于动物性蛋白质饲料和维生素 B_{12} 制剂。

【制剂与用法】

注射液。每支 1 毫升：50 微克，1 毫升：100 微克。肌内注射，0.001～0.004 毫克/只注射。如在日粮中添加，可按 3～10 微克/千克饲料量拌料。

【注意事项】干燥密闭环境中保存。

（八）维生素 C（抗坏血酸）

【性状】本品为白色结晶或结晶性，无嗅，味酸，久置颜色渐变微黄，水溶液呈酸性，在水中易溶，在乙醇中略溶。

【作用与应用】主要用于防治维生素缺乏症，铅、汞、砷、苯等慢性中毒，以及风湿性疾病、药疹、荨麻疹和高铁血红蛋白血症，可用作辅助治疗用药。维生素 C 可在鸽体内合成。

【制剂与用法】

片剂。每片 25 毫克、50 毫克、100 毫克。内服，25～50 毫克/次。

注射液。每支 2 毫升：0.1 克，2 毫升：0.25 克，5 毫升：0.5 克，10 毫升：1 克。肌内注射，25 毫克/千克体重/次。

【注意事项】避免高温存放，注意防潮。不可与碱性较强的注射液混合应用。

五、灭鼠药物

众所周知，鼠类对肉鸽的危害较大，不但是肉鸽疫病的传染源，还偷吃饲料、惊吓肉鸽，容易造成幼鸽创伤和内脏出血，可引起急性死亡。

鸽场常用一些灭鼠药物来防止老鼠对鸽的侵袭和骚扰。目前敌鼠钠是生产上使用比较广泛的灭鼠药，还有其他一些药物也用于灭鼠防鼠，如磷化锌、灭鼠安、氯敌鼠、杀鼠灵、杀鼠迷等。

（一）敌鼠钠（双苯杀鼠酮钠盐）

【性状】本品为黄色粉末，无嗅、无味，可溶于乙醇、丙酮等有机溶剂，稍溶于热水，性质稳定。

【原理】本药属于茚满二酮类抗凝血性灭鼠药，即慢性灭鼠药。其特点是作用缓慢，鼠类要连续数次食入毒物，在体内蓄积后方可中毒致死，也就是1次投药的毒力远小于多次投药产生的毒力。采食吸收后，一方面可破坏老鼠血液中的凝血酶原，使凝血时间延长；另一方面损伤毛细血管，提高血管壁的通透性，引起内脏器官与皮下出血。

本药对人和肉鸽毒性较低，对猫、犬、猪等可引起二次中毒。

【用法】

毒饵。称取敌鼠钠盐5克，加沸水2千克，搅拌均匀，再加入10千克杂粮，浸泡至毒水全部吸收后，加入适量植物油拌匀，晾干备用。可将毒饵放于老鼠经常出没的洞口或路线上。

混合毒饵。将敌鼠钠盐用面粉或滑石粉配成含量1%的毒粉，再取毒粉1份，倒入19份切碎的鲜菜或瓜丝中，搅拌均匀即可。本品应现用现配。

毒水。取1%敌鼠钠盐1份，加水20份即可。

【注意事项】使用时应连续添药，以保证鼠吃入足够的剂量。投药后1~2天如出现死鼠，5~8天可达到死鼠高峰。死鼠可延续10天以上，效果比较理想。

在用药时，应防止其他畜禽误食和发生二次中毒，一旦发生二次中毒，可用维生素K注射液解毒，效果比较可靠，严重者可掺入维生素C或氢化可的松至5%葡萄糖中静脉注射。

（二）磷化锌

【性状】磷化锌属于速效灭鼠药，又称单剂量灭鼠药。本品为灰黑色有光泽粉末，具有强烈的大蒜气味，不溶于水和乙醇，稍溶于油类。在干燥状态下毒性稳定，受潮或加水即可分解，会使毒饵效力逐渐降低。因此，常用油做成黏着剂使用，可较长时间维持药效。

【原理】主要是作用于鼠的神经系统，破坏鼠的新陈代谢功能。可杀灭多种鼠类，是广谱性灭鼠药。本药可做成3%~8%的毒饵、毒粉使用。

【用法】

毒饵。用粮食5千克，煮成半熟晾至七成干，加食油100克、磷化锌125克，搅拌均匀即可。将毒饵投入到鼠洞内或老鼠经常出入的僻静处，每处放5~10克。

毒粉。取磷化锌5~10克，加干面粉90~95克，混合均匀，撒在鼠洞内，如粘在鼠的皮毛和趾爪上，鼠舔毛时即可中毒致死。

【注意事项】使用时需现用现配，遇潮易分解失效。在使用时要防止鸽子食入毒料，中毒后可用解磷定解毒。

（三）灭鼠安

【性状】本品为黄色粉末，无嗅、无味，性质稳定，不溶于水和油类，能溶于乙醇、丙酮等有机溶剂，与强酸作用后可生成溶于水的盐类。

【原理】灭鼠安对鼠类能选择性地显示毒力，呈较强的毒杀作用。对鸽的毒性较低。鼠食入后能抑制体内酰胺代谢，中毒鼠出现严重的维生素 B 缺乏症，后肢瘫痪，常死于呼吸肌麻痹。

【用法】用药时配成0.5% ~2%的毒饵，每堆投放1~2克。使用时应避免鸽误食。

（四）氯敌鼠（氯鼠酮）

【性状】本品为黄色结晶性粉末，不溶于水，可溶于乙醇、丙酮、乙酸、乙酯，无嗅无味，性质稳定。对鼠类适口性较好，为广谱性杀鼠剂。

【原理】与敌鼠钠盐属于同一种类杀鼠剂，对鼠的毒性作用比敌鼠钠盐强，且对人、肉鸽的毒性较低，使用安全可靠。

【用法】本品有含量90%的原药粉、0.25%的母粉、0.5%油剂等3种剂型，使用时常配成如下毒饵：

0.005%水质毒饵。取90%的原药粉3克，溶于适当热水中，待凉后，拌入50千克饵料中，晾干后备用。

0.005%油质毒饵。取90%的原药粉3克，溶于1千克热食油中，晾冷至常温，混于50千克饵料中，搅拌均匀即可使用。

0.005%粉剂毒饵。取0.25%母粉1千克，加入50千克饵料及少许植物油，充分搅拌混合均匀即可使用。

以上3种毒饵使用时，投放到鼠洞或鼠经常活动场所即可。

（五）杀鼠灵（华法令）

【性状】杀鼠灵为香豆素类抗凝血灭鼠剂，纯品为白色粉末，无味，难溶于水，但其钠盐可溶于水，性质稳定。鼠类对本药接受性好，甚至出现中毒症状后仍采食。对人和肉鸽毒性小，解毒可用维生素 K_1。

【用法】目前市售为含杀鼠灵2.5% 的母粉。应用此母粉配制毒饵的方法如下：

0.025%毒米。取2.5%母粉1份，植物油2份，米渣97份，混合均匀即可。

0.025%面丸。取2.5%母粉1份，面粉99份，搅拌均匀，加入适量水，制成每粒1克重的面丸，加少许植物油即成。

1次投药灭鼠效果较差，少量多次投放灭鼠效果好。在鼠活动场所，每堆投放3克，连续3~4天，可达到理想效果。

（六）杀鼠迷（立克命）

【性状】杀鼠迷属于香豆素类抗凝血灭鼠剂，纯品为黄褐色结晶粉末，无嗅，无味，不溶于水，适口性好，毒杀力强，很少发生二次中毒，是目前比较理想的杀鼠药。

【用法】目前市售的杀鼠迷的商品母粉浓度为0.75%，可做成固体毒饵和水剂毒饵使用。

固体毒饵。取 10 千克饵料煮至半熟，加适量植物油，取 0.75% 杀鼠迷母粉 0.5 千克混入饵料中，搅拌均匀即成。二次投放，每堆 10~20 克即可。

水剂毒饵。目前市场有售，有效成分含量为 3.75%。

六、解毒药

（一）阿托品

【性状】本品是从茄科植物颠茄、莨菪或曼陀罗等中提取的生物碱。其硫酸盐为白色结晶粉末，无嗅，味苦，易溶于水、醇，遇碱性物质可分解，遇光易氧化变色，故须遮光、密封保存。

【作用与应用】阿托品为抗胆碱药，主要作用能阻断 M-胆碱受体，松弛内脏来滑肌，解除支气管平滑肌痉挛，抑制腺体分泌，散大瞳孔，缓解胃肠道症状和对抗心脏抑制的作用，对呼吸中枢也有轻度的兴奋作用。

阿托品用于有机磷中毒的解毒，只能解除轻度中毒的毒性。由于本品不能恢复碱酯酶的活性，也不能解除乙酰胆碱对横纹肌的作用，因此在鸽发生严重中毒时，应与解磷定反复应用，才能奏效。

本品还可用于有机氮类农用杀虫剂呋喃丹中毒的解毒。此外，也可对抗各种毒物中毒后出现类似副交感神经兴奋症状。

【制剂与用法】

硫酸阿托品注射液。每支 1 毫升：0.5 毫克，1 毫升：1 毫克，1 毫升：5 毫克。皮下注射，0.5 毫克/次。

硫酸阿托品片。每片 0.3 毫克。内服，每次 0.1~0.25 毫克。

（二）解磷定（碘磷定、派姆）

【性状】本品为黄色结晶性粉末，无嗅，味苦，略溶于水，在碱性溶液中极不稳定，易水解成氰化物，因此，忌与碱性药物配伍，同时应遮光，密闭保存。

【作用与应用】①本品为胆碱酯酶复活剂，能使进入体内的有机磷化合物失去毒性，对胆碱酯酶的复活作用迅速。本品对于中毒不久的病鸽显效较快；若中毒时间过长，磷酰化胆碱酯酶发生"老化"，则不能恢复酶的活性，因此中毒早期应用效果较好；②本品作用时间维持在 1.5 小时，连续用药无蓄积作用；③由于解磷定不能透过血脑屏障，对中枢神经症状几乎无效，故与阿托品合并应用效果更好；④本品常用于对硫磷、内吸磷、特普等急性中毒的解救，而对敌敌畏、乐果、敌百虫、马拉硫磷则疗效较差。

【制剂与用法】

注射液。每支 10 毫升：0.4 克。肌内注射，1.2 毫升（每毫升含 40 毫克）/只/次。

（三）氯磷定

【性状】本品为微黄色结晶粉，易溶于水，微溶于乙醇，但在氯仿、乙醚中几乎不溶，无吸湿性。

【作用与应用】本品的作用大致与解磷定相同，但对胆碱酯酶的复活能力较解磷定强，且作用迅速，毒性较低。对内吸磷、对硫磷的疗效显著，对敌百虫、敌敌畏疗效较差，而对乐果、马拉硫磷的疗效则无效或可疑。由于本品同样不能透过血脑屏障，所以也必须与阿托品配合应用。

【制剂与用法】

注射液。每支 2 毫升：0.5 克，10 毫升：2.5 克。肌内注射，40 ~ 50 毫克/只·次。

（四）双复磷

【性状】本品为微黄色晶粉，溶于水，脂溶性高。

【作用与应用】本品对胆碱酯酶的复活能力较解磷定强，且作用持久，并能透过血脑屏障，使中枢神经系统的胆碱酯酶生活，同时还具有阿托品样作用，能消除 M-胆碱、N-胆碱受体兴奋症状和中枢神经系统中毒症状。本品对内吸磷、对硫磷、甲拌磷（3911）等有机磷农药中毒的解救效果较好。

【制剂与用法】

注射液。每支 2 毫升：0.25 克。肌内注射，40 ~ 60 毫克/千克体重/次。

（五）解氟灵（乙酰胺）

【性状】本品为白色结晶粉，无嗅，易溶于水。

【作用与应用】本品为有机氟农药和毒鼠药氟乙酰胺、氟乙酰钠的解毒剂，具有延长中毒潜伏期、减轻发病症状或制止发病的作用。其化学结构与氟乙酰胺相似，中毒家禽使用本品后能在其体内争夺酰胺酶，使氟乙酰胺不能产生对机体三羧酸循环有毒性作用的氟乙酸，从而解除有机氟中毒。解毒时宜早期应用本品，并给足剂量；严重中毒病例必须配合应用氯丙嗪或苯巴比妥钠等镇静药。

【制剂用法】

注射液。每支 2 毫升：2.5 克。肌内注射，参考用量 0.1 克/千克体重/次。

（六）二巯基丙醇

【性状】本品为无色或几乎无色易流动的澄明液体，有类似蒜的臭味，溶于水，但水溶液不稳定，极易溶于乙醇、甲醇或苯甲酸苄酯中。

【作用与应用】本品是一种竞争性解毒剂。在体内与金属、类金属离子结合，并能夺取已与酶系统结合的金属离子，形成无毒、难以解离的络合物，从尿中排出而起解毒作用。临床上常用于砷、汞、铜、锌、铋等金属中毒的解毒。此外，本品有减轻锑剂的毒性及镉对机体的损害作用，因此亦可用于锑剂和镉中毒的解毒剂，但本品对铅中毒疗效较差。由于本品与金属结合的络合物仍有一定程度的解离，解离出来的二巯基丙醇很快被氧化而不能再起解毒作用，故需多次给药才能达到预期的解毒效果。

【制剂与用法】

注射液。每支 1 毫升：0.1 克，1 毫升：0.5 克。肌内注射，2.5 ~ 5 毫克/千克体重/次。

七、抗病毒药物

（一）吗啉胍

别名：吗啉咪胍、吗啉双胍、病毒灵、ABOB。

【性状】本品为白色或类白色的结晶或结晶性粉末，无嗅，味微苦，见光渐变质，在水中易溶，在乙醇中微溶。

【作用与应用】吗啉胍为广谱抗病毒药，对流感病毒等多种病毒增殖期的各个环节都有作用。临床主要用于呼吸道感染、流感、鸽痘、疱疹病毒等治疗。1%浓度对DNA病毒（腺病毒、疱疹病毒）和RNA病毒（埃可病毒）都有明显抑制作用，对病毒增殖周期各个阶段均有抑制作用。对游离病毒颗粒无直接作用。

【制剂与用法】

片剂。每片10毫克。内服，5毫克/千克体重，每日2次，连用3~5天。

注射液。每支1毫升：25毫克，1毫升：50毫克，2毫升：100毫克。皮下或肌内注射，2.5毫克/千克体重/次。

【注意事项】大剂量使用或长期使用可引起肉鸽食欲不振和轻微消瘦。

（二）利巴韦林

又名病毒唑（Bingduzuo）利巴韦林（Ribavirin）、三氮唑核苷（Ribavirin）、威乐星、Virazde、RBV，是广谱强效的抗病毒药物，目前广泛应用于病毒性疾病的防治。常用剂型有注射剂、片剂、口服液、气雾剂等。

【性状】本品为白色结晶性粉末，无嗅，无味，易溶于水。

【药理作用】本品对RNA和DNA病毒都具有广谱抗病毒活性，对药物敏感的病毒包括：正黏病毒、副黏病毒、腺病毒、疱疹病毒、痘病毒、环状病毒、轮状病毒等。本品进入受感染的细胞后被迅速磷酸化，竞争性抑制病毒合成酶，从而使细胞内鸟三磷酸减少，损害病毒RNA和蛋白质的合成，使病毒的复制受到抑制。

【功能主治】用于防治鸽流感、法氏囊病、鸽痘、肉鸽传染性支气管炎、肉鸽传染性喉气管炎、肉鸽新城疫感染症等病毒性疾病。

【用法用量】①原粉。肉鸽饮水。本品1克原粉兑水20千克，拌料加倍，连用3~5天；②片剂。100毫克。每只肉鸽一次使用25毫克口服；③口服液。150毫克/5毫升、300毫克/10毫升。每支供5羽肉鸽使用；④针剂。100毫克/1毫升。每羽肉鸽注射15~20毫克；⑤眼药水。8毫克/8毫升。每次1滴；⑥滴鼻液。50毫克/10毫升。每次每羽1~2滴。

【注意事项】肉鸽配对期慎用。

【停药期】3日。

（三）金刚乙胺

新型广谱高效抗病毒药。对亚洲A型B型流感病毒作用独特，能阻止病毒进入宿主细胞，抑制病毒的复制，对病毒性传染病具有良好的预防和治疗效果。

【性状】白色结晶性粉末，无嗅、味苦，含辛辣味，溶于水。

【作用特点】抗病毒谱广、活性高，吸收快而完全，毒副作用小，预防肉鸽流感有特效，抗病毒效果是金刚烷胺的 10 倍，是目前预防和治疗 A 型流感最安全有效的药物。

【功能主治】用于治疗由 A 型流感病毒引起的肉鸽感染和疾病综合征。可以减轻肉鸽全身性或呼吸性疾病。主要用于预防和治疗肉鸽流行性感冒，肉鸽传染性支气管炎，肉鸽传染性胃肠炎以及法氏囊病等病毒性传染病。

【用法用量】原粉混饮：本品 1 克兑水 15 千克，连用 5～7 天；拌料：本品 1 克拌料 10 千克，连用 5～7 天。

【注意事项】配对期不宜使用。

（四）阿昔洛韦

【性状】本品白色片。

【药理毒理】抗病毒药。体外用药：对单纯性疱疹病毒、水痘带状疱疹病毒、巨细胞病毒等具抑制作用。本品进入疱疹病毒感染的细胞后，与脱氧核苷竞争病毒胸苷激酶或细胞激酶，药物被磷酸化成活化型阿昔洛韦三磷酸酯，然后通过两种方式抑制病毒复制：①干扰病毒 DNA 多聚酶，抑制病毒的复制；②在 DNA 多聚酶作用下，与增长的 DNA 链结合，引起 DNA 链的延伸中断。

【功能主治】

①单纯疱疹病毒感染。对于疱疹病毒感染有预防和治疗作用。

②带状疱疹。用于免疫功能正常者带状疱疹和免疫缺陷者轻症病例的治疗。

③鸽痘的治疗。

【用法和用量】口服疱疹初期和鸽痘：1 次 1/8 片，1 日 2 次。

【不良反应】偶有呕吐、腹泻、食欲减退等。

【注意事项】脱水或已有肝中毒者需慎用。

（五）黄芪多糖

本品为豆科植物黄芪的干燥根经浓缩提取而成的干燥粉末。具有"扶正固本、补中益气"的功效。黄芪含有多糖、蛋白质、生物碱氨基酸、黄酮类、甙类、微量元素等多种生物活性物质，其中多糖的免疫活性尤为突出。黄芪多糖是葡萄糖和阿拉伯糖的多聚糖，是黄芪中含量最多、免疫活性较强的一类物质，具有增强免疫和抗病毒作用，并且毒性较低，因此，黄芪及其多糖提取物作为一种新型免疫增强剂将在动物养殖中得到广泛应用。

【药理作用】增强免疫功能、诱导机体产生干扰素保护心血管系统、调节血糖、降血压。对免疫功能的促进和调节作用尤为明显。

【功能主治】黄芪多糖主要用于肉鸽病毒性疾病，用于治疗和预防肉鸽圆环病毒病、病毒性腹泻、传染性胃肠炎等疾病。用于治疗和预防肉鸽的流行性感冒、非典型新城疫、法氏囊、传支、传喉等。

【用法用量】①原粉混饲。每 1 千克饲料加入本品 1 克；②混饮。每 1 升水中加入本品 0.5 克，连用 3~5 天，首次用量加倍，预防用量减半。

（六）金丝桃素

【性状】深棕褐色粉末，气味为特有清香，味苦，易溶于水。

【药理作用】

1. 抗病毒。可抑制机体免疫缺陷病毒（HIV）及其他一些反转录病毒。金丝桃素的抗病毒机制与其光敏活性有关。光照条件下，金丝桃素吸收光子，然后激发单线态氧，释放能量。产生的单线态氧可破坏细胞膜，干扰蛋白质和核酸。贯叶连翘抗病毒活性物质是金丝桃素。人工合成的乙基金丝桃素（金丝桃素 2，3 位上的甲基都被乙基取代）具有比金丝桃素更高的抗病毒活性。

2. 免疫功能。贯叶连翘的一种多酚化合物可激活单核吞噬细胞等白细胞。一种油溶性组分有温和的免疫抑制功能，可抑制白介素-6 的释放。活体试验表明，贯叶连翘冷冻干燥制品抑制炎症和白细胞浸润。

3. 抗炎作用。金丝桃素抑制花生四烯酸和白三烯酸 B 的释放。而这两种物质能作为抗炎药使用。

【功能主治】对鸽流感 H_5N_1 和 H_9N_2 亚型病毒的杀灭率分别达到 100% 和 99.99%。金丝桃素（hypericin）是中药贯叶连翘中最具生物活性的物质。能直接添加在肉鸽饲料和饮用水中，防治病毒。

【用法用量】正常预防剂量为每吨饲料中添加 400 克原粉，连续使用 7 天。治疗剂量为每只肉鸽每日服用 25~50 毫克，连续使用 3~4 天。最大安全剂量：1 克/只/日。

（七）双黄连口服液

【成分】金银花、黄芩、连翘。辅料为蔗糖、香精。

【理化性质】本品由金银花、黄芩、连翘提取制成的注射液或口服液。为棕红色的澄清液体，久置可有微量沉淀，味微苦，pH 值为 5.0~7.0。

【药理及应用】本品具有抗菌、抗病毒和增强免疫力的作用。据资料表明，本品具有疗效确切、安全可靠的特点，对肉鸽某些混合感染性疾病有治疗作用，本品还有抗生素和抗病毒药无法比拟的独特优点。

【功能主治】可用于病毒所致的肉鸽呼吸道感染症、肠道感染、脑炎、心肌炎等，如肉鸽新城疫病毒感染症、法氏囊病、轮状病毒性肠炎等。亦可用于病毒性感染所致的高热。

【用法用量】原液混饮：每升水，肉鸽 120 毫克，每天 1 次，连用 3~5 天。皮下注射：肉鸽 30~50 毫克/千克体重/天。每天 1~2 次。

【注意事项】稀释后出现浑浊和沉淀时不得使用。

（八）植物血凝素

植物血凝素（phytohaemagglutinin，PHA），是一种有丝分裂原，主要用于激活免疫细胞——淋巴细胞，是利用国际先进的超低温冷冻技术从红芸豆中提取的一种物质。由于其较难提纯，且成本极高，因此，一直以来仅在实验室中作为刺激淋巴细胞增殖的试剂。

【主要成分】植物血凝素的主要成分为植物多肽，是一种低聚糖（由 D-甘露糖、氨基酸葡萄糖酸衍生物构成）与蛋白质的复合物。

【药理作用】

1. 植物血凝素为广谱抗病毒药，可刺激 T 淋巴细胞增殖分化产生大量效应 T 细胞和细胞毒 T 细胞，效应 T 细胞分泌产生大量细胞因子（如干扰素等）杀伤病毒，细胞毒 T 细胞可直接杀伤病毒。

2. 植物血凝素可同时刺激 B 细胞转化为浆母细胞后增殖分化为浆细胞，浆细胞产生大量非特异性抗体来中和病毒。

3. 可增强机体免疫功能，提高骨髓造血机能，促进机体白细胞及多核白细胞数量明显增加；提高体细胞诱生干扰素，增强机体免疫力，促进抗体形成，增强机体对病原微生物的吞噬作用。

4. 植物血凝素与黄芪多糖、左旋咪唑、阿糖腺苷配伍，有明显的增效作用；与部分抗生素等配伍具有相加作用。

5. 植物血凝素肌肉注射后 5～15 分钟血药浓度达高峰，口服 1 小时后血药浓度达高峰，代谢产物主要从尿液排出。

【特点】

1. 使用方便、广泛，可以与许多药物同时使用，具有协同作用或相加作用。在粉剂、散剂中添加植物血凝素，具有明显提高原有产品疗效的作用，同时不干扰原产品的检测，且无种属特异性，可广泛应用于肉鸽、种鸽。

2. 使用安全。首先使用植物血凝素后不影响机体抗体水平，可用于预防肉鸽常发的病毒性疾病，避免了由于加强免疫引起的抗体水平过高、疫苗应激反应。植物血凝素抗病毒谱广、毒性小、安全范围大。

3. 可以与疫苗同时使用，能起到弥补免疫空白期、减缓疫苗应激反应、增强免疫效果的作用。

4. 植物血凝素经特殊加工可口服给药，不受消化酶和胃酸的破坏，可常温保存 2 年（液体保存时一般 6 个月左右就开始出现浑浊现象，降低疗效）。避免了一般干扰素质量不稳定、应用时口服吸收差、易被破坏，必须低温保存的缺陷。

【作用和功能主治】

1. 主要用于激活免疫细胞——淋巴细胞，是一种干扰素诱导剂，不仅可以刺激机体产生白细胞介素-2 和干扰素，还可以刺激机体产生非特异性抗体。

2. 广谱抗病毒药，可用于防治肉鸽病毒性疾病，如肉鸽的传染性支气管炎、传染性喉气管炎、新城疫、传染性法氏囊病、鸽痘；猪圆环病毒病、肉鸽病毒性腹泻。

3. 植物血凝素可作为动物免疫增强剂进行治疗、辅助用药或用于免疫功能受损引起的疾病，用来增强动物机体免疫力、提高药物的疗效。

4. 用于预防肉鸽常见病毒病，35 日龄左右使用 1 次，可预防肉鸽交养殖场后病毒性疾病的发生。

5. 植物血凝素＋抗病毒药物＋广谱抗生素可用于防治肉鸽病毒性疾病（如新城疫、非典型新城疫、温和型流感、传染性法氏囊病初期、传染性支气管炎、鸽痘、传染性喉气管炎），急性病毒病慎用。

6. 配合呼吸道药物应用可用于防治肉鸽传染性支气管炎、传染性喉气管炎等由病毒引起的呼吸道系统疾病；与黄芪多糖和丁胺卡那配合应用，可用于防治肉鸽新城疫感染症。

（九）禽基因工程干扰素

干扰素是病毒进入机体后诱导宿主细胞产生的一类具有多种生物活性的糖蛋白。制剂有注射液和冻干粉两种，每支约100万单位、300万单位、500万单位。

【性状】无色至浅黄色微浊溶液，冷冻为冰块状。

【作用机理】干扰素进入机体后产生多种广谱抗病毒蛋白、分解病毒RNA、阻断病毒蛋白合成、导致tRNA与氨基酸不能结合而消除病毒感染。激活T淋巴细胞，活化巨噬细胞，吸引淋巴细胞向炎性组织移动。

【适应症】主要用于肉鸽新城疫、流行性感冒、法氏囊病、传染性喉气管炎、传染性支气管炎、鸽痘、疱疹病毒、马立克氏病、脑膜炎、腺病毒等病毒性疾病的预防和治疗。

【用法用量】治疗：肌注、滴口，幼鸽1 000羽/瓶，成鸽500羽/瓶，1次/日，连用2天，饮水量加倍，预防减半。

【规格】10毫升：1 000万个活性单位。

【注意事项】使用本品前后72小时不得使用任何冻干苗，无其他配伍禁忌，可同药物、灭活苗、抗体同时单独使用，低温条件下运输，避免反复冻融，开瓶后请一次用完。

【贮藏】低温，遮光，冷冻保存。

（十）聚肌胞

【主要成分】多聚次黄嘌呤核苷酸、多聚胞苷酸、多聚肌苷酸的RNA聚合物。

【物理性状】本品为浅白色，海绵疏松团块，易脱壁。加注射用水或黄芪多糖注射液稀释后迅速溶解，呈均匀的悬液。

【作用机理】

1. 本品是一种有效的干扰素诱导剂，它可以作用于白细胞，使细胞产生抗病毒糖蛋白——α-干扰素。试验证明，聚肌胞在一定剂量下诱生干扰素的能力与其剂量呈线性关系，到达阈值以后干扰素滴度不再随聚肌胞的应用量上升。产生的干扰素与靶细胞表面特异受体结合，导致细胞产生一系列抗病毒蛋白，从而起到抑制病毒的作用。另一方面，干扰素可以调节机体细胞免疫和体液免疫，增强机体免疫防御功能。两方面协同作用有利于病毒感染症状减轻或消除。

2. 本品通过增强和调节免疫作用产生抗病毒活性。聚肌胞是一种很好的免疫增强剂，是一种非专一性免疫激发剂，通过增强巨噬细胞的吞噬活性、增强NK细胞的细胞毒作用、促进抗体的产生及诱导机体产生Mx蛋白等起到抗病毒的作用。

【适应症】具有广谱抗病毒作用。

1. 用于防治肉鸽各类病毒病。如传染性喉气管炎、传染性支气管炎、鸽流感、新城疫、传染性法氏囊病等病毒性疾病以及慢性呼吸道疾病、传染性鼻炎、葡萄球菌病、鸽砂门氏菌病、白痢、鸽大肠杆菌病、鸽霍乱、副伤寒等疾病。

2. 增强疫苗免疫效果。疫苗接种时同时使用，促进抗体产生，并维持在较高水平。

【用法用量】肌注：生理盐水或黄芪多糖注射液稀释，可用于幼鸽 1 500 羽，成鸽 700 羽；连用 2 ~ 3 天。

混饮：稀释后溶于饮水中，每日 1 次，连用 3 ~ 5 天。

【注意事项】本品不可与强酸、强碱及核糖核酸酶同时使用；开瓶 1 次用完。

（十一）胸腺肽和芦荟口服液

抗病毒，调节和增强机体免疫力。

【产品特点及机理】

1. 本产品为生物活性因子——胸腺肽与芦荟提取物制成的高分子生物活性制剂，内服易吸收，使用安全，不存在药物残留问题，对机体无不良影响，可与中西药物同时配合使用。

2. 芦荟提取物具有抗炎、抗病毒、增强免疫功能的作用，能够激活巨噬细胞的吞噬功能，增强多形核嗜中性白细胞的酶活性和吞噬功能，升高循环抗体含量，增强红细胞免疫功能。

3. 胸腺肽是一种具有抗病毒调节免疫系统功能的活性多肽，能够保护细胞结构和维护其功能。抵抗细菌、病毒的感染，消除体内有害物质，诱导机体产生干扰素，调节机体免疫功能，促进抗体形成，解除免疫抑制，增强肉鸽抗病能力。

4. 胸腺肽与芦荟提取物联合使用，通过刺激 B 淋巴细胞转化为大量浆细胞，浆细胞针对抗原特异性分泌大量特异性免疫球蛋白（即抗体）。

5. 本品可以促进 T 淋巴细胞增殖分化产生大量的效应 T 细胞和细胞毒 T 细胞，效应 T 细胞分泌产生大量细胞因子（如：干扰素、白细胞介素等）杀伤病毒；细胞毒 T 细胞可直接杀伤病毒，达到抗病毒的目的。

6. 内服本品可以激活受到免疫抑制的中枢免疫系统，使受到抑制的中枢免疫系统功能恢复正常，促进淋巴干细胞分化、成熟为具有免疫功能的 B 淋巴细胞、T 淋巴细胞，提高机体免疫力。

【药物临床应用】

1. 治疗免疫抑制性疾病，如肉鸽法氏囊圆环病毒引起的免疫抑制，新城疫、非典型新城疫、温和型流感、传支等疾病，特别适用于由法氏囊病等引起的免疫抑制。

2. 本品用于疫苗使用之前，可以减轻疫苗反应，解除免疫抑制，提高抗体滴度，保护机体安全度过免疫空白期。

3. 本品与双黄连 + 氧氟砂星溶液酸性，可用于治疗支气管炎等呼吸道疾病。

【用法用量】

混饮：每升水加入 1 毫升原液，每日 1 次，连用 3 日（育种期慎用）。

（十二）白细胞介素（IL）

由多种细胞产生并作用于多种细胞的一类细胞因子。由于最初是由白细胞产生又在白细胞间发挥作用，所以由此得名，现仍一直沿用。白细胞介素 interleukin 缩写为 IL。肉鸽常用白细胞介素-2 和白细胞介素-4。

【功能主治】特异性的诱导肉鸽产生细胞免疫和体液免疫，增强机体免疫、抗病和抗感染能力。

1. 提高疫苗的免疫效果，提前产生免疫力，缓解疫苗免疫不良反应，提高抗体水平和整齐度，维持长时间的免疫效力。

2. 疫病发生时，可增强机体的抗病力和抗感染能力，可短时间控制疾病，降低死亡率，促进肉鸽机体康复。

3. 在各种应激反应中，能明显增强机体抗应激能力，降低应激反应的发生。

（十三）　转移因子（TF）

它是具有免疫活性的 T 淋巴细胞释放的一类小分子多肽与核苷酸复合物。

【作用机理】TF 能够将致敏淋巴细胞的特异性免疫信息传递给受体淋巴细胞，使受体无活性的淋巴细胞转变为特异性致敏淋巴细胞，激活机体麻痹免疫功能，并抑制、纠正机体免疫功能紊乱，发挥增强免疫效果作用。TF 又具有非特异性免疫学活性，可诱导靶细胞分泌大量干扰素-γ 和白细胞介素-2 等细胞因子，达到防病治病的效果。

【功能主治】用于增强肉鸽用疫苗免疫效果和治疗鸽流感、新城疫、传染性法氏囊病等病毒性疾病。治疗时根据病情，配合抗病毒或广谱抗菌药，效果更加显著。

（十四）　清瘟败毒散

【主要成分】黄连、青黛、荆芥、防风、羌活等。

【性状】本品为棕黄色粉末，气微香，味苦，微甜。

【药理作用】清热解毒、泻火凉血、抑菌抗病毒、能快速杀灭病原体，药效持久，不易产生耐药毒株。提高机体免疫力，诱导机体产生干扰素，提高吞噬细胞的吞噬功能。涩肠止泻、杀菌消炎、修复肠道，增强食欲等功能。

【功能主治】肉鸽流行性感冒、传染性法氏囊炎、新城疫、传染性喉气管炎、传染性支气管炎、鸽痘、病毒性腹泻及不明原因的顽固性水泻、肠毒综合征；各种细菌及原虫感染等引起的肉鸽各种疑难杂症。适用于以下情况：

1. 肉鸽精神沉郁、发热怕冷、张口呼吸、咳嗽、眼肿流泪、排出稀薄粪便呈灰、白、橘红色或烂肉样，产软壳蛋、砂壳蛋、薄壳蛋等临床症状。

2. 长期饲喂能有效防止各种细菌、病毒病的发生，而且能促进肉鸽生长及提高机体抗病力。

3. 其他剖检症状：喉头气管出血、内有黏液，肺出血、瘀血、坏死，心冠状脂肪出血和心内肌出血，肝脏肿大、有坏死点，全身淋巴结肿大、出血、坏死，腺胃、肌胃出血、溃疡，肠道出血，盲肠扁桃体出血，卵巢出血、充血、坏死等。

【用法用量】肉鸽每只每天 0.5 ~ 1 克。拌料喂服，连续使用 3 ~ 5 天。

【规格】本品 1 000 克含黄连 30 克、青黛 40 克、荆芥 135 克、防风 90 克、羌活 75 克。

（十五）　阿糖腺苷

【性状】浅黄或黄色粉末。

【药理应用】本品针对长期使用抗病毒药的动物有特效，是利巴韦林对病毒干扰程度的 4 倍以上，对 DNA 病毒（如痘疹病毒、疱疹病毒）有显著抑制作用。

【适应症】用于治疗病毒混感综合征，对腺病毒、新城疫病毒有特效，针对肉鸽传染性支气管炎、传染性喉气管炎、鸽痘等也有很显著的治疗作用，对利巴韦林有效的病毒均可用其替代，另外本品有解热、消炎功效，能迅速改善肉鸽食欲。

【用量用法】肉鸽用量 1 克原粉兑水 10～15 千克，拌料 5～8 千克，连续使用 3 天。

【注意事项】标准暂无规定。

【不良反应】偶有兴奋性。

（十六）新泰混感-100

本品是专为针对肉鸽养殖集团和规模化鸽场的发病特点研制，本品组方具有迅速杀灭病毒-细菌混合感染之功能，采用广谱抗病毒药物协同杀灭变异的病毒株，并配伍了 PHA 及第四类广谱抗生素新药，能迅速促使种鸽机体恢复，是抵抗病毒感染和暴发的坚固防火墙！

【产品特点】

1. 本品具有广谱抗病毒作用，能快速直接杀死病毒和细菌，且能诱生淋巴因子，合成干扰素，增加体内免疫球蛋白的数量，增强机体免疫力。

2. 本品加入第四类广谱抗生素新药，使其抗菌作用增强。对多种西药类、抗病毒药耐药的 DNA 病毒或 RNA 病毒仍具有强大的治疗作用。而且在中药抗病毒的辅助作用下，能迅速调理好机体的免疫系统，使其产生抵抗力，迅速解除体内有害毒素。

3. 本品对温和型感冒、非典型新城疫、法氏囊、烈性病毒传染病和各类细菌混合感染都有十分显著疗效。

【适用范围】

1. 鸽病毒性疾病，如巴拉米哥病毒感染、非典型新城疫、温和型感冒、传染性支气管炎、腺病毒、疱疹病毒、轮状病毒等引起的鸽发热、嗜睡、咳嗽、流泪、打喷嚏、流鼻涕、黑鼻、口腔生癀、头脸肿胀、头颈歪斜、胸肌发绀等症。

2. 对鸽支原体、衣原体、螺旋体、立克次氏体、大肠杆菌、砂门氏菌等有很强的杀灭作用。对鸽流行性感冒、肺炎、气囊炎、传染性鼻炎、传染性支气管炎、传染性喉气管炎、微浆病、鸟疫、嗉囊炎、眼炎、呼吸道综合征及并发的肠道疾病有强大的杀灭作用。

3. 对各类难以根治的病毒和细菌混合感染具有较好的净化作用。

【用法用量】

1. 本品 500 克兑水 1 000 千克，连用 7 天，停药 3 天后再使用 5 天。每天早、晚各投服一次为佳。

2. 拌料时加倍量使用。鹌鹑、鹧鸪、孔雀及其他特种珍禽参照鸽用法用量即可。

【注意事项】

1. 病毒性传染病宜早发现早治疗，感染后期由于病毒复制数量巨大，投药短期可能会无明显效果，或出现死亡上升、产蛋率下降等副作用，应坚持投药。

2. 病毒性疾病感染后对种鸽机体造成极大损伤，幼鸽死亡率和种鸽弃蛋率、种蛋无精率会上升，与药物无关。

3. 治疗期和疫情控制后应配合"肝疫肽"使用，疗效更佳。

八、肝精——解肝护肾药物

肉鸽用药与一般畜禽用药是有很大区别的，这不仅仅表现在剂量方面，肉鸽用药的要求非常严格，种鸽用药要求更为谨慎。赛鸽没有胆囊，内服大量药物后，会极大增加肝脏的负担，引起胆汁分泌异常，肉鸽抵抗力将逐步下降，选择合适有效的肝精进行护肝解毒，方可达到事半功倍的效果。

（一）强效泰力肝精

本品为禅泰动物药业研制的保肝解毒产品。能促进幼鸽生长发育，使用后，骨骼强壮，体型均匀，羽质柔亮，换毛提早；提高免疫抗病力，预防幼鸽拉稀、僵化等病症，有效增强幼鸽、种鸽抗病、抗应激能力，本品口服迅速，适口性良好。

【成分】本品富含鸽体所需要的维生素、氨基酸、植物精华素、胶原蛋白、微量元素、乳酸菌、酵母菌及活性磷钙。

【性状】棕红色油状液。

【作用用途】

（1）强肝，健肝，保肝，护肝，强化肝脏机能，活血，活化肝细胞。

（2）增强肝脏分解毒素功能，迅速分解和排放鸽体内药物残留和运动所产生的乳酸，促进肝脏功能恢复。

（3）促进新陈代谢，提高营养吸收利用率，促进幼鸽健康生长发育，提高种鸽育种的受精率，提高精子、卵的质量和受精率。

（4）促进体能康复和健康滋补作用，增加对病毒细菌的感染的抵抗力。

【用法用量】

用瓶盖量杯量取5毫升，冲水1千克供饮用；或5毫升均匀混合饲料1千克供饲。

（二）霸王肝精-精华液

【特性】本品是精制浓缩肝精原液，富含高效维生素、复合氨基酸、萃选植物因子等24种有效成分为基础的活力载体的强力护肝产品。有强肝解毒、活血生肌、滋补强壮等功效。

【功能主治】

（1）强肝解毒，增强肝脏解毒功能，避免受毒素侵害，防止细菌侵害肝脏。

（2）消除疲劳、应激，促进新陈代谢、提高营养吸收利用，促进幼鸽健康生长。

（3）增强免疫，恢复体力，清除血液毒素，提高免疫力，迅速补充维生素等微量元素，增强赛鸽体质。

（4）育种期使用，为种鸽提供多种维生素及必须的微量元素，提高育种质量性能和抗病能力。

（5）调节育种巅峰，及时补充鸽维生素等的流失，确保育种巅峰状态。

【用法用量】

（1）保健用。每5毫升冲泡5 000毫克水饮用，每周使用1次。

（2）治疗时。每5毫升冲泡2 500毫克水饮用，连用3天。

【注意事项】

因本品为肝精原液，浓度极高，正常每毫升兑水1 000毫克，一般无需加量使用。

（三）肝疫肽口服液

本产品是泰国依利集团科学家采用先进分子生物学工程技术，采用新鲜的小牛肝脏，从中提取纯化制备而成的小分子多肽，配合各种优质营养素生长因子、核酸、维他命、矿物质、酶素等成分，再配合纳米溶液制成的最新特效动物增强免疫，促生长合剂产品，生物技术处于国际领先地位。

【功能主治】

（1）预防维生素缺乏及各种因素引起的应激反应。

（2）刺激新生肝细胞的DNA合成，促进损伤的机体细胞线粒体粗面内质网恢复，促进细胞再生，加速细胞组织的修复，强肝解毒。

（3）改善肝脏巨噬细胞的吞噬功能，提高机体免疫力，防止来自肠道的毒素对机体细胞的进一步损害。具有调节活化免疫、提升基础代谢、消除自由基及防止氧化、消炎。

（4）抑制组织细胞坏死因子（TNF）活性和Na^+，K-ATP酶活性抑制因子活性，从而促进细胞坏死后的修复。强效抗病毒、抗突变、抑制坏死细胞分裂。

（5）刺激肝脏造血机能，加速血液循环。增强机体对营养物质的吸收利用。有促进体质改善，增进食欲的作用。

（6）减少鸽场粪便臭味，改善水质品质。

【用法用量】

（1）免疫增强剂。本品500毫升兑水1 500毫克，连用3～5天。

（2）强肝解毒。本品500毫升兑水1 000毫克，连用7天。定期服用效果更佳。

（3）病毒性疾病辅助治疗。本品500毫升兑水500～1 000毫克，连用7天。

（4）辅助治疗肠道细菌性疾病和呼吸道疾病。本品500毫升兑水800～1 200毫克，连用7天，停药3天后再使用5天。

（5）每月使用本品1个疗程，能明显减少疫病产生，减少呼吸道疾病的出现。

（6）拌料时加倍量使用。鹌鹑、鹧鸪、孔雀及其他特种珍禽参照鸽用法用量即可。

【不良反应】标准暂无规定。

【注意事项】

（1）本品在鸽场各个用药时期均可配合各种治疗性药物使用，能有效强肝解毒，增强免疫效果。

（2）配合饲料使用时，首先按建议添加量用适量水稀释，均匀喷洒饲料表面。

九、肉鸽常用中草药及其药效

（一）黄莲

成分：为毛茛科多年生草本植物黄连及其同属其他植物（如三角叶黄连、云连）的干燥地下根茎。

性味归经：苦，寒。归肺、胆、胃、大肠经。

功效：清热燥湿，泻火解毒。

黄连中的小檗碱具有广谱抗菌作用，对多种革兰氏阴性菌及阳性菌，如大肠杆菌、葡萄球菌、溶血性链球菌、肺炎双球菌、炭疽杆菌等均具有抑制作用，对各型流感病毒、某些致病性真菌、钩端螺旋体及滴虫等也有抑制作用。

本品在体内外可增强白细胞的吞噬功能，促进淋巴细胞转化。此外，还具有解热，利胆，抗肾上腺素，松弛血管平滑肌，兴奋胃肠、支气管平滑肌以及抗毒素等作用。

应用参考：用于肠炎、肺炎、咽喉炎、消化不良等症。有报道，本品与其他药配伍，可防治鸽霍乱、鸽白痢砂门氏菌病等。常与黄芩、黄柏等配伍使用。

制剂、用量：内服：0.6～1.2 克/支。

盐酸黄连素片剂：0.05 克/片、0.1 克/片，内服：鸽 0.05～0.02 克/只。

针剂：2 毫升（2 毫克）/支，5 毫升（5 毫克）/支，10 毫升（10 毫克）/支，100 毫升（100 毫克）/支。静注：鸽 2.5～5 毫升/只，每日 2～3 次。

枸橼酸黄连素注射液：2 毫升（20 毫克）/支，2 毫升（50 毫克）/支。肌注：鸽 2～5 毫克/只，每天 2～3 次。硫酸黄连素注射液：2 毫升（20 毫克）/支，2 毫升（50 毫克）/支。用量：同上。

（二）黄柏

成分：为芸香科落叶乔木植物黄皮树（川黄柏）和黄檗（关黄柏）除去栓皮的干燥树皮。关黄柏含多种生物碱，其中以小檗碱为主，约达 2%。川黄柏成分：基本相似，其中小檗碱可达 3%～5%。

性味归经：苦，寒。归肾、膀胱、大肠经。

功效：清热燥湿，泻火解毒，退虚热。作用与应用均与黄连素相同。

用量：内服：0.5～1 克/只。

（三）苦参

成分：为豆科多年生落叶亚灌木植物苦参的干燥根。内含苦参碱 1%～2%，还含有氧苦参碱、羟基苦参碱、别苦参碱、野靛碱、甲基野靛碱、异去氢淫羊霍素、苦参黄酮。

性味归经：苦，寒。归心、肝、胃、大肠、膀胱经。

功效：清热燥湿，祛风杀虫，利尿。有低毒。内服有苦味健胃作用，对中枢神经有轻度抑制作用。煎剂能抑制结核杆菌、大肠杆菌、皮肤真菌等。

应用参考：常用于鸽消化不良、肠炎、泻痢等。有报道，与其他药配伍可防治幼鸽白痢、肠胃炎、湿热痢疾等。

本品畏川乌、草乌。

用量：内服：0.3~1克/只。

（四）龙胆草

成分：为龙胆科多年生草本植物龙胆和三花龙胆或东北龙胆的根和根茎。内含龙胆苦苷约2%，龙胆糖约4%，龙胆碱约0.15%。

性味归经：苦，寒。归肝、胆、胃经。

功效：清热燥湿，泻肝火。并具有增强消化、提高食欲作用。

制剂、用量：内服：1.5~3克/只。

龙胆酊：由龙胆末100克，加40%乙醇浸制成1000毫升。味苦。内服：鸽2.5~5毫升/只。

复方龙胆酊（苦味酊）：由龙胆末100克、橙皮末40克、豆末10克，加70%乙醇制成1000毫升。内服：鸽1~5毫升/只。

（五）穿心莲

成分：为爵床科1年生草本植物穿心莲（又名榄核莲、苦胆草等）的全草或叶。已分离30余种化学成分，其叶含内酯类为主，根含黄酮类为主。

性味归经：苦，寒。归肺、胃、大肠、小肠经。

功效：清热解毒、燥湿。

本品对肺炎球菌、甲型链球菌、金黄色葡萄球菌、变形杆菌、绿脓杆菌、大肠杆菌、卡他球菌和钩端螺旋体均有抑杀作用，其中以新穿心莲内酯对细菌性下痢作用最强。还具有促进白细胞吞噬金黄色葡萄球菌的作用，解热、抗炎及镇静作用。

应用参考：常用于鸽肠道细菌性感染（鸽白痢、腹泻、湿热下痢等）及呼吸道感染。本品可单方应用，也可与其他药配伍成复方饲料添加剂或药剂。可用于防治鸽霍乱、白痢、消化不良、感冒发热、泄泻痢疾。

制剂、用量：参考内服：1~2克/只。

亚硫酸氢钠穿心莲内酯注射液：2毫升/支，含0.1克；5毫升/支，含0.25克。

肌注：0.2~0.5毫升/只。

水溶性穿心莲内酯注射液：2毫升/支，每毫升含穿心莲内酯磺化物0.05克。

肌注：0.2~0.5毫升/只。

（六）板蓝根（大青叶）

成分：为十字花科2年生草本植物菘蓝、草大青或爵床科植物马蓝的根作板蓝根，叶为大青叶。其他如马鞭草科植物大青木的叶以及蓼科植物蓼蓝的叶，亦作为大青叶入药。

性味归经：苦，寒。归心、肺、胃经。

功效：清热解毒，凉血，利咽。

本品对枯草杆菌、金黄色葡萄球菌、大肠杆菌、肠炎杆菌、溶血链球菌均能抑制。对流感病毒也有一定作用，还能抑杀钩端螺旋体。其抗菌、抗病作用与其根含靛苷有关。

应用参考：常用于细菌性感染、败血症、肺炎、肠炎、血痢、咽炎等。

有报道，与其他药物配伍可防治鸽感冒，霍乱、传染性气管炎及幼鸽腹泻等病。

制剂、用量：内服：0.5~1克/只。

板蓝根注射液：10毫升/支。每毫升相当生药0.5克。肌注：鸽1~2毫升/只，每日2~3次。

复方板蓝根注射液：5毫升/支。每毫升相当于生药2克（其中含板蓝根0.5克、大青叶0.5克、金银花0.5克）。肌注：鸽1~1.5毫升/只，每日2次。

（七）金银花

成分：为忍冬科多年生常绿绕性木质藤忍冬的干燥花蕾。内含黄酮类大犀草素，木犀草素-7-葡萄糖苷，异绿原酸及少量绿原酸，还有肌醇、皂苷等。

性味归经：甘，寒。归肺、胃、大肠经。

功效：清热解毒，透表止痢。

其抗菌成分：为异原酸及忍冬苷，以异绿原酸的抗菌力强。对金黄葡萄球菌、白色葡萄球菌、溶血性链球菌、大肠杆菌、绿脓杆菌、肺炎双球菌等均有抑制作用，其中对金黄色葡萄球菌的抗菌作用最强，绿脓杆菌、大肠杆菌等次之。若与抗生素或黄芩等合用，可提高抑菌效果，并可减少耐药菌株的产生。还可促进机体淋巴母细菌转化作用，增强白细胞吞噬金黄色葡萄球菌的作用。

此外，还有利胆、促进胃肠蠕动、消化腺体分泌作用及有过敏原样作用，可致变态反应。

应用参考：常用于鸽流感、肠炎、其他热性传染病等。有报道，与其他药配伍可防治霍乱、传染性喉气管炎、支气管炎等。

本品常与连翘、板蓝根、黄芩等配伍使用。

用量：内服：0.5~1克/只。

（八）鱼腥草

成分：为三白草科植物蕺草的全草。含挥发油约0.005%，其中主要抗菌物质为癸酰乙醛。人工合成者称鱼腥草素。

性味归经：辛、微寒。归肺经。

功效：清热解毒，利水消肿。

癸酰乙醛抗菌谱广，对革兰氏阳性菌有抑制作用，特别是对金黄色葡萄球菌（包括青霉素耐药菌株）、肺炎双球菌、溶血性链球菌的抑制作用强，对卡他球菌作用较弱；对革兰氏阴性菌也有抑制作用，尤其是对流感杆菌、伤寒杆菌的抑制作用较强；对某些致病性真菌也有一定的抑制作用。

鱼腥草具有增强机体免疫力的作用，它能增强机体网状内皮系统的功能，增强白细胞的吞噬能力，并使动物的白细胞介素浓度增加。

本品还有镇痛、止血、止咳、抑制浆液渗出、促进组织增生及利尿等作用。

应用参考：常用于治疗肺炎、支气管炎、咽喉肿胀、肾炎等。有报道，与其他药配伍可防治鸽湿热痢疾、肠胃炎、消化不良、鸽白痢等。

制剂、用量：参考内服：0.5~3 克/只。

复方鱼腥草注射液：5 毫升/支。每毫升相当于生药 2 克（其中鱼腥草 1 克、前胡 0.5 克、马兜铃 0.25 克、生半复 0.25 克）。肌注 0.5~1.5 毫升/只，每日 2 次。

（九）蒲公英

成分：为菊科多年生草本植物蒲公英及其多种同属植物的带根全草。含蒲公英甾醇、叶黄素、咖啡酸及黄酮类。

性味归经：苦、甘、寒。归肝、胃经。

功效：清热解毒，散结消肿，利湿。

对金黄色葡萄球菌、溶血性链球菌、肺炎双球菌、绿脓杆菌、变形杆菌、卡他球菌、结核杆菌及某些皮肤真菌有抑制作用。

还有促进机体淋巴细胞转化作用，以及利胆、利尿、健胃等作用。

应用参考：常用于肉鸽肠炎、腹泻、肺炎、胆道感染、咽喉炎等。有报道，与其他药配伍可防治鸽传染性喉气管炎、霍乱等。

制剂、用量：内服：1~3 克/只。

蒲公英注射液：2 毫升/支。每毫升相当于生药 5 克。肌注：鸽 0.5~1 毫升/只，每日 2 次。

板蒲注射液：5 毫升/支。每毫升相当于生药 2 克（蒲公英、板蓝根各约 0.5 克，鸭跖草约 1 克，野菊花少量）。肌注：1.5~2 毫升/只，每日 2 次。

（十）马齿苋

成分：为马齿苋科 1 年生肉质植物马齿苋的全草。含去肾上腺素约 0.25%，多巴胺及少量多巴，还含生物碱、香豆精、黄酮类、强心苷、多种维生素、有机酸大量钾盐。

性味归经：酸、寒。归大肠、肝经。

功效：清热解毒，利湿，凉血。

对大肠杆菌、痢疾杆菌、金黄色葡萄球菌及某些致病真菌均有抑制作用。还有利尿、加强肠蠕动等作用。

应用参考：内服用于肠炎、血痢等。有报道，与其他药配伍可防治鸽白痢、细菌性肠炎、消化不良及球虫等。

制剂、用量：内服 1.5~3 克/只。

马齿苋注射液：5 毫升/支。每毫升相当于生药 2.5 克。肌注：1~1.5 毫升/只。

复方马齿苋注射液：5 毫升相当于生药 2.5 克（等量马齿苋、铁苋菜、地锦草、十大功劳、穿心莲）。肌注：0.5~1 毫升/只，每日 2 次。

（十一）连翘

成分：为木犀科落叶灌木植物连翘成熟果实。果壳含连翘酚、6，7－二甲氧基香豆精、齐墩果酸、少量挥发油及皂苷等。

性味归经：苦，微寒。归肺、心、胆经。

功效：清热解毒，散结消肿，疏解风热。

连翘酚1∶5120的浓度对金黄色葡萄球菌有较强抑制作用。本品水煎剂对鼠疫杆菌、肺炎双球菌、大肠杆菌、溶血性链球菌、星形奴卡氏菌均具有抑制作用，并有抗流感病毒作用。

还能降低血管通透性，防止不渗血出现的出血性斑点。本品还具有利胆、平喘、强心、利尿作用。

应用参考：用于鸽流感、肺炎、肠炎等。有报道，与其他药配伍可防治鸽霍乱、鸽白痢、幼鸽腹泻等。

常与金银花配伍使用。

用量：内服：0.3~1克/只。

（十二）野菊花

成分：为菊科多年生草本植物野菊、北野菊、岩香菊的干燥头状花序。全草亦入药。别名苦薏。花序及全草含有挥发油、黄酮类、菊色素、多糖、香豆精等。黄酮类主要是野菊黄酮、花青素苷类的矢车菊苷。挥发油以樟脑为主要成分。

性味归经：苦、辛，微寒。归肺、肝经。

功效：清热解毒。对金黄色葡萄球菌、溶血性链球菌、大肠杆菌、绿脓杆菌均有抑制作用。还能增强机体白细胞的吞噬机能。

应用参考：用于鸽流感、肠炎、脑炎等。

制剂、用量：内服：1.5~3克/只。

野菊注射液：10毫升/支。每毫升相当新鲜药材2克（鲜叶、嫩枝）3克。

香菊注射液：10毫升/支。每毫升相当新鲜药材2克（野菊花0.6克、野薄荷0.6克、荆芥0.4克、藿香0.4克）。肌注：2毫升/只，每日2次。

菊青素注射液：5毫升/支。每毫升相当新鲜药材2克（野菊花1.33克、大青叶0.67克）。肌注：1~2毫升/只，每日2次。

（十三）白头翁

成分：为毛茛科多年草本植物白头翁的根。有效成分：为原白头翁素、白头翁素。

性味归经：苦，寒。归胃、大肠经。

功效：清热解毒，凉血止痢。本品煎剂对痢疾杆菌、伤寒杆菌、枯草杆菌、绿脓杆菌、金黄色葡萄球菌、大肠杆菌以及流感病毒等均有抑制作用。其酒精提取物有镇静、镇痛的抗痉挛作用，对肠黏膜有收敛止泻、止血作用。

应用参考：有报道，与其他药配伍可用于防治鸽球虫、鸽白痢、霍乱、伤寒、喉气管炎等。

用量：内服：1.5~3克/只。

（十四）山豆根

成分：为豆科蔓生性矮小灌木植物的根及根茎。含苦参碱、氧化苦碱、臭豆碱、甲基金雀花碱、山豆根碱、蝙蝠葛碱、紫檀素等。

性味归经：苦，寒。归肺、胃经。

功效：清热解毒，利咽喉，散结止痛。本品对黄色葡萄球菌、白色念珠菌、絮状皮表皮系统有抑制作用，对结核杆菌有高效抗菌作用。对网状内皮系统有兴奋作用，使吞噬细胞增多。对某些癌细胞有抑制作用。

应用参考：有报道，与其他药配伍可用于防治传染性喉气管炎及支气管炎、鸽霍乱等。

用量：内服：0.3~1克/只。

（十五）青蒿

成分：为菊科1年生草本青蒿的全草。含挥发性油，油中含青蒿酮、桉叶素、乙酸青蒿醇酯。近年已从其叶中提取一种过氧缩酮倍半萜内酯（定名青蒿素）及蒿甲醚、青蒿琥酯等一系列衍生物。

性味归经：苦，辛，寒。归肝、胆、肾经。

功效：退虚热，凉血，解暑，截疟。青蒿素及其衍生物对间日疟和恶性疟原虫有强大而快速的杀灭作用，还具有抗肉鸽血吸虫、华枝睾吸虫的作用，对环形泰勒焦虫及双芽巴贝斯虫有效。

青蒿素可提高淋巴细胞的转化率，促进红细胞、白细胞、增强血红蛋白的作用。有促进脾T.S细胞增殖的功能，从而具有增强机体免疫力的功效。

应用参考：有报道，与其他药配伍可用于防治鸽球虫及其他原虫、肠炎、痢疾等。

用量：内服：1~2克/只。

（十六）鸦胆子

成分：为苦木科常绿灌木或小乔木植物鸦胆子的成熟果实。含鸦胆子苷、脂肪油、苦味质、生物碱、酚性化合物、脂肪酸。

性味归经：苦，寒。有小毒。归大肠、肝经。

功效：清热解毒，截疟治痢，腐蚀赘疣。本品具有极强的抗疟作用。对鞭虫、蛔虫和绦虫等线虫也有驱除作用。其水剂和10%鸦胆子油静脉乳剂对某些癌细胞有直接杀伤作用。

作用与参考：有报道，与其他药配伍可用于防治鸽球虫、肠炎、痢疾、消化不良等。

用量参考：内服：1~3粒/只。

（十七）射干

成分：为鸢尾科多年生草本植物射干的根茎。含鸢尾黄酮苷、鸢尾苷、芒果苷等。

性味归经：苦，寒。归肺经。

功效：清热解毒，祛痰利咽，活血祛淤。对结核杆菌、皮肤真菌和病毒、疱疹病毒有抑制作用。还有消炎、利尿、止痛、解热和祛痰作用。

应用参考：有报道，与其他药配伍可用于防治鸽疱疹病毒、圆环病毒、传染性喉气管炎等。用量：内服：0.3~1克/只。

（十八）生地黄

成分：为玄参科多年生草本植物地黄的块根。含地黄素、葡萄糖、铁质、维生素A类物质、生物碱、氨基酸等。

性味归经：甘、苦，寒。归心、肝、肾经。

功效：清热凉血，养阴生津。有促进血液凝固作用，中等剂量对动物有强心作用，对衰弱的心脏作用更显著，有轻微的降血糖作用。

应用参考：有报道，与其他药配伍可用于防治鸽消瘦病等。

用量：内服：0.5~1克/只。

（十九）玄参

成分：为玄科多年生草本植物玄参的根。含玄参素、单萜苷类、甾醇、生物碱、脂肪酸、氨基酸、L-天冬酰胺等。

性味归经：甘、苦、咸，寒。归肺、胃、肾经。

功效：清热解毒，凉血养阴。本品有显著的降压作用及强心、镇静作用，还有轻微的降血糖的作用。

应用参考：有报道，与其他药配伍可用于防治鸽发热、瘟热等。

用量：内服：1.2~3克/只。

（二十）石膏

成分：为硫酸盐类矿物硬石膏族石膏，主含硫酸钙。

性味归经：辛、甘，大寒。归肺、胃经。

功效：清热泻火，除烦止渴。有解热、镇痉、消炎作用。

应用参考：有报道，与其他药配伍可用于防治鸽球虫、卡氏白细胞原虫病等。

用量：内服：1.5~3克/只。

（二十一）知母

成分：为百合科多年生草本植物知母的干燥根茎。含皂苷、黏液质、鞣质、烟酸、胆碱等。

性味归经：苦，甘，寒。归肺、胃、肾经。

功效：清热泻火，滋阴润燥。

本品对痢疾、伤寒、副伤寒、霍乱杆菌、大肠杆菌、绿脓杆菌6种革兰氏阴性杆菌及葡萄球菌、溶血性链球菌、肺炎球菌3种革兰氏阳性菌均有较强的抗菌作用，对白色念珠菌有抑制作用。还有清热、镇静、降压、降血糖、利尿、祛痰作用。

应用参考：有报道，与其他药配伍可用于防治鸽霍乱、念珠菌病、白痢等。

用量：内服：0.5~1.5克/只。

（二十二）天花粉

成分：为葫芦科多年生藤本植物栝蒌或日本栝蒌的干燥根。含蛋白质、皂苷、淀粉等。有效成分：主要为植物蛋白。

性味归经：甘、微苦，微寒。归肺、胃经。

功效：清热生津，消肿排脓。

本品对动物某种移植性肿瘤的生长有抑制作用。

应用参考：有报道，与其他药配伍可用于防治鸽传染性喉气管炎、霍乱、流感、白痢、伤寒等。

用量：内服：0.6～1.5 克/只。

（二十三）栀子

成分：为茜草科常绿灌木植物栀子的干燥成熟果实。含栀子苷、栀子次苷、栀子素、藏红花酸、熊果酸、胆酸、β-固甾醇、鞣质等。

性味归经：苦、寒。归心、肝、肺、肾经。

功效：泻火除烦，清热利湿，凉血解毒。

本品对金黄色葡萄球菌、脑膜炎双球菌、卡他球菌及多种皮肤真菌有抑制作用。水煎剂能杀死钩端螺旋体和血吸虫成虫。还有解热、镇静、降压等作用。

应用参考：有报道，与其他药配伍可用于防治鸽霍乱、流感、白痢、鸽霍乱等。

用量：内服：1.5～3 克/只。

（二十四）麻黄

成分：为麻黄科多年生草本小灌木植物草麻黄或木贼麻黄、中麻黄的干燥草质茎。含麻黄碱、伪麻黄碱等多种生物碱和挥发油。

性味归经：辛、苦，温。归肺、膀胱经。

功效：发汗解表，宣肺平喘，利水消肿。有缓解支气管平滑肌的作用，对神经中枢有较强的兴奋作用，有明显的利尿作用。挥发油有发汗作用，并能抑制流感病毒。

应用参考：有报道，与其他药配伍可用于防治鸽白痢、肠胃炎、感冒等。

用量：内服：0.15～1 克/只。

（二十五）桂枝

成分：为樟树科乔木植物肉桂的干燥嫩枝。干燥树皮称桂皮。含挥发性桂皮油1%～2%，油中主要成分：为桂皮醛。此外，还含鞣质、黏液质、树脂等。

性味归经：辛、甘，温。归心、肺、膀胱经。

功效：发汗解表，温中补阳，散寒止痛，祛风湿，除冷积。还能促进唾液和胃液分泌，帮助消化，排除积气以及缓解肠痉挛疼痛。还有一定强心、镇痛等作用。

应用参考：用于消化不良、积食气胀等。有报道，与其他药配伍可用于防治鸽消化不良、虫积成疳、感冒发热、中暑、水泻、痢疾等。

制剂、用量：内服：0.6～1.5 克/只。

陈皮酊：陈皮末20%制成酊剂。

（二十六）紫苏

成分：为唇形科一年生草本植物紫苏的全草。含挥发油，油中主要成分为紫苏醛。

性味归经：辛，温。归肺、脾经。

功效：发表散寒，行气和胃，解鱼蟹毒。煎剂对大肠杆菌、痢疾杆菌、葡萄球菌等有抑制作用。本品还有发汗解热、减少支气管分泌物、缓解支气管痉挛、促进胃肠蠕动和消化液分泌的作用，有较强的防腐作用。

应用参考：有报道，与其他药配伍可用于防治鸽传染性支气管炎等。

用量：内服：0.5～1.5 克/只。

（二十七）防风

成分：为伞形科多年生草本植物防风的干燥根。含挥发油、酚类物质等。

性味归经：辛、甘，微温。归肺、膀胱、肝、脾经。

功效：祛风解表，去湿，止痛，解痉。对痢疾杆菌、绿脓杆菌、金黄色葡萄球菌、溶血性链球菌、枯草杆菌有一定的抗菌作用，并对流感病毒、某些致病性皮肤真菌有抑制作用。

应用参考：有报道，与其他药配伍可用于防治鸽霍乱、传染性支气管炎、鸽白痢、感冒发热、泄泻痢疾等。

用量：内服：1.5~3 克/只。

（二十八）荆芥

成分：为唇形科 1 年生草本荆芥的干燥地上部分或花穗。含挥发油，油中主要为右旋薄荷酮、混旋薄荷酮。

性味归经：辛，微温。归肺、肝经。

功效：祛风解表，凉血。对结核杆菌有抑制作用。煎剂能促进皮肤微循环，有微弱的发汗解热作用。

应用参考：有报道，与其他药配伍可用于防治鸽传染性支气管炎、鸽霍乱、流感、白痢等。

用量：内服：1.5~3 克/只。

（二十九）白芷

成分：为伞形科多年生草本植物白芷或川白芷、杭白芷的干燥根。含挥发油、白芷素、白芷醚等。杭白芷含香柠檬丙酯。

性味归经：辛，温。归肺、胃经。

功效：散寒通窍，祛风止痛，消肿排脓。

应用参考：有报道，与其他药配伍可用于防治鸽传染性法氏囊病、鸽出血性败血症、白痢、消化不良等。

（三十）薄荷

成分：为唇形科多年生草本植物薄荷的干燥茎叶。含挥发油，油中主要为薄荷脑、薄荷酮。

性味归经：辛，凉。归肺、肝经。

功效：疏散风热，清头目，利咽喉，透疹毒。煎剂对人型结核杆菌伤寒杆菌有抑制作用。还有兴奋中枢神经，发汗解热，促进肠蠕动，缓解肠管痉挛，制止肠内异常发酵以及镇痛、止痒等作用。

应用参考：有报道，与其他药配伍可用于防治鸽霍乱、白痢、感冒发热、中暑、水泻、痢疾、消化不良等。

用量：内服：0.6~1.5 克/只。

（三十一）柴胡

成分：为伞形多年生草本植物柴胡（北柴胡）、狭叶柴胡（南柴胡）的干燥根或全草。北柴胡根含挥发油、柴胡醇、油酸、柴胡皂苷 A、C、B 和柴胡苷元 F、E、G。南柴胡含皂苷、脂肪油、挥发油、柴胡醇。

性味归经：苦、辛，微寒。归心包络、肝、三焦、胆经。

功效：和解退热，疏肝解郁，升举阳气。对结核杆菌、流感病毒有抑制作用，并有镇静、镇痛、镇咳、降压作用；煎剂有解热作用。还能抑制疟原虫生长发育，进而使之消灭。

应用参考：常用于发热疾病及感冒。有报道，与其他药配伍可用于防治鸽霍乱、白痢、肠胃炎、感冒等。

制剂、用量：内服：1~3克/只。

柴胡注射液：20毫升/支、5毫升/支、2毫升/支。每毫升相当于生药1克。

（三十二）大黄

成分：为蓼科多年生草本植物掌叶大黄、唐古特大黄、药用大黄（南大黄）有根和根茎。均含有蒽醌衍生物如大黄素、大黄酚、芦荟-大黄素等，以苷的形式存在。

功效：泻下攻积，清热泻火，解毒，活血祛瘀。

有广谱抗菌作用，对金黄色葡萄球菌、痢疾杆菌、大肠杆菌、绿脓杆菌、葡萄球菌、链球菌、肺炎双球菌、皮肤真菌等均有抑制作用。

内服少量时主要发挥其苦味健胃作用，中等剂量时主要为鞣酸的收敛作用，大剂量时则主要为大黄素的下泻作用。

本品还有利胆、利尿、增加血小板、降低胆固醇等作用。

应用参考：有报道，与其他药配伍可用于防治霍乱、白痢、流感、中暑、水泻、痢疾、消化不良等。

制剂、用量：内服：1.5~3克/只。

大黄流浸膏：1毫升相当于原药1克。

大黄苏打片：每片含大黄和碳酸氢钠各0.15克。作健胃药内服，0.5~1克/只。

（三十三）防己

成分：为防己科多年生木质藤本植物粉防己（汉防己）或马兜铃科多年生缠绕草本植物广防己（木防己）的根。主含多种生物碱。汉防己甲素、乙素、丙素等亦含黄酮苷、挥发油等。木防己含木防己碱、异木防己碱、木兰碱等。

性味归经：苦，寒。归、膀胱经。

功效：祛风湿，止痛，利水。

本品有降压、镇痛、解热、利尿及抗过敏性休克作用，还有松弛横纹肌作用。汉防己有明显的抗癌作用。

应用参考：有报道，与其他药配伍可用于防治鸽出血性败血症、鸽白痢、腹胀腹泻、感冒、消化不良等。

用量：内服：1.2~1.8克/只。

（三十四）苍术

成分：为菊科多年生草本植物茅苍术或北苍术的根茎。含挥发油，油中主要成分为苍术和苍术醇的混合结晶物，另含少量苍术酮，多量维生素 A 样物质、维生素 B 及菊糖等。

性味归经：辛、苦，温。归脾、胃、肝经。

功效：燥湿健脾，祛风湿。其挥发油少剂量时呈镇静作用，大剂量时呈中枢抑制作用。还有明显的排钾、钠作用。

应用参考：有报道，与其他药配伍可用于防治鸽霍乱、鸽传染性支气管炎、流感、白痢、伤寒等。

用量：内服：1.2～2.4 克/只。

（三十五）厚朴

成分：为木兰科落叶乔木植物厚朴及凹叶厚朴的干皮、根皮及枝皮。含挥发油，油中主要含 β-桉叶醇、厚朴酚、四氢厚朴酚、异厚朴酚，及少量厚朴箭毒碱。

性味归经：辛、苦，温。归脾、胃、肺、大肠经。

功效：行气燥湿，降逆平喘。

本品煎剂对伤寒杆菌、霍乱弧菌、金黄色葡萄球菌、溶血性链球菌、白喉杆菌、枯草杆菌、人型结核菌及常见的皮肤真菌均有抑制作用。煎剂还有健胃、镇痛、镇静、平喘作用。

应用参考：有报道，与其他药配伍可用于防治鸽霍乱、喉气管炎、流感、白痢、伤寒、痢疾等。

用量：内服：1.5～2.4 克/只。

（三十六）白豆蔻

成分：为姜科多年生草本植物白豆劳蔻或爪哇白豆蔻的干燥成熟果实。含挥发油，油中主要含 α-龙脑、α-樟脑、律草烯及其氧化物、1.8 桉叶素、α-及 8-松香烯、石竹烯、葛缕酮等。

性味归经：辛，温。归肺、胃经。

功效：化湿行气，温中止呕。

果壳水煎剂对志贺氏痢疾杆菌有抑制作用。本品有促进唾液分泌，兴奋肠蠕动，制止肠内异常发酵等健胃、祛风作用。

应用参考：有报道，与其他药配伍可用于防治鸽霍乱、白痢等。

用量：内服：0.5～1.5 克/只。

（三十七）藿香

成分：为唇科 1 年生或多年生草本植物广藿香或藿香（土藿香）的全草。均含挥发油。广藿香油中主含广藿香醇、刺蕊草醇，还含苯甲醛、丁香粉、桂皮醛、倍半萜烯等。藿香油中主含甲基胡椒酚、茴香醛、对甲氧基桂皮醛及少量柠檬烯、倍半萜烯、α-蒎烯等。

性味归经：辛，微温。归脾、胃肺经。

功效：芳香化湿，开胃止呕，发表解暑。

本品挥发油对胃肠道有解痉、防腐作用，并能促进胃液分泌，增强消化力。

其他成分：还有扩张细血管，略有发汗、收敛、止泻作用。

应用参考：有报道，与其他药配伍可用于防治瘟热、中暑、球虫病等。

用量：内服：0.6～1.8克/只。

（三十八）海金砂

成分：为海金砂科多年生蕨类植物海金砂的成熟孢子。含脂肪油等，叶含多种黄酮类化合物，全草亦入药。

性味归经：甘、咸，寒。归膀胱、小肠经。

功效：清热解毒，利尿止痛。

本品对金黄色葡萄球菌、绿脓杆菌、痢疾杆菌、伤寒杆菌均有抑制作用。

应用参考：有报道，与其他药配伍可用于防治鸽砂门氏菌病、腹泻等。

用量：内服：0.9～1.8克/只。

（三十九）茯苓

成分：为多孔菌科植物茯苓菌寄生于松树根部的菌核。含茯苓酸、β-茯苓聚糖、麦角醇、胆碱、组氨酸及钾盐等。

性味归经：甘、淡，平。归心、肺、脾、肾经。

功效：利水渗湿，健脾宁心。

本品煎剂对金黄色葡萄球菌、结核杆菌等有抑制作用。还有镇静作用。对细胞免疫、体液免疫有促进作用。

应用参考：有报道，与其他药配伍可用于防治鸽白痢、肠胃炎、感冒、消化不良等。

用量：内服：1.5～3克/只。

（四十）小茴香

成分：为伞形科多年生草本植物茴香的成熟果实。含挥发油，主要成分为茴香醚、小茴香酮，另含α-蒎烯、α-水芹烯、莰烯、二戊烯、茴香酸、爱草脑以及顺式茴香醚、对聚伞花素等。

性味归经：辛，温。归肝、肾、脾、胃经。

功效：散寒止痛，理气和胃，祛痰补阳。

本品能促进胃肠蠕动和分泌，排除肠内气体；有时兴奋后又降低蠕动，有助于缓解痉挛，减轻疼痛。

应用参考：有报道，与其他药配伍可用于防治幼鸽白痢、肠胃炎、消化不良等。

用量：内服：0.3～0.8克/只。

（四十一）吴茱萸

成分：为芸香科落叶灌木或小乔植物吴茱萸、石虎或疏毛吴茱萸的将近成熟果实。含挥发油，油中主含吴茱萸烯、吴茱萸内酯，另含吴茱萸素、吴茱萸苦素、吴茱萸碱、吴茱萸次碱等多种生物碱。

性味归经：辛、苦，热。有小毒。归肝、脾、胃、肾经。

功效：散寒止痛，降逆止呕，助阳止泻。

本品有抗病毒作用。煎剂对金黄色葡萄球菌、绿脓杆菌、霍乱弧菌、结核杆菌等有抑制作用。还有健胃、镇痛、升高体温、轻度影响呼吸的作用，又有降压、利尿作用。

应用参考：有报道，与其他药配伍可用于防治鸽出血性败血症、鸽白痢、消化不良等。

用量：内服：0.15～0.45克/只。

（四十二）花椒

成分：为芸香科灌木或小乔植物青椒或花椒的成熟果皮。含挥发性油，油中主含牝牛儿醇、异茴香醚、柠檬烯等，并含有甾醇、不饱和有机酸等。

性味归经：辛，温。有小毒。归脾、肾经。

功效：温中止痛，杀虫止痒。

本品对溶血性链球菌、金黄色葡萄球菌、肺炎双球菌、痢疾杆菌、白喉杆菌、伤寒杆菌等有抑制作用。牝牛儿醇小剂量能增强肠蠕动，大剂量则能抑制蠕动。对局部有麻醉止痛作用。

应用参考：有报道，与其他药配伍可用于防治鸽湿热痢疾、肠胃炎、消化不良等。

用量：内服：0.2～0.6克/只。

（四十三）陈皮

成分：为芸香科常绿小乔植物橘树及其栽培变种的多种橘类的果皮。含挥发油，油中主含右旋柠檬烯、枸橼醛，并含陈皮素、橙皮苷、中肌醇、川皮酮、维生素B_1等。

性味归经：辛、苦，温。燥温化痰、入脾、肺经。

能抑制葡萄球菌生长。挥发油对胃肠有缓和刺激作用，利于排出积气，增多胃液分泌，从而有助于消化。还有祛痰、平喘、兴奋心脏、抑尿等作用。

应用参考：有报道，与其他药配伍可用于防治鸽传染性法氏囊病、喉支气管炎、白痢、禽伤寒、流感、鸽霍乱等。

用量：内服：1.5～3克/只。

（四十四）积实

成分：为芸香科常绿小乔木植物酸橙及其栽培变种或甜橙的幼果。酸橙幼果中含挥发油，油中含α-柠檬烯、柠檬醛、芳香醇等，又含橙皮苷、新橙皮苷、柚苷等黄酮苷和苦橙酸、柠檬酸、辛弗林、N-甲基酪胺、维生素等。甜挥发油，多含黄酮苷。

性味归经：苦、辛、酸，微寒。归脾、胃经。

功效：破气消积，化痰除痞。

本品对胃肠平滑肌兴奋作用，使胃肠运动收缩节律增强而有力。还有升压作用于冠状动脉、脑、肾流量。

应用参考：鸽多用积壳。与其他药配伍可用于防治鸽白痢、霍乱、喉气管炎、流感、鸽伤寒等。

用量：内服：0.3～1克/只。

（四十五）香附

成分：为莎草科多年生草本植物莎草的干燥根茎。含挥发油，油中主含香附酮、香附烯、香附醇等，另含生物碱、黄酮类、强心苷、果糖等。

性味归经：辛、微苦、微甘，平。归肝、脾、三焦经。

功效：疏肝理气，止痛、散结。

本品有健胃、驱除消化道积气的作用。

应用参考：有报道，与其他药配伍可用于防治鸽出血性败血症、白痢、肠胃炎、消化不良等。

用量：内服：1~3克/只。

（四十六）山楂

成分：为蔷薇科落叶灌木或小乔木植物山里红、山楂或野山楂的成熟果实。山里红、山楂含苹果酸、枸红、山楂酸、齐墩果酸、槲皮素、内酯、苷类、解脂酶、糖类等。野山楂含金丝桃苷、槲皮素、绿原酸、山楂酸、齐墩果酸、维生素（C、B_2）鞣质等。

性味归经：酸、甘，微温。归脾、胃、肝经。

功效：消食化积，破气散淤。

本品对痢疾杆菌、绿脓杆菌均有抑制作用。还能增加胃中酶的分泌，促进消化；所含解脂酶亦能促进脂肪食物消化。山楂酸有强心作用。本品还可以扩张血管、增加血流量，降血压。

应用参考：有报道，与其他药配伍可用于防治鸽白痢、痢疾、肠胃炎、消化不良等。

用量：内服：0.9~2.4克/只。

（四十七）神曲（药曲、建曲）

成分：为面粉或麸皮和其他药物混合后经发酵而成的一种酵母制剂。含维生素B的复合体、酶类、麦角固醇、蛋白质、脂肪等。

性味归经：甘、辛，温。归脾、胃经。

功效：消食和胃。

本品对大肠杆菌、流感杆菌等有抑制作用。还有促进肠内食物发酵、增加胃酶分泌、加强蠕动的作用。

应用参考：有报道，与其他药配伍可用于防治鸽出血性败血症、白痢、肠胃炎、消化不良等。

用量：内服：0.3~1.5克/只。

（四十八）仙鹤草

成分：为蔷薇科多年生草本植物龙芽草的全草。主含仙鹤草色素即仙鹤草酚、仙鹤草内酯等，还含黄酮苷、维生素C、维生素K及挥发油、鞣质等。

功效：收敛止血，解毒，止痢，杀虫。

药液对金黄色葡萄球菌、大肠杆菌、绿脓杆菌等有抑制作用。还有强心、抗炎作用，对已疲劳的横纹肌有兴奋作用。

应用参考：有报道，与其他药配伍可用于防治鸽出血性败血症、肠炎、白痢、消化不良等。

用量：内服：0.9~1.5 克/只。

（四十九）地榆

成分：为蔷薇科多年生草本植物地榆和长叶地榆的根。主含地榆苷、地榆皂苷等，亦含鞣质、鞣化酸、没食子酸等。

性味归经：苦、酸、涩，微寒。归肝、肾、大肠经。

功效：凉血止血，解毒敛疮。

本品对大肠杆菌、痢疾杆菌、伤寒杆菌、绿脓杆菌、霍乱弧菌及钩端螺旋体均有抑制作用。还有收敛、止血、止泻及降压作用。

应用参考：有报道，与其他药配伍可用于防治鸽白痢、传染性支气管炎、霉形体病等。

用量：内服：0.9~1.8 克/只。

（五十）乳香

成分：为橄榄科小乔木植物卡氏乳香树及其同属植物皮部渗出的树脂。

主含树脂。主含树脂，如 α-乳香脂酸及 β-乳香脂酸、乳香要对脂烃等。树胶为阿糖酸钙盐和镁盐等。挥发油主含蒎烯等。

性味归经：辛、苦，温。归心、肝、脾经。

功效：活血止痛，消肿生肌。

应用参考：有报道，与其他药配伍可用于防治肉鸽外伤等。

用量：内服：0.3~1 克/只。

没药的归经、功效、应用及其用量同乳香。

（五十一）红花

成分：为菊科 2 年生草本植物红花的简状花冠。主要含二氢黄酮衍生物，如红花苷、红花醌苷、新红花苷等，亦含木聚类与脂肪油类。

性味归经：辛，温。归心、肝经。

功效：活血通经，散瘀止痛。

本品煎剂有降压、延长血凝时间的作用。对肠道有刺激作用。

应用参考：有报道，与其他药配伍可用于防治肉鸽关节肿胀、骨折等。

用量：内服：0.3~1 克/只。

（五十二）丹参

成分：为唇形科多年生草本植物丹参的根。主要含丹参酮类，如丹参酮 I、IIA、IIIB，丹参新酮等。

性味归经：苦，微寒。归心、肝经。

本品对金黄色葡萄球菌、福氏痢疾杆菌、伤寒杆菌、钩端螺旋体及某些癣菌等均有抑制作用。并有改善心功能、降低血压、延长血凝时间、延长特异性血栓形成时间和纤维蛋白血栓形成时间、抑制血小板聚集等作用。

应用参考：有报道，与其他药配伍可用于防治鸽伤寒、葡萄球菌病、冠癣等。

用量：内服：0.6~1.8克/只。

（五十三）半夏

成分：为天南星科多年生草本植物半夏的块根。含β-固甾醇及其葡萄糖苷、辛辣醇类、微量挥发油、皂甾、胆碱、生物碱等。

性味归经：辛，温。有毒。归脾、胃、肝经。

功效：燥湿化痰，降逆止呕，消痞散结。

本品有镇咳作用，能抑制呕吐中枢，有止吐作用。生半夏有催吐作用。

应用参考：有报道，与其他药配伍可用于防治鸽传染性支气管炎、肠胃炎、流感等。

用量：内服：0.3~1克/只。

（五十四）桔梗

成分：为桔梗科多年生草本植物桔梗的根。含桔梗皂苷、桔梗酸、植物甾醇、葡萄糖等。

性味归经：苦、辛，平。归肺经。

功效：宣肺，利咽，祛痰排脓。

本品使支气管分泌增多而有祛痰作用。煎剂有镇咳作用。

应用参考：有报道，与其他药配伍可用于防治鸽传染性喉气管炎、流感、白痢、伤寒、霍乱等。

用量：内服：1~1.5克/只。

（五十五）百部

成分：为百部科多年生草本植物中的直立百部、蔓百部或对叶百部的块根。含百部碱、百部次碱、异百部次碱等生物碱。

性味归经：甘、苦，微温。归肺经。

功效：润肺止咳，杀虱杀虫。

本品对金黄色葡萄球菌、溶血性链球菌、肺炎双球菌、痢疾杆菌、绿脓杆菌、人型结核杆菌及某些皮肤真菌有抑制作用。对多种人体寄生虫有杀灭作用。可降低流感病毒致病力，对已感染的小鼠有治疗作用。

应用参考：有报道，与其他药配伍可用于防治鸽霍乱、白痢、体表寄生虫等。

用量：内服：0.3克/只。

（五十六）冰片

成分：为龙脑香科常绿乔木植物龙脑香的树干经蒸馏冷却而得的结晶，称"龙脑冰片"或"梅片"。现代主要以松节油、樟脑等原料，经化学合成的龙脑（机制冰片）；由菊科植物艾纳香（大风艾）的鲜叶经蒸馏冷却和加工而得的结晶（艾片）。机制冰片消旋龙脑，艾片为左旋龙脑。

功效：开窍醒神，清热止痛。

本品对金黄色葡萄球菌、大肠杆菌、猪霍乱弧菌、红色毛癣等有抑制作用。还有减慢心率、部分回升冠状动脉窦血流量和降低心肌耗氧的作用，又能延长小白鼠耐缺氧的存活时间。

应用参考：有报道，与其他药配伍可用于防治鸽呼吸道疾病、球虫和血液原虫病、出血性败血症、白痢、感冒、中暑、水泻、痢疾等。

用量：内服：3～10毫克/只。

（五十七）白术

成分：为菊科多年生草本植物白术的根茎。含挥发油，油中主要含苍术醇、苍术酮，并含维生素A类物质。

性味归经：苦、甘，温。归脾、胃经。

功效：补气健脾，燥湿利水。

本品有促进胃肠分泌、明显而持久的利尿、降低血糖、保护肝脏、防止肝糖原减少以及促进电解质特别是钠排出的作用，还有强壮作用，可使肌张力增强。促进IgA、IgG的增加。

应用参考：有报道，与其他药配伍可用于防治鸽霍乱、白痢、湿热痢疾、肠胃炎等。

用量：内服：1.2～1.8克/只。

（五十八）黄芪

成分：为豆科多年生草本植物黄芪和内蒙黄芪的根。含糖类、胆碱、叶酸、数种氨基酸、β-固甾醇，亦含2.4-二羟基-5.6-二甲氧基异黄酮。

性味归经：甘，微温。归脾、肺经。

功效：补气升阳，益卫固表，托里生肌，利水消肿。

本品对志贺氏痢疾杆菌、炭疽杆菌、溶血性链球菌、白喉杆菌、肺炎双球菌、金黄色葡萄球菌、柠檬色葡萄球菌、枯草杆菌等均有抑制的作用。还能加强正常心脏收缩，对衰竭的心脏有强心作用。有使血液循环加快、使血糖下降、镇静等作用。本品还可激活淋巴细胞的转化，延缓总补体量的下降，能增强机体的非特异性免疫。本品与白术同用，可使巨噬细胞的吞噬功能不受化学药物的抑制，有类似免疫佐剂的作用。

应用参考：有报道，与其他药配伍可用于防治鸽瘟病、霍乱、传染性支气管炎、白痢、球虫、腹泻等。

用量：内服：1～2克/只。

（五十九）党参

成分：为桔梗科多年生草本植物党参和同属多种植物的根。含皂苷、生物碱、维生素B_1、维生素B_2及菊糖。

性味归经：甘，平。归脾、肺经。

功效：补气益脾，养血生津。

本品对神经系统有兴奋作用，能增强机体的抵抗力。能使红细胞和血色素增加，促进凝血。

应用参考：有报道，与其他药配伍可用于防治肉鸽消化不良、挑食、白痢等。

用量：内服：0.6～1.5克/只。

（六十）甘草

成分：为豆科多年生草本植物甘草的根和根茎。含甘草甜素，水解后产生甘草次酸和葡萄醛酸。尚含甘草黄酮苷、甘草苷元、天冬酰胺、甘露醇等。

性味归经：甘，平。归十二经。

功效：益气补中，清热解毒，祛痰止咳，缓急止痛，缓和药性。

本品有对抗乙酰胆碱的作用。并有强心、解毒、抗炎症、抗过敏、镇咳、缓解胃肠平滑肌痉挛、抑制乳酸分泌、保护溃疡低胆红素。

应用参考：用于肉鸽疾病防治的复方制剂，均用本品调和诸药。

用量：内服：0.6～3克/只。

（六十一）当归

成分：为伞形多年生草本植物当归的根。含挥发油、亚叶酸、烟酸维生素 B_{12}，维生素 E 及 β-固甾醇。

性味归经：甘、辛，温。归肝、心、脾经。

功效：补血活血，止痛润肠。

本品煎剂对痢疾杆菌、伤寒杆菌、大肠杆菌、霍乱弧菌、溶血性链球菌、白喉杆菌等均有抑制作用。有抗贫血及抗维生素 E 缺乏的作用，还有一定的镇静、镇痛作用，对肝脏有保护作用，能改善血液循环。

应用参考：有报道，与其他药配伍可用于防治肉鸽砂门氏菌、大肠杆菌、霍乱、球虫病等。

用量：内服：0.6～1.8克/只。

（六十二）何首乌

成分：为蓼科多年生草本植物何首乌的块根。含蒽醌衍生物，主要为大黄酚及大黄素，并含卵磷脂等。

性味归经：甘、苦、涩，微温。归肝、心、肾经。

功效：补血生精，解毒，润肠，通便。

本品对结核杆菌、福氏痢疾杆菌有抑制作用。还有强心作用，特别对疲劳的心理作用显著。并能促进血细胞的新生及发育。能阻止胆固醇在体内沉积，有减轻动脉粥样硬化的作用。还有泻下作用。

应用参考：有报道，与其他药配伍可用于防治肉鸽掉毛、羽毛无光泽、中毒等。

用量：内服：1.5～3克/只。

（六十三）诃子

成分：为使君子科落叶乔木植物诃子（诃黎勒）的成熟果实。含水解鞣质、诃子酸、诃子素等。

性味归经：苦、涩、酸，平。归肺、大肠经。

功效：涩肠，敛肺，利咽，下气。

本品对白喉伤杆菌、肺炎双球菌、痢疾杆菌等有较强的抑制作用，对伤寒杆菌、副伤寒杆菌亦有抑制作用，又有抗流感病毒的作用。对肠黏膜有收敛保护作用，还有缓解平滑肌痉挛的作用。

应用参考：有报道，与其他药配伍可用于防治鸽白痢、细菌性肠炎、球虫病、消化不良等。

用量：内服：0.6～1.5克/只。

（六十四）乌梅

成分：为蔷薇科落叶乔木植物梅树的未成熟果实（青梅）的加工熏制品。含苹果酸、枸橼酸、琥珀酸、酒石酸、β-甾醇、鞣质等。

性味归经：酸、涩，平。归肝、脾、肺、大肠经。

功效：敛肺，涩肠，生津止渴，驱蛔止痢。

本品对大肠杆菌、痢疾杆菌、鼻疽杆菌、链球菌、肺炎双球菌等均有抑制作用。还能使胆囊收缩，促进胆汁分泌。对蛋白质过敏性休克有对抗作用。

应用参考：有报道，与其他药配伍可用于防治鸽中暑、白痢、霍乱、腹泻等。

用量：内服：0.6～1.5克/只。

（六十五）金樱子

成分：为蔷薇科常绿攀援灌木植物金樱子的成熟假果或除去瘦果的成熟花托（金樱子肉）。含柠檬酸、苹果酸、鞣酸、树脂、维生素C、皂苷、糖类等。

性味归经：酸、涩，平。归肾、膀胱、大肠经。

功效：固精缩尿，涩肠止泻。

本品煎剂对金黄色葡萄球菌、大肠杆菌、绿脓杆菌、痢疾杆菌及流感病毒等均有抑制作用。还能促进胃液分泌而助消化。又能使肠黏膜分泌减少而有止泻作用。

应用参考：有报道，与其他药配伍可用于防治肉鸽白痢、肠胃炎、感冒、消化不良等。

用量：内服：0.6～1.8克/只。

（六十六）常山

成分：为虎耳草科落叶小灌木植物黄常山的根。含常山碱甲、乙、丙，常山次碱等。

性味归经：苦、辛，寒。有毒。归肺、心、肝经。

功效：涌吐痰饮，截疟。

常山碱甲、乙、丙均对疟原虫有较强的抑制作用，其中以常山丙碱的作用最强。对阿米巴原虫及甲型流感病毒有抑制作用。煎剂有解热作用。

应用参考：有报道，与其他药配伍可用于防治鸽感冒发热、泄泻痢疾等。

用量：内服：0.5～3克/只。

（六十七）樟脑

成分：为樟科常绿乔木樟的枝、干、根、叶，用蒸馏法提取的挥发油，再用分馏法从挥发油中提取的半透明挥发性结晶块。属萜类化合物。

性味归经：辛，热。有毒。归心经。

功效：开窍辟秽（内服）。

本品有兴奋中枢神经系统作用，当呼吸和循环机能低下时，可以使呼吸增强，血压有所升高，起兴奋作用；其在体内生成氧化樟脑还有强心作用。因有毒，内服应控制用量。

应用参考：有报道，与其他药配伍可用于防治肉鸽感冒发热、中暑、水泻、痢疾等。

用量：内服：10～20毫克/只。

（六十八）雄黄

成分：为含砷的结晶矿石。质最佳者为"雄精"，其次为"腰黄"。主含硫化砷，其中含砷75%、硫24%及其他杂质。

性味归经：辛、苦，温。归心、肝、胃经。

功效：解毒，杀虫。

本品对金黄色葡萄球菌、绿脓杆菌等有杀灭作用。对各种皮肤真菌有抑制作用。

应用参考：有报道，与其他药配伍可用于防治肉鸽球虫和血液原虫病、白痢、细菌性肠炎、霍乱、喉气管炎、流感、伤寒、鸽痘等。

用量：内服：0.02克/只。

（六十九）明矾

成分：为明矾石的提炼品。主含硫酸钾铝。

性味归经：酸，寒。归肺、肝、脾、胃、大肠经。

功效：解毒杀虫，燥湿止痒，止血止泻，清热消痰。

本品有止泻、收敛、止血作用，能刺激胃黏膜而引起反射性呕吐。

应用参考：有报道，与其他药配伍可用于防治鸽霍乱、白痢、感冒发热、泄泻痢疾、消化不良等。

用量：内服：0.1～0.3克/只。

（七十）蛇床子

成分：为伞形科1年生草本植物蛇床的果实。含香豆精类成分：蛇床子素及挥发油。

性味归经：辛、苦，温。归肾经。

功效：温肾壮阳，散寒祛风，燥湿杀虫。

本品对新城疫病毒、流感病毒有抑制作用。其提取物有驱虫作用。

应用参考：有报道，与其他药配伍可用于防治鸽湿热痢疾、肠胃炎、消化不良等。

用量：内服：0.3～1克/只。

第七章　肉鸽常见病防控技术

第一节　鸽病毒性传染病

一、鸽瘟

鸽瘟又称鸽Ⅰ型副黏病毒病，俗称鸽新城疫。鸽瘟是一种高度接触性、败血传染病，在鸽群中有时来势凶猛，有时则零星发生。特征是下痢、震颤、单侧或双侧性腿麻痹，慢性及流行后期的病例有扭头歪颈症状，死亡率在20%～80%，但多为30%～60%。20世纪下半叶，西欧和美国等地相继报道了此病。1985～1986年，我国口岸动物检疫所已检出该病。1987年深圳地区某鸽场由于发生本病，损失2 500多对鸽，占当时存栏数的25%。1997年10月下旬浙江某鸽场养的3万对鸽子，其中500对种鸽先发生本病，经干扰素治疗后仅隔了2个月时间，又在2幢青年鸽舍发病，从采取综合性措施至控制该病，先后时间达4个月，先后共病死亲鸽3 000多对，青年鸽4 500对，乳鸽5 000多对。由此可见本病对养鸽业危害之大。

【病原】病原是鸽Ⅰ型副黏病毒，属副黏病毒科、风疹病毒属。此病毒具有与鸡新城疫病毒相类似的特性：可使鸡胚发生全身性充血、出血变化及死亡，可凝集多种动物的红细胞，有时可使受感染鸡发病。但这些特性往往有赖于多次的鸡胚传代才能表现出来，初次的传代一般见不到。一般认为超强毒新城疫病毒属速发型病毒，而鸽Ⅰ型副黏病毒则近于中发型病毒。

本病毒与鸡新城疫病毒在生物学特性上有许多相似之处，在血清上具有高度的交叉反应，而在保护试验中与某些新城疫疫苗株存在完全的交叉保护作用，其中对鸽抗超强毒新城疫病毒（VVNDV）感染的免疫保护作用以新城疫Ⅰ系苗最好，Lasota疫苗次之，Ⅱ系苗最差。然而在生产实践中，鸡新城疫病毒也能感染敏感鸽，并引起发病和死亡，也可从病鸽群中分离到鸽Ⅰ型副黏病毒和新城疫病毒。但二者在潜伏期、体温反应、死亡时间、死亡率、毒株致病力和病理表现上存在一些差异。

鸽 I 型副黏病毒对理化因素抵抗力不强，经紫外线照射或在 100℃条件下 1 分钟，55℃时 180 分钟可全部被灭活。但较耐低温，在 -20℃中最少可存活 10 年。鸽 I 型副黏病毒能凝集多种动物的红细胞，对鸡、鸽、鸭的凝集性最佳。

【流行特点】鸡对鸽 I 型副黏病毒的敏感性仍未有定论，多数学者认为鸡能感染，在新城疫的发生和流行上起着一定的作用，但试验证明其对鸡的致病性差异极大。虽然鸽 I 型副黏病毒和鸡新城疫病毒均能感染与鸽混养的鸡，但不能令其发病死亡。乳鸽对新城疫最敏感。

各品种和不同年龄鸽都易感发病，且传播非常迅速，发病率高达 80%～90%，死亡率因年龄和鸽群的免疫状况、饲养管理和卫生管理不同而有差异，在 20%～80%，多数为 30%～50%，乳鸽可高达 60%～80%。

本病的发生没有明显的季节性，其传播途径有消化道、呼吸道、泌尿生殖道、眼结膜及创伤。把不同鸽群的鸽集中安置在同一车辆或同一室内，很容易传播本病。

【症状】本病的潜伏期为 1～10 天，通常是 1～5 天。鸽在发病前外观完全正常，混群时，病毒就能传染给来自不同鸽群的鸽子，引起本病的暴发。开始时病鸽表现精神沉郁，食欲不振，饮欲增加，全身震颤，羽毛松乱，水样腹泻，呆立，但尚能逃离捕捉。随着病情的发展，病鸽出现头缩、眼闭，食欲废绝，不愿走动，全身震颤更明显，常常吞咽唾液，稀粪由水样渐变为黄绿色或黄白色，尤其是泄殖腔附近及后腹部的羽毛被粪便沾污，个别可表现扭头歪颈症状。随着病情的发展，病鸽出现腿麻痹，不能站立，常蹲伏或侧卧，驱赶时，只能以其卧侧贴地，上侧的脚划地移动身躯。如有阵发性痉挛发生时，鸽体肌肉震颤、歪颈或颈僵直，见食物想吃但总会不准而吃不到嘴里，欲向前行但走不开，只能原地打圈，有的头向后仰，有些可见单侧性腿或翅麻痹，有的行走时摔跟斗，常表现摇头、歪颈、软脚、转圈、共济失调为主的神经症状。最后排黑绿色稀薄或糊状粪，衰竭而死。病程 3～7 天，但也有的长达 10 多天。病程长的病鸽体重极轻，全身羽毛没有光泽，且往往被粪便严重沾污，尤其是肛门附近及后腹部的羽毛。鸽体呈现极度衰竭。此时有神经状的病例增多，但也有的鸽场病例增多并不明显。

本病有时呈突然暴发性流行，造成鸽群大批、迅速死亡，有时则缓慢发生，使鸽不断地出现零星死亡。如有其他疾病合并发生，则死亡率增加。

【病理变化】本病与鸡新城疫的病理变化大致相似。外观多见鸽的眼睛下陷，30%左右的病鸽结膜发炎、充血、出血，并有浆液性或黏液性分泌物。胫脚干皱，羽毛尤其是肛门周围及后腹区羽毛有粪污，常呈黄绿色或污绿色，嗉囊充满食物或空虚。剖检时，皮肤较难剥离，剥离皮肤后可见肌肉干燥，稍潮红。胸肌有较丰满的，但也有菲薄的。皮下广泛淤斑性出血，颈部尤其明显，有红、紫红、黑红等色，这是其固有的特征性病理变化。心冠沟、脑膜及脑实质水肿，并有小点状出血。肺多有不同程度的灰色肝变。脾有淤血斑。胰腺有充血斑及色泽不均的大理石状纹。肌胃角质膜下有斑状充血或出血，偶见腺胃黏膜呈暗红色充血。小肠至肛门的黏膜常充血。颅骨多有出血斑。有些病例喉头、气管黏膜充血或出血，其中有的内充黏液或干酪样物。有的病例脑膜充血，脑实质有针尖大的出血点。

【诊断】据流行特点、临床症状和剖检病理变化，可作出初步诊断，确诊应以病原的分离与鉴定为依据。如在鸽中用分离的病毒人工发病成功，即可确诊。

1. 病毒的分离鉴定。在无菌操作下采取病鸽的肝、脾、肺、脑等病料，加入灭菌生理盐水制成1∶10匀浆悬液，离心，取上清液接种9～12日龄非免疫或SPF鸡胚尿囊膜或尿囊腔，出现鸡胚病理变化和死亡。若初代鸡胚不死亡或尿囊液无血凝性，可盲传3～4代，如接种胚出现病理变化和尿囊液检出血凝性（HA），则表明存在鸽I型副黏病毒和鸡新城疫病毒，较为简单的方法用分离病毒与鸡新城疫病毒同时测定标准新城疫病毒阳性血清的血凝抑制效价（HI），如分离病毒测出的HI效价低于用鸡新城疫病毒测出的HI效价，则说明分离病毒是鸽I型副黏病毒的可能性大；如两者的HI效价无差异，则说明分离病毒很可能是鸡新城疫病毒。

2. 血凝与血凝抑制试验。取病料匀浆悬液的离心上清液或感染鸡胚的尿囊液进行血凝性检测，可检出病毒抗原。

用鸽血清进行红细胞凝集抑制试验已成为本病检查和抗体监测的一种手段，但这种试验最好能连续进行两次，间隔时间5～7天，若后一次比前一次的抗体滴度有明显升高，而事前又未曾有免疫接种的，可怀疑鸽群处于感染状态。然而，在免疫动态监测时，应注意的是鸽血清的HI效价与免疫保护作用之间并无显著的相关性，有些HI效价很低的鸽却能抵抗强毒的攻击。

此外，凡适用于鸡新城疫的免疫血清学方法都可用于鸽I型副黏病毒抗体的检测，如琼脂扩散法、酶联免疫吸附试验（ELISA）、病毒中和试验和单向辐射扩散法等。

【鉴别诊断】诊断鸽瘟时需注意与鸽副伤寒和禽脑脊髓炎相区别。

鸽瘟与鸽副伤寒都有水样或黄绿色下痢及肢体麻痹，但鸽副伤寒缺乏颈部皮下广泛淤斑性出血，颅骨、肌胃角质膜下斑状出血和胰腺大理石状病理变化。

禽脑脊髓炎有明显的震颤（尤其是头部），这与本病震颤类似，但禽脑脊髓炎剖检时可见腹部皮下和脑有蓝绿色区，少数幼龄禽的单侧或双侧眼睛有同样的变色区。

【预防与控制】加强鸽群的饲养管理，喂以营养充足的饲料，保证营养物质、维生素的需要量，搞好鸽舍卫生，减少应激因素，以提高鸽的体质，增强抗病能力。同时要建立健全鸽场的兽医防疫等制度，并认真贯彻执行。制定切实可行的免疫程序，定期进行疫情监测和免疫接种。

最有效的疫苗是鸽I型副黏病毒油乳剂来活疫苗。此疫苗于颈部皮下注射，不出现强反应，接种1次即具有良好的免疫力，非常安全。于注射后7天便可使鸽体抗体由0升到微量法的25水平。若此时再做同样的接种，7天后抗体可再升2个滴度，即达27的水平。以后每6个月左右接种1次。

在正常情况下，留作种用的仔鸽1月龄左右接种1次，开产前约4月龄再接种1次加强免疫；老鸽可6～12个月重复接种1次，0.5毫升/只。

在有疫情流行时，除对未注射或已注射了半年时间的种鸽迅速紧急接种外（紧急预防注射时要求注射1只鸽子调换1个针头），还要注意仔鸽的免疫工作。可对5日龄以上的乳鸽接种新城疫疫苗，如考虑留作种用或疫情严重威胁时，可同时皮下注射0.2～0.5毫升/只。对已发生疫情的鸽场，应尽快进行紧急接种，每只鸽注射鸽I型副黏病毒油乳剂灭活苗1.0~1.5毫升，可迅速控制疫情，减少经济损失。对暴发本病的鸽场，可采取患鸽的肾、脾、脑、肝等脏器通过一定的程序研制成灭活组织（脏器）苗，肌内注射进行紧急免疫接种，是迅速控制本病的最佳方法，对可疑鸽群的紧急预防接种和早期病鸽的紧急接种均有较好的效果。

用鸡新城疫疫苗预防鸽瘟也有较好的效果，但没有使用这种疫苗的场一定要多加小心，不能随便使用，并在使用前先做好基础免疫。

鸡新城疫Ⅰ系苗用于接种12月龄以上的鸽，接种前用灭菌蒸馏水稀释1000倍，每只鸽肌内注射1.0毫升，3~5天后即可获得免疫力，免疫期可达18个月左右。接种后少数鸽可能会出现轻重不一的反应，如精神不好、翅膀下垂、不爱飞等，所以体弱或12月龄以内的鸽不能接种。接种鸡新城疫Ⅰ系苗最好能使用当地有资质生物药厂生产的毒株，并在全面接种前的10天用100~200对产鸽试针，观察试验鸽的反应情况，确认没有不良反应才能全面使用。

鸡新城疫Ⅱ系苗适用于各种年龄的鸽，通常用于12月龄以内的鸽子，但免疫期较短。疫苗临用前10~20倍稀释，用玻璃吸管吸取疫苗，每只幼鸽鼻孔滴入1滴，接种后7~9天产生免疫力，免疫期3~4个月。留种鸽最好在1~2周龄时第1次免疫，3月龄左右再用Ⅱ系苗强化免疫1次。

鸡新城疫Ⅰ系苗和Ⅳ系苗主要用于幼鸽及集体养鸽的饮水免疫，疫苗1000倍稀释，于留种鸽30日龄时饮水免疫1次，每只鸽饮水5.0毫升。1~2月后再用同样稀释的疫苗饮水免疫1次，饮水量10~15毫升。以后每隔4~5个月饮水免疫1次，即可获得较强的免疫力。

接种抗体适用于疫情初期或受威胁的鸽群，有迅速控制疫情的作用。但有效持续期仅7~14天，故不宜做平时的预防接种。

根据临床治疗经验，现将部分临床使用的经典处方整理如下，供广大养鸽者参考。

1. 在疫情初期可立即注射鸽瘟高免血清，每羽颈部皮下注射0.5~1毫升，严重病例可在次日再注射1次，可有效抵抗病毒7~14天。

2. 每羽成年鸽肌肉注射青霉素5万单位，链霉素4万单位，利巴韦林1毫升，每天1次，连用3天。

3. 佛山市南海禅泰动物药业有限公司生产的"抗毒先锋口服液"和"瘟毒清胶囊"，具有较好的抗病毒效果，可按说明使用进行治疗。

4. 可试用中药银翘解毒片口服，1次1片，连喂3~5天。

5. 也可用黄芪100克、桔梗70克、桑白皮80克、枇杷叶80克、陈皮30克、甘草30克、薄荷30克（后下），煎水供100只鸽饮用，每天1剂，连用3天。还可用金银花、板蓝根、大青叶各20克，煎水饮用或灌服，每只鸽每次5毫升。

6. 对于大型规模化肉鸽场出现大面积的鸽新城疫与其他并发症时，建议使用禅泰动物药业最新研制成果"新泰混感100"进行治疗，全群投药，对各种病毒和细菌的混合感染引起幼鸽大批量死亡、种鸽死亡等情况有极好疗效，能迅速控制鸽场死亡率。

二、禽流感

禽流行性感冒称禽流感，是由 A 型禽流感病毒（AIV）引起的多种家禽的一种传染性综合征，临床症状表现为轻度呼吸系统疾病，产蛋量下降或急性全身致死性疾病。以禽的头、颈、胸部水肿和眼结膜炎为特征的高度接触性传染病，所有的家禽、珍禽和野禽均可发生。本病对养鸽业有很大的危害。

【病原】禽流感病毒在分类上属于正黏病毒科的 A 型流感病毒。病毒颗粒呈短杆状或球状，直径 80~120 纳米，表现有囊膜，其上有纤突，分别是棒状的血凝素（HA）和神经氨酸酶（NA）。病毒能凝集鸡和某些哺乳动物（马、骡、绵羊、豚鼠、小鼠）的红细胞，并且可被特异性抗体所抑制。根据禽流感病毒和鸡新城疫病毒凝集红细胞种类的不同，可以区别两种病毒。

禽流感病毒能在发育鸡胚中生长，接种鸡胚尿囊腔，引起鸡胚死亡，鸡胚的皮肤、肌肉充血和出血。病毒也能在鸡胚肾细胞和鸡胚成纤维细胞上生长，并引起细胞病理变化。该病毒存在于寒冷和潮湿环境中可存活很长时间，如在 -70℃ 冻干可长期保存。存在于鼻腔分泌物和粪便中的病毒，由于受到有机物的保护，具有较高的抵抗力，如美国在发生禽流感后 105 天，仍能从湿粪便中分离到具有传染性的病毒。

流感病毒以其核衣壳和包膜基质蛋白为基础，可以分为 A、B 和 C 3 个抗原型，其中 B 型和 C 型仅对人致病，A 型可感染人、猪、马和禽，从鸟类（包括禽类）分离到的流感病毒均属于 A 型。在同一型内，随着流感病毒囊膜纤突上的血凝素（HA）和神经氨酸酶（NA）2 种糖蛋白的变异性，又可分为许多亚型。到目前为止，从人和各种动物分离到的流感病毒有 15 种不同的 HA 亚型，分别用 H_1~H_{15} 表示；9 种不同的 NA 亚型，分别用 N_1~N_9 表示。由于 HA 和 NA 的抗原性变异是相互独立的，两者的不同组合又构成更多的病毒抗原亚型。由于流感病毒基因组的易变性，即使是 HA 和 NA 亚型相同的毒株，也可能在抗原性、致病性及其他生物学特性上有着程度不同的差异。禽流感病毒虽然亚型众多，但多数毒株是低致病性（LPAIV），只有 H_5 和 H_7 亚型的少数毒株被认为是高致病性禽流感病毒（HPAIV）。

禽流感病毒的致病力差异很大，在自然情况下有的毒株发病率和死亡率都可高达 100%，有的毒株仅引起轻度的产蛋下降，有的毒株则引起呼吸道症状，死亡率很低。

本病是由正黏病毒 I 型流感病毒感染引起。此病毒对外界环境的抵抗力不强，在紫外线照射下很快被灭活，在 55℃ 时 30~50 分钟，60℃ 时 5 分钟或更短的时间均可使之失去感染性。但在干燥的血块中 100 天或粪中 82~90 天仍可存活，在感染的机体组织中具有长时间的生活力。在鸡胚中容易生长，也具有凝集鸡及某些哺乳动物红细胞的特性。

【流行特点】病毒分离鉴定结果证明，H_5 亚型流感毒株对各种日龄和各品种的鸽群均有高发病率和死亡率。雏鸽的发病率可高达 100%，死亡率也可达 95% 以上，其他日龄的鸽群发病率一般为 80%~100%，死亡率一般为 60%~80%。

本病一年四季均可发生，但以冬春季为主要流行季节。本病的传播一般认为要通过密切接触，也可经蛋传染。病鸽及其他带毒鸟类的羽毛、肉尸、排泄物、分泌物以及污染水源、饲料、用具均为重要的传染来源。本病的人工感染可以通过鼻内、窦内、静脉、腹腔、皮下、皮内以及滴眼等多种途径，都能引起感染发病，但主要通过消化道、呼吸道途径感染。

【症状】潜伏期一般为3~5天，常无先兆症状而突然暴发死亡。病程稍长的会出现体温升高（44℃以下），精神沉郁，毛松，呆立，食欲废绝，有鼻液、泪液和结膜炎，头、颈和胸部水肿，呼吸困难，严重的可窒息死亡。有的出现灰绿色或红色下痢和神经症状。通常发病后几小时到5天死亡，死亡率50%~100%。慢性经过的以咳嗽、打喷嚏、呼吸困难等呼吸道刺激症状为特征。

【病理变化】病程短的，剖检可见胸骨内侧及胸肌、心包膜有出血点，有时腹膜、嗉囊、肠系膜、腹脂与呼吸道黏膜有少量出血点。病程较长的，颈部和胸部皮下水肿，有的蔓延至咽喉部周围的组织。心包腔和腹腔有大量淡黄色、稍混浊的液体，暴露于空气中易凝结，胸腔还常有纤维蛋白性渗出物。眼结膜肿胀。肾肿大，灰棕色或黑棕色。口、鼻内积有黏液。腺胃和肌胃交界处的黏膜有点状出血。肺充血或小点状出血，肝、脾、肾和肺有小的黄色坏死灶。

【诊断】可根据本病的发生、症状与病理变化作出初步诊断。红细胞凝集试验与凝集抑制试验、琼脂扩散试验都是诊断手段之一，但只有分离到病原才能确诊。

1. 病毒分离与培养

（1）病料采集与处理。应用无菌方法，采取病死鸽脑、肝、脾组织器官，将病料磨细，加入灭菌生理盐水，制成1:（5~10）的悬液，经3 000转/分离心30分钟后静置片刻，吸取上清液，按每毫升加入青霉素、链霉素各1 000单位，混匀后置于4~8℃冰箱中作用2~4小时，或37℃温箱中作用30分钟。取少许液体，分别接种于鲜血琼脂培养基和厌氧肉汤培养基，于37℃培养观察48小时，应无菌生长，作为病毒分离材料。

（2）鸡胚接种。用4~6枚11日龄SPF鸡胚，或4~6枚11日龄未经禽流感免疫鸡群的鸡胚，每胚绒尿腔接种上述病毒分离材料0.2毫升。接种18小时后每天照蛋4次，连续4天。通常于接种后24~48小时死亡，18小时内死亡鸡胚废弃，18小时后死亡鸡胚放置于4℃冰箱，气室向上，冷却4~12小时。采用无菌方法收集绒毛膜尿囊液，并做无菌检查。将清洁、无菌生长和鸡胚病理变化典型的绒毛膜尿囊液放置低温冰箱冻结保存供进一步鉴定。

2. 病毒鉴定

（1）血凝试验。在微量凝集板上，从第1孔起，在若干孔内，用定量针头每孔加入0.025毫升生理盐水。用定量针头吸取0.025毫升等量被检的鸡胚绒毛膜尿囊液加入第1孔，依次做微量稀释，至最后1个量孔弃去余液。再用定量针头每孔加入0.025毫升1%鸡红细胞悬液，并用生理盐水代替被检鸡胚绒毛膜尿囊液的红细胞对照孔，立即在微量振荡器上混匀，置室温下30分钟左右判定结果。凡能使鸡红细胞完全凝集的被检病毒液最高稀释倍数，称为1个血凝单位。

（2）血凝抑制试验。在微量凝集板上，根据标准HA亚型抗血清的种类和效价数排，均从第 1 孔起，用定量针头在每孔加入 0.025 毫升生理盐水。在第 1 孔中分别加入已知抗血血清 0.025 毫升，并依次做倍量稀释至最后 1 孔弃去余液。每孔加入含有 4 个凝集单位 0.025 毫升被检病毒液。微量板在微量振荡器上混匀，置 37℃温水中作用 30 分钟后，用定量针头每孔加入 0.025 毫升 1% 鸡红细胞悬液，并设被检病毒液和鸡红细胞对照孔，在微量振荡器上混匀，置室温中 30 分钟左右判定结果。如被某个 HA 亚型抗血清所抑制，即可将被检病毒液定为该亚型。

（3）致病性检查。取 1∶10 稀释的尿囊液 0.2 毫升，静脉接种于 8 只 4~8 周龄的易感鸡。隔离饲养，10 天内死亡 6 只或 6 只以上，可确定为高致病力毒株。如死亡 5 只或 5 只以下，则需根据亚型测定结果，有无形成 CPE 或蚀斑能力，甚至分析其 HA 多肽氨基酸序列后，方可确定是高致病性、低致病性或非致病性毒株。

3. 血清学诊断

（1）琼脂扩散试验。用于对禽流感病毒的检查。所有 AIV 亚型均具有型特异性共同抗原，该种抗原的保守性很强，基本不产生变异。

（2）血凝和血凝抑制试验。该方法可证实流感病毒的血凝活性及排除新城疫病毒。因此试验可以分别确定 HA、NA 亚型。

（3）中和试验。以中和试验来鉴定或滴定流感病毒时，常用鸡胚或组织培养细胞。

（4）免疫荧光技术。最早用于鉴定和定位流感病毒感染细胞中特异性抗原，主要是 NP 和 MP 抗原。用 NP 抗原的荧光抗体染色主要出现核内荧光；用 MP 抗原的荧光抗体染色主要出现胞质荧光。

（5）ELISA 技术。ELISA 具有较高的敏感性，既可以检测抗休，也可以检测抗原，尤其适合于大批样品的血清学调查，可以标准化，而且结果易于分析。用于流感的控制、扑灭、检疫。

【鉴别诊断】本病虽与败血霉型体病、霉菌性肺炎、念珠菌病、鸽痘、毛滴虫病、气管比翼线虫病及维生素 A 缺乏症等都有呼吸道刺激症状，但本病在头、颈、胸部有水肿，胸肌、胸骨内侧、两胃交界处的黏膜有出血病理变化，而上述诸病没有，故不难鉴别。

【防治】目前对本病无确实有效的疫苗。故若发生疫情时，应将病鸽全部淘汰，立即严密封锁场地，并进行彻底的消毒。预防中最重要的一点，是不从有本病疫情的养鸽场甚至地区引进新鸽。附近禽场如有本病发生，应立即做好本场的严密封锁、消毒工作，以免此病累及本场。

目前，全国各地均使用家禽用禽流感疫苗预防禽流感，重组禽流感灭活苗（H_5N_1 亚型）是预防禽流感使用最广泛的一种疫苗，H_5~H_9 二价灭活疫苗和禽流感-新城疫重组二联活疫苗在有些地方也推荐使用，在鸽禽流感预防上发挥了重要的作用。

种鸽接种重组禽流感灭活疫苗（H_5N_1 亚型）在 4 周龄（28 日龄）进行第 1 次免疫，0.3 毫升/羽，颈部皮下注射；8 周龄（56 日龄）进行第 2 次免疫，0.5 毫升/羽，肌内注射；在种鸽 25~26 周龄（175~182 日龄）进行第 3 次免疫，0.5 毫升/羽，肌内注射；以后每半年免疫 1 次，0.5 毫升/羽肌内注射。如种鸽免疫效果确实，上市乳鸽的饲养期在 1 个月之内的，则不进行免疫接种；如种鸽未免疫，留种的幼鸽最好在

7～10 日龄进行第 1 次免疫，0.3 毫升/羽，颈部皮下注射。饲养期超过 1 个月的鸽子，在 30 日龄左右免疫 1 次，0.5 毫升/羽，肌内注射。

禽流感-新城疫重级二联活疫苗适用于除鸭之外的家禽（包括鸽子、鹌鹑、山鸡等），以预防 H_5 亚型禽流感和新城疫疫病，起到"一针两防"的效果。7～14 日龄进行第 1 次免疫，可采用点眼、滴鼻、肌内注射或饮水等方法；在 30～35 日龄时进行第 2 次免疫，以后每隔 8～10 周再加强免疫，免疫剂量详见使用说明书。

发生低致病性流感的鸽场，应采取"免疫为主，治疗消毒、改善饲养管理和防止继发感染为辅"的综合措施。目前，市面上的利巴韦林、吗啉胍、阿昔洛韦等抗病毒及多种清热解毒、止咳平喘的中成药对该病有一定的辅助治疗作用。

①暴发该病后可立即注射鸽流感多价卵黄抗体或高免血清，每羽颈部皮下或肌内注射 1～2 毫升，每天 1 次，连用 2 天。

②每羽成年鸽用恩诺沙星 25 毫克，利巴韦林 30 毫克剂量，加入水中，连用 5 天。

③对于大型规模化肉鸽场出现大面积的鸽新城疫与其他并发症时，建议使用禅泰动物药业最新研制成果"新泰混感100"进行治疗，全群投药，对各种病毒和细菌的混合感染引起幼鸽大批量死亡、种鸽死亡等情况有极好疗效，能迅速控制鸽场死亡率。

④可试用中药银翘解毒片，1 次 1 片，复方阿司匹林 1/6 片/只，1 次口服，每天 2 次，连喂 3～5 天。同时给予大量清水饮用。

⑤黄芪 100 克、桔梗 70 克、桑白皮 80 克、枇杷叶 80 克、陈皮 30 克、甘草 30 克、薄荷 30 克（后下），煎水供 100 只鸽饮用，每天 1 剂，连用 3 天。

⑥还可用金银花、板蓝根、大青叶各 20 克，煎水 1 升，加入利巴韦林原粉 0.5 克，饮用或灌服，每只鸽每次 5 毫升。

⑦金丝桃素原粉和黄芪多糖原粉，预防量为每羽鸽 20 毫克，治疗量为每羽 40～50 毫克，连用 3～5 天。

三、鸽痘

本病是由鸽痘病毒引起的一种常见的病毒性传染病，又称传染性上皮瘤、皮肤疮、头疮和禽白喉。主要特征是在体表皮肤、口腔黏膜或眼结膜出现痘疮，因而影响运动、吞咽、呼吸、极易造成患鸽死亡，死亡率视具体条件而定，从 5%～70% 不等。本病对鸽子有严重的危害，几乎每个鸽场都有可能发生，因此务必加强防范。

【病原】病原为鸽痘病毒，属痘病科、禽痘类中的鸽痘病毒（禽痘除鸽痘外尚有鸡痘、火鸡痘和金丝雀痘 3 种类型），是 4 种主要禽痘病毒之一，对宿主有明显专一性，即在自然情况下只使感染的鸽发病，而不使其他禽鸟发病。本病对干燥的抵抗力特别强，如放置在有五氧化二磷干燥剂的密闭容器中，在 20℃ 的条件下，用 0.2% 烧碱溶液、3% 石炭酸溶液作用 20 分钟可将其灭活。此外，0.1% 升汞溶液、1% 烧碱溶液或醋酸溶液在 60℃ 温度下作用 3 小时可将其杀死。在腐败的环境中该病毒很快死亡。在鸽体中，痘痂内含病毒最多。

【流行特点】鸽痘病毒主要经吸血昆虫的刺咬而传染，也可通过伤口接触而传播。

不同品种和年龄的鸽都可发生，但实际上幼龄鸽更为严重。本病有明显的季节性，在适于吸血昆虫生长繁殖和活动的温暖多湿季节，如广东每年的 4～9 月是盛发期，其他季节甚少发生。病愈鸽能获得对本病的终身免疫，但多已形成短期的外观次品及幼鸽的生长发育不良。

【症状与病理变化】本病的潜伏期一般 4～8 天。按表现，可有皮肤型、黏膜型、混合型之分，还有南非报道的温和型。前 3 型尤其是混合型常造成严重的危害。

1. 皮肤型。罹病部位是体表皮肤，主要发生在鸽的头部及胫骨以下的脚部，但有时也出现在翅、背、肋及肛门周围的皮肤上。病的初期呈小点状，以后随病情的发展而不断增大、融合并经过小疹、水疱、脓疱、结痂的过程，在体表形成多发的痂性赘生物。病鸽精神不振，毛松，食欲下降或废绝，闭眼呆立，反应迟钝，行走困难。病程 3～4 周，病情严重或条件不良的多以死亡为转归，不死的可慢慢地康复，但生长、发育都受到阻滞。

2. 黏膜型。又叫白喉型。病理变化不是在皮肤而是在口腔黏膜上，开始无黄色小颗粒状，以后逐渐扩大，融合成黄色痂状或淡黄白色假膜，不易剥离，勉强剥离后形成凹面，引起出血和疼痛。有时也可在眼睑边缘和眼睑内发生，此时眼结膜弥漫性潮红、肿胀和分泌物增多，随着病情的进一步发展，分泌物由浆液性变成黏液性、脓性，甚至变成干酪样的块状物，影响视力；有的上下眼睑粘连，眼部肿大向外凸，最终失明。口腔的痘疮还可下行蔓延至喉头及食管的上段，严重影响采食和饮水，最后常死于饥饿，病程较皮肤型的短。

3. 混合型。是皮肤型与黏膜型混合发生的类型，病情往往较单一类型的严重，危害也较大。

4. 温和型。此型的症状、病理变化轻微，仅隐约可见，只有分离到病原才能作出诊断。对鸽的危害并不大。

【诊断】据发病情况、症状、病理变化不难作出诊断。确诊仍有待于病原的分离，对黏膜型及温和型尤其是这样。

1. 病毒分离

（1）病料采集及处理。分离病毒的病料最好采自新形成的痘疹病灶。应用灭菌的剪刀切取痘疹病灶，深达上皮组织。将病料浸泡于每毫升含有青霉素、链霉素各 1 000 单位的灭菌生理盐水或 Hank's 液中 30～60 分钟，取出后用剪刀剪碎，用乳钵或组织研磨器研磨后加入灭菌生理盐水制成 1:5 悬液，经 3 000 转/分离心 30 分钟，取上清液按每毫升加入青霉素、链霉素各 1 000 单位，置 37℃温箱中作用 60 分钟，取少许液体接种于鲜血琼脂培养基和厌氧肉汤培养基内，37℃培养 24 小时取出观察无菌生长，作为病毒分离材料。

（2）鸡胚接种。用 4～6 枚发育良好的 10 日龄鸡胚，每胚绒尿膜接种上述病毒分离材料 0.1 毫升。接种后将鸡胚置 37℃继续孵育，观察 5～7 天，检查绒尿膜上是否出现灰白色灶状痘斑。如初代接种出现不典型病理变化时，可继续传代。

2. 病毒鉴定

（1）电镜检查。取痘疹病料制成超薄切片，或感染鸡胚灰白色灶状痘斑病料制成超薄切片做电镜检查，见有180纳米×320纳米大型病毒颗粒。

（2）包涵体检查。取痘疹病料或感染鸡胚绒尿膜病灶，制作切片，用苏木素和伊红染色，在上皮细胞的胞质内可以见到嗜酸性包涵体。

（3）血清学鉴定（琼脂扩散试验）。用痘疹病料或感染鸡胚有病理变化的绒尿膜制成1：（2～3）乳剂，经离心取上液作为被检琼扩抗原，取自然康复或人工感染鹅康复的血清，以及鸡痘免疫血清，进行琼扩散试验，从而鉴定病料中的病毒。

【鉴别诊断】本病与下列一些病有某些类似之处，应加以区别。

1. 皮肤型鸽痘与皮肤型马立克氏病、恙螨病的区别。皮肤型马立克氏病是在体表皮肤上出现黄豆至鸽蛋大的肿瘤，内容坚实，不断增大，不会自行脱落消失，多零星发生于年龄较大的鸽。恙螨病是在羽区体表的皮肤上形成中央有一红点的脐状突起，有发痒表现，如用针轻轻地挑出红点，可见爬行迅速的新勋恙螨。

2. 黏膜型鸽痘与毛滴虫病、念珠菌病、维生素A缺乏症的区别。毛滴虫病是在鸽的口腔黏膜上出现淡黄色假膜，易剥落，剥落后的部位形成轻度溃疡，但不引起出血。剥落物放于滴有生理盐水的载玻片上，加盖玻片后用低倍弱光显微镜检查，可发现梨状的活虫体。念珠菌病的病鸽嗉囊增大且伴有呕吐，呕吐物为豆腐渣状，若将其用革兰氏染色后镜检，可发现紫色、树枝状的念珠菌。维生素A缺乏症主要还有眼炎、眼球干涸、皱缩和眼内有干酪样物的眼部病理变化，口内黏膜有易出血分离的颗粒状物或假膜。若能及时补给维生素A，症状可逐渐消除。

3. 混合型鸽痘与泛酸、生物素缺乏症的区别。泛酸、生物素缺乏症均是在眼睑、嘴角及脚的皮肤上出现颗粒状的痂样物，眼的分泌物增多，上下眼睑可发生粘连；脚趾、脚底脱皮，形成小裂缝或赘生物、角质层；常伴有羽毛脱落，容易折断和长骨短粗。只要及时补充所缺维生素，除病情严重者外，一般都可收到良好效果。

【预防与控制】鸽痘预防的主要措施是做好疫苗接种。但多年实践证明，种鸽接种鸽痘疫苗对后代保护率不高。因此，乳鸽出生后特别在蚊子多发季节，如每年的3～6月份，应在3日龄之内开始刺种疫苗，由于鸽场乳鸽每天都有生产，所以乳鸽接种疫苗比较繁琐，大型鸽场较少使用。目前大部分鸽场还是采用灭蚊的办法预防鸽痘发生。做法是，每天对鸽场院内外环境用杀虫药喷杀或用灭蚊灯诱杀，也可以用蚊香驱蚊。目前，采用的鸽痘疫苗有两类：（1）强毒苗，也叫自家苗，是用病鸽的痘痂制备的。这种疫苗毒力强，鸽群在接种后容易出现大面积的强反应，使不少鸽出现与自然发病大致相同的症状与病理变化，这是最原始、最不安全、非到万不得已不能采用的免疫接种方法；（2）由广东省家禽科学研究所研制成功的弱毒疫苗。这些疫苗可在出壳当天的乳鸽中接种而无任何不良反应，接种后10～14天便可产生坚强的免疫力，经9个月仍能抵御强毒的攻击。操作时，只要按其要求加入生理盐水或冷开水，稀释后吸入注射器内，连接上5号针头，在鸽的鼻瘤（乳鸽应在翅内侧处，以免鼻上有刺损而在采食亲鸽嗉囊乳时引起感染）滴上1滴苗液，随之刺破4～5针即可。接种后可使80%以上的鸽不发此病，是安全、高效、简便易行的方法。越早接种越好，在发病季节最好实行出壳当天接种。平时每5～7天定期接种1次便可，既省工易行，又不会漏种。

　　搞好卫生，定期消毒、杀虫，清除积水，消灭蚊子等吸血昆虫；改善环境条件，加强饲养管理，都是预防本病发生的有力措施。

　　1. 病鸽任其自由采食含 0.1% 的土霉素的饲料或饮用 0.5% 砂拉砂星饮水。

　　2. 每鸽按 2 万～3 万单位土霉素，吗啉胍 25 毫克喂服，患部皮肤涂碘酊或鱼石脂软膏，口腔病理变化涂碘甘油，均有一定治疗效果。

　　3. 使用佛山市南海禅泰动物药业有限公司生产的瘟毒清胶囊，每天早晚各 1 粒，同时配合抗毒先锋口服液自由饮用，具有较好的抗病毒效果。

　　4. 龙胆草 90 克、板蓝根 60 克、升麻 50 克、金银花 40 克、野菊花 40 克、连翘 30 克、甘草 30 克，将上述中药研为细末，每只鸽 1 克，均匀拌入饲料中，分上下午集中喂服，也可煎水后兑入水中自由饮用。

四、鸽马立克氏病

　　本病多发生于鸡，其次是火鸡，也可发生于其他禽类、如野鸭、鸭、鹅、天鹅、鹧鸪、鹌鹑、鸽子、金丝雀等，哺乳类动物和鸟类动物不易感。本病是鸟类的一种癌症。常以鸡为危害对象，于 20 世纪 50 年代开始出现，其表现主要是内脏型。

　　【病原】B 群疱疹病毒是引起本病的病原，病禽的羽毛囊和羽髓中含毒量最多。此病原对干燥及低温有较大的耐受性，干燥的羽毛在室温中 8 个月仍有感染力，在 −65℃ 的保护剂中 210 天不受破坏，在室温的粪便或垫料中 16 周尚能保持活力。对热的抵抗力不强，37℃18 小时，56℃30 分钟，60℃10 分钟即被灭活。普通消毒剂作用 10 分钟就能达到消毒的目的。

　　【流行特点】本病毒常和尘土一起随空气到处传播，在栏舍相距 10 米甚至 48 千米以外，均可通过空气经呼吸道传染。还可借被污染的饲料、饮水、工作人员及用具等的机械带毒传播。蛋壳的污染也是传染的重要因素。外寄生虫可成为本病的传染媒介。不良的环境条件，如室温过高、飞尘均有利于本病的发生与传播。

　　【症状】本病潜伏期较长，通常在被感染内几周中出现症状，随之开始发生零星的死亡。根据不同的监诊症状，分以下 4 个类型：

　　1. 急性型。又称为内脏型。表现为精神和食欲不振，闭眼，毛松，呆立，排白色或绿色稀粪。不久便迅速消瘦，体质极度衰弱，腹围增大，触摸肋骨后的腹部时有坚实的块状感。后期脱水，极度消瘦，呈昏迷状态。

　　2. 神经型。又称为古典型或慢性型。其特征是呈现单侧性翅麻痹或腿麻痹，患肢失去支撑力，故常呈卧倒状态。随着病情的不断发展，最终多见两腿一前一后伸张，瘫卧于地，无力回避捕捉，头颈歪斜，有的还伴有嗉囊麻痹或扩张症状。

　　3. 眼型。本型的罹患部位是眼睛，表现为虹膜边缘不整，褪色，瞳孔缩小，甚至眼睛失明。

　　4. 皮肤型。本型的主要症状是皮肤增厚，有从大豆至鸽蛋大的结节，且不断增大，质地坚实而不滑动，没有局部温度升高和其他的炎症症状。

【病理变化】

1. 急性型。剖检可见实质性脏器尤其是肝、脾及卵巢呈高度肿胀和弥漫性分布淡黄色结节性病理变化，法氏囊萎缩或弥漫性肿大。

2. 神经型。多呈单侧性坐骨神经（或臂神经）病理变化，罹患神经的横纹及光泽消失，粗大不均，外周有透明的胶样浸润，降低对神经的可见度。

3. 眼型、皮肤型。除分别出现眼和皮肤的病理变化外，均没有内部脏器病理变化。

【诊断】采取病料进行鸡胚的卵黄囊接种、琼脂扩散试验及人工发病是诊断本病的手段，但一般情况下极少采用，而以症状、病理变化为确诊依据。皮肤型马立克氏病与皮肤型鸽痘、恙螨病，眼型马立克氏病与维生素 A 缺乏症相类似，其鉴别要点参见鸽痘鉴别诊断项。

【预防与控制】如有病鸽，宜淘汰并做焚烧处理。在已有本病存在的鸽场院，可试用鸡马立克氏病疫苗对出壳 24 小时内的雏鸽进行颈部皮下免疫接种。发病普遍、危害严重的鸽场，可考虑全淘汰，停产，并封锁 1～2 个月。在此期间要进行全场环境、栏舍、用具的反复消毒。

可使用阿昔洛韦、阿糖腺苷、金丝桃素和黄芪多糖加倍量兑水，供鸽连续饮用 15 天以上，进行控制治疗和对症疗法，但最终还是以淘汰为主。

五、鸽疱疹病毒感染

本病是由疱疹病毒引起的一种以急性经过和极高死亡率为特征的病毒性传染病。于 1945 年首次报道，目前欧洲大多数国家均有发生。在从外场引进鸽子时应事先做好调查或检疫工作。

【病原】病原是疱疹病毒科的疱疹病毒 I 型，又叫鸽疱疹病毒 1（PHV1）。病毒能在鸡胚尿囊膜和鸡胚肾、肝细胞内生长复制，可细胞内形成 A 型包涵体。

【流行特点】不同年龄的鸽均易感，1～6 月龄的幼鸽易感性更大，老龄鸽很少感染发病。家禽中的鸡、鸭有抵抗力。病鸽和带毒鸽是主要传染源，主要通过呼吸道和消化道传染。因常能从喉头分离到病原，故可通过成年鸽的接吻、亲鸽哺喂幼鸽而直接接触传染。鸽受感染后 24 小时开始排毒，持续 24 小时，但排毒高峰期是在受感染后 1～3 天。

【症状】潜伏期 2～4 天，典型病例表现为眼结膜炎，眼睑肿胀闭合，有分泌物；鼻黏膜发炎，有黏液或黄色肉阜，打喷嚏；出现呼吸啰音，呼吸急促；精神沉郁，毛松乱无光泽，食欲减退或废绝，严重的下痢，有的出现抽搐不安等神经症状。病程 2～7 天，转归多死亡。

【病理变化】口腔、咽喉的黏膜充血、出血、坏死或溃疡，咽部黏膜可能有几层白喉性假膜。如为全身性感染，则还有肝坏死性病理变化。

【诊断】诊断应以症状、病理变化及病原分离为依据。

1. 病毒的分离培养。采取肝和脾病料，用灭菌生理盐水制成 1：（5～10）匀浆悬液，离心取上清液接种鸡胚尿囊膜，在 3～5 天内可致死鸡胚，并可在尿囊膜检查到核内嗜碱性包涵体。或者取上清液接种鸡胚成纤维细胞、鸡胚肾细胞或鸡胚细胞，可产生细胞病理变化，取细胞培养病理变化常规染色镜检，也可见到核内包涵体。

2. 包涵体检查。采取肝、脾脏病料做切片或抹片，常规染色后镜检，可见到肝细胞、脾淋巴细胞核内嗜碱性包涵体。

3. 血清学检查。采取血液分离血清中和试验，可检测到特异性抗体滴度升高。

【鉴别诊断】本病应与维生素 A 缺乏症、毛滴虫病、念珠菌病、坏死杆菌病、黏膜型或混合型鸽痘等口腔有假膜的疾病进行鉴别。

【防治】不论是弱毒疫苗或灭活疫苗，均未能阻止带毒鸽的出现，但可降低鸽受感染后的排毒量和缓解临床症状，故可以考虑使用。

1. 治疗时可试用头孢曲松钠 1.0 克，磷霉素钠 1.0 克，板蓝根注射液 4 毫升，干扰素 400 万单位，用 0.9% 生理盐水稀释后，肌肉注射发病鸽，每羽 0.5 毫升，可使用 40 羽份。

2. 鸽基因工程干扰素，每只 0.01 毫升，每天 1 次，连用 2 天，有一定疗效。

3. 每羽成年鸽用利巴韦林 1 毫升、维生素 C 注射液 1 毫升、丁胺卡那霉素 0.2 毫升，1 次肌肉注射，每天 2 次，连用 3～5 天。

4. 可使用佛山市南海禅泰动物药业有限公司生产的"瘟毒清胶囊"，每天早晚各 1 粒，同时配合"抗毒先锋口服液"自由饮用，具有较好效果。

六、鸽腺病毒病

由腺病毒感染引起的急性传染病，也称为"幼鸽呕吐下痢症"，是近年来引起鸽急性嗉囊炎、肠炎的元凶，传播范围极为广泛。Ⅱ型腺病毒与Ⅰ型腺病毒间最大差别为老鸽亦会感染，且足以引发更高死亡率，腺病毒常与大肠杆菌或球虫混合感染发病，全年皆会感染发病。

【病原】Ⅰ型腺病毒和Ⅱ型腺病毒。

【传播途径】该病毒经常由外鸽引进鸽舍时传染，病毒可附生于排泄物上，故能传染给其他幼鸽。由于此病毒会严重破坏肠壁组织，正常情况下存活于肠道内的细菌即趁机大量繁殖；于是肠壁可能遭受更大破坏，细菌亦会侵入血管影响血液循环。粪便、食入患鸽吐出的饲料或与病鸽接触均会感染。

【症状】感染Ⅰ型腺病毒的典型症状为：病鸽突然病发、呕吐不止、下痢、幼鸽总体状况恶劣、多数幼鸽遭感染（3～5 天内迅速蔓延），不过死亡率不高，一般只有少数几羽幼鸽死亡。病况一般经常持续 5～10 天。鸽出现呕吐、消化停滞，病况较轻者仍能进食，但消化速度很慢，吐出之饲料或排出之粪便皆含病原菌，潜伏期 3～5 天，发病后呈现脱水现象，体温上升。体重减轻，排绿色水便，黏便甚至血便，严重者 2～3 天急性死亡。该病毒能产生大量肝毒素。感染Ⅱ型腺病毒的鸽表现为呕吐、消化停滞，病况较轻者仍能进食，但消化速度很慢，吐出之饲料或排出之粪便皆含病原菌，多发生在赛鸽归返后，潜伏期 3～5 天，发病后呈现脱水现象，体温上升。体重减轻，排绿色水便，黏便甚至血便，严重者 2～3 天急性死亡。该病毒能产生大量肝毒素。

【剖检】肝脏、肠管、脾脏出血，切片可见嗜酸性或嗜碱性核内包涵体。

【诊断】一般借由上述症状可能诊断，同时可进行病鸽解剖，观察肠壁或肝脏组织获得确诊，同时能有效诊断是否混合感染副伤寒、链球菌、大肠杆菌等疾病。

【防治】

1. 平时须做好健康维护，注意鸽舍通风、干燥及定期消毒。

2. 鸽发病后，应立即停止饲喂饲料，尤其不能饲喂带玉米、豌豆等大颗粒的饲料，以免引起鸽肠道负担。停水停食24小时后，症状较轻者即可自行恢复。

3. 如鸽感染腺病毒时混合感染了大肠杆菌、砂门氏菌或新城疫，则病情较为严重，因此必须使用药物治疗。可使用新泰混感-100供鸽自由饮用，治疗3天后可使用"鸽绿茶"、抗"毒先锋"等饮水，能迅速使病鸽恢复。

七、鸽轮状病毒病

该病是鸽的一种病毒性腹泻，以委顿、厌食、呕吐、腹泻和脱水、体重减轻为特征。

【病原和流行病学特征】病原为轮状病毒，属呼肠孤病毒科、轮状病毒属。病毒主要存在于肠道内，随粪便排出污染饲料、饮水、垫草和土壤，经消化道传染给其他鸽体。痊愈后可以再感染本病，多发生在秋冬季和早春。特别是寒冷、潮湿等应激因素、或有其他疾病可加重疾病症状，使死亡率升高。

【防治】发现本病后对鸽舍要加强卫生清洁、消毒、保暖等措施。

治疗可采用每羽成年鸽用恩诺砂星25毫克，利巴韦林30毫克剂量，加入水中，连用5天。也可使用禅泰动物药业生产的"新泰混感100"进行全群投药预防和治疗，可迅速降低死亡率，连用5~7天，待病情稳定后，饲料中加入护肾保肝灵或液体肝精进行调理。

八、鸽圆环病毒病

鸽圆环病毒是新近增设的病毒科中的新成员，它隶属于圆环病毒科（Circoviridae），圆环病毒感染病主要是感染2月龄至周岁的当年年青鸽。它主要是通过鸽和人员之间的相互接触传播，也可由经易感、带毒动物、鸟雀、被污染的鸽具、笼舍和人员相互接触感染，其主要的感染途径和发病表现是从消化道症状开始的因而容易与腺病毒感染相混淆，但圆环病毒后期出现呼吸道症状。这也是鸽圆环病毒感染病与腺病毒感染之间的不同之处，这为临床鉴别诊断提供了帮助。

【流行特点】本病的潜伏期至今还不清楚，一般为8~14天，典型发病后在1~2周内相继死亡，3~4周最高。急性嗉囊炎鸽圆环病毒感染病的主要临床表现特征是贫血、眼砂变淡、喙、口咽黏膜颜色由红急骤转为苍白。一般临床症状表现为精神委顿、缩颈、食欲减退、衰弱，且飞翔能力明显下降、消瘦而体重减轻、腹泻乃至呼吸困难。

【剖检变化】主要是体内最重要的免疫器官：胸腺和法氏囊。胸腺和法氏囊出现坏死萎缩；胸腺呈深红褐色退化；免疫功能受到抑制；肝肾肿大、变黄、质脆；胃肠道和肌肉由于贫血而表现得极为苍白，还伴有点状出血。

【防治】鸽舍暴发该病时可使用"聚肌胞"，氨苄西林或阿莫西林15毫克，混合肌注每只0.5~1毫升，每天2次，连用3天。或使用"原生肽"，每羽0.2毫升，肌肉注射，连续使用3天。也可投服新泰混感－100进行防治。

预防措施：

1. 生物安全措施。做好传染病防病管理工作，杜绝和有效地控制鸽圆环病毒病原体传入。

2. 有效控制继发感染。做好其他病原体继发感染的预防和早期有效控制工作，早期有效控制继发感染可减少死亡率和病残淘汰率。

3. 免疫监控。由于鸽圆环病毒可能干扰疫苗免疫，因而在本病流行期间不宜进行免疫接种，尤其是副黏疫苗（新城疫疫苗）的防病接种工作。在接种后在有条件的情况下进行"血清抗体滴度测定"来检测免疫接种反应、免疫接种效果的免疫监控工作。在有条件的地区公棚、大型鸽舍在科研机构的帮助下，应该将此放到养鸽议事日程上。

4. 疫苗免疫接种。由于鸽圆环病毒目前还不能进行病毒分离，目前没有鸽圆环病毒疫苗。

5. 抗病毒药物的应用。对于发病鸽可使用抗病毒药物，如利巴韦林滴眼（鼻）剂，目前仅限于早期治疗和发病前期的预防使用，也只能达到减少、减轻发病、缩短病和降低病死率的功效。

6. 免疫康复系统重建。鸽圆环病毒感染病有明显的年龄特征，鸽圆环病毒感染发病对机体重要免疫器官法氏囊、淋巴组织细胞的损害程度与法氏囊发育状况、鸽龄有关。那么病理损害越严重修复越困难，死亡致残率越高；鸽龄越小，死亡率越高；免疫康复功能的重建修复也就越困难，于是对于刚断饲出巢、出棚幼鸽的护理就显得非常重要，要坚决贯彻落实淘汰那些勉强育成的健康状况不良、体质极差的僵弱幼鸽、亚健康鸽。

7. 开辟中药防治方法。中药抗病毒和中药对疾病的预防功能，以及中药有助于机体免疫功能的康复作用早已得到证实，佛山市南海禅泰动物药业有限公司生产的"抗毒先锋"和"鸽绿茶"的"清热解毒"防御病毒侵袭功能，作用快而迅速，立竿见影。抗病毒中药的研制开发和抗御病毒性疾病侵袭时中药的早期预防应用，以及中药免疫康复剂的应用，已为世界医学界所瞩目。

8. 综合疾病防治措施的落实。"苍蝇不叮无缝的蛋"，一羽健康状况良好、黏膜细胞壁完整的赛鸽，病毒是很难入侵的。鸽场科学管理措施的落实和定期进行疾病清理是本病防治工作的基本功，也是所有鸽病防治中所不可缺少的基本要素。

九、鸽脑脊髓炎

鸽脑脊髓炎是一种由病毒引起的主要侵害幼雏中枢神经系统，以渐进性共济失调、头颈震颤、站立不稳、两肢轻瘫及不完全麻痹为主要症状，以非化脓性脑炎为主要病理变化的急性、高度接触性传染病。

近年来，我国黑龙江、广东等地先后暴发过本病，并造成流行。该病传播快速，成年母鸽感染后除产蛋量下降外不表现临床症状，但病毒可垂直传播给下一代，并引起幼雏连续发病和造成死亡，给养鸽业带来很大的威胁。

以下是几点防治鸽的脑脊髓炎的措施：

1. 出现典型症状的鸽子应立即挑出淘汰，焚烧或扑杀深埋，以减轻同群感染。

2. 使用0.2%过氧乙酸带鸽喷雾消毒，并适当提高育雏舍的温度，给予舒适的环境，消除各种不良的应激因素。使用抗生素，防止继发感染。同时在饲料中适当添加维生素E、维生素B和硒，可起到保护神经组织和改善临床症状的作用。

3. 目前尚无有效药物可治疗传染性脑脊髓炎。弱毒疫苗对雏鸽有一定的致病力，不宜用于小日龄雏鸽；但对种鸽而言，开产前接种传染性脑脊髓炎疫苗，可使其产生免疫力并经蛋将母源抗体传递到下一代，这种抗体在雏鸽体内可保留到6~8周龄才消失。母源抗体可在关键的2~3周龄内保护雏鸽不受病毒感染。

4. 鸽脑脊髓炎病毒有很强的传染性，可通过接触传播，也可经种蛋传播。因此，种鸽群在生长期接种弱毒疫苗。

第二节　细菌性传染病

一、鸽大肠杆菌病

本病是由埃希氏大肠杆菌感染所引起的多种禽病的总称。包括大肠杆菌性急性败血症、大肠杆菌性肉芽肿和大肠杆菌性腹膜炎、滑膜炎、脐炎、脑炎、输卵管炎几种类型，虽多见于鸡、火鸡、鸭，但其他禽类、哺乳动物及人均可感染得病。鸽大肠杆菌病在我国南方地区屡有发生和流行，主要危害幼鸽。

【病原】本病的病原是由某些血清型的大肠杆菌所致，在家禽中最多见的是 O_2 ： K_1，O_{78} ： K_{80}，O_1 ： K_1 3个血清型。大肠杆菌是一种革兰氏阴性不形成芽胞的杆菌，大小通常为（2~3）微米×0.6微米，许多菌株能运动，具有周身鞭毛。大肠杆菌能在普通培养基上于18℃或更低温度中生长，菌落圆而隆凸，光滑、半透明、无色，直径1~3毫米，边缘整齐或不规则。大肠杆菌在肉汤中生长良好，在绵羊鲜血琼脂平板生长良好，在麦康凯琼脂平板上形成粉红色菌落。

大肠杆菌是鸽肠道中的常在菌，许多菌株无致病性，而且有益，能合成维生素供寄主利用，并对许多病原菌有抑制作用。有10%~15%的肠道大肠杆菌属于有致病力的血清型。有致病性的大肠杆菌常能通过蛋传递，造成乳鸽大量死亡。鸽舍中的灰尘，每克可能含 10^5 ~ 10^6 个大肠杆菌，卫生条件较差的鸽舍空气中，每立方米可以多达 3×10^4 ~ 5×10^4 个大肠杆菌。所以，鸽舍环境不卫生往往引起发病流行。通常兽医临床所说的大肠杆菌，是指有致病性菌株而言，并不包括有益的菌株。

大肠杆菌也是一种条件性致病菌，当由于各种应激刺激造成禽体的免疫功能降低时，就会发生感染，因此，在临床上常常成为鸽其他疾病的并发菌。常用的消毒药（石炭酸、升汞、甲酚、福尔马林等）的常用浓度作用5分钟可将其杀死。

【流行特点】鸽大肠杆菌病在我国南方地区的江苏、福建、广东、山东等地频频发生，几乎各种年龄的鸽均有发生，包括幼鸽、青年鸽、生产鸽和种鸽等，但雏鸽是易感性更高。本病在南方地区，不同季节、不同地区、不同品种品系和不同年龄的鸽均易感。本病的传染方式主要是由于病鸽的粪便污染鸽舍环境，病菌飞扬在空气中，被感鸽吸入通过呼吸道而感染。蛋壳表面污染的病菌，也可以进入蛋里面，感染鸽胚，引起孵化率降低和雏鸽感染发病。此外，大肠杆菌也可能通过污染的饲料从消化道进入鸽体。雏鸽患大肠杆菌性败血症，主要是育雏条件不好、饲养管理不当，使雏鸽的抵抗力下降，造成大肠杆菌病乘虚而入所致。

【症状】潜伏期约数小时至3天。常见的有以下几种类型：

1. 急性败血型

主要发生于1月龄以内的乳鸽，病鸽表现精神沉郁，食欲、渴欲减少或停止，羽毛松乱，呆立一旁，流泪、流涕，呼吸困难，排黄白色或黄绿色稀粪，全身衰竭。最急性的病例突然死亡，有的临死前出现仰头、扭头等神经症状。临床诊断时应该注意的是：发生急性败血型大肠杆菌病时，全群鸽子通常并不一定一起出现症状，而是陆续发病死亡，每天死一些，持续很久；该型的致病菌株对很多药物均有耐药性，因而死亡率较高，在日龄小、饲养管理不善，治疗药物无效的情况下，累计死亡率可达50%以上。

2. 肉芽肿型

此类型的症状也只是一般性的，没有特征性表现。

3. 肠炎型

主要发生于1~5月龄的幼鸽和青年鸽，病程长，发病率高而死亡率较低。病鸽食欲不振，羽毛松乱无光泽，下痢，拉出灰黄色稀粪，肛门周围污秽，有的出现腹泻，体况消瘦，不愿活动。

4. 气囊炎型

主要发生于2~3月龄的幼鸽和体弱老龄种鸽，病程较长。临床上主要表现精神不振，食欲减退，羽毛松乱无光泽，呼吸迫促而发喘，有湿性啰音，早晚发生连续咳嗽，进行性消瘦，常因瘦弱衰竭而最终死亡。

5. 其他类型

均是由于大肠杆菌的局部感染引起的，主要表现为局灶性炎症并呈化脓、坏死、干酪样渗出等变化。如腹膜炎，一般以母鸽的卵黄性腹膜炎为多，以大肠杆菌破坏卵巢、造成卵黄进入腹腔、导致腹膜炎最常见；又如脐炎，主要是大肠杆菌与其他病原菌混合感染造成的雏鸽脐炎，出雏提前，脐带愈合不良，引起感染致局部红肿发炎。

【病理变化】

1. 急性败血型

胸肌丰满、潮红，嗉囊内常充满食料，发出特殊的臭味，肠黏膜充血、出血，脾脏肿大、色泽变深。有时可见腹腔积液，液体透明、淡黄色。肛门周围有粪污。但具特征性的病理变化是心包、肝周及气囊覆盖有淡黄色或灰黄色纤维素性分泌物，肝的质地较坚实，有时有古铜色变化。

2. 肉芽肿型

病鸽明显的肉眼变化是胸、腹腔脏器出现大小不等、近似枇杷状的增生物，有时呈弥漫性散布，有时则密集成团，可呈现灰白、红、紫红、黑红等不同颜色，切开可见内容物为干酪样。各脏器有不同程度的炎症。

3. 气囊炎型

气囊膜上有灰白色纤维渗出物。

4. 其他类型

主要表现为局灶性炎症并呈化脓、坏死、干酪样渗出等变化。如腹膜炎可见腹水增多，腹腔内布满蛋黄凝固的碎块，使肠系膜、肠环相互粘连，卵巢中正在发育的卵泡充血、出血、萎缩坏死。

【诊断】急性败血型及肉芽肿型可根据症状与病理变化初步诊断。其他类型须依赖于病原检查作出诊断。实验室诊断方法如下：

1. 病料采集

鸽大肠杆菌性败血症，取病鸽的肝、脾脏病变组织作为被检材料；其他鸽大肠杆菌病，取病鸽腹腔卵黄液、输卵管凝固蛋白、变形卵泡液作为被检病料。

2. 细菌的分离培养

用无菌方法取病料直接在麦康凯琼脂平板或在伊红-美蓝琼脂平板划线培养，置于37℃温箱中培养24小时。大肠杆菌在麦康凯琼脂平板上生成粉红色菌落，菌落较大，表面光滑，边缘整齐。在伊红-美蓝琼脂平板上大多数呈特征性的黑色金属闪光的较大菌落。每个病例可从分离平板挑选3~5个可疑菌落，分别接种于普通斜面供鉴定之用。

3. 生化鉴定

将疑似为大肠杆菌纯培养物做生化反应，能够迅速分解葡萄糖和甘露醇，产酸；一般在24小时内分解阿拉伯糖、木胶糖、鼠李糖、麦芽糖、乳糖和蕈糖；不分解肌醇；靛基质试验和 M. R. 试验阳性，不产生尿素酶和硫化氢。凡符合上述生化反应的，就可确定为埃希氏菌属成员。

4. 血清学检验

将被检菌株的培养物分别与分组 OK 多价血清做玻板凝集或试管凝集试验，确定其血清型，再根据 OK 分组血清所组成的 OK 单因子血清做凝集反应，以及被检菌株的培养物经120℃2小时加热，破坏 K 抗原后的菌体抗原，与 O 血清做凝集反应，以确定 O 抗原型。

【预防与治疗】可接种多价苗或由本场分离的大肠杆菌所制的菌苗。考虑到减少场内污染问题，倘若用菌苗，建议选用相应血清型的灭活苗。要做好平时的兽医卫生防疫工作，加强饲养管理及定期投服预防药等。

治疗本病的药物很多，但菌株耐药问题比较突出。根据分离到的大肠杆菌做药敏试验的结果，肌内注射链霉素、卡那霉素、环丙砂星、氟哌酸均有很好的疗效，也可用适当剂量的药物混饲或饮水。

①氟哌酸或盐酸环丙砂星，按 0.01% ~ 0.02% 饮水，连用 5 天。

②庆大霉素，按 0.03% ~ 0.04% 浓度饮水，连用 5 天，同时在饲料中加入 1% 的大蒜饲喂，疗效更好。

③敌菌净，按 0.01% ~ 0.02% 饮水，现用现配，连用 5 天。

④青霉素、链霉素，每只鸽分别按 5 万单位混入生理盐水中肌肉注射，1 天 2 次，连用 2~3 天。

⑤佛山禅泰药业现有多种肉鸽专用肠道治疗剂，疗效确切，可供广大鸽场选择。

二、砂门氏菌病

这是由肠杆菌科砂门氏菌属中多种细菌引起的一类疾病的总称。这类病包括细菌性白痢、亚利桑那菌病、禽副伤寒，尤其是副伤寒，已成为鸽常见和重要的细菌性疾病。现仅就其中 3 种病加以介绍。

（一）细菌性白痢

本病的别名有鸡白痢，是世界性分布、可经蛋内传染的细菌性疾病之一。主要发生在 3 周龄内的雏鸽，鸡和火鸡尤为严重。

【病原和传播途径】本病的病原菌是鸡白痢砂门氏菌。它不能运动，对外界环境有一定的抵抗力。如在孵化器中能存活 1 年以上，在土壤中存在 14 个月尚有感染力。对热的抵抗力不强，60℃60 分钟，70℃20 分钟，75℃5 分钟均可被灭活。对常用的消毒药敏感。此病可通过鸽的卵巢和卵传给后代，也可通过消化道传播。

【症状】频频排出石灰浆样白色稀粪，恶寒，震颤，食欲废绝，饮欲增加，肛门周围有白色粪污，有的甚至肛门被粪便堵塞，致使排粪困难或不能排粪而鸣叫不止。眼睛深陷，脚的跗部干瘪。有的伴有呼吸困难，关节肿大或跛行，迅速消瘦，最后衰竭而死。病程 1~2 周。成年鸽多不表现明显的症状。

【病理变化】病鸽可呈现消瘦，贫血。主要病理变化是心、肺、肝、肠等内脏器官有大头针头至粟粒大、稍隆起的黄白色结节，脾脏肿大，输尿管及肾有白色尿酸盐沉积。成年鸽的病理变化是生殖器官炎症，表现为卵巢变形，有红、紫红、紫黑等颜色，内容物多为干酪样；单侧性睾丸肿大等。有的肝肿大，呈古铜色，或有纤维素性肝周炎、心包炎及偶有胰腺炎，心肌也可出现上述的黄白色结节。

【诊断】据发病情况、典型的症状与病理变化可作出初步诊断，经病原分离与鉴定后便可确诊。

【鉴别诊断】本病应与有白色稀粪及有结节性病理变化的疾病相区别。天气过于寒冷，喂蛋白质含量高的配合饲料，或饲料中矿物质添加比例不合理，都有排白色稀粪的症状，但无传染性，只需做些饲料调整及投以利尿药便可收效。赖利绦虫病、黄曲霉菌病及黄曲霉毒素中毒、副伤寒、结核病与伪结核病均可出现内脏的结节性病理变化。但赖利绦虫病的结节在小肠，剖开后可见白色带状绦虫；黄曲霉菌病及其毒素慢性中毒时，前者形成的结节外表有肉眼可见的绒毛状菌丝体，而且可从饲料或饮用具、水等处发现真菌，后者形成大小颜色都不均一的弥漫性结节；鸽副伤寒虽可在心、肝等脏器上形成结节，但常见黄绿色稀粪。本病与副伤寒、禽结核、禽伪结核的区别，单靠肉眼的检查不易做到，需要做其他项目检查，尤其是病原的分离鉴定来区分。

【预防与治疗】磺胺类药物和广谱抗菌药对本病均有疗效，但治愈后往往成为带菌者，故平时须定期投药预防。

1. 磺胺类药物中对本病疗效较好的有磺胺嘧啶、磺胺二甲嘧啶，按 0.5% 的比例混于料中饲喂 5~7 天。为提高疗效和减少磺胺类药的用量，可用甲氧苄氨嘧啶和上述磺胺类药物之一，以 1:5 的比例混合，以此混合剂的 0.02% 混于料中代替单用磺胺药，连用 2~4 天。

2. 四环素族抗生素（金霉素、土霉素、四环素），以 0.2% 混于料中饲喂，连续5~7天。此外，还可选用穿心莲、大蒜等中草药及其制剂。

预防本病主要是平时注意搞好饲料管理和卫生防疫工作，如定期清洁、消毒、检查或检疫，选用健康的种鸽和种蛋，人工孵化时应注意种蛋消毒和孵化场、育雏室用前用后消毒，不引进带菌鸽。若场内已被污染或已有本病存在时，应进行定期预防性投药。

（二）副伤寒

本病是由带鞭毛能运动的禽副伤寒砂门氏菌引起的一种常见传染病，可发生于各种禽类、家畜、人。该病是鸽尤其幼鸽的一种常见多发病，是对养鸽业的一大威胁。病鸽的治疗需时较长，病愈鸽长时间带菌并向外散布病原。本病还常与鸽 I 型副黏病毒病、毛滴虫病、败血霉形体病合并发生，造成更严重的损失。

【病原】病原为多种能运动的鼠伤寒砂门氏菌。砂门氏菌为革兰氏阴性小杆菌，具有鞭毛，没有芽胞，能运动。鼠伤寒砂门氏菌在普通琼脂培养基上生长良好，能发酵多种糖类，产酸或同时产气。此类菌的抵抗力不很强，60℃ 15 分钟即行死亡，一般消毒药物都能很快杀死病菌。病菌在土壤、粪便和水中的生存时间很长，鹅粪中的砂门氏菌能够存活 280 天，池塘中的能存活 119 天，在饮水中也能够存活数周以至 3 个月之久。有些砂门氏菌在蛋壳表面、壳膜和蛋内容物里面，在温室条件下可以存活 8 周。

【流行特点】鸽最易感，幼鸽的易感性更高，其他动物也感染。由于砂门氏菌在自然界广泛分布、存在，故本病的发生、流行很快，大多数鸽在其生命过程中均有可能感染发病。病鸽和带菌鸽是鸽和其他动物感染发病的主要传染源，病鸽随时排菌传播，康复鸽则为慢性带菌者，间歇地自粪便向外排菌传播，其他动物发病时都直接或间接与鸽有关。带菌的种蛋和被病菌污染的种蛋，均可使胚胎受感染，病经蛋传染给后代。本病的传播途径有多种，消化道也是重要的传播途径。此外，还可通过呼吸道、眼结膜和损伤的皮肤传染。管理人员、用具、其他禽类都可传播本病。猫、鼠等不少家养或野外的动物是普遍的带菌者，这些动物同样是非常重要的传染源。

【症状】潜伏期 12~18 小时或稍长。幼鸽常呈急性败血经过，随着发病年龄的增大，症状也趋向缓和而成为亚急性、慢性或隐性经过。本病有肠型、内脏型、关节型和神经型之分，这些类型既可单独出现，也可混合发生。

1. 肠型

本型主要表现为消化道功能严重障碍。病鸽精神呆滞，食欲不振或废绝，毛松，呆立，头缩，眼闭，排水样或黄绿色、褐色、绿色带泡沫的稀粪，粪中夹杂有被黏液包裹的食料，发现恶臭，肛门附近羽毛有粪污，迅速消瘦，多在 3~7 天内死亡。

2. 关节型

当肠型进一步发展时，病原透过肠壁进入血流，形成败血症，再转到关节等其他部位而引起炎症。发病鸽关节发红、发肿、发热、疼痛、功能障碍，在肢体关节尤其踝、肘关节更为多见和明显。病鸽为了减轻疼痛，常垂翅或提腿，以减轻患肢负重。

3. 神经型

病鸽因脑脊髓受损害而再现出共济失调，头颈歪扭，或头部低下、后仰、侧扭等神经症状。

4. 内脏型

病鸽体内单一或多个脏器受损害，一般无特殊症状，严重时可见病鸽精神不振，呼吸困难，日渐消瘦，病情迅速恶化，病程也较短。

【病理变化】

1. 肠型

可见肠壁增厚，黏膜潮红，内充绿色或黄绿色、白色有泡沫的糊状内容物。泄殖腔黏膜潮红，患鸽消瘦，眼部深陷，皮肤干燥且不易剥离。

2. 关节型

关节温度升高，有柔软或坚实感，肿大，切开可见淡黄色炎症渗出物，脓液或干酪样物，关节面粗糙甚至粘连。

3. 神经型

仅表现脑脊髓充血、出血，其他脏器不见有病理变化。

4. 内脏型

可见肝、肾、脾、心、胰腺等脏器有大头针头至粟粒大、呈放射状的黄白色坏死结节。肝肿大，古铜色。心肌炎、心包炎或心包粘连，心冠沟有针尖大出血点。有的病例可出现腹膜炎、胸膜炎或脾的灰白色坏死。成年患病雌鸽卵巢上的卵泡退化，变质、变形，变成紫红色、紫色或黑色、黄绿色，内有干酪样物，雄鸽常为单侧睾丸发炎、肿大及局部坏死，有的胸肌可出现细小的脓疡病理变化。

【诊断】根据流行情况、症状与病理变化一般可初步确诊。确认本病必须采取病料进行实验室检查，约需数天时间，而检查结果与采取适当的病料有一定的关系。

1. 病料采集。通常病鸽的盲肠内容与盲肠扁桃体是最好的采样部位；嗉囊是所有年龄鸽持续感染的可能病原贮存处；如果经卵传播，则只有在空肠部位分离到病原菌；垫料样品可用于检查鸽群的副伤寒砂门氏感染；由于粪便排菌是间歇性的，所以采用泄殖腔棉拭子样本检菌的意义不大，检出率不高，但若从母鸽泄殖腔检出菌则说明其后代感染本病；采取产蛋垫料样本的病原菌检出率在环境检查中是最高的，在评价环境时应以此为基础。此外，如新鲜粪便、尘埃、孵化室的羽毛屑、死胚、蛋壳、1 日龄鸽泄殖腔的棉拭子和饲料等也可作为病料样本；急性病例的肝、脾、心血、肺等器官的病料也是很合适的检查样本。

2. 分离培养。副伤寒砂门氏菌应按分离培养程序进行。新鲜的器官组织病料可直接接种营养性琼脂平板或斜面；粪便、垫料、肠内容物及病料组织等污染样本应先接种于选择性肉汤中，在 42~43℃增菌培养 24~48 小时，然后再接种选择性琼脂平板或斜面上做分离培养。最常用的选择性增菌肉汤为四硫磺酸盐亮绿（BG）肉汤、亚硒酸盐 BG 磺胺肉汤等，固体选择培养基以 BG 琼脂最常用；饲料等样本在分离培养时，在移种选择性肉汤前应先接种于乳糖肉汤进行增菌。最后挑选琼脂平板上的典型菌落接种三糖铁和赖氨酸铁琼脂斜面，并做生化、血清学试验等最终鉴定。

3. 血清学检查。经分离培养和生化试验鉴定的砂门氏菌均应进行血清型鉴定。血清学检查方法较多，常用的如快速血清平板凝集试验（SP）、快速全血平板凝集试验（WB）、间接血凝试验（IHA）和微量凝集试验等。血清学方法的缺点是：检不出肠道带菌者，阳性反应的滴度波动较大，只能检出少数抗原型。

【鉴别诊断】本病各型均有一些与之类似的疾病，应加以区分。

肠型副伤寒初期排水样稀粪，与鸽 I 型副黏病毒病、葡萄球菌病、食盐中毒等症状类似。鸽 I 型副黏病毒病有其特有的症状与病理变化（震颤，有神经症状及颈部皮下出血等）；食盐中毒时渴欲增加，嗉囊积液时皮下组织胶样浸润；葡萄球菌病应通过病原检查来区别。此外，本病还应与排黄绿色稀粪的黄曲霉毒素中毒、毛滴虫病、禽衣原体病、钩端螺旋体病、禽流感相区别。黄曲霉毒素中毒的肝呈现土黄色，并可见饲料、饮水或饲槽的霉菌严重污染；毛滴虫病鸽口腔有易剥离的淡黄色假膜，口腔直接湿涂片，在弱光的低倍镜下可以看到活虫体；禽衣原体病多有单侧性眼炎，纤维素性心包炎，肝周炎，气囊炎，胸、腹腔炎；有钩端螺旋体病时可见脾脏高度肿大并呈花斑状，肠道内表面有绿色黏液，肌肉、脂肪、皮肤变黄；禽流感鸽的头、颈、胸部水肿，胸肌、胸骨内侧，心脏和腹脂有点状出血。上述各病的症状、病理变化是本病所没有的。

内脏型副伤寒与有结节性病理变化的曲霉菌病、黄曲霉毒素慢性中毒、赖利绦虫病、细菌性白痢、结核病、伪结核病、马立克氏病相区别。黄曲霉毒素慢性中毒可使肝癌的发生率增加，可见肝硬变、肿大和有大小不等的淡红色或淡灰色结节，其他脏器少见，饲料或饮水有霉菌严重污染的情况；曲霉菌病多见呼吸器官有粟粒大小的霉菌结节，并在有生理盐水的压片镜检时见到菌丝体；赖利绦虫病可在小肠中见到结节状病理变化，剪开时见有白色带状的绦虫；细菌性痢疾发生于幼鸽较多，排白色糊状稀粪，有传染快、死亡率高的特点；结核病和伪结核病与本病的区别要赖于病原检查。

神经型副伤寒要与鸽 I 型副黏病毒病、大肠杆菌病脑部感染、亚利桑那菌病、李氏杆菌病、维生素 B_1 缺乏症作鉴别诊断。维生素 B_1 缺乏症没有传染性，在补充维生素 B_1 后便可逐渐消除症状；李氏杆菌病病鸽脾肿大，呈斑驳状，还有多发性心肌变性或坏死、充血、心包炎；亚利桑那菌病死前有角弓反张。

关节型副伤寒应与链球菌、葡萄球菌、巴氏杆菌、大肠杆菌和高蛋白质饲料引起的关节炎区别。此型除关节发炎外其他脏器很少累及，故与其他疾病很难用肉眼鉴别出来，需做病原检查后才能区分。

【预防与治疗】可参照细菌性白痢防治的有关部分。此外，还可使用链霉素、卡那霉素、庆大霉素进行预防和治疗。

（三）亚利桑那菌病

本病又称副大肠杆菌病或副结肠病，在各种禽鸟类、爬行类、哺乳类及人均可发生，广泛分布于世界各地。本病可使幼龄禽严重发病和死亡，成禽则多不表现感染症状，但常成为肠道带菌者，持续向外散播病原。本病最常发生于火鸡，鸽也有易感性，其特征是幼鸽呈急性或慢性败血症；病理变化多种多样，眼球皱缩、失明，下痢，肝脏肿大，肠炎变化等。本病为经蛋传播性疾病。

【病原】本病病原为亚利桑那砂门氏菌，革兰氏染色阴性，有周鞭毛，能运动，为兼性厌氧菌，在普通肉汤和普通琼脂培养基上容易生长，具有与砂门氏菌相同的形态和培养特性，但在生化特性上有明显的不同，如大多数亚利桑那砂门氏菌在培养 7～10 天间发酵乳糖；能缓慢地液化明胶；缩苹果酸和 β-半乳糖苷酶呈阳性反应；能利用丙二酸；不发酵卫茅醇和水杨苷等。

本菌易被高温和常用消毒药杀死，但对环境抵抗力较强。在被污染的土壤中 6～7 个月，在被污染的水中 5 个月，在禽舍的设备、用具中 5～25 周，在饲料中 17 个月，在遮阴的栏舍中 6 个月仍能存活。本菌在感染动物后，能进入血液，当侵入肠壁后就能无限期地定居，从而成为长期带菌者，并不断地随粪便排出，污染饲料、水、环境和蛋，使之成为传染源。同样，从成年母禽的卵巢和公禽的精液中也可分离到菌，从而进一步证明本病可经蛋传染的事实。

【流行特点】本病易感动物十分广泛，如不同的动物病菌分离为：火鸡45%，爬虫类21%，人12%，鸡4%，其他动物6%左右。病禽和带菌禽都可成为传染源，感染各种易感动物，鸽也不例外。常通过蛋内感染和蛋壳污染而传播，也可通过饲料、饮水、外伤以及接触污染的孵化器、育雏器等染病。

本病一年四季均可发生，无明显季节性，大群饲养的雏禽（鸽）更易暴发流行。

【症状】本病的潜伏期可能是 4～5 年。病鸽精神沉郁，不安，食欲减退及至废绝，羽毛松乱无光泽，体温升高，下痢，粪便初呈黄绿色稀薄、后呈水样，有的带血，肛门周围有粪污。有的出现震颤，共济失调，拥挤成团，头颈扭曲，腿麻痹，站立不稳。眼肿大、外凸，内有干酪样物。发出弱叫声。阵发性跳跃或无目的地前冲、倒行。还可出现仰卧、两肢朝天乱蹬的动作，死前多有角弓反张姿势。

【病理变化】常见到十二指肠显著充血。肝黄褐色或斑驳状。眼炎，并因有干酪样物覆盖而失明。嗉囊、胸腔和腹腔有微黄色的干酪样渗出物。典型病例的肝、脾肿大 1～3 倍，肝质较坚实，有针头至黄豆大的白色坏死灶。少数病例有纤维素性被覆物，肾充血、出血，肺可有微小的脓肿病灶。

【诊断】根据本病的流行特点、症状与病理变化可作出初步诊断，确诊需进行实验室诊断。

1. 涂片镜检

采取败血症病濒死鸽或刚死不久鸽的心血、肝、肺等病料组织涂（抹）片，革兰氏染色镜检，可见到革兰氏阴性杆菌。

2. 分离培养

取心血、肝、脾、肺、肾病料或尚未吸收的卵黄囊病料，或死胚的肝、脾、心血、卵黄囊病料，或蛋壳、蛋壳膜等，按常规接种普通肉汤培养基培养，然后再移植至选择性固体培养基上，37℃培养24～48小时，观察菌落特征；再将纯培养物进行生化鉴定。

【鉴别诊断】本病的症状、病理变化与其他的砂门氏菌病极为相似，肉眼不易区别。不同点主要在于本病有眼部病理变化，但眼的病理变化又与维生素A缺乏症、曲霉菌感染、大肠杆菌性眼炎、败血霉形体症相似，应进行鉴别。维生素A缺乏症可发生于不同年龄的鸽，没有传染性，若及早补给维生素A，可有明显效果。霉形体病虽有类似的眼部变化，但有明显的呼吸啰音，很少引起死亡，在施用链霉素等药后可改善症状，但易复发。衣原体病有眼炎症状，但剖检可见在气囊膜、腹腔浆膜、肠系膜、心外膜上有纤维蛋白性渗出物，而亚利桑那病没有。曲霉菌感染引起的眼部病理变化，与饲料、环境受真菌污染有联系，当改善卫生条件并投喂制霉菌素等抗真菌药时病情便可得到控制。

【预防与治疗】药物治疗虽有减少死亡、控制疫情的效果，但难以根除感染，病愈者仍是带菌者，遇合适条件还可能成为传染源。

可供治疗药物很多，按类型分有以下几种：

1. 抗生素。链霉素与双氢链霉素，成年鸽20～40毫克/只/次，幼龄鸽10～25毫克/只/次，肌内注射，每天2次，连续2～3天。与青霉素合用能加强疗效。

2. 卡那霉素，4～8毫克/只/次，肌内注射，1日2次，连用2～4天；饮水按0.003%～0.012%浓度，继续供自由饮用2～4天。

3. 多黏菌素B与多黏菌素E，每只用8 000～10 000单位，1次肌注或1天中分2次口服，连续3～5天。

4. 四环素类抗生素（四环素、金霉素、土霉素、强力霉素），0.01%～0.06%混料，0.004%～0.008%饮水，连用2～4天。

5. 青霉素、链霉素，每只分别按2万单位和20～40毫克混合肌注，每天1次，连用2天。此外，氨苄青霉素、庆大霉素、大观霉素、新霉素、二甲氨四环素、甲烯土霉素、去甲金霉素等，均有疗效，可选用或交替使用。

6. 磺胺类药物。磺胺噻唑（ST）、磺胺嘧啶（SD）、磺胺二甲嘧啶，统用0.5%混料或0.2%饮水，连用2～4天。磺胺间甲氧嘧啶（SMM）、磺胺甲基异噁唑（SMZ）、磺胺喹噁啉（SQ），均用0.1%混料，连用2～4天。幼鸽可按60～100毫克/只的量肌注，1天1次，连续2～3天。

因砂门氏菌广泛分布于自然界和有众多的带菌者，需要特别重视做好日常的兽医防疫工作，以杜绝外界病原经消化道、呼吸道及外伤等途径传入。又因这类病均可经蛋垂直传播，故对种鸽的防疫、消毒应十分严格，要进行种群的定期检疫及预防投药。购进新种鸽时，须先隔离观察饲养1～2周，确认健康时才能混群。在饲养过程中，如出现个别病鸽，宜迅速淘汰，不做治疗，并随之进行全群性投药和卫生消毒工作。

治疗砂门氏菌时，最为科学的投药的方法是连续使用 7 天药物进行治疗，停药 3 天，并使用肝精解毒后，再使用药物治疗 5 天，才可彻底杀灭砂门氏菌。

三、鸽霍乱病

本病又叫出血性败血病（简称出血性败血症）。由于病鸽常常发生剧烈的腹泻症状，所以称为鸽霍乱。家禽、珍禽、野禽均可发生。本病很少出现暴发，常呈散发性或地方性流行，按其经过，有最急性、急性、慢性之分，以急性型危害最大，发病率和死亡率都很高。病的特征是急性型败血症变化，表现为全身黏膜有出血点和剧烈腹泻；慢性型通常发生关节炎。虽然通常以鸭最为敏感，但在自然条件下鸭、鸡、鹅、火鸡、鸽可同时发病。本病是一种条件性传染病，在饲养管理突然改变，尤其是密度过大、通风不良、长途运输、天气酷热的情况下，极易引起暴发或流行。

【病原】本病病原为多杀性巴氏杆菌，是两端钝圆，中央微凸的短杆菌，革兰氏染色阴性。病料组织或体液涂片用瑞士、姬姆萨氏法或美蓝染色镜检，见菌体呈卵圆形，两端着色深，中央部分着色浅，量明显的两极染色。经人工培养基培养后，两极着色不明显。用印度墨汁等染料染色后，可看到清晰的荚膜。从病鸽体内新分离出来的菌体荚膜明显，经人工培养基培养后，荚膜消失。

多杀性巴氏杆菌在血清琼脂平板上生长良好，菌落小，呈灰白色露珠样；不溶血，能发酵葡萄糖、果糖、蔗糖等多种糖类，产酸不产气。多杀性巴氏杆菌有若干个血清型，其中有 4 个血清型与鹅霍乱有关。血清型的鉴定，在流行病学、菌苗的制造和免疫工作上，具有很重要的实际应用价值和理论研究的意义。

多杀性巴氏杆菌对理化因素的抵抗力较弱，在 5% 石灰乳、1%～2% 漂白粉、3%～5% 煤酚皂溶液中，经数分钟即被杀灭；在 60℃ 时 10 分钟即可灭活；在直射日光下很快死亡；在干燥空气中可存活 2～3 天；在血液、分泌物和排泄物中能存活 6～10 天；在腐败尸体中则能存活 3 个月。本菌对青霉素、链霉素、土霉素、磺胺嘧啶、磺胺二甲氧嘧啶、痢菌净等多种药物均很敏感。

【流行特点】本病的发生常为散发性，间或呈流行性。各种家禽和多种野鸟（麻雀、啄木鸟、白头翁等）都能感染，家禽中最易感的是鸭、鹅、鸡。各种日龄的鸽均可感染发病，以雏鸽发病率较高，死亡率也高，成年鸽发病较少，死亡率也较低。

本病主要传染源是带菌鸽或其他家禽。这种带菌的鸽或其他家禽外表上并没有什么异常，但经常地或间歇地排出病原菌，污染周围环境。鸽群的饲养管理不良、内寄生虫病、营养缺乏、长途运输、天气突变、阴雨潮湿以及鸽舍通风不良等因素，都能够促进本病的发生流行。病鸽的排泄物和分泌物中含有大量病菌，污染了饲料、饮水、用具和场地等，从而散播疫病。狗、猫、飞禽甚至人都能够机械带菌。除此之外，苍蝇、蜱和螨等也是传播本病的媒介。本病的传染途径一般是消化道和呼吸道，消化道传染是通过摄食和饮水。

鸽霍乱无明显发病季节，在我国北方地区，以春秋季多发；南方地区以秋冬多发。气温较高、多雨潮湿、天气骤变、饲养管理不良等多种因素，都可以促进本病的发生和流行。

【症状】潜伏期 2～9 天。按病程有最急性、急性、慢性之分，各型的主要症状如下：

1. 最急性型。本型经过急骤，常为突然发病，几乎见不到任何症状，迅速死在鸽窝或鸽舍（笼）内。死前多有乱跳、拍翼等挣扎动作。这样的病例通常在肥壮、高产的鸽群中和流行本病前出现。

2. 急性型。本型病例为大多数，病鸽表现体温升高，精神委顿，羽毛松乱，头低眼闭，翅膀下垂，食欲减少或废绝，渴欲增加，离群呆立，不愿走动。眼结膜发炎，鼻瘤灰白，喙、眼、鼻瘤等处潮湿且污脏，多数病鸽伴有下痢，粪便稀烂、恶臭，呈铜绿色或棕绿色、黄绿色。嗉囊积液，倒提时口流带泡沫的黏液，最后衰竭、昏迷而死。病程从不足 1～3 天。

3. 慢性型。急性型不死的病例可转为慢性型，以流行后期较多见。病鸽可出现呼吸道慢性炎症、慢性胃肠炎、关节炎等，分别呈现鼻液增加，有呼吸声或呼吸困难的症状；持续腹泻、消瘦、贫血；肢体关节肿大，垂翅，跛行或肢麻痹。病程较长，可达 1 个月以上。

【病理变化】

1. 最急性型。外表常无明显病理变化，或偶见心外膜有疏落的针尖大出血点。

2. 急性型。部检可见鼻腔内积有黏液，肌肉、血液呈暗褐色，皮下组织、心冠脂肪、心外膜、腹膜、腹腔脂肪、肠系膜、浆膜、生殖器官等处有弥漫性针尖大出血点。十二指肠严重出血，肠内有血性内容物或血块。心包膜增厚，心包液增多，呈淡黄色、不透明或絮状。胸腔和腹腔尤其是气囊和肠浆膜上，常有纤维素性或干酪样灰白色渗出物，黄白色坏死点及心外膜、心冠脂肪有针尖大出血点是本病的特异性病理变化。

3. 慢性型。慢性呼吸道炎的可见有鼻液，鼻黏膜潮红，喉头内有炎症分泌物；慢性胃肠炎的，肠黏膜潮红、肿胀甚至出血；关节炎的可发现关节肿大、变形，关节囊增厚，内有浑浊液体或干酪样物。

【诊断】对本病的急性型典型的症状与病理变化，不难作出诊断，其他两型须结合病原检查。

1. 微生物学检查。无菌采取疑似巴氏杆菌病鸽的心、肝、脾、肾等有病理变化的内脏器官做触片或涂片，待自然干燥后用火焰固定，美蓝染色或姬姆萨染色镜检，如见两级染色卵圆形的小杆菌；或革兰氏染色镜检，见有革兰氏阴性、大小一致、卵圆形的小杆菌，可确诊。对于慢性病例或腐败材料不易发现典型菌，须进行病原的分离培养。

病原的分离培养：将被检病料接种于绵羊鲜血琼脂培养基或血清琼脂培养基，于 37℃ 温箱作用 24 小时，再取其中细小、半透明、圆整、淡灰色、光滑的菌落接种于鲜血斜面培养基，供涂片镜检、生化反应、动物接种、血清学检验用。

2. 动物接种。无菌采取疑似巴氏杆菌病鸽的心或肝脏、脾脏磨细，用灭菌生理盐水作 1:（5～10）倍稀释，鹅或鸭皮下或肌内注射 0.5～1.0 毫升，或静脉注射 0.5 毫升，或滴鼻 0.1～0.2 毫升，接种后于 24～48 小时死亡，剖检见有典型禽巴氏杆菌病病理变化即可确诊。小白鼠皮下或腹部注射0.2~0.5毫升，于24~48小时死亡，剖检内脏器官呈败血症病理变化。

3. 抗原型鉴定。

(1) 荚膜（K）抗原型鉴定。将被鉴定菌株接种于马丁氏琼脂斜面培养基，于37℃温箱作用24小时，用2~3毫升灭菌生理盐水洗下，并收集于小试管中，置于56℃水浴中30分钟，促进荚膜物质由菌体解脱下来，然后经6 000~8 000转/分离心30~60分钟，上清液即为所制备的荚膜抗原。取被检菌株荚膜抗原约0.3毫升，加入经福尔马林固定的0.2毫升洗净的绵羊红细胞，充分混合后置37℃温箱或小浴箱中作用1~2小时。然后经3 000转/分离心30分钟，弃上清液，沉淀红细胞，再用约10毫升生理盐水洗1次红细胞，除去游离的未被红细胞吸附的荚膜抗原。离心收集的致敏红细胞，加入20毫升生理盐水，配制成1%致敏红细胞悬液。各取1%致敏红细胞悬液0.5毫升，分别加入1∶10倍稀释的各型抗血清（A、B、D、E）0.5毫升于试管内，摇动试管，使之混合均匀，放置于室温中2小时或37℃温箱作用1小时后观察。阳性者红细胞呈凝集现象，阴性者红细胞集中于试管底部。判定结果的方法与一般红细胞凝集反应相同，通常以＋＋号为准。

(2) 菌体（O）抗原型鉴定。将被鉴定的菌株接种于马丁氏琼脂斜面，37℃温箱作用24小时，每个斜面加入1毫升含8.5%氯化钠。用0.02摩尔/升的磷酸盐缓冲液洗下菌苔，收集于试管中，置100℃水浴箱内1小时，然后经6 000~8 000转/分离心30分钟，弃上清液，将沉淀物加入等量的缓冲液，并加入福尔马林防腐，作为被检O抗原。用8.5%氯化钠盐水配制的0.9%琼脂糖或琼脂浇入平板或玻璃板上，厚度为3~3.5毫米。凝固后用打孔器打孔，孔径一般为4毫米，孔距为6毫米，中心孔加入被检抗原，周围孔加入标准血清，于37℃温箱作用24~48小时。阳性者抗原孔与抗体孔之间出现白色沉淀带。

4. 血清学诊断。血清学诊断的目的，在于应用血清学的凝集方法对禽群进行普查诊断。用标准A、B、D、E 4型菌株，或当地分离的菌株按上述介绍方法制备成1%致敏绵羊红细胞作为诊断抗原。

(1) 试管法。将待检鹅血清做成不同稀释度，分别加入等量诊断抗原，摇匀后放置于室温中2小时或37℃温箱作用1小时观察。凝集价在1∶40以上者为阳性反应。

(2) 玻片法。取被检血清，0.1毫升（约2滴）滴于玻片上，随后加入等量诊断抗原，于15~20℃下摇动玻片，使抗原与被检血清均匀混合，1~3分钟内出现絮状物，液体透明者为阳性。

【鉴别诊断】本病是以呼吸道罹病为主的慢性型，应与霉形体病进行鉴别，后者主要表现为气囊混浊及出现干酪样物等气囊炎病理变化，而单纯的霉形体病极少导致鸽死亡。此外，禽流感、曲霉菌病、受寒或雨水侵袭、念珠菌病、毛滴虫病、黏膜型鸽痘、气管比翼线虫病、维生素A缺乏症及一些中毒病，均可出现呼吸道刺激症状，也应注意区别。

本病有关节炎、胃肠炎的慢性型，应分别与葡萄球菌、链球菌、砂门氏菌、大肠杆菌引起的关节炎，由饲养管理不良、内寄生虫侵袭病、某些中毒病、结核与伪结核病、钩端螺旋体病、砂门氏菌病、鸽Ⅰ型副黏病毒病、流感等引起的胃肠炎加以区分。

【预防与治疗】加强鸽场的饲养管理以杜绝传染源和切断传播途径。严格执行消毒卫生制度，尽量做到自繁自养，引进种鸽或苗鸽时，必须从无病的鸽场购买。新购进的鸽必须施行至少2周的隔离饲养，防止把疫病带进鸽群。同时要定期检疫，使发现的病鸽及时隔离，以防止传染。一旦发生本病，应立即隔离消毒，对未发病的鸽要用药物预防或紧急接种菌苗。

预防霍乱的疫（菌）苗分灭活菌和活苗2类。灭活菌苗大体上分两种：（1）禽霍乱氢氧化铝甲醛菌苗，3月龄以上的鸽，每只肌内注射1~2毫升；（2）鸽霍乱组织灭活菌苗，系用病鸽的肝脏组织或禽胚制成，接种剂量每只肌内注射1毫升。灭活菌苗最大的优点，在紧急预防注射时，可同时应用药物加以控制。

活疫（菌）苗为弱毒菌株的培养物经冷冻真空干燥制成。霍乱活菌苗接种剂量为每只肌内注射0.5毫升。免疫期比灭活苗稍长，但因活菌苗不能获得一致的致弱程度，有时在接种菌苗后鸽群会产生较强的反应，而且菌苗的保存期很短，混苗10天后即失效。另外，可能在接种禽群中存在带菌状态，因此，在从未发生过禽霍乱鸽场不宜接种。

鸽群发生霍乱后，必须立即采取有效的防治措施。病死鸽全部烧毁或深埋，鸽舍、场地和用具彻底消毒，病鸽进行隔离治疗。给未发病的鸽投服磺胺类药物或抗生素，以控制发病。治疗禽乱的药物很多，效果较好的有下列几种：

1. 青霉素钠盐，每瓶80万单位，用注射用水或生理盐水稀释，每只肌内注射1万单位。每天治疗1次，连续治疗2~3天。同时喂服土霉素粉剂，每50千克混合饲料中加入土霉素40~50克，连喂5~7天。

2. 有革兰氏阴性菌继发感染时可采用此方。青霉素钠盐，每瓶80单位；链霉素，每瓶100单位，溶于生理盐水中，可供100只病鸽治疗。以每只肌内注射0.5毫升为宜，每天1次，连续治疗2次。同时按方法1喂服土霉素5~7天。

3. 选用喹诺酮类药物。诺氟砂星，每千克饲料中添加0.2克，充分混合，连喂7天。环丙砂星，每升饮水中添加0.05克，连喂7天。

4. 选用磺胺类药物。一般用法是在病鸽饲料中添加0.5%~1%磺胺噻唑、磺胺二甲嘧啶；或是在饮水中添加0.1%，连喂3~4天；或者在饲料中添加0.4%~0.5%的磺胺二甲氧嘧啶；连续喂3~4天。也可在饲料中添加0.1%的磺胺喹啉，连续喂3~4天，停药3天，再用0.05%浓度连续喂2天。

在使用上述抗菌药物，最好的办法是分离病原菌，做药物敏感试验（抑菌试验），根据结果选用最敏感的药物治疗病鸽。

四、鸽葡萄球菌病

鸽葡萄球菌病是一种急性或慢性、非接触性的散发性传染病，受感染的鸽与其他家禽一样，有多种表现类型：葡萄球菌性败血症、皮炎、关节炎、脐炎、眼炎、滑膜炎、腱鞘炎、胸囊肿、脚垫肿、耳炎、心内膜炎、脊椎炎、化脓性骨髓炎、翼尖坏疽等，也可引起呼吸道症状。本病可感染家畜及人。

【病原】病原主要是致病力强的葡萄球菌。此菌广泛存在于土壤、水和空气中及动物、人的皮肤、黏膜上，在玻片中经染色的菌体形态呈球形，紫蓝色，单个均匀聚集在一起。无鞭毛，不能运动，不产生芽胞。在普通琼脂培养基上生长良好，菌落为圆形，表面光滑，闪亮光，呈橘黄色或白色。在羊血琼脂上培养有溶血活性。在厌氧条件下能发酵葡萄糖。能产生多种毒素和酶，有较强的致病力。对理化因素有很强的抵抗力，在干燥的脓汁中2~3个月或3次反复冻融仍不死亡，在60℃湿热中可耐受30~60分钟。经70%酒精作用数分钟或在3%~5%石炭酸中3~15分钟，0.1%升汞中30分钟可被杀死。煮沸可使之迅速死亡。可通过多种途径感染，尤其是伤口。

【流行特点】所有禽鸟类和哺乳动物几乎都有感染性，但与动物的抗病能力、皮肤和黏膜的损伤有无以及环境污染程度密切相关。金黄色葡萄球菌广泛存在于自然界，空气、土壤、饲料、饮水、垫料、地面、尘埃、粪便和动物体内都存在，甚至从圈舍的用具、墙壁、鸽架等物品上也可分离到细菌。皮肤黏膜的损伤常是细菌侵入的门户，当然也有通过空气传播的。

【症状】本病的发生和进程与菌株的种类、毒力及饲养环境、感染部位、体况等因素有关，临床表现多种多样，现介绍常见的几种。

1. 葡萄球菌败血症

本型较为普遍，一般幼龄鸽较为多见。病鸽体温升高，精神沉郁，常呆立一处或蹲伏，双翼下垂，缩颈闭眼呈昏睡状，食欲不振或废绝，饮欲增加。足、翅关节红肿，站立不稳，不愿活动。胸腹部、大腿内侧皮下水肿，按压有波动感，局部羽毛易脱落。皮肤破溃后流出浓茶色或紫黑色液体，有的部位皮肤出血、坏死、干痂等病理变化。有的下痢，排灰白色或黄绿色稀粪或水样粪便。病鸽常在发病后2~5天死亡。

2. 水肿性皮炎

除有精神、食欲不振等一般性症状外，最为突出的是在病鸽体表，特别是胸、背、腹部及翅部的皮下有水肿，患部有波动感和温度升高，严重的发生溃烂，内容物有腐臭味，可在2~3天内死亡，常是由损伤的皮肤受感染所致。

3. 胸囊肿与脚垫肿

栖架被病原污染，场舍地面过于粗糙或凹凸不平，笼网的金属游离端没处理好，温度过高，卫生条件不良，均有助于这两种病的发生。因为这样的条件易造成鸽胸部及脚垫损伤，从而为病原感染打开门户，引起这些部位发炎、肿胀、化脓，局部温度升高，有痛感和波动感。病部切口有腐臭的脓液或红棕色、棕色液体，也可形成干酪样物。病鸽不愿俯卧，也不愿行走。如单脚患病，则出现单脚负重站立或单脚跳的症状。

4. 关节炎、腱鞘炎、滑膜炎

由于病原感染相应部位组织而引起的。患部发炎、肿胀、发热、疼痛，行走困难，病鸽伏卧于地，甚至不能采食、饮水，进行性消瘦，最后衰竭死亡。有的趾底部肿胀呈瘤状；有的趾尖发生坏死，逐渐发展到趾端形成坏疽。病鸽的喙部及易碰撞之处也容易发生局灶性病理变化。

5. 脊椎炎、化脓性骨髓炎

颈椎及脚部的胫骨部位较其他部位易发生，是病原侵入脊椎、骨髓并在其中大量繁殖、造成损害的结果，分别表现为头颈活动不灵，面部发炎、肿胀或溃烂，脚软、跛行，骨质变脆、易折及出现坏死，病鸽较快死亡。

6. 脐炎、眼炎、翼尖坏死

也是由于病原的局部感染，使这些部位引起不同程度的炎症和功能障碍的不同表现。如新出壳雏鸽因脐部闭合不全而感染，脐孔发炎肿胀，腹部膨大，局部发硬呈红黄色或紫黑色，眼半闭，精神沉郁，俗称"大肚脐"。眼炎型病鸽上下眼睑肿胀，闭眼，内有脓性分泌物并将眼黏合。结膜肿胀，有的出现肉芽肿，最后失明并衰竭死亡。

【病理变化】不同病型出现的病理变化也有差异。急性败血型的病理变化主要在胸部，胸腹部羽毛脱落，皮肤呈紫黑色水肿，剖开胸膜部可见呈弥漫性紫黑色或红黄色的水肿液，全身组织、肌肉有出血斑或出血条纹，有的有坏死灶；肝脏肿大呈土黄色，呈斑纹样，有的有灰白色坏死灶；脾脏肿大呈紫红色，有的也有灰白色坏死点。关节炎型病例可见关节肿大，滑膜增厚，充血或出血，关节囊内有浆液或纤维素性渗出物，病程长的变成干酪物或坏死或关节周围结缔组织增生和畸形。肺炎型病例可见肺淤血、水肿，以及肺实质变化，有的出现紫黑色坏疽样病理变化。

【诊断】根据发病情况、症状及病理变化可作出初步论断，实验室检查常用以下几种方法：

1. 涂片镜检。采取不同型的相关病料，如皮下渗出物，关节液、眼分泌物和肝、脾、肺、脐部、卵黄囊等病料，涂片，革兰氏染色后镜检，可见到典型的球菌。

2. 分离培养。将病料接种于普通琼脂、血液琼脂和高盐甘露醇琼脂上，可见到典型的菌落，有 β-溶血环。菌落呈金黄色者为致病菌，有溶血圈者多数是致病菌。

3. 生化试验。取一菌落移至玻片上，加 1 滴 30% 双氧水混合，如立即产生气泡，即为阳性，为致病性葡萄球菌。如凝固酶试验为阳性者，多属致病性葡萄球菌。如能分解甘露醇者，也多为致病菌。

【鉴别诊断】葡萄球菌败血症就与排水样稀粪的疾病作鉴别，可参看鸽 I 型副黏病毒病的类症鉴别部分及副伤寒的类病鉴别部分。本病的出血性变化还应与维生素 K 缺乏症、黄曲霉毒素和磺胺类药物中毒相鉴别：维生素 K 缺乏症无传染性，经补充后可逐渐收效；磺胺类药物中毒也无传染性，且有用药不当的情况；黄曲霉毒素中毒可参看副伤寒鉴别的相应部分。

【预防与治疗】一旦鸽群发病，应立即进行全群治疗。最好先做分离菌株的药敏试验，选择最敏感药物进行治疗。

下列药物对本病均有理想的治疗效果：①青霉素，按每千克体重 6 万~8 万单位，1 次肌内注射，每天 1 次，连续 2~3 天；②庆大霉素，按每千克体重 2 万~4 万单位，1 次肌内注射，每天 1 次，连续 2~3 天。此外，也可选用四环素类抗生素及其他广谱抗生素。

预防上主要注意地面、栖架的平整性，除去金属网的外露刺，搞好平时的饲养管理和清洁卫生，以消除病原，增强体质，提高鸽体的抵抗力。

五、链球菌病

包括鸽在内的家禽链球菌病又叫睡眠病，是世界性分布的急性败血症或慢性传染病，以昏睡、持续下痢、皮下及全身浆膜水肿出血为特征。在我国多呈地方性流行。

【病原】粪链球菌、兽疫链球菌（偶称禽链球菌）均有致病力，但最多见的是兽疫链球菌。兽疫链球菌可使各种年龄的鸽致病，粪链球菌主要侵害雏鸽。链球菌菌体呈球形，菌体直径0.1~0.8微米，革兰氏阳性，老龄培养物有时出现阴性，并多少不等互相连接成链状，也有成双或单个存在的，不形成芽胞。

本菌为兼性厌氧菌，在普通培养基上生长不良，在血液琼脂平板上生长良好，产生明显的β型溶血，菌落呈无色透明露珠状，菌体有荚膜，能发酵山梨醇，不产生接触酶。

兽疫链球菌在麦康凯培养基上不生长，其他链球菌都能生长。链球菌对家兔和小鼠的致病力很强，小鼠腹腔注射后迅速死亡，家兔静脉注射后24~48小时发病死亡，但大鼠和豚鼠有抵抗力。

兽疫链球菌对青霉素最敏感，其次是新霉素。不同菌株对个别抗生素的敏感度也有区别，但对一般的消毒药液均敏感。

【流行特点】本菌广泛存在于自然界，是禽鸟肠道的常在菌。通过患病和带菌的鸟排出的病原菌普遍分布于养禽场的环境之中，从而成为十分广泛的疫源，再经消化道、呼吸道或皮肤、黏膜损伤感染。当然，也会发生内源性感染，还可经污染的蛋壳感染。

本病的发生、流行在很大程度上与应激因素有关，诸如气候变化、温度降低、环境污秽不卫生、阴暗潮湿、空气污浊、饲养密度过大和体况低下等均可引发疾病。本病的发生无明显的季节性，一般多呈散发或地方性流行。发病率也有差异，死亡率10%~20%。

【症状】根据病程长短，可大致分为最急性型、急性型、亚急性或慢性型。

1. 最急性型病例。没有明显的症状或仅有数分钟的抽搐便死去。

2. 急性型病例。主要为败血症症状，多数病例精神呆滞，食欲不振或废绝，乏力，贫血，消瘦，黄绿色下痢，头部组织及羽毛可有血染，有持续性菌血症。兽疫链球菌感染时多有体温升高，粪链球菌感染时体温不升高，还可稍低一些。濒死时出现痉挛或角弓反张等症状。病程1~3天。

3. 亚急性或慢性型病例。表现病程发展较缓慢，精神不振，食欲减退、嗜眠或昏睡，时蹲伏，进行性消瘦，跛行或站立不稳。有的出现下痢、眼炎或痉挛、麻痹等神经症状。

【病理变化】急性病例主要表现出出血性败血症变化，常有皮下组织、肌肉及浆膜水肿，心包腔、腹腔有浆液性出血性或浆液性纤维性渗出物，心外膜出血，肺、脾、肾充血或有出血，肝周炎、脂肪变性和有灰黄色坏死灶，龙骨部皮下有血样液体。此外，还可见到心内膜炎、关节炎及雌性成鸽输卵管炎。有的病例见有肌肉出血，多数病例有卡他性肠炎病理变化或肠壁增厚、黏膜出血等变化。

慢性病例表现消瘦，下颌骨间形成脓肿，这些变化在急性病例中有时也可出现。大多数出现纤维素性关节炎、卵黄性腹膜炎和纤维素性心包炎变化，肝、脾、心肌等实质器官出现炎性变性坏死病灶。

【诊断】综合症状、病理变化及病原检查可作出诊断。

1. 涂片镜检。采取病死鸽肝、脾组织或心血、皮下渗出物、关节液等病料，涂（抹）片后用美蓝或瑞氏、革兰氏染色法染色，镜检可见到蓝色、紫色或革兰氏阳性的单个、成双或短链排列的球菌。

2. 分离培养。取病料接种于血液琼脂平板上，37℃培养24～48小时，可见到透明、圆形、露滴状、有β型溶血的细小菌落，涂片镜检可见到典型的球菌。

3. 动物接种。取纯培养物或肝、脾病料的匀浆悬滴上清液，腹腔接种小鼠（0.2～0.5毫升）或家兔（1～2毫升），可在24～48小时发病死亡。剖检可见出血性败血症变化，涂片镜检可见到典型的球菌。

【鉴别诊断】急性链球菌病和鸽衣原体病、鸽肠杆菌败血症的区别是后两种病没有皮下、肌肉水肿的病理变化。

【预防与治疗】治疗药物可用青霉素，或链霉素与青霉素合用，或用红霉素、新霉素、四环素、林可霉素、呋喃类药物及磺胺类药物，但对慢性病例宜考虑淘汰。

1. 青霉素和链霉素，按每只每次5万国际单位口服，每天2次，连用3天；或减半肌肉注射、每天2次，连用2～3天，鸽对链霉素极为敏感，应慎用。

2. 2.5%恩诺砂星，每5克加入1升水中，供鸽自由饮用。

3. 5%硫氰酸红霉素，每100克加水500～700千克水供自由饮用。

迄今，尚无疫苗用于免疫接种，目前只能采取综合性预防措施防止本病的发生，主要有以下几点：加强饲养管理，提高鸽群对病原的抵抗能力；搞好卫生工作，保持场舍和环境的清洁卫生，消灭虫鼠和防止野禽野鸟进入；适当、合理地进行药物预防；消除一切可能出现或存在的应激因素，防止诱发本病。

六、结核病

本病是鸽和其他家禽、家畜的一种典型慢性、消耗性传染病，以顽固性腹泻、贫血、消瘦及脏器出现大小不等的结节为特征。此病广泛分布于世界各地，但温带地区较热带地区多见。饲养管理不良，尤其是营养缺乏，有利于此病的发生。

【病原】病原是禽型结核分枝杆菌，对人、畜毒力不强。其形态特点是菌体细长，呈棒状、钩形弯曲及偶有分枝的多形态型。没有鞭毛、荚膜，也不形成芽胞。虽属革兰氏染色阳性，但不易着染，且具有抗酸染色特性。涂片经火焰固定后，用石炭酸-品红染液（在1份含有3%碱性-品红的75%酒精溶液中，加入9份5%石炭酸水溶液即成石炭酸-品红染液）染色，置酒精灯火焰中加热至产生蒸汽时持续3分钟，水洗后用3%盐酸酒精溶液脱色30分钟，水洗后用美蓝溶液（30份含1%美蓝的95%酒精溶液中，加入100份0.01%氢氧化钾溶液即成）染色1分钟。镜检可见在玻片蓝色的背景下呈红色的菌体。此菌对人工培养基的条件要求高，培养的时间要长。在全蛋或蛋黄培养基上，于 39~40℃ 条件下约经 10 天培养才能缓慢地长出小菌落。病原对外界环境有较强的适应性，在运动场中经 4 年仍有感染力，在已深埋 0.9 米达 27 个月之久的尸体中仍能找到此菌，在锯末中 20℃168 天或 37℃244 天还存活。对干燥抵抗力更强，在分泌物中于避光处可存活 150~332 天，在阳光下可存活 18~31 天。但对热较敏感，55℃4 小时，60℃60 分钟，65℃15 分钟，70℃10 分钟，80℃5 分钟，90℃2 分钟，100℃ 不到 1 分钟即可死亡。对化学消毒药、强酸、强碱有强大的抵抗力，4%~5% 碱液作用几小时不死亡，4% 甲醛溶液或 5% 石炭酸与 1% 盐酸水溶液的混合液作用 12 小时，5% 石炭酸作用 24 小时才被灭活。

【流行特点】本病主要发生于成年鸽和老龄鸽及其他家禽，幼龄鸽发病较少。病鸽及其他病禽是本病的传染源。在病鸽肠道内，有许多小圆形的溃疡性结核结节，能向肠腔内排出大量的结核杆菌，并通过粪便排出体外，污染场地、饲料、饮水和土壤等，易感鸽经口进入消化道感染，也可经鼻吸入污染的空气而感染。饲养人员的鞋底沾染了病鸽的粪便，再到其他地方去，就容易造成禽结核病的散播。饲养用具和运输车辆，也同样会受到污染，造成本病的传播。有人在蛋中分离出此菌，获得 3.55% 的分离率，故经蛋传染是可能的。

【症状】潜伏期长达 2~12 个月，多呈慢性经过。开始时病鸽食欲无明显变化，只见精神稍差，以后日渐消瘦与贫血。但症状表现视病原侵害的部位而定，如结核发生在肺、肠、肢体骨骼、肝、脾时，分别出现呼吸困难，咳嗽；顽固性腹泻；翅膀下垂、瘫痪或跛行；黄疸或由于肝、脾破裂导致内出血而突然死亡。

【病理变化】剖检可见患部出现针头至鸽蛋大的结节，切开后结节中心有干酪物，其周围有石灰质。急性病例的结节周围有红色环，内有较多的小结节，就像切开的石榴。慢性病例的结节外围已变成白色质坚的瘢痕组织，其中心已干酪钙化，但最中心为脓样。肺粟性结核病例，在肺中有较多的粟粒大小的结节，可随病程的延长而不断增大，黄白色，半透明，坚硬或外有纤维素性物包裹。肠结核常伴有肠黏膜溃疡，溃疡病灶底部有被脓液覆盖着的，更小的结节形成的脐状溃疡。

【诊断】据病程、特征性的症状与病理变化可初步确诊，最后确诊应进行病原的检查。下列方法可作为活鸽检查的有效手段。

1. 结核菌素试验。用结核菌素注射器在鸽的上眼睑皮内注入 0.03~0.05 毫升禽型结核菌素，于注射后 48 小时及 72 小时各观察 1 次。注射部位如出现温度升高并有明显肿胀者为阳性，证明为结核病；肿胀不明显的为疑似；无肿胀者为阴性。此方法有时会出现假阳性或假阴性的情况，应注意校正。

2. 全血平板凝集试验。用无自凝现象的禽型结核死菌抗原（中国农业科学院哈尔滨兽医研究所、兰州兽医研究所均有供应），用 0.5% 石炭酸生理盐水配成含 10% 的悬液。操作时取鸽的翅内侧静脉血 1 滴放于洁净的载玻片上，加入 1 滴上述抗原悬液，然后用洁净的牙签混匀后，1 分钟内判断结果。出现凝集（絮状沉淀）的判为阳性，否则判为阴性。此法既简便又快速。

【预防与治疗】此病虽有异烟肼、异烟腙、链霉素等特效治疗药物，但因疗程长、成本高，并且在治疗期间还有向外排出病原、不断造成污染的问题，故对病鸽不宜治疗，应予以淘汰，做无害化处理，并进行全场消毒。在预防方面，重要的是不引进传染源，新鸽群引进后必须隔离饲养60天，经观察确认无此病时再混群。此外，平时还应注意加强饲养管理，落实各项防疫措施，把预防工作做在前。

1. 利福平，按每只30毫克口服或注射，连用1~2个月。如与链霉素、异烟肼等配合使用，疗效更佳。

2. 链霉素：0.1克/只，肌内注射，连用5天。

3. 异烟肼、乙二胺二丁醇，按1千克体重30毫克联合内服，连用1~2个月，对本病有一定的治疗作用。

4. 中草药的白芨、百部、黄芩也可适用。

七、伪结核病

本病是一种人兽共患的接触性传染病。在鸽及其他禽类中，多属地方性流行或散发，表现突发性腹泻，短期急性败血症后在许多脏器发生干酪样肿胀和结节。偶尔在火鸡中引起严重损失。人感染后表现为致死性败血症。在欧洲则引起鸽盲肠炎的肠炎型相当多见。

【病原流行特点】病原为伪结核耶尔森氏菌。被病原污染的饲料、饮水、土壤、用具都可引起传播。感染途径主要是经消化道，其次是损伤的黏膜和皮肤。

【症状】急性病例的潜伏期3~6天，慢性病例2周或更长。急性的常没有症状便突然死亡，或死前几小时至几天突然出现腹泻和败血症，在此短时间内常可见有羽毛松乱，毛色暗淡，呼吸困难和衰竭的症状。病程稍长者，精神委顿，嗜睡，便秘，皮肤褪色，消瘦，僵硬，麻痹，肛门周围羽毛有粪污，贫血，脱水，喜卧于阳光下，严重的有出血性肠炎。

【诊断与鉴别诊断】据突发性腹泻、干酪样肿胀和结节性病理变化，可怀疑有本病存在，但须与同样有腹泻和结节性病理变化的结核病、曲霉菌病、砂门氏菌病、赖利绦虫病进行鉴别。结核病有顽固性腹泻，贫血、消瘦，病程长，其结节呈轮层状，切开可见内部有更小的结节，就像切开石榴。其他疾病请参看砂门氏菌病的鉴别诊断有关内容。

【预防与治疗】迄今为止，本病除高免抗体外，尚缺有效的治疗药物和预防接种的疫苗。因此，要以做好平时的兽医防疫卫生工作为主，加强饲养管理，防止疾病发生。

八、铜绿假单胞菌病

本病又叫绿脓杆菌病，是世界性分布的禽类、哺乳类和爬行类动物的共患病。鸡、火鸡和鸵鸟等有感染发病，在我国绿脓杆菌病已发生多起，应引起注意。在鸽群中时有发生，主要发生于雏幼鸽，以肠炎、腹泻、皮肤或翅膀发生黄色干硬肿为特征，严重的常取败血症死亡，死亡率可达50%以上。

【病原】本病的病原是绿脓假单胞菌，革兰氏染色阴性，为两端钝圆的短小杆菌，一端有鞭毛，能运动，单在或成双排列，偶见短链。本菌培养特性如表7-1。

表7-1 绿脓杆菌的培养特性

培养基	培养温度、时间	培养特性
普通肉汤	37℃，18～24小时	稍浑浊，有菌膜，传代后菌膜呈蓝绿色
普通琼脂	37℃，24小时	菌落大小不一，呈蓝绿色，有芳香味
血液琼脂	37℃，18～24小时	大而扁平的灰绿色菌落，有β-溶血环
麦康凯琼脂	37℃，24小时	生长良好，培养基呈暗绿色，菌落不红
SS琼脂	37℃，24～48小时	呈中央棕绿的菌落
三糖铁培养基	37℃，24小时	不产生硫化氢，底部不变黑

本菌能分解葡萄糖、木糖、半乳糖，不分解麦芽糖、蔗糖、鼠李糖、乳糖、山梨醇、阿拉伯糖等，氧化酶、接触酶和尿素酶阳性，能液化明胶。菌体纤细，在土壤、肠内容物，下水道的污泥、湖沼地，有时在井水中，均有存在。本菌对热有一定的耐受性，在55℃中经60分钟才被杀死。对紫外线、化学药及很多抗生素如青霉素、金霉素、土霉素等不敏感，但0.5%～1%醋酸溶液有迅速杀灭的作用。

【流行特点】绿脓杆菌是一种腐生常在菌，广泛存在于空气、粪便、土壤、污染的饲料和饮水中，随时随地都可感染传播而引起发病。各种年龄的鸽都易感，1～3周龄的雏鸽更易感，并可引起死亡，死亡率达49%以上，通常因种蛋污染菌引起，继而污染孵化器及环境，进一步在乳鸽中传染。同样，本病可通过消化道、呼吸道、外伤及注射针孔等途径感染。

【症状】病鸽表现精神沉郁甚至萎靡，食欲下降或停止，毛松乱无光泽，眼闭，呼吸音粗或有呼吸啰音，消瘦无力。严重下痢，排淡黄色至黄绿色甚至血性稀粪，消瘦，肛门周围污秽，严重时肛门水肿，可因衰竭而死。重病鸽体温升高至42.5℃以上，病程3～5天，转归为败血症死亡。成年病鸽出现眼睑肿胀，流泪，眼角有脓性分泌物，有的角膜有溃疡灶，头和肉垂水肿，死亡率差异很大，10%～50%不等。但多呈散发性，即使有发病史的鸽场也是这样。

【病理变化】本病突出的病理变化是肠炎病变，可见肠黏膜充血、出血，肠腔有黏液。此外，还可见喉黏膜、肺充血，气囊混浊，心包膜充血，肝肿大、质脆、表面不平整，有出血点及针头至绿豆大坏死灶。若经创伤途径感染，则可见患部发炎及有蓝绿色变化。

【诊断】经创伤途径感染的，可据症状及病理变化初步确诊。经其他途径感染的，应结合病原分离才能确诊。

1. 涂片镜检。采取肝、脾、肾、肺和胶样水肿液等病料做涂（触）片，革兰氏染色后镜检，可见到典型菌落。

2. 分离培养。采取病料接种普通琼脂和血液琼脂，可见到呈蓝绿色、有芳香气味或β-溶血环的典型菌落。

3. 动物接种。取24小时的肉汤培养物，腹腔接种健康雏鸽或健康雏鸡，可引起发病死亡，取病死鸽病料涂片镜检和分离培养都能见到绿脓杆菌。

【预防与治疗】

庆大霉素对本病有极好的疗效，按每只1万~2万单位肌内注射，每天1次，连用2~3天。也可使用多黏菌素B和多黏菌素E、四环素、链霉素、新霉素、三甲氧苄氨嘧啶等药。

因本病病原容易形成耐药性，故应注意药物的合理使用，最好是定期交替用药。在预防方面，主要是在平时进行科学的饲养管理，做好常规的防疫工作，避免创伤，若发现病鸽，应及时治疗或淘汰，并进行全场性的投药预防及卫生消毒工作。

九、李氏杆菌病

本病是多种禽类、哺乳动物及人均可感染的散发性、败血性传染病。幼龄鸽对本病的敏感性比成年鸽大，主要发生于温带地区的黏土、灰泥或腐殖质区。在鸽中此病常与砂门氏菌病混合发生，家禽感染后主要表现为脑膜炎、坏死性肝炎和心肌炎。

【病原】本病病原是单核细胞增多性李氏杆菌，革兰氏染色阳性的小杆菌，大小为（1~3）微米×0.5微米，有鞭毛，能运动。存在于土壤和粪便中，呈球形或杆状，时间长的出现长丝状。在悬滴中的运动性检查时可见其做翻腾、打滚运动。此菌也和绿脓假单胞菌一样，在营养琼脂中的菌落形成蓝绿色的色素。

本菌对热有较强的抵抗力，55℃30分钟、85℃40秒钟才被杀死。对碱和盐有较大的耐受性，可在氢离子浓度0.251纳摩/升（pH值为9.6）的10%氯化钠溶液中生长，在20%氯化钠液内经久不死。在用0.25%石炭酸溶液防腐的血液作用5分钟，2.5%氢氧化钠溶液或甲醛溶液作用20分钟，70%酒精作用5分钟可将其杀死。

【流行特点】本病主要危害1月龄左右的青年鸽，可通过消化道、呼吸道、眼结膜及损坏的皮肤而感染。其病原菌常由粪便和鼻腔分泌物中排出，带菌状态可以转变为败血症。

【症状】本病以急性经过为多见，常于1~2天内死亡。病程稍长的呈现腹泻、消瘦和呼吸困难，常有头颈歪斜这一中枢神经损伤症状。

【病理变化】最常见的是心肌多发性变性或坏死、充血、心包炎、肝呈古铜色肿大并散布有坏死灶。脾充血，常出现斑驳状外观。心肌和腺胃可能有淤血斑，有时可见纤维素性腹膜炎和肠炎。

【诊断与鉴别诊断】根据症状、病理变化，结合病原检查可作出确诊。但应注意与纤维素性腹膜炎的衣原体病、链球菌病区别。衣原体病病鸽排硫磺样稀粪并有眼炎，而本病没有，余者可参看链球菌病的相应部分内容。

【预防与治疗】本菌对大多数抗生素尤其是低浓度的抗生素有抵抗力，但高浓度的四环素是本病治疗的首选药，青霉素、氨苄青霉素、磺胺吡啶、磺胺甲基嘧啶、氨苯磺胺也可选用。到目前为止，对本病尚无人工免疫的预防方法，只能对病鸽及时隔离或处理，并采取综合性措施加以防治。

十、丹毒

本病是一种世界性分布的，以鸽、火鸡和鸭最易感的多种禽类的散发性败血症，其他动物、鱼类均可感染，人可引起局部性炎症，甚至全身症状。

【病原】病原为细长、多形态、平直或微弯而纤小的红斑丹毒丝菌。本菌对消毒药的抵抗力不强，3.5%来苏儿或5%酚溶液可很快将其杀死。对热有一定的抵抗力，70℃5~10分钟，55℃15分钟才能杀死；在日光下12~14天才死亡。福尔马林对本菌无消毒作用。3%克辽林、1%苏打、0.1%升汞、3.5%甲酚、5%石炭酸、1%漂白粉（新配）等溶液作用5~15分钟均可将其杀死。对新霉素、碘胺类药物、呋喃类药物及口服四环素均不敏感。

【流行病学】传染源是病鸽、带菌鸽及其他禽类。用带菌的鱼粉、其他动物体制成的骨肉粉喂鸽。也可能发生本病。感染途径是消化道及损伤的皮肤。吸血昆虫有机械传播作用。

【症状】病鸽精神委顿，食欲不振，呼吸困难，头部肿胀，或有黄绿色下痢。慢性的出现脱水、渐进性消瘦、贫血及衰弱。病鸽多以死亡为转归。

【病理变化】病鸽呈现典型的败血症变化，其特征是全身性器官组织尤其是胸、腹、腿部肌肉，胸膜、心内外膜、脾、肺、肠、肾包膜下有淤血斑或弥漫性充血和出血。肝质脆，呈煮熟样，大腿前缘组织发生脂肪变性。有的病例还可出现出血性肠炎。腺胃、肌胃壁增厚，腺胃黏膜出血、坏死甚至溃疡。胰腺常有界线明显的玫瑰红区。表皮可见有皮革状粗糙的条样外观。

【诊断】根据剖检所见的典型病理变化可作出初步诊断，最后确诊应以病原检查为依据。

【预防与治疗】

治疗时可选用下列药物：①青霉素，按每千克体重6万~8万单位，肌内注射，每天1次，连续2~3天。也可溶于饮水中连续4~6天全天供饮；②硫氰酸红霉素，按每千克体重200~250毫克的量混于饮水中供全天饮用，连续3~5天；③乙酰螺旋霉素，按每千克体重60~100毫克喂服，每天2次，连续3~5天。

因丹毒是猪的重要传染病之一，也是羊的常见病，故鸽舍的场地应远离猪场与羊场。鸽场人员不可来往于这些场之间，以隔绝病原。发现病鸽应及时治疗，最好做淘汰处理，随之进行全场消毒和全群性预防用药，并结合其他的有效措施，控制此病的发生。

十一、溃疡性肠炎

鸽溃疡性肠炎是由鹌鹑梭状芽胞杆菌引起的一种急性细菌性传染病。以发病突然，死亡率剧增，白色下痢，肝脾坏死，肠道发炎、坏死、溃疡为特征。呈地方流行性，除鸽外，多种禽鸟类都可感染，最早发现于鹌鹑，故又叫鹑病。

【病原】病原是鹌鹑梭状芽胞杆菌，菌体为杆状、平直或微弯等多形态。具有小于菌体直径的近端芽胞，不能运动，人工培养只有少数菌体形成芽胞。此菌可在鸡胚中生长，接种于经孵5～7天的鸡胚卵黄囊后，48～72小时鸡胚死亡。这是病原培养的方法，也是继代和毒力保持的好方法。对人工培养基的要求较苛刻。因其具有芽胞，故对理化因素有较强的抵抗力，于100℃3分钟或80℃60分钟才能被杀死，而在-20℃时16年仍有活力。在常用的药物中，对多黏菌素、磺胺类及呋喃类药物有耐受性，但对青霉素、四环素及杆菌肽敏感。

【流行特点】各种禽鸟类均可感染，自然条件下鹌鹑的易感性最高，鸽也是敏感的禽类之一，各品种、品系鸽均易感，幼龄鸽尤甚，但常不引起严重的死亡。病禽和感染带菌的禽鸟是主要的传染来源，病原菌经粪便排出和病死尸体的扩散污染土壤、场地、圈舍、用具、环境、垫料、饲料、饮水等，通过消化道传染。鸽场一经污染就很难根除，从而容易造成年复一年地发生，呈地方性流行。

本病一年四季均可发生，但在南方地区的3～6月梅雨季节、潮湿天气时多发。

【症状】幼鸽往往突然发病，常无明显症状而突然死亡，有的仅见嗉囊胀满。非急性病鸽可见：病鸽不安，精神委顿，食欲下降及至废绝，饮欲增加，腹部膨大，羽毛松乱无光泽，蜷缩；白色下痢、腹泻，粪便初呈灰白色水样，以后转变成灰绿色或暗黑色，有的呈黏稠糊状，有恶臭味，肛门周围和下腹部沾满粪污；闭眼，反应迟钝，弓背，步态不稳或蹲地，逐渐消瘦，病程7～10天，最后转归死亡。成年鸽的症状比较轻而缓，病程较长，死亡率也较低。

【病理变化】急性死亡的鸽除上段小肠有出血点及出血性炎症外，其他病理变化不明显。病程稍长的整个肠道发生炎症、坏死及溃疡或可见凹陷中心覆盖有不易剥落的黑色物。溃疡病灶可发展至肠壁穿孔，导致腹膜炎。有时可见到肝区出现浅黄色坏死斑点或肝周有不规则的坏死灶，还有的整个肝弥漫散布上述的坏死点。脾可能有肿大、充血和出血变化。

【诊断】根据典型病理变化及组织涂片检查，可作出诊断。

1. 涂片镜检。取肝脾等病料组织做涂（抹）片，革兰氏染色后镜检，可见到典型阳性的梭状芽胞杆菌。

2. 鸡胚接种。采取肝、脾病理变化组织制成1∶10的匀浆悬液，取上清液接种5～7日龄鸡胚卵黄囊，培养48～72小时鸡胚死亡。利用鸡胚培养物做生化试验、涂片镜检和培养特性检查等，可作出鉴定。

【预防与治疗】下列药物对本病有较好的疗效：①青霉素，按每千克体重4万～8万单位肌内注射，每天1次，连用3～5天；②杆菌肽，按每千克体重1 000单位，1天分3～4次肌内注射，连用3～5天；③氟哌酸，按每千克体重每天22.5毫克的量喂服，连续喂7天；④链霉素，按每千克体重20～40毫克的量，一次肌内注射，每天1次，连续3～4天。

因本病病原具有芽胞，应彻底扑灭。预防工作以杜绝传染源传入为主，再结合其他的相应防疫措施，防止本病的发生。如鸽群中已出现此病，应立即将病鸽隔离治疗或直接淘汰，随之进行全场彻底清扫和消毒及全群性连续投药。鸽粪、垫料及其他污染物应清除，并做无害化处理。据报道，禽溃疡性肠炎油乳剂灭活疫苗具有98% ~ 100%的保护率，免疫期可达半年以上，可试用。

十二、坏疽性皮炎

本病又名坏死性皮炎、坏疽性蜂窝织炎。禽鸟类、许多哺乳动物以至人均可发生。其特征是发病突然，死亡急剧，局部皮肤或黏膜、皮下组织或肌肉发生水肿和坏死。

【病原和传播途径】病原是败血梭菌，杆形，呈单个或短链排列，在病理变化组织涂片中呈链状。在2.5%鲜血琼脂及厌气的条件下培养24 ~ 48小时才能生长，并形成抵抗力极强的芽胞，80℃120分钟或100℃30分钟方被杀死。病原广泛存在于自然界中，损伤的皮肤是主要的感染途径。

【症状】本病发病突然，死亡急剧增加，发病后常不到24小时便死去。病鸽表现为伏地不起，精神呆滞，羽毛松乱而无光泽。在胸、背、腿、翼尖等部位的皮肤上出现暗紫色肿胀、坏死或溃疡，并有腐臭气味。患部羽毛不洁。

【病理变化】急性坏疽常见患部有暗紫色肿胀、坏死、溃疡，有腐臭，其内部有时出现带泡沫的浆液性渗出物。肝、脾、肾肿大，肝、脾有坏死灶。腺胃、肌胃的黏膜有出血和溃疡。慢性病例则骨髓颜色变淡，贫血。

【诊断与鉴别诊断】根据典型的症状与病理变化可作为初步诊断的依据，但确诊需做病原鉴定。本病症状与葡萄球菌局部感染类似，但后者的胃黏膜没有出血、溃疡变化，可据此区别。

【预防与治疗】如治疗及时，用青霉素、链霉素等均有良好效果。若仅发现个别病例时，宜做淘汰处理，并立即进行全场清洁消毒和预防性投药。在剖检时，要注意尸体和污物等必须全部做无害化处理，以免人为地扩散病原。平时注意栏舍环境不能存在锐利、尖刺物体，以免造成创伤，引起感染。

十三、鸽传染性鼻炎

【病原体】本病的病原体是一种厌氧性嗜血杆菌属细菌，对生长条件的要求较高，同时，病菌对外界环境的抵抗力也很弱，阳光，高热和常用鸽舍卫生消毒药物均能杀死病菌。因此一般在卫生条件好的健康鸽舍内很罕见。相反的是，卫生条件差，特别是通风不良，温差大和鸽子数目过高的鸽舍，本病菌也能孳生存活下来——这种鸽舍内的鸽子易得病，一般是间歇性暴发疾病（某些病鸽接着发病），只要将鸽舍存在的劣况改善，疾病则不易再在舍内肆虐。

【传染蔓延】主要是经由呼吸道感染。已经发病的病鸽和隐性带菌鸽是本病的主要传染源，传染途径是这些鸽子的飞沫会随空气（尘埃）经由健康鸽的呼吸而进入呼吸道感染，此外，消化道感染也有可能，被病菌污染的饮水和饲料、啄石等，也可经口进入消化道感染鸽子。鸽场应防止可能带菌的野鸟（特别是麻雀）的进入，杜绝这一可能的传染媒介。

各种年龄的鸽子都有被感染发病的可能，在自然的情况下，大幼鸽和老龄鸽最易得病，前者是因为母体转移抗体的能力已丧失，若病菌存在于生活环境中就有被感染发病的可能，后者是因年老后，本身抗病力日渐减弱，因此也较易被感染。

本病多发于秋冬季节，特别是鸽舍通风不良，日照不足和饲养鸽子过于拥挤的不良环境下，本病易暴发。健康欠佳，特别是维生素缺乏，罹患寄生虫（肠虫、球虫和毛滴虫）的鸽子较易发病。

【症状和病理变化】经自然接触感染而发病的鸽子，其潜伏期很短，一般都会在1~2天内发病。病鸽精神不振，食欲下降甚而厌食，当鸽主喂给饲料后也会走近饲料槽，不但表现挑食，且很快地便停食离去，下痢也是常见的症状。若幼鸽得病而不治疗，对其生长发育影响极大，种鸽得病后配对欲会下降，雌鸽暂时停止产卵。可视症状包括鼻液分泌急剧增多，初是清夜，继而转为脓浆样黏性液，常打喷嚏，严重者出现咯音。鸽眼也会出现典型症状，常出现结膜炎，眼睑肿胀，粘连，且会不时出现自抓眼睑的动作，若病情拖延，甚而脸部亦会变肿胀，进一步会并发气管炎、慢性肺炎和气囊炎。

【诊断】本病的症状相当典型，兽医可凭典型的病史和症状作出初步诊断。确诊和鉴别诊断甚易，经由病原分离鉴定，也可利用验血方法检验血清中的嗜血杆菌凝集素以行决定。

【防治】

1. 日常做好鸽舍卫生消毒工作，减少应激反应因素，防止病原菌传入。

2. 在气温突变时，可喂中草药预防：地胆头25克、金银花10克、桉叶6克煎水，可供50对鸽子饮用。每天1次，连服3天。

3. 土霉素、金霉素，按0.1%浓度拌料，或按照每只50毫克拌料，连用4天。

4. 壮观霉素，每千克体重100毫克肌肉注射，每天2次，连用5天。

5. 磺胺嘧啶按0.02%~0.04%拌料喂服，连用3~5天，首次剂量加倍。

同时，我们必须注意，不论使用抗生素或磺胺药物以行治疗也好，一定要遵从医师指示，完成整个治疗疗程进行抗菌减菌，否则于停药后亦有复发的可能。并且经治愈的病鸽尚会成为本病原的隐性带菌者。

鸽舍一旦暴发本病，马上该行消毒措施，病鸽且立予隔离和进行治疗，并评估鸽舍的条件（看看通风是否不良、鸽只数量是否过高等），喂饲料不当者也需立刻改善。若不幸有病鸽死亡，该妥善处理鸽尸。

第三节 其他传染病

一、鸽曲霉菌病

曲霉菌病是真菌中的曲霉菌引起的鸽及多种家禽和哺乳动物的一种真菌性传染病，

引起曲霉菌病的主要病原体为烟曲霉和黄曲霉等。该病的特征是呼吸困难和下呼吸道（肺及气囊）有粟粒大、黄白色结节，所以又叫曲霉性肺炎。鸽对此病的敏感性比鸡低，成鸽的发病率又比幼鸽低。世界各地均有发生，常呈急性经过。

【病原】本病主要由致病力强曲霉属烟色曲霉中的烟曲霉感染所致。它可引起某些植物、水果发生腐烂，使受感染鸽及其他禽类发生肺痈等曲霉菌病，有时也可侵害人。此菌广泛存在于自然界，且常在稻草、谷物中生长繁殖，在温暖潮湿季节生长繁殖很快。如果饲料或垫草污染上本菌，鸽子就会因食入大量孢子而发病。本菌极易在人工培养基上生长，菌落圆形，呈白色绒毛状，中心区为浅蓝绿色，表面深绿乃至黑丝绒状，由分生孢子穗、分生孢子梗、小梗和分生孢子构成。此菌常在堆肥、含水量高的粮食、饲料中大量繁殖。参与感染的还常有黄曲霉菌，此菌的菌落开始时呈浅黄色，往后渐变为黄色至褐色，能产生极毒的毒素，叫黄曲霉毒素，可使鸽等禽鸟类及其他动物食后发生中毒。

曲霉菌的孢子对理化因素的抵抗力很强，煮沸 5 分钟，干热 120℃分钟，2% 甲醛溶液 10 分钟，3% 石炭酸溶液 60 分钟，3% 氢氧化钠溶液 3 小时才被杀死。对常用的抗生素不敏感。

【流行特点】曲霉菌的孢子广泛分布于自然界，在鸽舍的地面、垫草及空气中经常可分离出其孢子。鸽常因通过接触发霉饲料和垫料经呼吸道或消化道而感染，也可经眼结膜及皮肤伤口感染。

各种年龄的鸽都有易感性，以雏鸽（4～10 日龄）的易感性最高，常为急性和群发性，成年鸽为慢性和散发。曲霉菌孢子易穿过蛋壳，而引起死胚，或出壳后不久出现症状。鸽舍阴暗潮湿、用具不洁、梅雨季节、空气污浊等均能使曲霉菌增殖，易引起本病发生。

【症状】急性型（又叫败血型或呼吸型）表现为羽毛松乱，精神、食欲不振或食欲停止，渴欲增加。嗜睡，反应迟钝，不愿走动。最突出的症状是呼吸困难，有湿性呼吸啰音，或伸颈、张口呼吸。还常有单侧性（有时为双侧性）眼炎，眼部有分泌物、肿胀、外凸，甚而上下眼睑粘连，导致不能饮食，内有块状、易挤出的干酪样物。慢性型的症状较缓和，病鸽进行性消瘦，出现因缺氧而致的眼结膜及可视黏膜发绀，有白色或黄绿色腹泻物。有的可出现头颈歪扭的神经症状，最后衰竭而死。成鸽的病程通常比幼鸽长。

【病理变化】急性型病例病理变化明显，可见眼球肿胀，眼睑粘连，内有干酪样物，结膜紫红色。胸部气囊、肺，甚至心、肝、脾、肾等实质器官有坚实的、针头至粟粒大的黄白或灰白色小结节，切口呈干酪样或丝状。有的病理变化可扩展到支气管、肠浆膜或出现在皮肤上，后者不形成结节，而是黄色鳞片状斑点。肝砖红色。有神经症状的，可见脑膜有病理变化。慢性的成年鸽，肝部会有大小不等、灰白或灰黄色的肿瘤样结节。

【诊断】根据流行特点、症状、病理变化和病原检查的结果可作出确诊。临床上有诊断意义的是由呼吸困难所引起的各种症状，但要注意与其他呼吸道疾病相区别。

1. 直接镜检

取病理组织（结节中心的菌丝体最好）少许，置载玻片上，加生理盐水 1～2 滴后用针划碎病料，或加 20% 氢氧化钾溶液 1~2 滴后混匀，加盖玻片后镜检，可见典型的曲霉菌，大量的霉菌孢子，并且多个菌丝形成菌丝团，分隔的菌丝排列成放射状，直径为 7~10 微米。

2. 分离培养鉴定

采取结节病灶的内容物接种于马铃薯培养基或其他真菌培养基上，37℃ 培养 36 小时，出现肉眼可见的中心带有烟绿色、稍隆起、周边呈散射纤毛样无色结构菌落，背面为奶油色，直径约 7 毫米，有霉味。培养至 5 天，菌落直径可达 20~30 毫米，较平坦，背面为奶油色，镜检可见典型霉菌样结构，分生孢子头呈典型致密的柱状排列，顶囊呈倒立烧瓶样。菌丝分隔，孢子呈圆形或近圆形，绿色或淡绿色。

3. 动物试验

取 3 日龄雏鸡 4 只，以本菌分生孢子生理盐水悬液注入胸气囊 0.1 毫升/只，经 72 小时，试验组全部死亡，剖检病理变化与自然死亡病例相同，并从标本中分离出本菌。对照组 4 只全部健活，可确诊。

【鉴别诊断】本病的眼部感染，应与有眼部炎症的亚利桑那菌病、大肠杆菌病、葡萄球菌病、结核病、伪结核病、霉形体病、衣原体病、禽流感、禽巴氏杆菌病、维生素 A 缺乏症等相区别；而本病的呼吸道及其他器官的结节性病理变化，也应与有类似的赖利绦虫病、霉形体病、白痢杆菌病、亚利桑那菌病、结核病和伪结核病相区别。这些病的不同点在于小结节的压片镜检不出现菌丝。

【预防与治疗】不使用发霉的垫料和饲料是预防曲霉病的主要措施。选用外观干净无霉斑的麦秸、稻草或谷壳作垫料，垫料要经常翻晒，妥善保存，尤其是阴雨季节，以防止霉菌生长繁殖。如垫料被霉菌污染，可用福尔马林熏蒸消毒后再用，必须选用新鲜不发霉的全价饲料。

治疗：①制霉菌素防治本病有一定效果，剂量为每只 10 万~15 万单位混入饲料中，或每只 1/4 片喂服，每日 2 次，连用 4~6 天；②用 1:3 000 的硫酸铜或 0.5%~1% 碘化钾饮水，连用 3~5 天；③也可用克霉唑（人工合成的广谱抗霉菌药），剂量为每 1 000 只鸽用 1 克，均匀混合在饲料内喂给；④可选用禅泰动物药业有限公司生产的踢霸、霉立净等霉菌吸附剂，能将鸽体内积蓄的霉菌吸附后排出，长期添加使用能较好提高生产效益。

二、鸽衣原体病

衣原体病又称鸟疫、鹦鹉热，是鸽及多种家禽和鸟类的一种接触性传染病。在自然情况下，野鸟特别是鹦鹉的感染率较高，所以称为鹦鹉热。本病在世界各地均有发生，在欧洲曾发生鸡、鸭、鹅和火鸡中的流行暴发，引起巨大的经济损失。近年来，我国从进口的禽类中，多次检出衣原体病。衣原体也可以传染给人，引起砂眼病、结膜炎、关节炎、尿道炎等，人感染衣原体多与接触家禽和鸟类有关。本病是一种人兽共患病。在公共卫生上也有着重要意义。

【病原】病原为鹦鹉衣原体或鸟疫衣原体，呈球形，直径为 0.3~1.5 微米，不能运动，与病毒类的要求一样，只能在活的细胞内生长，而不能在无生命的培养基上繁殖。此病原对一般的消毒药抵抗力不强，经 2% 碘酊、70% 酒精、3% 过氧化氢等作用几分钟便失去感染力，0.1% 福尔马林、0.5% 石炭酸作用 24 小时可被灭活。56℃5 分钟、37℃48 小时、22℃12 天、4℃50 天也可被灭活。庆大霉素、链霉素、万古霉素、卡那霉素、新生霉素及磺胺嘧啶等对其不起作用，煤酚类化合物及石灰没有消毒效果。在 -20~70℃ 下可长期存活。

病原的毒力有强毒株和低毒株两类。强毒株可引起宿主的急性死亡，其特征是生命重要器官广泛性出血、充血和发生炎症；低毒株的感染宿主没有血管严重损害的病理变化，症状也不明显。

【流行特点】不同品种的鸽和其他家禽（鸭、鸡、鸽等）及野禽都能感染本病，一般多为 2~3 周龄的雏鸽和其他幼禽最易感。传染方式主要通过空气传播，病鸽及其他病禽的排泄物中含有大量病原体，干燥以后随风飘扬，易感鸽及其他家禽吸入含有病原体的尘土，引起感染。本病的另一个传染途径是从皮肤伤口侵入鸽及其他禽体内，螨类和虱类等吸血昆虫可能是本病的传染媒介，但不会经蛋传递。

【症状】鹦鹉衣原体在不同禽鸟引起的症状多种多样，而且受到如营养、免疫力、病原株、禽鸟种属等因素的影响。如火鸡分离株对火鸡常引起严重的心包炎，但气囊炎比鹦鹉分离株引起的轻；火鸡分离株对鹦鹉科鸟类高度致病，引起急性死亡，但对鸽、麻雀不造成损害。

雏鸽病例多呈急性经过，出现精神不振，震颤，鼻炎，眼结膜炎（常为单侧性），眼睑肿胀，呼吸困难，排黄绿色胶性粪，渐趋衰弱和消瘦以至恶病质，病死率最高可达 80% 以上。

青年鸽、成年鸽感染后多数呈隐性经过，偶有发生短时下痢和结膜炎。但若受到各种应激因素的影响，就会转为显性感染，表现食欲不振，精神沉郁，排出灰色或灰绿色稀粪，眼睑肿胀、闭合，眼内充满黏脓性分泌物，鼻孔流出浆液性鼻液。有的病鸽出现气囊炎，并发出啰音，呼吸困难。有的病例有颈、翼、2 肢麻痹，以及扭颈等神经症状。

【病理变化】急性型的病鸽，可见气囊膜、腹腔浆膜，有时肝周、心外膜呈纤维素性炎症。肝也常有肿大、质软及变色。脾可成数倍肿大。肝、脾有时出现灰色或黄色针尖至粟粒大的坏死灶。如有卡他性肠炎，则可见泄殖腔处的尿酸盐增多。轻症的可能仅见到肝、气囊受损害。

【诊断】根据发病情况、典型的症状与病理变化可初步确诊。确诊应以病原检查结果为依据。

1. 器官组织压片检查

采取肝、脾、心包、心肌、气囊和肾等组织制成压片，用姬姆萨染色后镜检，衣原体呈紫色；用姬姆萨染色液染色后，衣原体原生小体呈红色，网状体呈蓝色。检查到包涵体即可确诊。

2. 分离培养

采取肝、脾、肾、心肌、气管、粪便等新鲜病料，用灭菌生理盐水制成 1:（10~

20）匀浆悬液，加入500毫克/毫升链霉素或50毫克/毫升庆大霉素或500毫克/毫升万古霉素，感作后低速离心，取上清液进行分离培养。培养方法可采用鸡胚接种、小鼠接种及细胞培养等方法。

3. 血清学试验

目前我国用于禽衣原体病诊断的血清学方法主要是补体结合试验和间接血凝试验。

（1）微量间接血凝试验。鸽等被检血清应做56℃30分钟灭能，鸡的被检血清应做56℃35分钟灭能。当被检血清效价在1：16（++）以上时可判为阳性；当效价在1：4（++）以下时判为阴性，介于两者之间视为可疑，经重检后仍可疑则判为阳性。

（2）补体结合试验。直接补体结合试验多用于鹦鹉及非老龄鸽的血清抗体检测，间接补体结合试验则适用于其他禽类。鸽等禽类被检血清应做56℃30分钟灭能处理，鸡等被检血清则做56℃35分钟灭能处理。通常按补体结合反应常规程序进行，鸽子、鹦鹉、鹌鹑、鸡血清判定标准为：被检血清效价在1：8（++，50%溶血）以上判为阳性；被检血清效价小于1：4（+，75%溶血）判为阴性；被检血清效价等于1：8（+）或1：4（++）时判为可疑，应做重检，两次可疑判为阳性。本法适用于试管法和微量板法。

【鉴别诊断】首先应与有眼部炎症的鸽痘病、亚利桑那菌病、大肠杆菌性全眼球炎、曲霉菌性眼炎、维生素A缺乏症、眼线虫病、嗜眼吸虫病进行鉴别。其中后两种病在用生理盐水冲洗眼睛后，可将虫体冲洗出来，以此作鉴别。其余各病在本书前面均已述及。其次是与纤维素性心包炎、肝周炎、气囊炎的大肠杆菌病和链球菌病相区别。

【预防与治疗】四环素类抗生素尤其是金霉素对本病有较好的疗效。

金霉素：以饲料中含量0.5%或饮水中浓度0.25%，连续4天投药。对个别严重的病例，可按每千克体重100~120毫克逐只喂服。预防量可减半。

强力霉素：胸肌注射75~100毫克/千克体重的剂量，在5~6天内血液中的浓度可保持在1毫克/毫升以上，所以在45天的时间内注射8~10次即可发挥作用；口服剂量为8~25毫克/千克体重，每天2次，连续投服30~45天。严重病例可按10~100毫克/千克体重剂量静脉注射1~2次，然后再转入口服剂量。

另外，喹诺酮类药物如氧氟砂星、砂拉砂星；氯霉素类如氟苯尼考等药物对本病也有较好效果。

引发衣原体病暴发的一个重要诱因是鸽体内毛滴虫数量的增多和泛滥，因此，定期做好毛滴虫的预防和清理是一项重要工作。

本病的预防主要是杜绝传染来源，不引进血清学检验阳性的鸽子。此外，还应定期检查及预防性用药。栏舍内宜保持适当的湿度，避免病原随尘埃传播。定期检查包括血细胞凝集试验、琼脂扩散试验进行抗体检测，取样进行鸡胚接种做抗原（病原）检查。

三、鸽支原体病

鸽支原体病又叫慢性呼吸道病、霉形体病和微浆菌病，是以呼吸系统器官炎症为特征的一种慢性传染病，特点是有呼吸啰音，气囊炎，病程长，死亡率低。是一种普遍存在于鸽群中的、世界性分布的禽病，大群饲养时更易发生。肉鸽感染后生长发育受阻，饲养期延长，胴体等级下降，严重影响经济效益。

【病原】病原是支原体。支原体是一种原核生物，体积微小，结构简单，在光学显微镜下呈多种形态，主要营寄生生活，寄生于人、动物、植物、昆虫和细胞培养中。支原体无细胞壁，也不含任何细胞壁成分，所以对青霉素等抗生素不敏感。

鸽支原体病的病原已由 Shimizu 等（1978）自病鸽体内分离鉴定，为鸽支原体和鸽口腔支原体，其血清学特征有别于其他禽支原体。本菌姬姆萨染色和瑞氏染色良好，革兰氏染色阴性。可在含有动物血清的培养基中生长繁殖，但很缓慢；在含有血清的固体培养基上生长成微小、光滑、圆形、稍平而中心隆起的菌落，需要用放大镜或低倍显微镜观察。常用的消毒剂可将其杀死；对青霉素及 1∶4 000 浓度的醋酸铅有抵抗力。20℃时在粪中 1～3 天、在棉布中 3 天，或 37℃时在棉布中 1 天均能存活。

病鸽的气管、咽喉部黏膜中含菌量最高，其他器官组织的含菌量少。鸽支原体不发酵葡萄糖、能水解精氨酸，无磷酸酶活性和蛋白水解活性。鸽口腔支原体能发酵葡萄糖、麦芽糖、淀粉和蔗糖，不水解精氨酸，具有磷酸酶和蛋白水解活性。

【流行特点】各种年龄鸽均可感染，幼龄鸽更易感，感染后症状较重，成年鸽感染后症状相对较轻，多数能愈，但带菌。病鸽与带菌鸽是主要传染源。病原体可经蛋通过胚胎传染给乳鸽，垂直传播，在鸽群中世代相传。康复鸽蛋的带菌率很低，但新发病鸽蛋的带菌率高，传播扩散很迅速。自病鸽、带菌鸽呼吸道分泌物排出的菌，可广泛地污染环境、空气、饲料和水，通过接触经呼吸道传染。

本病一年四季均可发病，没有明显的季节性，但以冬春两季更为严重。寒冷、梅雨季节、潮湿、拥挤、空气污浊、通风不良、卫生恶劣和长途运输等情况下均可引起暴发流行。

【症状】潜伏期 3～8 天，多呈慢性经过，病程较长。病初仅见浆液性鼻液流出，继而鼻液呈黏脓性，堵塞鼻腔。随之出现呼吸困难，如张口呼吸，发出"咯咯"叫声，呼出恶臭气。病鸽有呼吸啰音，夜间更为显著，有鼻液，咳嗽。严重的病鸽眼球突出，眼部肿大，眼内有干酪样物，最终失明。食欲、体重、繁殖力降低，但多不单独引起死亡。如有其他病合并发生，则可使体病暴发，甚至大量死亡。

【病理变化】典型的病理变化是鼻、气管、支气管黏膜潮红、增厚，并有浆液性、脓性或干酪样分泌物，以气囊更为明显，除混浊、增厚外，可见斑状或粒状干酪样物，混浊变化可遍及胸、腹部气囊。一些病程长的病例，还可出现滑膜肿胀、内含浑浊的液体或干酪样物，关节炎。如与大肠杆菌病合并发生，病鸽呈现纤维素性气囊炎、肝周炎、心包炎，常导致严重的死亡。

【诊断】根据症状、病理变化、病程可作出初步诊断。结合病原分离鉴定或血细胞凝集试验、凝集抑制试验的结果可作出确诊。

1. 分离培养

是可靠的支原体病诊断方法，而培养基则是分离培养成功与否的关键因素。支原体培养基成分复杂，配方甚多，一般都含有牛心浸液、酵母浸液、马血清或猪血清、葡萄糖、酚红、青霉素和醋酸铊，其中血清提供固醇和脂肪酸，葡萄糖提供能源，酚红有助于观察 pH 值，青霉素和醋酸铊控制杂苗、霉菌污染。

2. 涂片镜检

病料直接涂片、染色、镜检，一般得不到结果，如经过培养增殖后涂片镜检，则容易得到结论。方法是：将已干燥的涂片在甲醇中固定 2 分钟，移至姬姆萨染色液中染色 30~60 分钟，用中性蒸馏水冲洗，晒干后镜检。应注意的是，姬姆萨染色液对 pH 值较敏感，过酸则偏红，过碱则偏蓝，需用缓冲液稀释。所用缓冲液的 pH 值，在禽类涂片时为 6.8~7.0，在哺乳动物涂片时为 7.0~7.2。

3. 平板凝集试验

本法应用较广。取 1 滴鸽支原体抗原加 1 滴被检血清，另设一阳性血清对照，在玻片上混合，于 1 分钟内出现凝集者判为阳性。考虑到迄今尚未见到鸽支原体和鸽口腔支原体的商品诊断试剂盒，故多采用自行分离株经培养增殖后制成特异性抗原使用。

此外，也可在初步诊断为鸽支原体病时，采取血清，用鸡败血支原体和火鸡支原体制成的混合凝集抗原做平板凝集试验，其结果为阴性者，则可判为鸽支原体病阳性。

4. 动物接种

用纯培养物滴鼻接种敏感幼鸽，观察 30 天，以检查支原体的致病性。

【预防与治疗】

治疗时痊愈鸽常出现重复感染，不易根治。故主要是靠平时搞好预防工作；不引进经血清学检验阳性的鸽子；定期消毒，定期投药预防和定期检测抗体；控制呼吸道病和其他疾病的发生；实行人工孵化、人工育雏的应注意各操作环节的消毒，尤其是对孵化室、育雏室及相关用具的事前消毒；建立、健全各项兽医防疫制度，并做好落实；加强饲养管理，增强鸽的体质，提高鸽的抗病力；建场时，应考虑栏舍间保持适当的距离，舍内的饲养密度也应适中，以减少气源性传染。

1. 预防

(1) 庆大霉素，每千克体重 1 万单位肌肉注射，每天 1 次，连用 3 天，或兑水供鸽自由饮用，连用 5 天。

(2) 强力霉素，按 0.01%~0.02% 加入 TMP 0.01% 拌料或饮水，连用 3 天。

(3) 目前禅泰动物药业已研制出"新泰混感-100"，该产品对败血霉形体和病毒混合感染引起的鸽群波浪式死亡具有显著治疗效果，能迅速控制死亡，减少病汰率。

2. 败血霉形体净化方案

(1) 日常添加禅泰种鸽多维，提高上呼吸道的抗病能力；注意清洁卫生，使用禅泰百毒威带鸽消毒。

(2) 种蛋净化，阻断经种蛋垂直传播，培育无败血霉形体鸽群的基础。

(3) 抗生素处理法：将孵化前的种蛋加温至 37℃ 后立即放入 5℃ 的泰妙菌素溶液（浓度为 0.08%）中浸泡 15 分钟，再转入孵化器内孵化。该方法能提高 32% 的种蛋净化率，但处理后的孵化率降低 8% 左右。

(4) 热处理法：将种蛋置于 45℃ 恒温下处理 14 小时，然后移入正常孵化温度中孵化，可获得比较好的消灭支原体的效果，对孵化率无明显影响。

四、鸽螺旋体病

螺旋体病是由鹅包柔氏螺旋体引起鸽、鹅等家禽和野禽的一种热性、败血性传染病。主要以发热、头部发绀、腹泻、肝和脾肿大、坏死为临床特征。本病具有高度的死亡率，鸽发病后常引起大批死亡。此病发生于世界各地，但以热带和亚热带地区的散养家禽多发，可发生于任何季节和任何年龄的鸽。

【病原】病原是鹅包柔氏螺旋体（又叫鸡螺旋体、鸭螺旋体、鹅螺旋体和鹅密螺旋体）。菌体不易做革兰氏染色，用姬姆萨氏染色效果良好。菌体无纤毛，纤细、弯曲，中央有一轴丝，不能在普通培养基或细胞培养物中生长。接种于经孵 6 天的鸡胚卵黄囊，经 2~3 天便可迅速增殖，胚体及绒毛尿囊膜含病原最多；鸡胸肌注射，经 3~5 天便可在血液中检出病原。鸽一旦被感染便长期带菌。菌体耐寒冻，潮湿为其重要的存活条件。对热、酸、氯、肥皂及普通消毒剂敏感，在 56℃ 20 分钟及在 60℃ 10 秒钟，0.5% 来苏儿或 0.1% 石炭酸中 10~30 分钟便可死亡，直射阳光照射 2 小时可被杀死，而在 10% 食盐溶液中迅速溶解。在血清中于 4℃ 可保存 3~4 周。对青霉素敏感，对新胂凡纳明有抵抗力。感染途径有消化道、受损和浸于污染水中的皮肤。蜱、蚊等吸血昆虫是机械传播者。

【流行特点】病禽和死禽及其排泄物是本病的主要传染源，易感禽与病死禽及其排泄物接触，常容易发生传染，亦可通过节肢动物和蚊子以及禽螨的叮咬传播疾病，但本病的主要传播媒介为波斯锐缘蜱。禽类自然感染疾病，常通过蜱的刺螫引起疾病的传播。本病一年四季均可发生，但以温暖、潮湿的季节多发。

【症状】自然感染潜伏期为 3~12 天，死亡率为 33%~77%。按临床表现，有急性型与温和型两种。

1. 急性型。病鸽体温升高达 43℃，精神沉郁，食欲不振，渴欲增加，消瘦，贫血，排淡绿色稀粪，轻度瘫痪，有的病鸽眼结膜变黄。若出现体温骤然下降，则表明已濒临死亡。

2. 温和型。症状较缓和。既可能完全康复，也可能死亡。

【病理变化】显著的病理变化是脾成数倍肿大，并有红色斑块和针头至粟粒大的白色结节。肝肿大，古铜色，质脆，也有白色结节；血色变淡，肾苍白，胸肌有变性的苍白色条纹。病情较慢的，鸽体消瘦，有出血性肠炎和黏液性肠内容物，有的出现黄疸，肝、脾缩小。

【诊断】本病的症状与病理变化可作为初步确诊的依据。若分离或检查到病原，便可确诊。查病原可做组织涂片，用姬姆萨氏法染色后镜检。如有必要，可采用鸡胚接种或鸡肌内注射组织悬液进行病原的分离培养。

【鉴别诊断】本病应与有结节病理变化、肝呈古铜色的疾病相区别（参看砂门氏菌病鉴别诊断的相应部分），如有黄染变化，还应与二氧化碳中毒、硫酸铜中毒及慢性有机氯中毒相区别，这 3 种病没有脾脏数倍肿大和白色小结节，也没有传染性。

【预防与治疗】消灭中间宿主和传播媒介——波斯锐缘蜱及蚊子和禽螨，常用

0.5%马拉硫磷浸浴，可以控制幼蜱，也可用溴氰菊酯25～50毫克/升溶液进行喷洒、涂刷，或用拟除虫菊酯类杀虫剂粉剂喷涂体表羽毛，均可杀灭鸽体表的蜱。在流行地区避免将有蜱寄生的鸽类引进到健康鸽群。对此病的预防，除常规的防疫工作外，尚可考虑接种自家组织或鸡胚培养中死亡的胚膜、胚液制成的灭活苗，接种后鸽体有长达18个月的免疫力。

治疗选用青霉素、氨苄青霉素、卡那霉素、泰乐菌素、金霉素、土霉素均有良效。此外，也可选用白霉素，每1 000只鸽每次0.4克，或3～4片（每片10万单位）溶于水中，每天4次，连用5天。

五、鸽念珠菌病

别名鹅口疮、酸臭嗉囊病、念珠菌口炎和消化道真菌病，是由白色念珠菌引起的鸽及其他家禽上消化道的一种真菌性传染病。主要特征是上部消化道（口腔、咽、食管和嗉囊）的黏膜上生成白色的假膜和溃疡。人及家畜（牛、羊、猪、狗和猫）也能感染。如遇饲养管理不良或某些应激，可突然暴发，造成大批死亡。此病多发生于温暖潮湿、多雨的季节。1932年Gierke首先报道了火鸡鹅口疮样病，1933年Hinshaw发现鸡与火鸡的鹅口疮与白色念珠菌有关。1985年春季在深圳某鸽场曾暴发此病，招致死鸽达3 000多对，疫情长达1个月之久。

【病原】病原是假丝酵母属的白假丝酵母菌，或叫白色念珠菌。它也是婴儿鹅口疮的病原。本菌为兼性厌氧菌，适宜在砂堡弱氏培养基上生长，37℃培养24～48小时，形成乳酪状、湿润、光滑、边缘整齐、乳白色、带有酵母气味的菌落，其表层多为卵圆形酵母样出芽细胞，深层可见假菌落。革兰氏染色阳性，其形态因来源不同而差异甚大。本菌能发酵葡萄糖，麦芽糖产酸产气，蔗糖产酸，不发酵乳糖，这些生化特性有别于热带念珠菌和克柔氏念珠菌。

白色念珠菌广泛存在于鸽、其他家禽的嗉囊，家畜及人的皮肤和黏膜上，可侵害宿主的皮肤、口腔、食管、气管、肺、阴户等部位。土壤、某些植物的花（如乌来木）或叶（如桃金娘）中也存在。对理化因素有一定的抵抗力，用1%氢氧化钠溶液或2%福尔马林作用1小时才死亡。

【流行特点】白色念珠菌广泛存在于自然界，同时常寄生于健康畜禽和人的口腔、上呼吸道和肠道中，其是一种条件性致病菌，机体抵抗力下降，消化道正常菌群失调，维生素缺乏，不良的卫生条件及过多使用抗菌药物等可诱发本病的发生。感染本病直接原因是由于食入了被病原菌污染的饲料及饮水，消化道黏膜损伤有利于病菌的侵入。鸽与鸽或其他家禽之间不直接传染。本病可以通过蛋壳传染。发病率和死亡率都很高，同时因为存活者瘦小，失去了继续饲养的价值，所以淘汰率较高。

本病在各种家禽和野禽中均可发生，雏鸽及其他雏禽多发，仔猪、小牛较少见，人也可感染。雏鸽的易感性和死亡率较成年鸽高，成年鸽发生本病，主要是长期使用抗生素致使机体抵抗力下降引起的继发感染。

【症状】病鸽表现呆滞，羽毛松乱，头缩，眼闭。行走迟缓或不愿走动。食欲减退或废绝，饮欲增加。嗉囊明显膨大和下垂，内容充实或有波动感。张口呼吸，口内有白色、疏松的干酪样物，并有酸臭味。排稀粪。有的有眼炎。病鸽消瘦，最后衰竭而死，病程 5 ~ 10 天。

【病理变化】剖检可见鸽体消瘦，肛门附近羽毛不洁，皮肤不易剥离。特征性病理变化是上消化道，尤其是嗉囊肉有白色疏松样物及白色干酪样鳞片状膜，肠易刮落，有的已自动脱落，有一定的硬度。严重的病理变化可深入到深部组织，而且结合牢固，极难分离。有的喉头已被干酪样物堵塞。眼睑肿胀，眼下方被泪液沾湿。

【诊断】根据症状及特征性病理变化可作出初步诊断，确诊需做实验室检查。

1. 病料采集。无菌采集嗉囊有病理变化的黏膜及绒状物等病料，置无菌容器中。也可用灭菌棉拭子自病理变化黏膜采集材料，迅速进行培养及制备染色标本片。

2. 直接镜检。用病理变化黏膜直接触片或以棉拭子蘸取病料涂片，革兰氏染色并做镜检，可见革兰氏阳性的圆形或卵圆形酵母样菌、芽生孢子及假菌丝。

3. 分离培养。将病理变化或棉拭子接种于砂保弱氏培养基，分别在25℃和37℃培养48 ~ 72小时，每天观察 1 次。有的菌株生长较慢，应观察较长时间。白色念珠菌在培养基上形成乳酪状，边缘整齐，乳白色，带有酵母气味的酵母样菌落。

4. 鉴定。将酵母样菌落接种于含 0.5% ~ 1% 吐温 - 80 的玉米粉琼脂基，25℃ 培养 24 ~ 72 小时，镜检时应观察到厚膜孢子。

5. 动物接种。将新分离的菌苔 1∶10 倍稀释后，给每只健康家兔耳静脉注射 1 毫升，尾静脉每只小白鼠注射 0.1 毫升，同时设立对照组，观察动物存活情况。家兔、小白鼠一般于接种后 4 ~ 6 天死亡。剖检动物肠道明显臌气，腹腔内有较多酵母味渗出物，肾、肝肿胀、坏死并有多处针尖大小脓肿。从病灶采样镜检，可见假菌丝和孢子。

6. 血清学检验。1963 年 Comaish 等发现念珠菌感染与血清中的凝集抗体有一定的关系。实验室已开始用凝集试验、分子探针等方法进行病原鉴定。

【预防与治疗】常用抗生素、磺胺类及呋喃类药物、金属盐类（如硫酸铜）、染料类（煌绿）对本病病原均不敏感，故不宜用作本病的治疗药物。另外，治疗本病切不可用结晶紫，因为鸽对其敏感，食后有强烈的呕吐，会使体质下降，病情加重。

目前疗效好的药物有：①制霉菌素（治疗本病的特效药），按每只每次 10 万 ~ 15 万单位（每片 50 万单位）混饲，或每只 1/4 片喂服，每天 2 ~ 3 次，连续 5 ~ 7 天。严重的按喂服量配成混悬液，先灌洗嗉囊，后灌服，每天 1 次，连续 3 天；②曲古霉素（抗真菌、原虫药），按每只每次 4 000 ~ 10 000 单位（每毫克含 4 000 单位）混饲，每天 2 ~ 3 次，连续 5 ~ 7 天；③克霉唑，按每只 2 ~ 4 毫克混入料中干喂，或用水悬液灌服；④念嗪清，按剂量兑水供鸽自由饮用，预防和治疗毛滴虫和念珠菌病混合感染。

对本病的预防，主要是搞好饲料、环境、栏舍的防霉工作，尤其是在梅雨季节，避免进料过多或饲料受潮湿。一旦发现此病，应及时投服特效治疗药物和进行全场规模的消毒工作，必要时应封锁场舍，待完全控制疫情后才解封。病死鸽、污染物、排泄物均应小心集中统一做无害化处理。

六、冠癣

冠癣又名黄癣、头癣、毛冠癣，是以鸽的头部无毛处或全身各部的皮肤形成白色癣痂，或脱羽兼有痒感为特征的真菌病。其他家禽也可发生。

【病原和传播途径】病原是头癣霉属的鸡头癣霉（或叫鸡头癣菌）。病原可形成孢子，有分隔的菌丝体，菌丝互相缠绕。根据菌丝的长短分为菌丝细长和菌丝较短两个变种。在萨布罗氏培养基中经 30 ~ 40 小时培养，可长出圆形菌落。初为白色绒毛状，中央凸而周围呈波沟放射状，后变红色环形皱褶状。可感染豚鼠、兔和人，鸽与其他家禽极为敏感。潮湿、温暖季节有利于本病的发生。经直接接触感染，尤其是经损伤的皮肤和黏膜感染。吸血昆虫可起机械传播作用。

【症状与病理变化】本病主要发生于鸽的头部及头部器官，如眼、鼻瘤的周围和嘴角等无毛部位。初期出现白色或黄色小点，患鸽有痒感，常用爪抓痒，或挨向其他物体摩擦患部。以后病灶不断向周围扩展，渐变成石灰样、附着牢固的痂样物，严重时病理变化可累及口腔、肢体及羽区其他部位。鸽体极度不适和不安，频频向周围物体摩擦或以爪抓患部。此阶段病鸽出现精神、食欲不振，贫血和逐渐消瘦。如消化道患病，则口腔、咽喉、食管等部位的黏膜有小点或结节状坏死，有时可波及小肠，坏死灶附有黄色干酪样物。若呼吸道受感染，病鸽常有呼吸啰音和呼吸困难症状，并有坏死性点状或结节状病理变化。

【诊断与鉴别诊断】据症状、病理变化可作出诊断。此病如发生于体表，应与皮肤型鸽痘和其他的类似疾病相区别（具体可参见鸽痘的鉴别诊断部分）；消化道罹患疾病时，还应与口腔有结节或假膜病理变化的疾病进行鉴别（参考内容同上）。

【预防与治疗】对本病除做局部治疗外还需做全身性治疗。全身性治疗用药可参照念珠菌病防治。局部治疗可选用成药癣药水、克霉唑软膏等。方法是先洗净、抹干患部，然后用上述成药涂布，每天 2 次。也可自配药物治疗：①自配碘甘油。用市售碘酊 1 份，甘油 6 份混合即成，外用，用法同上；②自配水杨酸酒精。水杨酸 1 份，95%酒精 6 份，混合即成，每天外涂 2 ~ 3 次。

平时保持栏舍及环境清洁，定期选用克辽林（臭药水）或过醋酸、石炭酸溶液等有相应消毒作用的药液喷洒消毒，防止此病的发生。对病鸽进行严格隔离下的治疗或做淘汰处理。此外，还应注意养鸽人员的卫生防护，以免造成工作人员感染。

七、隐球菌病

本病又称酵母菌病、酵母性脑膜炎、欧洲芽生菌病。疾病特征为慢性、致死性的脑膜炎。表现为时起时伏的剧烈头痛，无先兆的呕吐及视力障碍。该病对人有极大的危险性。此病在人群中的出现率约为 0.01%。此外，还有人感染隐球菌性肺炎的病例报道。

【病原与发病情况】病原为隐球菌，又叫新型隐球菌，是不完全酵母类的一种真菌。此菌呈正球形，外有带黏性的厚荚膜，以腐生形式存在，常在鸽粪、鸡粪、土壤、牧草甚至蜂窝中找到，也可在昆虫体内、奶油或罐头、牛奶中发现。没有菌丝，不形成子囊孢子，行出芽生殖。在葡萄糖培养基上生长良好，菌落圆形、湿润、黏稠、有光泽，初时白色，往后变成褐色，与念珠菌一样，不发酵糖类。本病虽在鸽及其他禽鸟中未见有自然发生的报道，但人工发病可使鸡出现肉芽瘤及肝、肠、肺、脾的坏死性病理变化。

【诊断】可据病原的分离和鉴别作出诊断。病原在黏蛋白胭脂红染色下，显示出许多带深染荚膜的出芽孢子。将培养物做小白鼠的脑内接种，经 5～15 天小白鼠死亡。根据脑膜出现有发芽菌体的典型胶冻状团块病理变化可确诊。

【预防与治疗】氟胞嘧啶、两性霉素 B 虽是对此病疗效较好的药物，但因费用大，疗程长，更重要的是对工作人员的健康有潜在的威胁（如过敏反应），应慎用。平时注意安全生产，栏舍中不可过于干燥和吹大风，以减少尘埃飞动。此外，还应同时做好其他的预防工作。

第四节 鸽寄生虫病

一、鸽原虫病

1. 鸽球虫病

鸽球虫病是由艾美耳属的球虫引起的肠道病，其特征是病鸽排水样绿色或红色稀粪，肠道充血或出血等。

【流行特点】本病分布比较广泛，主要通过消化道感染健康鸽。在阴暗潮湿、大群饲养、卫生较差且粪便堆积的鸽场，容易造成流行。几乎所有的鸽都是带虫者，球虫寄生在鸽的肠道中，并随粪便排出球虫卵囊，只有少数鸽才表现明显的症状。经常接触带球虫的鸽会产生一定的免疫力。球虫常在童鸽体内大量繁殖，引起球虫病，还会导致死亡。而不表现临床症状的带虫成年鸽，不但对球虫病不敏感，而且不断向环境排出球虫卵囊而使本病连续不断，难以根除。环境潮湿温暖、拥挤、过度飞翔和繁殖、长除运输、营养缺乏（尤其是维生素 A 和维生素 K_3）以及某些疾病等都可诱发本病暴发。特别是春秋季节温度、湿度都较高，极易暴发本病，梅雨时节前后往往发病率最高。家禽、家畜、某些昆虫和人，均可机械地传播球虫病。

【临床症状】发病鸽一般表现羽毛脏乱，消化不良，食欲减退，饮水增加，机体消瘦，飞翔无力。排黏液水样绿色恶臭稀粪，某些病例可见黑褐色带血的稀粪。由于肠黏膜受到破坏而使吸收的水量减少40%～60%，患鸽往往表现脚干和眼睛下陷的失水现象。严重者几天至十几天即可死亡，幼鸽受害严重，死亡率较高。有的由于抵抗力降低及肠道严重损伤引起继发性细菌感染，从而使病情加重。抵抗力强或大龄鸽会慢慢恢复。

【病理变化】主要可见肠道臌气，有时可见某段小肠和大肠呈黑褐色，或整个肠道肿胀，肠内可见卡他性炎症，肠黏膜充血、出血，有的可出现坏死，内容物稀烂，呈绿色或红褐色。偶尔见到个别病例肝脏稍肿，有黄色斑状的坏死点。

【防治措施】

（1）预防。防治本病应搞好饲养管理和清洁卫生，平时就针对杀灭卵囊和减少卵囊的存在采取相应的措施加以防范。笼养鸽注意清洗饲槽，并经常更换污染的垫料和垫板；群养和鸽舍和青年鸽舍每天应清扫粪便1次，堆放压实，利用生物热进行发酵，杀灭卵囊；舍内地面也应保持干燥清洁。不同阶段的鸽应分群饲养，保持合理的密度，避免拥挤。病鸽要及时隔离治疗，病鸽舍及被患鸽污染过的工具、用具、栖架等，均应用20%生石灰水或其他消毒药液进行喷洒消毒，以杀灭卵囊。

（2）治疗。治疗可选用以下任何一种，均可获得很好的疗效。

①饮水型扑球预混剂。该药系苯乙腈类安全型高效抗球虫药，每袋10克（内含地克珠利50毫克），使用时每袋可加于50～100升饮水中，搅拌均匀，供自由饮用，但必须当天用完；或每吨饲料加本品200克，逐级稀释，拌匀混饲。注意本品不能与酸性药物同时使用，注意水质，避免产生混浊现象，宜与其他抗球虫药交叉或轮换使用。

②增效磺胺（增效磺胺嘧啶片或敌菌净、敌菌灵）。按0.02%饮水，或每只40毫克混料，连用7天。

③可爱丹。按0.012%～0.025%浓度拌料或饮水，连用7天。

④青霉素。按乳鸽每只0.7万～1万单位，青年鸽每只1万～2万单位，饮水或肌内注射，连用3天。

⑤其他抗球虫药。如三字球虫粉、氨丙啉、氯苯胍等均可防治。

2. 鸽弓形虫病

本病又称鸽弓浆虫病，是由龚地弓形虫（或称龚地弓浆虫）寄生在青年鸽血液内引起的一种人兽共患病。本病主要损害神经系统，有时也可累及生殖系统、骨骼肌或体内各脏器。龚地弓形虫的终末宿主是猫科动物，如家猫、美洲狮、美洲虎和亚洲豹等，它们排出卵囊感染中间宿主；中间宿主是各种易感的哺乳动物和禽类等，而且在中间宿主中弓形虫可相互传播。

【流行特点】鸽舍在自然条件下发生本病，往往还呈地方性流行，各种年龄的鸽均可感染，但主要发生在青年鸽。吸血昆虫也可成为本病的传播者。患鸽的临床表现一般可分两种类型，即急性型（或称临床型，呈地方性流行）和亚临床型（或称慢性型，慢性无症状）。

【临床症状】

（1）急性型。患鸽表现精神不振，羽毛松乱，食欲减退甚至停食，翼下垂，不爱活动，喜蹲坐，眼半闭，结膜发炎或水肿，双目流泪（有时有浆液性分泌物），体质下降，重量减轻。若迫使其行动，则步态蹒跚，共济失调，容易倒地。最突出的表现除眼有结膜炎外（严重者失明），还有神经症状，诸如痉挛，扭头歪颈，阵发性抽搐，继而发展为渐进性麻痹直至死亡。病程一般为数天至数周不等。

（2）慢性型。患鸽一般症状轻微或无症状表现。

【病理变化】剖检可见急性型病死鸽脏器尤其是神经系统有点状出血，肝坏死，脾肿大，肺充血及间质水肿，有的脾还有白色小结节可见。另外，鼻黏膜、口腔黏膜、眼结膜、眼睑、眼球外肌群、巩膜、脉络膜、脑垂体、舌头、硬腭等组织有坏死性炎症。

【诊断】失明和神经系统点状血、肝肿大为本病特征性症状及病理变化，可据此作出初步诊断。在有条件的地方，可用血清学检查作出确诊。

【防治措施】防治本病应首先从引进种鸽时严格把关，认真隔离观察着手，经检疫证明，确无此病者可合群饲养；同时，鸽场内不准饲养畜禽，尤其要禁止终末宿主（家猫或野猫）窜进鸽场；还要防鸟和鼠类传播污染。发病鸽场应对全群进行药物预防，对患鸽进行及时隔离治疗。

治疗可用下列药物：复方磺胺五甲氧嘧啶片，口服，每只每天 0.05 克（即 1/10 片），连用 5~10 天。磺胺二甲嘧啶、磺胺对甲氧嘧啶、磺胺间甲氧嘧啶、螺旋霉素、四环素等治疗均有效。

3. 鸽六鞭原虫病

六鞭原虫病或称传染性卡他性肠炎，是由火鸡六鞭原虫寄生于鸽小肠所引起，以严重下痢为特征，死亡率很高，由病鸽排泄物传播，本病也发生于火鸡、雉、鹌鹑、鹦鹉、孔雀等禽类。

【流行特点】火鸡、雉、鹌鹑等禽类都可成为感染源，通过食入感染禽类的粪便或污染的饲料和饮水而直接传播。很多康复的禽类可成为带虫者，而在其粪便中排出。

【临床症状】受感染幼鸽发生水样下痢，羽毛干枯不整洁，尽管不停地采食，但体重很快下降。病初表现神经过敏和好动，后期出现精神委顿和扎堆，接近晚期时发生惊厥和昏迷，最后衰竭死亡。

【病理变化】病理变化为小肠上段卡他性炎症，呈球状扩张（特别是十二指肠及空肠上部），充满水样内容物。肠腺中含有大量的火鸡六鞭原虫，靠其后鞭毛吸附于上皮细胞上。

【诊断】在十二指肠和空肠黏膜刮取物的新鲜涂片中发现六鞭原虫可确诊。六鞭原虫呈快速的急冲运动（毛滴虫是急拉式运动）。检查中为避免通过工具污染其他肠道原虫，应首先打开十二指肠。如刮取已死数小时幼鸽的肠内容物，置于加有 1 滴 40℃平衡盐溶液的载玻片上，镜检发现虫体。

【防治措施】很多鸽可成为带虫者，故种鸽和幼鸽应隔离饲养；如有可能，最好由不同的饲养人员饲养。同一鸽群应有专用饲料槽和饮水器。消除带虫者，隔离病禽，饲槽和饮水器应保持清洁卫生。

预防和治疗六鞭原虫可用下列药物：金霉素，按 0.02%~0.04% 加于饲料中，连喂 2 周。也可选用磷酸伯胺喹啉片或磷酸氯喹片（每片含 0.7 毫克），每片喂 4 只鸽子，每天 1 次，首次剂量加倍，连用 7 天，也可混于饲料中让鸽子自由饮用。

4. 鸽血变原虫病

本病是以引起贫血、消瘦、衰弱、红细胞内出现条状异染物为特征的一种血液寄生虫病。

【流行特点】鸽血变原虫主要寄生在鸽红细胞和其他器官的内皮细胞内，具有专一性的宿主，即是家鸽和野鸽；火鸡、水禽、猫头鹰等，也可感染发病。鸽血变原虫与疟疾原虫、住白细胞原虫同属疟疾原虫科，所以又称鸽疟疾。本病由吸血昆虫进行传染，鸽虱蝇和蠓是本病的主要传播媒介。而且本病只有在鸽虱蝇或蠓体内变成繁殖体（孢子体）才有致病力。即使将患鸽的血液直接接种到健康鸽体，也不会引起发病。因此驱杀蝇、蠓就成为防治本病的极为重要一环。

【临床症状】成鸽临床症状不明显，经数天后可自行恢复。若转慢性后则抗病力、繁殖力下降，也不愿孵化与哺乳。其他患鸽数日不食或少食，有时只饮些水，表现精神不振，缩头，进行性消瘦，贫血、衰弱、嗜眠。这时患鸽抵抗力下降，容易感染其他疾病甚至死亡。尤其是雏鸽感染后，常表现发病突然，急性经过，厌食，精神很差，不能起飞等。严重的病鸽废食，精神极度沉郁，毛松，严重贫血，如不及时医治，可造成连续死亡，尤其是遇到不良应激时更会这样。

【病理变化】剖检可见肝、脾肿大，呈黑褐色，发生失血性贫血，血管局部充血。

【诊断】血涂片镜检见有生殖体（或称配子体），因而确诊本病有赖于血液检查，即取患鸽血液涂片，用罗曼诺斯染色法染色，镜检可见红细胞内的配子体。

【防治措施】防治本病首先应大力搞好鸽场周围及舍内的日常环境卫生管理，消灭蠓、鸽虱蝇和其他吸血昆虫，有条件的还可在鸽舍设置防吸血昆虫的装置；其次要加强检疫，及时诊断，发现病鸽立即隔离治疗或淘汰，以免传染媒介继续扩展本病；提高饲料质量，以增强鸽体的抵抗能力；含5%青蒿全粉的保健砂对本病有预防作用。

治疗可用下列药物：阿得平，每次每只口服0.1克，每天1次，连用3天。喹宁，用药量可参见使用说明。扑疟喹（磷酸伯氨喹啉），良种鸽可用扑疟喹治疗，每片（规格按每片内含7.5毫克）喂4只，每天1次，连续7～10天，首次量加倍；也可配成饮水让其自饮。

5. 鸽毛滴虫病

本病又称口腔溃疡，亦称为"鸽癀"。是常见的鸽病之一，病原是禽毛滴虫，虫体呈梨形，移动迅速，长5～9微米，宽2～9微米。最常见的特征变化是口腔和咽喉黏膜形成粗糙钮扣状的黄色沉着物；湿润者，称为湿性溃疡；呈干酪样或痂块状则称为干性溃疡。脐部感染时，皮下形成肿块，呈干酪样或溃疡性病理变化；波及内脏器官时，便引起黄色粗糙界线明显的干酪样病灶，结果导致实质器官组织坏死。

【流行特点】病鸽因口腔溃疡而妨碍采食，在幼鸽和生长期鸽中可引起很高的死亡率。目前大约20%的野鸽和60%以上的家鸽都是本病的带虫者。这些鸽子不表现明显的临床症状，但能不断地感染新鸽群，这样就使得本病在鸽群中连绵不断。由于许多成鸽是无症状的带虫者，它们常是其他鸽子，特别是乳鸽的传染源。因而消灭成鸽体内的病原就是预防和控制本病的重要途径。

本病主要是接触性感染，在一些成鸽的口腔和咽喉黏膜上可见到针头大小的病灶，这就是毛滴虫的聚积物，也就是传播本病的传染源。雏鸽吞咽新鸽嗉囊中的鸽乳可遭受传染；成年鸽在婚恋接吻时受到感染，这是一种特有的禽类疾病传染途径。2～5周龄的乳鸽、意鸽发生本病最为多见，且病情亦较严重。

【症状及病理变化】许多幼鸽从带虫的母鸽获得母源抗体而得到保护，因此最初几天能健康地生长。而急性型病例，通常发生于6～15日龄的幼鸽，感染后10天左右死亡。乳鸽、童鸽感染本病后，表现羽毛松乱，消化紊乱，腹泻和消瘦，食欲减退，饮水增加，口腔分泌物增多且黏稠，呈浅黄色。患鸽呼吸受阻，有轻微的"咕噜咕噜"声。下颌外面有时可见凸出，用手可摸到黄豆大小的硬物。严重感染的幼鸽会很快消瘦，4～8天内死亡。根据症状，可分为咽型、脐型和内脏型3种。

（1）咽型。最为常见，也是危害最大的一型。当摄入大量尖利的谷物和较粗的砂子造成黏膜破损，可促进病原侵入黏膜而感染发病，发病后病鸽口腔流出青绿色的涎水，嗉囊塌瘪，伸颈作吞咽姿势，口中散发出恶臭味。在鸽的咽喉部，可见浅黄色分泌物，或有界线明显呈纽扣大或黄豆大干酪样沉积物，有些病鸽的整个鼻咽黏膜均匀散布一层针尖状病灶，不同程度妨碍了鸽子采食、饮水和引起呼吸。因而有些患鸽常张口摇头，使劲从口腔中甩出浅色黏膜块或黄色黏膜块的胶水样堵塞物，连续不断地甩，直甩得两眼潮湿流泪，难受不堪。

（2）脐型。当巢盘和垫料沾污时，病原可以侵入乳鸽脐孔而引起脐型毛滴虫病。表现在鸽的脐部下形成炎症或肿块，肿大的切面是干酪样或溃疡性病理变化。这一类型较少见。患病乳鸽外观呈前轻后重，行走困难，鸣声微弱，抬头伸颈受喂困难。有的发育不良而变成僵鸽，病重的还会导致死亡。

（3）内脏型。本型一般是食入被污染的饲料和水而被感染。病鸽常表现精神沉郁，羽毛松乱，食料减少，饮水增加，有黄色黏性水样的下痢（似硫磺色，带泡沫），龙骨似刀，体重下降。随着病情的发展，该虫可侵袭到鸽的内部组织器官。病理变化发生在上消化道时，嗉囊和食管有白色小结节，内有干酪物，嗉囊有积液。肝脏、脾脏表面也可见灰白色界线分明的小结节。在肝实质内，有灰白色或深黄色的圆形病灶。但应注意白喉（黏膜）型的鸽痘、鸽念珠菌病的喉部病理变化与本病相似。鸽砂门氏菌和结核病的肝、脾小结节也与本病相似，应注意区别。

另外，还有多发生在刚开产的青年母鸽或难产（卵秘）母鸽的泄殖腔，表现泄殖腔腔道变窄，排泄困难，甚至粪便往往积蓄于腔中。粪便中有时还带血液和恶臭味，肛门周围羽毛被稀粪沾污，翅下垂，缩颈呆立，尾羽拖地，常呈企鹅样，最后全身消瘦衰竭死亡。泄殖腔型是一种不可忽视的病型，应引起重视，不能忽略。

【诊断】根据临床症状和病理变化可作出初步诊断。采集口腔或嗉囊病理变化组织或黏液直接涂片，镜检发现虫体后可确诊。

【防治措施】

（1）预防措施。预防本病主要应在平时定期检查鸽群口腔有无带虫，最好每年定期检查数次，怀疑有病者，取其口腔黏液进行镜检。在饲养管理上，成鸽与童鸽应分开饲养，有条件的成鸽单栏饲养，幼鸽小群饲养，并注意饲料及饮水卫生。病鸽和带虫鸽应隔离饲养，并用药物治疗。

（2）治疗方法。治疗可以采取下述方法：

①结晶紫。配制成0.05%的溶液，自由饮水，连用1周。可以作预防和治疗之用。

②二甲硝咪唑（达美素）。配成 0.05% 水溶液，连续饮用 3 天，间隔 3 天，再用 3 天。

③灭滴灵（甲硝哒唑）。配成 0.05% 水溶液代替饮水，连用 7 天，停服 3 天，再饮 7 天，效果较好。

④碘液。经 1:1 500 稀释饮用 3~5 天，或在 4.5 升水中加入 2 茶匙的季胺类杀虫药饮用，对本病的治疗有一定的作用，但效果不如以上药物。

⑤硫酸铜。配制成 1:2 000 水溶液作饮水，对鸽的上消化道毛滴虫具有抑制作用。

⑥碘甘油或金霉素油膏。用 10% 碘甘油或金霉素油膏涂在已除去了干酪样沉积物的咽喉溃疡面上，效果很好。若遇泄殖腔型的，经过消毒清洗后，在肛门周围和肛门腔中 1 厘米深的区域内，每日涂敷以上药物 1 次，一般连洗连用 5~7 天，也有一定的疗效。

⑦滴锥净。用人妇科用的滴锥净片配成 1:10 的溶液，以棉签蘸取涂于局部患处，每日 1 次，一般经过 1 周左右，黄色干酪样物会自行脱落或很容易被剥离掉。

⑧鸽滴净。配成 0.1% 鸽滴净水溶液，供鸽群饮用 2 天，即能全部消除体内活虫体。疗效显著，是一种既高效又安全的良药。

二、鸽线虫病

1. 鸽蛔虫病

本病是鸽子常见的一种内寄生虫病，病原为蛔虫，雄虫长 20~70 毫米，雌虫长 50~95 毫米。虫体寄生于鸽的小肠（有时也寄生在食道、腺胃、肌胃、肝脏或体腔），夺取营养物质，破坏肠壁细胞，影响肠道的消化吸收功能，并产生有毒代谢产物，导致鸽子发病，明显消瘦，消化功能障碍，生长发育受阻，长羽不良，严重的也可导致死亡。

【流行特点】各种日龄的鸽都可感染发病。幼鸽易受感染，尤其是与亲鸽隔离后的童鸽，对蛔虫更易感染，病情也较成鸽严重。成鸽的易感性较低，即使感染，病程也较长，只有虫体较多时才会引起严重损伤以至死亡。鸽只有食入具有感染性的虫卵才会患本病。饲料、饮水、保健砂、泥土、垫料被带有虫卵的粪便污染，都是本病的主要传播途径。维生素 A 等营养成分不足和缺乏，会促进本病暴发，无症状的球虫感染鸽对蛔虫的易感性增强。

【临床症状】本病症状的轻重与感染蛔虫的多少密切相关。轻度感染时，无可见症状；严重感染时，鸽的生长速度、生产性能和食欲等会明显下降，甚至出现麻痹症状；时间较长时，病鸽体重减轻，明显消瘦，垂翅乏力，常呆立不动，黏膜苍白，表现便秘与腹泻交替，粪中有时还带血或黏液。羽毛松乱，趾部水肿。啄食羽毛或异物，除头颈外，体表的其他部分长羽不良，食欲不振，皮肤有痒感，有时还可出现抽搐及头颈歪斜等神经症状。

【病理变化】剖检可见病鸽肠道苍白、肿胀，上段黏膜损伤，肠道内可见蛔虫数量不等，严重时竟达几百条之多，阻塞整个肠管，严重损害肠道功能。因此，定期驱虫控制感染极为重要。

【诊断】根据临床症状和病理变化可作出初步论断，剖检发现虫体可确诊。

【防治措施】

（1）预防措施。平时应注意搞好鸽舍的清洁卫生，尤其要及时清除粪便，要求1~3天清粪1次，并尽量避免鸽与粪便接触，确保饲料和饮水卫生；鸽舍、食槽以及饮水器等要每天清洗，定期消毒。尽量做到童鸽与成鸽分群饲养。同时要定期驱虫，一般童鸽每2~3个月全群驱虫1次；成鸽每年驱虫1次；信鸽子比赛前半个月驱虫1次。

（2）治疗方法。驱虫药物可选用以下几种：

①盐酸左旋咪唑。每次每只半片（每片25毫克）或每千克体重1片，晚上喂服。轻者1次，重者2次。驱虫效果可靠。

②哌哔嗪（驱蛔灵）。每次每只半片，或按每千克体重200~250毫升，连用两晚，在驱虫的同时，还应在次日消除粪便。

③四咪唑（驱虫净）。按每千克体重给药40~50毫克的剂量喂服。

④抗蠕敏（丙硫苯咪唑）。按每千克体重30毫克，早晨空腹经口投服；也可拌于当天1/3的饲料中服用。但产蛋鸽偶见引起产蛋量下降。

⑤敌百虫。用0.1%敌百虫溶液消毒场地。

1次驱虫不一定能彻底驱净，最好隔1周再驱1次，在驱虫后还应增加营养，多喂含维生素A的AD_3粉、维生素AD_3E乳剂或鱼肝油，尽快医治肠道创伤。

2. 鸽毛细线虫病

本病是由寄生于鸽子小肠前半部的毛细线虫引起的鸽最普通的蠕虫病。引起本病的毛细线虫有鸽毛细线虫、膨尾毛细线虫。鸽毛细线虫虫体纤细，呈毛发状，雄虫长6.9~13.0毫米，宽49~53微米，雌虫长10~18毫米，宽约80微米。虫卵大小为（44~46）微米×（22~29）微米，卵壳上有网状纹理。膨尾毛细线虫长8.8~17.6毫米，宽33~51微米，雌虫长11.9~25.4毫米，宽38~62微米。卵壳厚，上有细的刻纹。

【流行特点】在发育过程中，鸽毛细线虫不需要中间宿主，膨尾毛细线虫需蚯蚓为中间宿主而间接发育。虫卵随粪便排出，鸽食入含有幼虫的虫卵后被感染。

【临床症状】幼鸽患本病一般不表现任何症状，严重感染时，表现食欲消失，大量饮水，精神沉郁，羽毛松乱，低头闭目，消化紊乱，腹部不适。开始时呈间歇性下痢，继而呈相当稳定性下痢，随后下痢加剧，或排出红色黏液样粪便，还出现皮肤干燥和严重贫血。病鸽很快消瘦。重症的童鸽1周后严重脱水，昏迷衰竭死亡。如感染捻转毛细线虫时，因主要是嗉囊受损，外表可见嗉囊膨大，使颈部迷走神经受压迫，导致呼吸困难、运动失调及麻痹而死。

【病理变化】由于毛细线虫在肠壁内穿行，并分泌溶肠组织的物质，造成肠道严重炎症和出血，肠壁增厚，内有较多积液。病程长的变成黄白色小结节以至坏死，形成假膜，有异臭味。用小刀小心地刮下肠或嗉囊的黏膜，置于有生理盐水的器皿中，便可发现比头发还细、约 5 厘米长、颜色与黏膜相同的小虫体。信鸽感染少量的毛细线虫不表现明显症状，可能只是飞行成绩稍微下降；轻微感染的肉鸽，仅在生产性能方面稍有影响。

【诊断】 根据病鸽消瘦、腹泻、出血性肠炎及小肠上段有卡他性渗出物和肠壁增厚等典型症状、病理变化可作出初步诊断，确诊需发现虫体。

【防治措施】

(1) 预防措施。为预防本病的发生，首先应避免鸽与粪便接触，注意饲料和饮水的卫生；其次要定期驱虫，一般童鸽每 3 个月全群驱虫 1 次，成年鸽每年驱虫 1 次，或配对前半个月驱虫 1 次；同时驱虫就增加饲料营养，多喂含维生素 A 的多维素或鱼肝油。

(2) 治疗方法。防治本病可用以下药物：

①左旋咪唑。按每千克体重 24～30 毫克（一般使用时每千克体重服药 1 片）口服，必要时，隔天再重复 1 次。

②四氧化碳。每只 0.5～1 毫升，用细橡皮管直接将药物输入食管中。

③甲氧啶（美砂利啶）。每千克体重 200 毫克口服，或饮水中含 0.2%～0.4% 甲氧啶，饮服 24 小时；如按每千克体重 25 毫克，用蒸馏水配成 10% 水溶液，1 次颈部皮下注射，可收到 100% 的驱虫效果。

④噻咪唑。按每千克体重 40 毫克，配成水溶液，供鸽饮用，疗效可达 90% 以上。

3. 鸽四辐射鸟圆线虫病

由四辐射鸟圆线虫寄生于小肠内引起的一种线虫病，可引起鸽的严重伤亡。分布于世界各地，我国南方福建、台湾等地区常见。四辐射鸟圆线虫虫体纤细雨，新鲜时呈鲜红色，常呈回旋蜷曲如螺旋状，头部角皮膨大，形成头泡。雄虫长 9～12 毫米，雌虫长 18～24 毫米。感染性幼虫被鸽吞食后经 6～7 天在小肠内发育为成虫。

【临床症状】 由于卡他性肠炎出血引起失血导致病鸽严重伤亡。严重感染的鸽精神委顿，离群，蹲坐地上，若驱使其运动，则运动和飞翔时身体易失去平衡，头和胸向前歪倒。吃食很少，呕出带胆汁的液状物，腹泻，排绿色或浅红色稀薄粪便，病鸽逐渐消瘦，通常死前的症状为呼吸困难或急促。

【病理变化】 剖检病死鸽可见肠道显著出血，食绿色黏液样内容物，有剥落的坏死上皮碎片。

【诊断】 根据临床症状和病理变化可作出初步诊断，确诊需进行虫体检查。

【防治措施】 预防需注意鸽舍清洁卫生，及时清除粪便，定期驱虫。治疗可用枸橼酸哌嗪，每只每次 0.5～1 片（0.3 克/片），每天 1 次，连喂 2 天。也可用盐酸左旋咪唑片，按每公斤体重 15～30 毫克 1 次口服或者混入饲料中喂给，或配成 5% 水溶液嗉囊内注射。

4. 鸽锐形线虫病

鸽锐形线虫病是由旋锐形线虫寄生于鸽的食管、腺胃引起的，我国各地都有分布。

常引致鸽子死亡。旋锐形线虫雄虫长 7～8.3 毫米，雌虫长 9～10.2 毫米。虫卵大小为（33～40）微米×（19～25）微米，卵壳厚，内含幼虫。寄生于鸽、火鸡、鸡等腺胃和食管，罕见于肠。

【流行特点】发病率与中间宿主老鼠的季节动态有密切关系，通常 5～6 月份达高峰期。老鼠生活在堆有污物的碎石块下，或腐叶堆中，致使雏鸽易受感染，发病严重，死亡率也高。成鸽受害不大。

【临床症状】本病对雏鸽危害较大。患鸽食欲消失，迅速消瘦，高度贫血，下痢（粪便稀薄呈黄白色），羽毛蓬乱，缩头，垂翅，出现症状后数天内死亡。

【病理变化】严重感染时，在腺胃黏膜形成花椰菜样溃疡，虫体前端深埋在溃疡中，周围腺体乳头变平，腺胃黏膜充血或出血。

【诊断】粪便检查发现虫卵或尸体剖检发现虫体或虫卵即可确诊。

【防治措施】平时做好鸽舍的清洁卫生工作，定期清除场内碎石或腐叶堆，对鸽粪应堆积发酵，用溴氰菊酯喷洒，消灭中间宿主，并对鸽进行预防性驱虫。

治疗可选用甲苯唑，有较好的效果，剂量为每千克体重 30 毫克，1 次口服，或按 0.0125% 混料喂服。也可用噻苯唑或丙硫咪唑等药物。

5. 鸽四棱线虫病

鸽四棱线虫病是由分棘四棱线虫和美洲四棱线虫寄生在鸽的腺胃内所引起的一种线虫病。我国各地均有分布。火鸡、鸡、鸭、鹌鹑等都有感染。雄虫游离于胃腔中，体型纤细，体长 5～5.5 毫米。雌虫寄生于腺胃体内，呈亚球形，体长 3.5～4.5 毫米，宽 3 毫米。虫卵壳厚，内含有幼虫。

【临床症状】成虫寄生在宿主鸽的腺胃内，引起腺胃卡他性炎症，同时虫体还吸血和分泌毒素，影响消化功能。严重感染的患鸽消瘦，贫血，甚至死亡。

【诊断】粪便检查发现虫卵，或尸体剖检发现鲜红色的雌虫深埋在腺胃中，即可确诊。

【防治措施】预防应消灭中间宿主，注意鸽舍的清洁卫生，定期消毒，清扫出的粪便要堆肥发酵，杀灭虫卵。

治疗可试用阿维菌素，皮下注射或内服，每千克体重 0.2～0.3 毫克；高效虫灭灵，按千克饲料 5～10 毫克混饲，连续使用 2 周。

6. 鸽尖旋线虫病

鸽尖旋线虫病是由孟氏尖旋线虫寄生于鸽的瞬膜下、结膜囊和鼻泪管中引起眼炎的一种线虫病。鸡、火鸡、鹌鹑、孔雀、鸭等均可感染。分布于世界的许多温湿地区，我国南方较为常见。

【流行特点】鸽啄食含有感染性幼虫的中间宿主蟑螂而受感染，大约 30 天即可发育成熟。各种野鸟都能受家禽眼虫的感染，也可作为家鸟的感染来源。

【临床症状】病鸽不安静，不断搔抓眼部，常流泪，呈重度眼炎。结膜肿胀，在眼角外稍突出于眼睑之外，并常连续不断地转动，试图从眼中移出某些异物。有时眼睑粘连，在眼睑下聚积有白色乳酪样的物质。严重时转为急性型结膜炎。在结膜囊中蓄积脓样渗出物，炎症延至眼周围组织和眼窝，发生眼球炎。导致眼球损坏，可引起鸽子死亡。

【诊断】在病鸽眼内发现虫体即可确诊。但应注意当严重病例病鸽眼内几乎找不到虫体。

【防治措施】预防应注意消灭蟑螂和搞好鸽舍的清洁卫生。

治疗可用1%~3%噻苯唑液滴眼,或用手术方法取出虫体。发生结膜炎或角膜炎时可用金霉素软膏治疗。

三、鸽吸虫病

1. 鸽棘口吸虫病。是由多种棘口吸虫寄生于鸽肠道所引起的吸虫病,对幼鸽危害严重。分布较广,在长江流域以南各省普遍流行。除鸟类以外,人类以及哺乳动物中的猪、狗、猫、兔等也可感染。

【流行特点】对雏鸽危害大。由虫卵孵出毛蚴后侵入第一中间宿主淡水螺,发育至尾蚴逸出;侵入第二中间宿主蝌蚪、鱼及淡水螺,形成囊蚴,被终末宿主吞食,经16~22天发育为成虫。此病常发生于放养鸽。因螺蛳和蝌蚪多与水生植物一起孳生,以浮萍或水草作饲料的鸽,食入受污染饲料后即可感染。

【临床症状】病鸽食欲减退,下痢,消瘦,贫血,生长发育受阻,严重的因极度衰竭而死亡。

【病理变化】出血性肠炎,肠黏膜肿胀,虫体附着部位可见黏膜损伤和出血。

【诊断】采用粪便直接涂片或用水洗沉淀法检查虫卵,结合剖检检出虫体可确诊。

【防治措施】在流行区用药物定期驱虫;清扫出来的粪便堆肥发酵,杀灭虫卵;加强饲养管理,搞好饮水、饲料和鸽舍卫生;消灭中间宿主淡水螺。

治疗可用丙硫咪唑,按每千克体重20~25毫克,口服;吡喹酮,按每千克体重10~15毫克,口服;氯硝柳胺,按每千克体重100~150毫克,1次口服。

2. 鸽前殖吸虫有多种,以卵圆前殖吸虫和透明前殖吸虫分布较广,寄生于鸽的输卵管、法氏囊。偶见于鸽蛋内。常引起输卵管炎,病鸽产畸形蛋,有的因继发腹膜炎而死亡。本病呈世界性分布,在我国许多省、直辖市和自治区均有报道,以华东、华南地区多见。

【流行特点】前殖吸虫发育均需要2个中间宿主,第一中间宿主为淡水螺类,第二中间宿主为各种蜻蜓的成虫和稚虫。多呈地方性流行,流行面广,流行季节与蜻蜓出现的季节相一致。鸽吞食了含有前殖吸虫囊蚴的蜻蜓幼虫、稚虫和成虫而感染。本病常在野禽之间流行,构成了自然疫源地。

【临床症状】感染初期,食欲及产蛋均正常,感染月余后,产蛋率下降,逐渐出现畸形蛋、软壳蛋或无壳蛋。随着病情发展,食欲减退,消瘦,羽毛脱落,精神不振,停止产蛋,有时从泄殖孔排出蛋壳碎片或流出石灰水样液体,腹部膨大,肛门潮红,肛门周围羽毛脱落。后期体温升高,饮欲增加,可导致死亡。

【病理变化】主要病理变化是输卵管炎,输卵管黏膜充血,极度增厚,在黏膜上可找到虫体。此外尚有腹膜炎,腹腔内含有大量黄色浑浊的液体,脏器被干酪样凝集物黏着在一起，肠间可见到浓缩的卵黄，浆膜呈现明显的充血和出血，有时出现干性腹膜炎。

【诊断】剖检在输卵管等处发现虫体，或用水洗沉淀法检查粪便，发现虫卵即可确诊。

【防治措施】定期驱虫，在流行地区根据发病季节进行有计划的驱虫；消灭第一中间宿主，有条件地区可用药物杀灭之；防止鸽群啄食蜻蜓及基稚虫，在蜻蜓出现季节勿在清晨或傍晚及雨后到池塘边放飞采食，以防感染。

治疗可试用硫双二氯酚，每千克体重200毫克，1次口服；吡喹酮，每千克体重60毫克，1次口服；丙硫咪唑，每千克体重100毫克，1次口服。

3. 鸽嗜眼吸虫病。由涉禽嗜眼吸虫寄生于鸽的眼瞬膜、结膜囊引起。对幼禽危害严重，我国南方多见。鸡、鸭、鹅、孔雀等均有感染。

【流行特点】涉禽嗜眼吸虫以黑螺为中间宿主，浮萍和螺蛳是传播媒介。鸽通过采食水域中的水生植物、小螺等感染，从口腔感染后，虫体经上腭裂缝、鼻腔而进入眼部；也可通过眼部接触囊蚴而感染，该途径感染的虫体成活率最高，并可返回鼻腔而移行到另一个眼中。我国南方每年5~6月与9~10月是感染最严重时期。

【临床症状】鸽感染涉禽嗜眼吸虫后，眼部受到机械性刺激和虫体分泌毒素的影响，导致眼结膜充血、流泪，眼睛红肿，结膜与瞬膜混浊，甚至化脓溃疡，眼睑肿胀和紧闭，严重的双目失明不能寻食而至消瘦，羽毛松乱，有时两腿瘫痪，严重者引起死亡。成年禽感染后，症状较轻，出现结膜角膜炎、消瘦等症状。

【诊断】根据病鸽眼部有无眼结膜充血、眼睑肿大、化脓溃疡等典型病理变化可作出初步诊断，从结膜囊中检出虫体可确诊。

【防治措施】应注意在流行季节防止鸽群接触外界水源，在鸽场旁的河道沟渠中大力消灭黑螺等螺蛳，切断感染途径；在流行区用作鸽饲料的浮萍、河蚬等应用开水浸泡杀灭囊蚴后再供食用；经常检查，发现病鸽及时驱虫。

治疗可用75%酒精滴眼，虫体可随着泪水排出眼外，少数寄生在较深部的虫体可在再次酒精滴眼时驱出，但对眼睑有刺激作用，需4~5天后才消失。

4. 鸽顿水吸虫病

鸽顿水吸虫病由布氏顿水吸虫寄生于鸽的肾脏所引起的吸虫病。国内少数地区有报道。

【病原】虫体呈长舌状，长达3毫米，体表不光滑，口吸盘位于亚前端。睾丸相对斜列，生殖孔开口于卵巢之前。卵巢呈三角形或横长方形，斜列于2睾丸前方。虫卵呈长梭形，不对称，大小为（33~44）微米×（15~18）微米。

【流行特点】顿水吸虫以钻头螺作为中间宿主，含囊蚴的螺被鸽吞食后，经移行，11~15天在肾脏发育为成虫。鸽吞食含囊蚴的中间宿主螺类而遭感染。

【临床症状】肾脏及输尿管发炎，肾壁增厚，肾集合管扩张。

【诊断】检查尿液发现虫卵，或剖检时在肾脏、输尿管发现虫体可确诊。

【防治措施】应注意杀灭中间宿主钻头螺或避免鸽与其接触。

治疗可试用吡喹酮，1次量按每千克体重10~20毫克，内服；也可用硫双二氯酚，

1次量按每千克体重100~200毫克，内服。

四、鸽绦虫病

1. 鸽戴文绦虫病

戴文绦虫病是由节片戴文绦虫引起的，是鸽最常见的绦虫病之一。本病对幼鸽的感染率最高，危害较大。节片戴文绦虫寄生在鸽的十二指肠和小肠内，从宿主鸽的肠道内容物中吸取营养物质和排出有害的产物，使鸽子的消化吸收功能紊乱。同时每天都有一个或数个孕卵节片从虫体的后端脱落，随鸽粪便排出体外，而污染场地，为构成再次感染创造条件。

【病原特征】节片戴文绦虫成虫短小，长0.5~3.0毫米，由4~9个节片组成。头节小，顶突和吸盘上均有小钩，但易脱落。生殖孔规则地开口于每个节片的侧缘前部。睾丸12~15个，位于体节后部。孕节子宫分裂为许多卵囊，每个卵囊内含有一个六钩蚴。虫卵直径35~40微米。以蛞蝓和蜗牛类为中间宿主，中缘期被似囊尾蚴的中间宿主而感染。

【流行特点】饲养管理及放养鸽群一般都有感染。鸽因吞食含有似囊尾蚴的中间宿主而感染。

【临床症状】患鸽经常发生腹泻，粪中含黏液或带血，高度衰弱，消瘦，有时从两腿开始麻痹，逐渐发展波及全身以至死亡。

【病症变化】剖检病鸽可见肠道黏膜增厚、出血。

【诊断】以水洗沉淀法检查粪便发现孕卵节片，或尸体剖检在十二指肠找到虫体可确诊。

【防治措施】防治本病应经常除净粪便，并堆沤杀虫处理。尤其要注意周围环境卫生的改善，并不断清除鸽场周围的污物杂草和乱砖瓦砾，填平低洼潮湿地段，以减少甚至消灭蛞蝓、蜗牛等中间宿主的生存。同时还应对鸽群定期驱虫，每年至少1~2次。

驱虫可用下列药物：

（1）吡喹酮。每千克体重用15~20毫克混料，1次饲喂；1周后按每千克体重用20毫克再混料饲喂1次。

（2）槟榔片。每只每次1克，或按每千克体重1~1.5克，煎汁后早上空腹灌服，也可根据病情轻重再服1次。

（3）硫双二氯酚（别丁）。按鸽每千克体重150~200毫克拌料1次内服，4天后再重复用药1次。为慎重起见，在大群驱虫之前，最好做少批驱虫试验，然后全群驱虫。

（4）石榴皮、槟榔合剂。取石榴皮、槟榔各100克，加水1 000毫升，煮沸1小时即得（约剩800毫升）。水煎剂用量为20日龄以内雏鸽每只1毫升；30日龄每只1.5毫升；30日龄以上每只2毫升，2日内喂完。

（5）甲苯咪唑。按每千克体重30毫克，1次混饲，连喂3天。但种鸽应在配对前半个月先进行驱虫，以免影响体质和生产性能。

2. 鸽赖利绦虫病

赖利绦虫病四角赖利绦虫引起，也是鸽子最常见的绦虫病之一，危害较大，对幼鸽的感染率最高。四角赖利绦虫寄生在鸽小肠内，从宿主鸽的小肠内容物中吸取营养物质和排出有害产物，使鸽的消化吸收功能紊乱。

【病原特征】四角赖利绦虫长达25厘米，头节较水，吸盘卵圆形，有小钩，顶突上有钩两列，生殖孔一侧开口，孕节中每个卵袋内含卵6~12个，虫卵直径25~50微米。中间宿主为蚂蚁。鸽啄食含似囊尾蚴的蚂蚁而感染，经19~23天在小肠内发育为成虫。

台湾赖利绦虫虫体长17厘米，顶突盘状，有2圈小钩。生殖孔位于节片的侧中部前，孕节中每个卵袋内含3~8个卵，虫卵直径36~42微米。

【临床症状】饲养管理差及放养鸽群都有感染。鸽因吞食含有似囊尾蚴的中间宿主而感染。轻微的绦虫感染，除了生产性能下降外，一般在临床上无症状表现。严重感染的患鸽，特别是雏鸽，出现消化障碍，粪便变稀而混有淡黄色或血样黏液，食欲下降，多饮水，行动迟缓，羽毛松乱，两羽下垂，头和颈扭曲，有时出现神经性痉挛，最后衰竭而死亡。

【病理变化】剖检病鸽可见肠黏膜肥厚，肠腔内有许多黏液，恶臭，黏膜黄染。肠黏膜上有结核样的小结节，结节中央凹陷，内常有虫体或黄褐色乳样栓塞物，也有变大成疣状溃疡。大量感染时虫体聚集成团，引起肠阻塞或肠管显著扩张和肠黏膜剥落，甚至导致肠管破裂而引起腹膜炎病理变化。

【诊断】以水洗沉淀法检查粪便发现孕卵节片，或尸体剖检在十二指肠找到虫体可确诊。

【防治措施】鸽舍内外定期杀灭蚂蚁和昆虫，幼鸽和成鸽分开饲养，定期检查，定期驱虫，及时清除粪便并堆积处理。新引入的鸽类应先驱虫再合群。

治疗方法同戴文绦虫病。

五、鸽体外寄生虫病

1. 鸽羽虱

虱为禽类常见的外寄生虫，呈世界性分布，种类很多，具有严格的宿主特异性，寄生于鸽体表的主要有鸽长羽虱和鸡羽虱。羽虱以羽毛为食，但有时也吸血。由于羽毛虱永久寄生在鸽身上，因而对鸽的危害极大。

【病原特征】羽虱的特征为头的腹面有咀嚼式上颚。身体背腹扁平，无翅，有1对3~5节的短触角。发育属不完全变态，均在宿主身上完成。虱卵成簇附着于羽毛上。

鸽长羽虱寄生于鸡、鸽。体细长，约2毫米，雄虫触角的第1节特别膨大，第2节上有侧突起。

鸡羽虱寄生于鸡、鸽。虫体淡黄色，头部后均匀扩展，呈宽三角形。雄虫长1.0~1.7毫米，雌虫体长1.8~2.0毫米，头部有红褐色斑，后颊部向左右突出，尖端有刚毛数根，眼部凹陷，有黑色素，腹部每节背面有 1 列长毛。

【流行特点】密切接触是虱在鸽间传播的主要方式。使用被污染的运输用具（木箱、纸箱、蛋箱等）是常见的引入途径。鸽长羽虱也可由鸽虱蝇携带而在鸽间传播。

【临床症状】虱对成年鸽无严重致病性，但雏鸽感染后可能死亡。患鸽瘙痒不安，经常啄羽，羽毛蓬乱无光泽，部分羽毛脱落，食欲减退，消瘦，表皮有叮咬伤痕，发育受阻，生产力下降。

【诊断】在皮肤或羽毛上发现浅褐色的虱子可确诊。

【防治措施】

（1）预防措施。勿让野禽或家禽接触鸽群，防止外来禽鸟带入羽虱。定期检查鸽群有无虱子（至少每月 2 次），加强鸽舍卫生和饲养管理，坚持对鸽舍、鸽巢、运动场、用具和运输工具彻底清洗消毒。

（2）治疗方法。对感染鸽做好必要的治疗，可采用杀虫药砂浴、水浴或撒粉，须进行 2 次，间隔 7～10 天。具体操作方法如下：

①砂浴法。用 50 千克细砂内加入硫磺粉 5 千克，充分混匀，铺成 10～20 厘米厚，让鸽自行砂浴，以杀死羽虱。

②水浴法。用 0.1% 的敌百虫溶液或 0.7%～1.0% 氟化钠水溶液给鸽进行水浴。为了增强氟化钠的杀羽虱效果，可加入 0.3% 肥皂水。另外，还可用 5% 虱螨净（溴氰菊酯）原液加 2 000 倍水稀释进行水浴；或用可湿性硫磺溶液（40 升水加可湿性硫磺 180～300 克）进行浸浴，一般在药浴 1～2 周内杀虱效力可达 100%。但要求进行两次治疗，间隔 7～10 天进行 1 次即可。此法宜在天气暖晴时采用，在直接防治的同时，还就用同样药物消毒鸽舍，以期较全面地扑杀羽虱。

③撒粉法　将药物配成粉状，散布于鸽体有虱寄生处。常用 4% 马拉赛昂可 0.5% 蝇毒磷粉剂撒粉；或用硫磺粉 10 克，滑石粉 90 克混匀；或用 1% 马拉硫磷粉剂撒在鸽身上或窝内；或用 5% 除虫菊粉揉抹在羽毛中。

2. 鸽虱蝇

鸽虱蝇是一种寄生蝇，寄生于雏鸽体表吸血，为潮湿地区或热带地区的一种相当重要的家鸽寄生虫，分布于我国各地。

【病原特征】鸽虱蝇成虫背腹扁平，呈暗棕色，长约 6 毫米，有两个透明的翅，略长于身体。头部有一个粗短的喙，喙基部深入头内，触须长，内侧有槽居喙两侧作为喙鞘。鸽虱蝇为卵生，卵在雌虫体内孵化为幼虫，幼虫在子宫内吸取乳汁为营养，至成熟的 3 龄幼虫时产出，落地入土即变为蛹，蛹的阶段大约需 30 天，由蛹再羽化为成虫，成虫寿命约 45 天。

【临床症状】鸽虱蝇主要寄生于鸽体，钻穿于羽毛间，行动快速，以吸血为生，是温暖或热带地区家鸽的主要寄生虫之一，特别是对 2～3 周龄的雏鸽危害甚大，而且不定期是鸽痘、鸽疟疾和鸽血变原虫病的传播者。也可叮咬人类，在皮肤上造成可持续数日疼痛的伤口。受侵袭的鸽受失血和刺激之害，表现有痒感而骚动不安，用喙啄羽毛，贫血，消瘦，发育受阻。

【诊断】根据病鸽瘙痒、骚动不安等症状，结合病原检原可确诊。

【防治措施】控制本病应及时清理并烧掉脏的巢草，清除巢内的幼虫和蛹，以及杀灭鸽体的成虫。笼舍、墙缝、巢窝喷杀虫药。保持鸽舍卫生，要求做到每 15～20 天进行 1 次鸽巢及周围环境的清洁卫生及喷药消毒，并将清除物烧毁。

鸽体的虱蝇可用杀虫药砂浴，可用 0.003%～0.005% 虱螨净（溴氰菊酯）溶液喷洒鸽体，或揉搓到鸽的皮肤上。

3. 鸽皮刺螨病

皮刺螨病是由鸡皮刺螨寄生于鸽、火鸡和鸡等禽类的体表引起的一种外寄生虫病。皮刺螨居于鸽窝巢内，吸食鸽血。有时也侵袭人体吸食血液。严重侵袭时，可使鸽日渐消瘦、贫血，生产力下降，还可传播禽霍乱和螺旋体病。

【病原特征】鸡皮刺螨，又称红螨，呈长椭圆形，后部略宽，饱血后虫体由灰白色转为红色，体表密布细毛。雌螨长 0.72～0.75 毫米，宽 0.4 毫米，饱血后可长达 1.5 毫米；雄螨长 0.6 毫米，宽 0.32 毫米。体表有细皱纹并密生短毛；背面有盾板 1 块，前宽后窄，后缘平直。雌螨腹面的胸板非常扁，有刚毛 2 对；生殖板前宽后窄，后端钝圆，有刚毛 1 对；肛板圆三角形，有刚毛 3 根，肛门位于后端。雄螨胸板与生殖板融合为胸殖板，腹板与肛板融合为腹肛板。腹面偏前方有 4 对较长的肢，肢端有吸盘。螯肢细长呈针状。鸡皮刺螨的发育包括卵、幼虫、若虫和成虫 4 个阶段，其中若虫为 2 期。1 个发育周期需 1～3 周。成虫能耐受饥饿，不吸血液能生存 82～113 天。

【流行特点】本病广泛分布于世界各地，有栖架的老鸽舍发病特别严重。鸡皮刺螨最常见于鸡，但也可寄生于鸽、火鸡、金丝雀或侵袭人。该螨外观常呈明显的红色或微黑色的小圆点，成群聚集在栖架上松散的粪块下面、种鸽舍的板条下面、鸽巢里面以及柱子和屋顶支架的缝隙里面。白天藏于隐蔽处，夜间出来叮咬宿主吸血。

【临床症状】病鸽消瘦，贫血，有痒感，产蛋量下降，皮肤时而出现小的红疹，易引起乳鸽和幼鸽夜间烦躁不安，信鸽飞行能力下降，大量侵袭幼雏可引起死亡。

【诊断】根据流行特点、临床症状，结合病原检查可确诊。

【防治措施】及时更换垫草并烧毁旧垫草。用 0.05% 的虱螨净（溴氰菊酯）溶液对鸽舍、栖架喷雾灭虫。用 0.003%～0.005% 溴氰菊酯溶液或 0.005%～0.01% 氰戊菊酯溶液喷洒鸽体。

4. 鸽气囊螨病

气囊螨病主要是寡毛鸡螨寄生于鸽、火鸡、雉鸡、鸡等禽类的支气管、肺、气囊，以及与呼吸道相通的囊腔内所引起的疾病。

【病原特征】虫体呈微白色小点状，大小约 0.6 毫米×0.4 毫米，体表有少量短刚毛，颚体退化，微细的螯肢位于由须肢和颚体结合形成的小管内。

【临床症状】感染方式不清楚。气囊螨寄生在气囊和呼吸道，呈微细、光亮的砂粒状，寄生在气囊中容易被忽视，但容易引起鸽子食欲减退，发生气喘，还频频打喷嚏，带来呼吸困难，气囊内还充满黏稠的液体。严重感染时，使气管及支气管发生炎症，渗出物增多，打喷嚏，咳嗽，呼吸困难，消瘦，呆立。有的造成病鸽消瘦，腹膜炎、肺炎和呼吸道阻塞，甚或引起肉芽肿性肺炎而造成死亡。

【诊断】由于虫体很小，且寄生部位特殊易漏检，所以，剖检死后不久的病禽应仔细检查，可见有白色小点缓慢地在透明的气囊表面移动，用放大镜或光学显微镜观察易识别虫体。

【防治措施】销毁患鸽的尸体，随之清扫并消毒鸽舍。可试喷 0.05% 辛硫磷溶液、0.125% 倍硫磷溶液等进行灭虫。

5. 鸽锐缘蜱病

鸽锐缘蜱属于软蜱的一种，软蜱是禽类重要的蜱，我国发现的鸽软蜱主要为卷边锐缘蜱（也称鸽蜱），寄生于鸽体表叮咬吸血，大量寄生时可使鸽消瘦，生产力下降，甚至死亡。世界各地均有分布。

【病原特征】卷边锐缘蜱大小为（4~5）毫米×3毫米，呈扁平卵圆形，体前端较尖，后部宽圆，吸血后虫体呈红色乃至青黑色，饥饿时为黄褐色，体缘较薄，由许多不规则的方格形小室组成。背面表皮高低不平，形成无数细密的弯曲皱纹。假头在体前部腹面，基部小，无眼，口下板短，尖端凹陷。须肢长，足4对，末端无网垫。

【流行特点】锐缘蜱多寄生于宿主鸽翅下或羽毛较少的部位，白天隐伏，栖息在鸽舍、鸽巢穴及其附近房舍、树木、栖架、建筑物的缝隙内，夜间爬出活动，在宿主鸽体表吸血。蜱耐饥力强，生活期长，繁殖力强，温暖季节活动频繁，故在温暖干燥季节，鸽易遭受侵袭。

【临床症状】幼鸽受大量锐缘蜱侵袭后，可发生贫血，消瘦，生产力下降，并常引起麻痹症，患鸽常有单侧脚爪蜷缩、跛行，随着翅和足发生麻痹，常呈侧卧，严重时引起死亡。有时在皮肤损伤处继发细菌感染而形成小脓肿。此外，缘蜱还可以传播疾病。

【诊断】根据流行特点、临床症状，结合病原检查可确诊。

【防治措施】对鸽舍、垫料、墙壁、地面、顶棚均须用药物彻底喷雾杀虫，并保证药物喷入缝隙，室外运动场、食槽、木堆及树干可用杀虫药处理，另外还可用金属制代替木制栖架，经常检查有无蜱寄生，尽早发现并及时处理。

鸽舍中的蜱可用 0.02% ~0.03% 杀虫溶液、0.1% ~0.2% 马拉硫磷溶液或 0.05% 虱螨净（溴氰菊酯）溶液等杀虫剂喷洒。在夏季可用杀蜱的化学药物处理鸽舍 2~3 次，每次间隔 7~10 天，可完全杀灭锐缘蜱。杀灭鸽体上的锐缘蜱时，要特别注意将药物涂擦到两翼下面。用杀虫药粉剂堵塞鸽舍、树木等的缝隙和裂口，然后用黄泥或石灰堵塞，也能获得良好的灭蜱效果。

第五节　鸽营养代谢病

一、维生素缺乏症

1. 维生素 A 缺乏症

本病是由于日粮中维生素 A 供应不足或消化吸收障碍，引起的以黏膜、皮肤上皮角化变质，生长停滞，干眼病和夜盲症为主要特性的营养代谢性疾病。

【临床症状】成年鸽维生素 A 缺乏时，表现为精神不振，食欲减退，生长停滞，贫血，逐渐消瘦，运动失调，羽毛黏着，继而眼睑内有豆腐渣样的脓性分泌物，角膜发生软化和穿孔，最后失明。呼吸困难。产蛋鸽则受精率下降，繁殖力明显降低。所产蛋孵化初期死胚多，或发生胚胎营养不良、生长缓慢，或因尿酸盐沉着而发生死胎。幼鸽则易出现神经症状，有的发生脑软化症。

【病理变化】病鸽口腔、咽喉黏膜上散布有白色小结节或覆盖 1 层白色的豆腐渣样的薄膜或白色小脓疱，有时可蔓延到嗉囊，剥离后黏膜完整并无出血溃疡现象。呼吸道黏膜被 1 层鳞状角化上皮代替，鼻腔内充满水样分泌物，液体流入鼻旁窦后，导致 1 或两侧颜面肿胀，泪管阻塞或眼球受压，视神经损伤。重症者则角膜穿孔，肾呈灰白色，肾小管和输尿管内有多量尿酸盐沉着，心包、肝和脾的表面也有尿酸盐沉着。有的病鸽的中枢神经系统、肾及睾丸可出现退行性变化。

【诊断】根据饲料分析、病史、临床症状和病理变化进行综合分析，可作出初步诊断。确诊需要测定血浆和肝脏维生素 A 含量，正常鸽血浆中的维生素 A 含量在 0.34 微摩尔/升以上。另外，用维生素 A 进行试验性治疗，若疗效显著，可确诊。

【防治措施】平时在日粮中补充富含维生素 A 原的饲料，如胡萝卜、黄玉米、苜蓿等。同时应注意饲料的保管，防止其酸败、产热和氧化，保证日粮中蛋白质和脂肪充足，预防性补充维生素 A 时就注意季节变化，尤其在冬春季，繁殖期要适量补充，切勿过量，以防发生维生素 A 中毒。

本病常用禅泰浓缩鱼油或水性鱼油治疗，一般为每日每只鸽 0.1 毫升，7 天为 1 疗程。另外也可用维生素 A-D 胶丸，每日每只鸽 1 丸，连用 3~7 天。

2. 维生素 D 缺乏症

本病是以日粮中维生素 D 供应不足、消化吸收障碍或光照不足等引起的以骨骼、喙及蛋壳形成受阻为特征的一种营养代谢病。

【临床症状】胚胎期发生维生素 D 缺乏时，表现为胚胎的皮肤上出现极明显的浆液性大囊泡性水肿，皮下结缔组织呈弥漫性增生，胚胎水肿，故又称为胚胎黏液性水肿病。幼鸽维生素 D 缺乏时，骨质钙化受到抑制而导致佝偻病。生长发育明显受阻，行走困难，腿骨变脆易折断。龙骨突呈"S"形。成年鸽维生素 D 缺乏时易发生骨软化症，走路拐腿，运动减少。蛋壳异常（薄、脆、易碎），新鲜蛋的蛋黄可动性大，孵化率明显降低。

【病理变化】幼鸽的特征性变化是在背肋和胸肋连接处向内弯，形成肋骨内弯沟现象。肋骨和脊椎连接处出现串珠样结节，在其胫骨和股骨的骨骺部可见钙化不良。成年鸽的特征性病理变化局限于骨骺和甲状旁腺。骨骺软而不易折断，在肋骨内侧面的硬软肋连接处出现明显的串环结节。腿骨组织切片呈现缺钙和骨样组织增生现象。胫骨用硝酸银染色，可显示出骨的骨骺有未钙化区。

【诊断】根据病鸽的骨骺、喙及蛋壳异常等临床症状，结合病理变化，可确诊。

【防治措施】保证鸽的充足光照，在春秋季到来时要适量补充维生素 D，另外，在多雨季节光照不足时，也应适量补充维生素 D 和鱼肝油，同时注意日粮中玉米、高粱及其他豆类的配比要合适，同时要防止饲料的长时间存放、霉变。避免长期使用磺胺类等药物。

治疗可用维生素 A-D 滴剂，每日每只 2 次，轻症者每次半滴，重症者每次 2～3 滴，连用 5～7 天。维丁胶性钙，每日或隔日肌内注射，每只每次 0.2 毫升。维生素 D_3，每千克体重 1 000 单位，1 次肌内注射；或给幼鸽 1 次喂服 15 000 国际单位，而后保证适量供应。还可每 100 千克饲料中添加鱼肝油 50 毫升和多种复合维生素 25 克。

3. 维生素 E 缺乏症

本病是由于维生素 E 缺乏引起的以小脑软化，胸部及腿部肌肉苍白、松弛、无力等为主要特征的一种营养代谢病。

【临床症状】本病以幼鸽多发，可发生小脑软化症。呈现共济失调，鸽头不断左右晃动，两腿呈痉挛性抽搐，无目的地行走或冲撞。病程较长者可见腿部及胸部肌肉松弛、无力、肌肉苍白，有时可见到白色条纹。皮肤苍白，出现小红细胞性贫血。有的病鸽表现皮下出血。成年鸽繁殖率降低。

【病理变化】主要病理变化在脑，其受损害出现病理变化的先后次序是小脑、大脑半球的纹状体、延脑和中脑。幼鸽出现脑软化症状后立即宰杀，可见到小脑表面轻度出血和水肿，脑回展平，小脑柔软而肿胀，脑组织中的坏死区呈黄绿色混浊样。在纹状体中，坏死组织常呈苍白、肿胀而湿润，在早期即与其余的正常组织有明显的界线。脑膜、小脑与大脑的血管明显充血、水肿。有些病鸽的肌胃、骨骼肌和心肌呈现明显的严重营养不良，肌肉苍白，并有灰白色条纹。组织学上的变化是透明变性。肌纤维呈透明样变性的横向断裂。肌肉内的组织水肿，渗出液使肌肉纤维群和个别的纤维分离。渗出的血浆中有红细胞和嗜异染性白细胞。

【诊断】根据日粮分析、发病史、流行特点、临床特征和病理变化可作出初步诊断。采用维生素 E 胶丸试验性治疗效果显著，可确诊。

【防治措施】严格保管饲料，防止因阳光暴晒、雨淋、水浸等因素引起饲料的酸败、腐败。饲料宜现用现配，不宜长期贮存。另外在鸽的繁殖期及幼鸽的育雏期应适量补充维生素 E。

治疗可用维生素 E 胶丸 50 毫克/丸，1 日 2 次，每次每只 1 丸，连用 3～7 天。同时在日粮中按每千克饲料加入亚硒酸钠 0.2 毫克、蛋氨酸 2～3 克则效果更佳。

4. 维生素 B_1 缺乏症

本病是由维生素 B_1（硫胺素）缺乏引起的鸽碳水化合物代谢障碍、以多发性神经炎为特征的一种营养代谢病。

【临床症状】病鸽初期食欲减少，发育迟缓，呈慢性消化不良状态。随病程的发展，腿、颈和翅膀的伸肌发生痉挛，出现多发性神经炎症状，如嗜睡，头部震颤，肌肉麻痹或痉挛，两腿伸直，或身体坐在屈曲的腿上，头缩向后方，呈特征性的"观星"样姿势。随后饮食欲迅速下降或废绝，体重减轻，以至死亡。种鸽维生素 B_1 缺乏时，母鸽照常产卵，但孵出的幼鸽可能出现程序不同的维生素 B_1 缺乏症，重症者可发生死亡。

【病理变化】维生素 B_1 缺乏的幼鸽皮肤呈广泛水肿，其水肿的程度取决于肾上腺的肥大程度。肾上腺肥大，雌鸽比雄鸽的更为明显，肾上腺皮质部的肥大比髓质部更大一些。肥大的肾上腺内的肾上腺素含量也增加。病死鸽的生殖器官却呈现萎缩，睾丸比卵巢的萎缩更明显。心脏轻度萎缩，右心可能扩大，心房比心室较易受害。肉眼可观察到胃和肠壁的萎缩，而十二指肠的肠腺却变得扩张。在显微镜下观察，十二指肠肠腺的上皮细胞有丝分裂明显减少，后期则黏膜上皮消失，只留下一个结缔组织的框架。在肿大的肠腺内积集坏死细胞和细胞碎片。胰腺的外分泌细胞的胸质呈现空泡化，并有透明体形成。这些变化被认为是细胞缺氧，至使线粒体损害造成的。

【诊断】根据发病日龄、饲料分析、特征症状（多发性外周神经炎）和病理变化可作出初步诊断。采用维生素 B_1 试验性治疗效果显著，可确诊。

【防治措施】为防止本病发生，在饲养过程中，应注意饲料调配，各种谷类、麸皮、新鲜的青绿饲料和酵母、乳制品含有丰富的维生素 B_1，适当多喂这一类的饲料，可防治肉鸽维生素 B_1 的缺乏症。另外，应注意饲料不能长期贮存。

治疗可用维生素 B_1，每次每只50毫克，肌内或皮下注射，数小时后即可见效。也可用盐酸硫胺素按每千克体重2.0毫克拌料投喂，但应注意病鸽因厌食而未吃到拌在料内的药物，达不到治疗目的。

5. 维生素 B_2 缺乏症

本病是由于维生素 B_2（核黄素）缺乏引起的以趾爪向内弯曲、两腿发生瘫痪、发育受阻为主要特征的一种营养代谢病。

【临床症状】幼鸽生长缓慢，消瘦，腹泻，不愿走动，甚至头、尾、翅低垂，脚趾向内弯曲，瘫伏于地或作翅膀辅助跗关节行走。肌肉松弛，严重时萎缩。皮肤干燥，粗糙。另外，维生素 B_2 是保证胚胎发育所必需的物质，若种鸽缺乏维生素 B_2，所产卵孵化时易出现死胚，孵化率明显降低。有时也能孵出雏，但多数带有先天性麻痹症状，体小、水肿。

【病理变化】病死幼鸽胃肠道黏膜萎缩，肠壁薄，肠内充满泡沫状内容物。有些病例有胸腺充血和成熟前期萎缩。病死成年鸽的坐骨神经和臂神经显著肿大和变软，尤其是坐骨神经的变化更为显著，其直径比正常大 $4 \sim 5$ 倍。

【诊断】根据日粮分析、特征性症状（足趾向内蜷缩、两腿瘫痪等）及病理变化等，可作出论断。

【防治方法】日粮中增补维生素 B_2 添加剂或含维生素 B_2 较多的物质，如酵母、脱脂乳、新鲜青绿饲料。并注意饲料的多样化。

治疗可用维生素 B_2 注射液，每次每只2毫克，肌内注射，1日 $2 \sim 3$ 次，连用5天。维生素 B_2 片剂，每次每只2毫克，口服，1日 $2 \sim 4$ 次，连服 $3 \sim 5$ 天。

6. 泛酸缺乏症

本病是由于泛酸（遍多酸、维生素 B_5）缺乏引起的以羽毛生长阻滞和松乱、皮肤受损等为主要特征的一种营养代谢病。

【临床症状】特征性表现是羽毛生长阻滞和松乱。病鸽啄羽、羽毛断碎、不整，头部、趾间和脚底皮肤发炎，表层皮肤有脱落现象，并产生裂隙，以致行走困难，有时可见脚部皮肤增生角质化，有的形成疣性赘生物。幼鸽生长受阻、消瘦，眼睑常被黏液性渗出物黏着，口角、泄殖腔周围有痂皮。口腔内有脓样物质。重症者可出现视力障碍。母鸽泛酸缺乏时所产卵在孵化的最初 2~3 天死亡较多。

【病理变化】剖检可见腺胃有灰白色渗出物，肝肿大，呈暗的淡黄色至深黄色，脾稍萎缩，肾稍肿。

【诊断】根据病鸽羽毛生长阻滞和松乱等临床症状，结合病理变化可作出诊断。

【防治措施】啤酒酵母中含泛酸最多，可在饲料中添加一些酵母片。按每千克饲料补充 10~20 毫克泛酸钙，都有防治泛酸缺乏症的效果。但需注意，泛酸极不稳定，易受潮分解，因而在与饲料混合时，都用其钙盐。另外，小麦、麸皮、葵花饼、花生饼中均有泛酸的存在，在日粮中可适当增加，尤其是适当增加饲料中小麦的比例是预防本病简便有效的方法。

治疗可用泛酸钙，每次每只 2 毫克，口服，1 日 2 次，连用 7 天。对缺乏泛酸的母鸽所孵出的极度衰弱雏鸽，如立即每只腹腔注射 200 微克泛酸，可以收到明显疗效，否则不易存活。

7. 烟酸缺乏症

本病是由于烟酸（尼克酸）缺乏引起的以口炎、下痢、跗关节肿大等为主要特征的一种营养不良性疾病。

【临床症状】病鸽表现为皮肤发炎，且有化脓性结节，腿部关节肿大，骨短粗、腿骨弯曲，与滑腱症有些相似，不过其跟腱极易滑脱。幼鸽口黏膜发炎，消化不良和下痢。成年鸽的腿呈弓形弯曲，严重时可能致残。产蛋鸽引起脱毛，有时能看到足和皮肤有鳞状皮炎。

【病理变化】严重病例的骨骼、肌肉及内分泌腺，可发生不同程度的病理变化，许多器官发生明显的萎缩。皮肤角化过度而增厚，胃和小肠黏膜萎缩，盲肠和结肠膜上有豆腐渣样覆盖物，肠壁增厚而易碎。肝脏萎缩并有脂肪变性。

【诊断】根据日粮分析、临床症状和病理变化等，可作出诊断。

【防治措施】针对发病原因采取相应的预防措施，调整日粮中玉米比例，或添加色氨酸、啤酒酵母、米糠、麸皮、豆类、鱼粉等富含烟酸的饲料。

对病鸽可在每吨饲料中添加 150~200 克禅泰种鸽多维。若有肝脏疾病存在时，可配合应用氯化胆碱或蛋氨酸（按每吨饲料添加氯化胆碱 50% 粉剂 1 千克或蛋氨酸 1 千克）进行治疗。

8. 叶酸缺乏症

本病是由叶酸缺乏引起的以生长不良，羽毛色素沉着障碍，贫血，有的发生伸颈麻痹等为特征的一种营养代谢性疾病。

【临床症状】病鸽初期表现为啄羽，生长不良，羽毛色素沉着障碍，眼结膜、喙及爪苍白，贫血。随后病鸽呈现颈麻痹，脖子伸长不能抬举，常匍匐于地上，喙触地，呈无力样，翅麻痹下垂精神委顿，羽毛松乱，呼吸困难，不能站立，排绿色稀便。产蛋鸽叶酸缺乏时，其产蛋量下降，蛋的孵化率下降。

【病理变化】部检可见肝、脾、肾贫血，胃有小点状出血，肠黏膜有出血性炎症。

【诊断】根据临床症状和病理变化等，可作出诊断。

【防治措施】饲料里应搭配一定量的黄豆饼、啤酒酵母、亚麻仁饼或肝粉，防止单一用玉米作饲料。避免长期服用抗生素或磺胺类药物。

病鸽肌肉注射纯叶酸制剂 50～100 微克，在 1 周内血红蛋白值和生长率恢复正常。也可在每 100 克饲料中加入 10 克禅泰种鸽专用多维时，或口服叶酸片剂（5 毫克/片），每次每只 0.5～1 片，1 日 2 次，连用 5 天。若同时配合应用维生素 B_{12}、维生素 C 进行治疗，则疗效更佳。

9. 维生素 B_6 缺乏症

本病是由维生素 B_6（吡哆素）缺乏引起的以食欲下降、生长不良、骨短粗症和神经症状为特征的一种营养代谢病。

【临床症状】幼鸽食欲下降，生长不良，贫血，并出现特征性的神经症状。病鸽双脚神经性地颤动，多以强烈痉挛抽搐而死亡。有些幼鸽发生惊厥时，无目的地乱跑，翅膀扑击，倒向一侧或完全翻仰在地上，头和腿急剧摆动，这种较强烈的活动和挣扎导致病鸽衰竭而死。另外有些病鸽无神经症状而发生严重的骨短粗症。成鸽表现为食欲减退，产蛋量和孵化率明显下降，贫血，体重减轻，逐渐衰竭死亡。

【病理变化】病死鸽皮下水肿，内脏器官肿大，脊髓和外周神经变性。有些呈现肝变性。出现骨短粗症的组织学特征是跗跖关节的软骨骺的囊泡区排列紊乱，以及血管参差不齐地向骨板伸入，致使骨弯曲。

【诊断】根据日粮分析，结合病鸽生长不良、骨短粗症和神经症状等临床症状，可作出诊断。

【防治措施】根据病因而采取有针对性的防治措施。饲喂量不足时需增加供给量，尤其是鸽育肥时，平时做好饲料的保管。

10. 维生素 B_{12} 缺乏症

本病是由维生素 B_{12}（钴胺素）缺乏引起的以营养代谢紊乱、贫血等为特征的营养代谢性疾病。

【临床症状】患病幼鸽表现为生长发育缓慢，食欲降低，饲料利用率降低，贫血。种鸽繁殖力下降，产蛋率降低。所产蛋孵化到 16～18 天时会出现胚胎死亡高峰。

【病理变化】特征性的病理变化是鸽胚生长缓和，鸽胚体型缩小，皮肤呈弥漫性水肿，肌肉萎缩，心脏扩大且形态异常，甲状腺肿大，肝脏脂肪变性，卵黄囊、心脏和肺脏等胚胎内脏均有广泛出血。有的还呈现骨短粗症的病理变化。

【诊断】根据日粮分析，结合病鸽生长缓和、贫血等临床症状，可作出诊断。

【防治措施】在饲料中适量增加鱼粉、肉屑、肝粉和酵母等，因为植物性饲料中不含维生素 B_{12}，仅由异营微生物合成。动物性蛋白质饲料为维生素 B_{12} 的重要来源。如每千克鱼粉含 100～200 微克；干燥的瘤胃内容物中每千克含 130～160 微克，同时喂给氯化钴，可增加合成维生素 B_{12} 的原料。

治疗用维生素 B_{12} 注射液，每日每只 20～50 微克，肌内注射。在种鸽日粮中每吨加入 0.5% 禅泰种鸽专用多维，可使种鸽繁殖期所产蛋能保持最高的孵化率。

二、钙磷缺乏与比例失调症

本病是由饲料中钙和磷缺乏，维生素 D 不足，以及钙磷比例失调引起的以骨营养不良，血液凝固、酸碱平衡、神经和肌肉功能障碍的一种营养代谢病。

【临床症状】病鸽初期表现为喜蹲伏，不愿走动，步态僵硬，食欲不振，异嗜，生长发育迟滞等症状。幼鸽的喙与爪较易弯曲，肋骨末端呈串珠状小结节，附关节肿大，蹲卧或跛行，有的腹泻。成鸽发病主要是在高产鸽的产蛋高峰期。初期产薄壳蛋，破损率高，产软皮蛋，产蛋量急剧下降，蛋的孵化率也显著降低。后期病鸽胸骨呈"S"状弯曲变形，肋骨失去硬度而变形，无力行走，蹲伏卧地。

【病理变化】病死鸽尸体剖检主要病理变化在骨骼、关节。全身各部骨骼都不同程度地肿胀、疏松，骨体容易折断，骨质变薄，骨髓腔变大。肋骨变形，胸骨呈"S"状弯曲，骨质软。关节面软骨肿胀，有的有较大的软骨缺损或纤维样的附着。血清碱性磷酸酶活性明显升高，而血清钙、无机磷浓度的变化则因病而异。

【诊断】根据临床症状，结合骨骼、关节的病理变化，可作出诊断。

【防治措施】本病应以预防为主，首先要保证鸽日粮中钙、磷的供给量，并要调整好钙、磷的比例（1.5:1）。对舍饲笼养鸽，要得要足够的日光照射，或定期用紫外灯照射（距离 1~1.5 米，照射时间 5~15 分钟）。一般日粮中以补充骨粉或鱼粉进行防治，疗效较好，若日粮中钙多磷少，则在补钙的同时要重点补磷，以磷酸氢钙、过磷酸钙等较为适宜。若日粮中磷多钙少，则主要补钙。

对病鸽加喂禅泰浓鱼油或水性鱼油，并在饲料中补充适量的钙、磷。

三、鸽微量元素缺乏症

鸽子的生长、发育、繁衍后代都需要各种微量元素，铁、锰、铜、钴、锌、碘、硒等，缺乏或不足将导致疾病发生、发育不良或畸形。

1. 铁缺乏症

铁是构成血红蛋白、肌红蛋白、细胞染色质及某些组织酶的主要成分之一。缺铁时可引起贫血。正常情况下不易缺乏，但在鸽子生长发育期、哺乳期、产卵期需铁量增加，或患寄生虫病、肠道吸收机能障碍时，铁摄入少，常发生缺铁症。

铁缺乏时常见鸽的喙、爪等无毛区苍白，食欲降低，生长缓慢，羽毛无光泽。重症者伴有呼吸困难、心率加快、抗病力下降，由于贫血导致死亡。治疗与预防可服用 0.3 克/片的硫酸亚铁，每羽 1/60 片，每日 1 次，连服 5~10 天为 1 疗程。

2. 锰缺乏症

本病是以锰缺乏引起的以生长停滞、骨短粗症为主要特征的一种营养代谢病。

【临床症状】患病幼鸽特征症状是生长停滞、骨短粗症。胫跗关节增大，胫骨下端和跗骨上端弯曲扭转，使腓肠肌腱从跗关节的骨槽中滑出而呈现脱腱症状。病鸽腿部变弯曲或扭曲，腿关节扁平而无法支持体重，将身体压在跗关节上，严重病例多因不能行动无法采食而饿死。成年患病母鸽所产的蛋孵化率显著下降，鸡胚大多数在快要出壳时死亡。胚胎躯体短水，骨骼发育不良，翅短、腿短而粗，头呈圆球样，喙短弯呈特征性的"鹦鹉嘴"。

【病理变化】病死鸽的骨骼短粗，管骨变形，骺肥厚，骨板变薄，剖面可见骨密质多孔，在骺端尤其明显。骨骼的硬度尚良好，相对重量未减少或有所增多。

【诊断】根据病史、临床症状和病理变化，可作出诊断。

【防治措施】糠麸为含锰丰富的饲料，每千克糠中含锰量可达300毫克左右，用此调整日粮也有良好的预防作用。同时应注意补锰时防止中毒，高浓度的锰（3克/千克日粮）可降低血红蛋白和红细胞压积以及肝脏铁离子的水平，导致贫血，影响幼鸽的生长发育，而且过量的锰对钙和磷的利用也有不良影响。

治疗可在每千克饲料添加120～240毫克硫酸锰，或用1∶3 000高锰酸钾溶液作饮水，每日更换2～3次，连用2日，1周后可再用2日。

3. 硒缺乏症

本病是硒缺乏引起的以营养性肌营养不良、胰腺变性等为特征的一种营养代谢病。

【临床症状】本病的临床特征为渗出性素质、肌营养不良、胰腺变性和脑软化。渗出性素质常在2～3周龄的幼鸽开始发病，到3～6周龄时发病率高达80%～90%。多呈急性经过，重症者可于3～4日内死亡，病程最长的可达1～2周。病鸽主要症状是躯体低垂的胸、腹部皮下出现淡蓝绿色的水肿样变化，有的腿根部和翼根部亦可发生水肿，严重的可扩展至全身。出现渗出性素质的病鸽精神高度沉郁，生长发育停止，冠髯苍白，伏卧不动，起立困难，站立时两腿叉开，运步障碍，排稀便或水样便，最终衰竭死亡。有的病鸽呈现明显的肌营养不良，一般以4周龄幼雏易发。其特征为全身软弱无力，贫血，胸肌和腿肌萎缩，站立不稳，甚至腿麻痹而卧地不起，翅松软下垂，肛门周围污染，最后衰竭而死。有的病鸽主要表现平衡失调、运动障碍和神经紊乱。

【病理变化】有渗出性素质的病鸽，剖检时可见水肿部有淡黄绿色的胶冻样渗出物或淡黄色纤维蛋白凝结物。颈、腹及股内侧有淤血斑。有肌营养不良的病例，主要病理变化在骨骼肌、心肌、肝脏和胰脏，其次为肾和脑。病理变化部肌肉变性、色淡、似煮肉样，呈灰黄色、黄白色的点状、条状、片状等；横断面有灰白色、淡黄色斑纹，质地变脆、变软、钙化。心肌扩张变薄，以左心室较为明显，多在乳头肌内膜有出血点，在心内膜、心外膜下有黄白色或灰白色与肝纤维方向平行的条纹斑。肝脏肿大，硬而脆，表面粗糙，断面有槟榔样花纹；有的肝脏由深红色变成灰黄或土黄色。肾脏充血、肿胀，肾实质有出血点和灰色的斑状灶。胰脏变性，腺体萎缩，体积缩小有坚实感，色淡，多呈现淡红或淡粉红色，严重的则腺泡坏死、纤维化。

【诊断】根据流行病学、饲料分析，结合营养不良、胰腺变性等特征，以及用硒制剂进行试验性治疗取得良好效果等，可作出诊断。

【防治措施】本病应以预防为主，在每千克饲料中添加0.1～0.2毫克亚硒酸钠和20毫克维生素E。注意剂量算准，搅拌均匀，防止中毒。有些缺硒地区曾经给生长期间的玉米叶面喷洒亚硒酸钠，测定喷洒后的玉米和秸秆硒含量显著提高，并在饲喂试验取得了良好的预防效果。

治疗可用 0.005% 亚硒酸钠溶液，皮下或肌内注射，幼鸽 0.1~0.3 毫升，成年鸽 1.0 毫升；或者用饮水配制成每升水含 0.1~1 毫升的亚硒酸钠溶液，给幼鸽饮用，5~7 天为 1 疗程。对幼鸽脑软化的病例必须以维生素 E 为主进行治疗；对渗出性素质、肌营养性不良等缺硒症则要以硒制剂为主进行治疗。

4. 铜缺乏症

铜对糖代谢有影响。铜参与血红蛋白的合成，而且是必需物质，能促进机体对铁的吸收。如饲料中缺乏铜元素，会出现缺乏症。

铜缺乏引起鸽贫血、食欲不振、消化紊乱、异嗜症。治疗与预防措施是补充硫酸铜。

5. 钴缺乏症

钴是动物生命中不可缺少的物质，是血红蛋白形成和机体代谢所必需的微量元素。钴缺乏时，引起抗贫血因子维生素 B_{12} 合成不足，并对神经和内分泌系统有不良的影响，引起严重的营养障碍。如果饲料单调，易造成钴缺乏。

缺钴时鸽贫血，羽毛无光泽，无力，异嗜，生产能力和繁殖力下降，幼鸽生长发育受阻。治疗与预防可将 0.3% 氯化钴溶液放于饮水中，每羽每日 0.5~1 毫升，连用 15 天。或将氯化钴与其他微量元素按比例配制，放于保健砂中，供鸽子自由服用。

6. 锌缺乏症

锌主要存在于谷物及一些果实中。正常时鸽子不会缺锌，但在生命的某一时期，锌需要增加，相对地就缺锌。

缺锌时雏鸽食欲不振，生长迟缓，羽毛生长不良、易断、易碎或发生卷曲。种鸽生软壳蛋或薄壳蛋，生产能力降低，孵化死胚多，破壳困难。治疗与预防：保健砂中应补充骨粉、鱼粉，供鸽子自由取食。改变饲料配比，增加小麦的比例。

7. 碘缺乏症

碘是有很高生物活性的一种微量元素，缺乏将使机体内碘代谢平衡破坏，导致甲状腺机能及其形态结构发生改变，甲状腺素形成减少。甲状腺素是一种含碘氨基酸，具有调节机体代谢机能和全身氧化过程的作用。甲状腺分泌不正常，易造成缺碘症。

碘缺乏时基础代谢下降，幼鸽生长发育受阻，蛋白质、糖类、脂肪和矿物质代谢紊乱；对传染病抵抗力降低；中枢神经系统功能紊乱；繁殖力下降，胚胎发育不全，死胚增多；鸽子嗜睡，不愿意活动，无力，易疲劳。治疗与预防措施是补充碘化钾，按比例配制放于保健砂中。

四、鸽痛风

痛风是机体内尿酸生成过多或尿酸排泄障碍引起的高尿酸血症。其病理特征为血液尿酸水平增高，尿酸盐在关节囊、关节软骨、骨脏、肾小管及输尿管中沉积。主要由于大量饲喂富含核蛋白和嘌呤碱的蛋白质饲料，如动物内脏、肉屑、鱼粉、大豆、豌豆等引起，饲料中含钙或含镁过高以及日粮中长期缺乏维生素 A 亦可引起本病，饲养在潮湿和阴暗的鸽舍、饲养密度大、运动不足以及衰老都是本病的诱因。临床上表现为运动迟缓，腿、翅关节肿胀，厌食、衰弱和腹泻。鸽偶尔发生。

【临床症状】一般症状病鸽食欲减退，逐渐消瘦，冠苍白，不自主地排出白色半黏液状稀粪，含有大量的尿酸盐。成年母鸽产蛋量减少或停止。

内脏型痛风比较多见，但临床上通常不易被发现。主要呈现营养障碍、腹泻和血液中尿酸水平增高。

关节型痛风多在趾前关节、趾关节发病，也可侵害腕前、腕及肘关节。关节肿胀，起初软而痛，界限多不明显，以后肿胀部逐渐变硬，微痛，形成不能移动或稍能移动的结节，结节有豌豆大或蚕豆大小。病程稍久，结节软化或破裂，排出灰黄色干酪样物，局部形成出血性溃疡。病鸽往往呈蹲坐或单腿站立姿势，行动迟缓，跛行。伴有本病的一般症状。

【诊断】根据病因、病史、特征性症状和病理变化，可作出诊断。

【病理变化】有内脏型痛风的患鸽，剖检时可见在胸膜、腹膜、肺、心包、肝、脾、肾、肠及肠系膜的表面散布许多石灰样的白色尖屑状或絮状物质，此为尿酸盐结晶。对关节型痛风的患鸽，切开肿胀关节，可流出浓厚、白色黏稠的液体，滑液含有大量由尿酸、尿酸铵、尿酸钙形成的结晶，沉着物常常形成一种所谓"痛风石"。

【防治措施】针对具体病因采取切实可行的措施，往往可收到良好的效果。否则，仅采用手术摘除关节沉积的尿酸盐"痛风石"等对症疗法是难以根除的。总之，本病必须以预防为主，积极改善饲养管理，减少富含核蛋白质日粮，改变饲料配合比例，供给富含维生素A的饲料等措施，可防止或降低本病的发病率。

治疗可试用阿托方（又名苯基喹啉羟酸）0.2～0.5克，每日2次，口服；但伴有肝、肾疾病时禁止使用。也可试用别嘌呤醇（7-碳-8氯-次黄嘌呤）10～30毫克，每日2次，口服。用药期间可导致急性痛风发作，给予秋水仙碱50～100毫克，每日3次，能使症状缓解。

五、鸽啄癖

本病是由机体内维生素和微量元素不足或缺乏而引起的一种代谢紊乱性疾病。常见的啄癖有啄羽、啄肛、啄趾、啄蛋。

【临床症状】病鸽初期无明显特殊症状，鸽出现食欲减退，精神沉郁，便秘。随病程的发展，表现出啄羽、啄肛、啄趾或啄蛋，同时伴有相应营养物质缺乏的症状。

【诊断】根据临床症状即可作出诊断。

【防治措施】平时加强饲养管理，避免饲养密度过大、拥挤以及室内空气污浊、潮湿，加强通风光照。供给充足的饮水和垫料，注意饲料多样化及合理调配。同时供给合格的保健砂。

本病宜采取对症治疗，给病鸽补饲适量的金鸽速补、肥补NO.1等药物。

第六节　肉鸽中毒病

一、中毒急救原则和方法

对鸽中毒的急救方法，分对因疗法、对症疗法和手术治疗 3 种。

（一）对因疗法

要清除病因，首先是清除毒物，如停止饲喂可疑饲料、饮水、药物，同时应将已污染的水桶、料盘等用具、工具一一清洗，换上新鲜的饲料和饮水。设法让鸽多喝水，尤其是含盐类泻剂的水溶液或糖水，以促使消化道内毒物排出。一旦诊断出结果，应尽量选用相应的解毒药，以分解、氧化、破坏、沉淀体内毒物，同时使用包埋剂或吸附剂，以减少毒物继续被吸收和保护消化道黏膜。如用鞣酸可解生物碱类、酒石酸锑钾、铅、银、硫酸铁等引起的中毒；高锰酸钾可解蛇毒、虫毒、毒鼠药、农药、生物碱及一些重金属引起的中毒；木炭末、白陶土、滑石粉是较好的吸附剂；淀粉（米粉）、鸡蛋白是常用的包埋剂。

（二）对症疗法

该法是以消除中毒时所出现的某些症状为目的。做一般解毒时，可皮下或静脉注射 5% 葡萄糖溶液每只 20 ~ 50 毫升；如出现全身衰竭，可皮下注射 25% 高渗葡萄糖溶液 5 ~ 10 毫升/只；若有出血，可在葡萄糖溶液中加入维生素 C 每只 50 ~ 100 毫克；如表现沉郁，可皮下注射樟脑磺酸钠、安息香酸钠咖啡因；如表现兴奋不安、狂躁、惊恐，可皮下注射溴化物；如有腹部疼痛，可皮下注射阿托品，每只每次 0.1 毫升。具体次数可根据中毒情况酌定，详细用量可参见使用说明。

（三）手术治疗

症状剧烈时，立即切开嗉囊，排除过量药物或有毒物质，用生理盐水冲洗嗉囊及食管后，缝合切口。然后，灌服 5% 葡萄糖和 0.1% 维生素 C 混合液，连用 2 ~ 3 天。症状较轻时可不行手术只灌服 5% 葡萄糖和 0.1% 维生素 C 混合液，连用 3 天。

二、食盐中毒

食盐是维持机体正常生理活动所必需的物质。鸽有喜吃食盐的习性，在肉鸽的日粮和保健砂中添加一定量的食盐，对鸽体大有好处。但是如果饲料中含食盐过多，肉鸽会发生中毒。

【临床症状】鸽食盐中毒的轻重，取决于摄入量的多少和持续时间。早期中毒时表现高度兴奋，鸣叫，震颤，饮水增多，食欲不振，嗉囊肿胀，充满液体，粪便稀薄或混有稀水，鸽舍内地面潮湿。严重中毒时，患鸽表现食欲废绝，饮欲强烈，过多饮水，呼吸急促或困难，口腔、鼻腔黏液增多，精神时而沉郁，时而兴奋，腹泻，泻出稀水，双脚无力，肌肉抽搐，步态不稳或瘫痪，胸腹朝天，仰卧挣扎，皮下水肿，后期呈昏迷状态，最后衰竭死亡。

【病理变化】剖检可见皮下组织水肿，呈胶样浸润。嗉囊充满液体，嗉囊、腺胃黏膜易脱落。腹腔和心包积水，心冠心肌有点状出血。肺水肿。消化道充血、出血，或腺胃有白色胶样黏液。肠道充血，并有溃疡灶。脑膜血管充血，常有小点出血。肝脏、脾脏均肿大充血。肾脏和输尿管有尿酸盐沉积。

【防治措施】现在市面所售肉鸽保健砂内均配有食盐，勿须再额外添加，要妥善存放食盐。一旦发生食盐中毒，应立即停喂食盐。给中毒鸽灌服或喂服石蜡油或蓖麻油类泻剂，每只鸽1毫升；同时供给多量的清洁饮水，以防脱水。必要时注射兴奋剂，中毒轻者可自然康复。严重中毒的鸽，要适当控制饮水，因饮水太多会促使食盐吸收扩散，使症状加剧，死亡增多。应该每隔1小时让其饮水十几至二十分钟，饮水器不足时分批轮饮或增加饮水器。同时要喂服甘草糖水。有条件的可肌注葡萄糖酸钙，剂量为0.2毫升/只；也可用20%安钠咖液肌内注射，剂量为每只0.1~0.2毫升。在饮水中加入适量的肾肿解毒药及3%白糖，连饮3天；也可在饮水中加入5%的葡萄糖和适量的维生素C制剂，以利解毒。

三、磺胺类药物中毒

磺胺类药物是治疗肉鸽细菌性疾病和球虫病的常用药物，在正确使用条件下，安全性较高。但使用不当也会引起一定的毒性反应，严重中毒较为少见。其毒性作用主要是损害肾脏，破坏肠道正常菌群，抑制肠内维生素K和B族维生素的合成，干扰的代谢和蛋壳合成，以及引起黄疸、过敏反应、免疫抑制等。

【临床症状】一般表现出精神不振，体质虚弱，鼻瘤青紫，呼吸急促，食欲下降或废绝，翼下有皮疹，粪便呈酱油色，也有时呈灰白色。成年雌鸽所产蛋的蛋壳质量下降或产蛋数减少。急性中毒主要表现为贫血或眼睑出血。

【病理变化】剖检可见各种出血性病理变化。如皮下、胸肌及腿内侧肌肉广泛性或斑点状出血；肝脏肿大，黄褐色或紫红色，也有出血斑点；腺胃黏膜、肌胃角质膜下及小肠黏膜出血；肾肿大，输尿管变粗，内充满白色尿酸盐；骨髓变黄。

【防治措施】一旦发现中毒应立即停用本药，还应采取护肝、护胃、控制出血及加快药物排出等措施。提供足够的饮水，并于饮水中加入3%葡萄糖、1%~2%小苏打、2%泰力肝精、活力肽等，同时按每千克饲料加0.2克维生素C、35毫克维生素K，连服数日。也可用3~8倍量的维生素B_{12}或叶酸肌内注射。对肾脏有疾病的鸽，如尿酸盐沉积，禁用本药；对可使用本药的鸽群，建议与小苏打等量使用，并供给充足的饮水。

四、霉玉米中毒

本病是由于不良饲料引起中毒中常见的一种。玉米是肉鸽传统日粮中的主料，具有营养好、含糖分高、来源丰富等特点。但若贮藏期间受潮或闷热不通风，极易霉变而产生霉菌毒素。肉鸽采食了这样的玉米，就会发生中毒。

【临床症状】一般表现为精神不振，食欲废绝，震颤，视力减退以至失明，流泡沫状唾液，步态踉跄。有的可出现转圈运动。间歇性颈肌强直或颈部弯向一侧，严重时倒地，乱蹬腿至死亡。

【病理变化】剖检时肉眼可见病理变化是小肠黏膜充血，肠浆膜与肠系膜均有出血斑。心内外膜有斑状或点状出血。肝肿大，肺气肿。有时可见脑质变软、水肿、出血、坏死及脑脊髓液增多。

【防治措施】预防可用佛山市南海禅泰动物药业有限公司生产的"踢霸"、"霉立净"、"百霉净"拌料，能有效将日粮中的霉菌吸附出体外排出，可长期添加使用。救治时可给予3%~5%的糖水及1~2克硫酸钠、活性炭末或木炭末内服，可同时进行10%~20%樟脑油（0.5~1毫升）、樟脑磺酸钠（0.2~0.5毫升/千克体重·次）或苯甲酸钠咖啡因（2~4毫升）皮下注射。停用可疑的玉米，检查玉米尤其是胚乳部位是否发生霉变。平时对玉米要妥善存放，用前还需要检查。

五、黄曲霉毒素中毒

是由于肉鸽长期或者过量饲喂含有黄曲霉毒素的饲料而引起的以下痢、消瘦为主要特征的中毒病。

【病因】主要是长期或者过量饲喂含有黄曲霉毒素的饲料而引起，中毒的程度以肉鸽日龄和摄入量不同而差异较大。一般以慢性中毒为多见。

【临床症状】慢性中毒时，肉鸽食欲不振，下痢、体质瘦弱，伴有贫血症。病情发展缓慢，十多天甚至数十天后才死亡。急性中毒常发生在幼鸽时期，中毒时肉鸽不食，喜饮水，容易呕吐，表现嗜睡，生长发育缓慢，虚弱，下痢、粪便稀呈白色或绿色，脚干瘪，不及时抢救几天内即死亡。

【剖检病理变化】急性中毒的患鸽肝脏、肾脏常肿大、色淡，表面有弥漫性黄白色结节性坏死灶。胃肠充血或出血、增厚，心肌潮红。脑出血及有出血块。慢性中毒的则胆管增生，肝硬化，时间长了还会出现肝癌结节。

【诊断】根据临床症状、病理变化可作出初步诊断。

【预防和治疗】预防首先应保管好饲料。经常检查饲料，使其保持干燥，严防潮湿发霉。坚决不给鸽喂发霉的饲料。发生该病后要及时用漂白粉消毒。治疗可以选择下列方法：（1）口服补液盐，饮水，连用2~3天；（2）将5%葡萄糖水和0.1%维生素C溶液加入到1~2倍量的水中供鸽自由饮用2天；（3）制霉菌素、念嗪清按剂量混入料中喂服，每天2~3次，连用5~7天；（4）0.1%硫酸铜溶液饮水，连用3~5。

六、油菜籽饼中毒

是由于喂给肉鸽未经处理的油菜籽饼引起的中毒病。

【病因】油菜籽饼中含有多种有毒物质，若给肉鸽长期饲喂不经去毒处理的菜籽饼，在胃肠中受芥子酶的作用，变成对胃肠有强烈刺激性的芥子油而引起中毒。

【临床症状】中毒鸽出现呼吸困难，腹泻甚至粪中带血，心脏衰弱，体温下降，严重时虚脱而死。

【诊断】根据饲喂情况、临床症状可作出初步诊断。

【预防和治疗】预防是将油菜籽饼若经粉碎，加温水泡 10 ~ 12 小时，换水后搅拌煮沸 1 小时的处理，便可去毒。治疗时停喂现用饲料，对病鸽可现用 0.5% ~ 1% 的单宁酸或 0.1% 高锰酸钾适量洗胃；随即灌服鸡蛋清或豆浆 5 ~ 10 毫升，隔天 1 次，连用 3 ~ 4 天，也可用硫酸钠或硫酸镁，1 次内服，隔天 1 天 1 次，连用 3 ~ 4 次。维生素 E 注射液，按每只 1 ~ 2 毫升肌内注射，1 天 1 次，连用 3 ~ 4 天。

七、蓖麻籽饼中毒

是由于肉鸽采食可未经脱毒的蓖麻籽饼而导致以便血和神经症状为主要症状的中毒病。

【病因】蓖麻籽中含有的有毒成分是蓖麻素和蓖麻碱，其中以蓖麻素的毒性最强，是一种溶血性的毒蛋白。除蓖麻籽外，叶、茎也有毒，经 2 小时的煮沸处理后，毒性可完全被破坏。

【临床症状】中毒鸽出现排血性粪便，眼结膜苍白，抽搐、最后全身虚脱而死。

【剖检病理变化】见血液凝固不良，支气管内有泡沫，肺充血出血，肝充血及浑浊肿胀，胃和小肠有弥漫性针尖大出血点，心内外膜有点状或斑状出血。

【诊断】根据饲喂情况、临床症状、病理变化可作出初步诊断。

【预防和治疗】平常使用蓖麻籽喂给肉鸽时，应掌握适当剂量，不可超过 0.5%，并且事先要做好脱毒处理。治疗时应立即使用 0.5% ~ 1% 的单宁酸或 0.1% 高锰酸钾适量洗胃；随即灌服鸡蛋清或豆浆 5 ~ 10 毫升，隔天 1 次，连用 3 ~ 4 天，也可用碳酸氢钠（小苏打）内服，1 次内服，隔天 1 天 1 次，连用 3 ~ 4 次。

八、亚麻籽饼中毒

是由于饲喂不当或亚麻籽饼粉碎过细，肉鸽采食后，亚麻籽饼释放氢氰酸的速度过快，可引起中毒。

【病因】蓖亚麻籽的有毒成分是含氰基的亚麻配糖体，这种配糖体在体内水解酶的作用下形成毒性很大的氢氰酸，故在有水的情况下喂服时容易引起中毒，干喂则不发生。故喂食肉鸽大量亚麻籽后不可马上饮水。

【临床症状】中毒肉鸽呈现急性经过，腹泻、不安，口鼻黏液和皮肤结膜发绀。步态踉跄，痉挛。呼吸困难，发展至呼吸麻痹而死。

【剖检病理变化】见皮下有暗红色斑，胸腔有红色液体。胃黏膜、肝肾充血，血液暗棕色或淡红色。

【诊断】根据饲喂病史、临床症状、病理变化可作出初步诊断。

【预防和治疗】平常使用蓖麻籽喂给肉鸽时，应掌握适当剂量，不可超过 0.2%，并且事先要做好脱毒处理。治疗时应立即使用 0.1% 高锰酸钾适量洗胃；随即灌服鸡蛋清 5~10 毫升，隔天 1 次，连用 3~4 天。

九、有机磷农药中毒

有机磷农药有剧毒，种类很多，常见的有乐果、敌敌畏、敌百虫等。肉鸽误食有机磷农药拌过的种子，或采食了喷洒过农药的谷物、蔬菜、青草，或误食"毒饵"，或防治外寄生虫用药不当，皆能引起中毒。

【临床症状】中毒后不久表现不食，腿软，口腔黏液增多，不时流涎，流泪，瞳孔缩小，颈和肌肉震颤，运动不灵，体温下降，呼吸困难，常因抽搐窒息而死亡。

【防治措施】为了防止中毒，要严格保管使用好农药，拌好的农药种子要妥善保存。防治外寄生虫时必须按要求用药。急性中毒者，施行抢救术，拔掉嗉囊部羽毛，切开皮肤和嗉囊 2 厘米，取出谷物或其他内容物，用 0.1% 高锰酸钾溶液冲洗后，立即缝合。轻度中毒者，自口腔冲洗嗉囊，口服颠茄酊，每只 0.01~0.03 毫升；也可肌内注射解磷定 0.2~0.4 毫升，过 2 分钟后再皮下注射阿托品 0.05~0.1 毫升。可少量多次注射，直到瞳孔放大复原为止，令其安静休息。

十、敌鼠钠盐中毒

敌鼠钠盐纯品为无味、无嗅的黄色针状结晶，不溶于水，能破坏各种动物的血液组织，一般用作毒鼠药，具有高效慢性灭鼠作用。肉鸽对其比较敏感。误食了此药制成的毒饵、污染的饲料和饮水而发病，食后 3~5 天即造成内出血死亡。

【临床症状】中毒鸽表现喜光怕冷，眼无神，羽毛松乱，疲倦无力，消瘦、不食不饮，类似感冒，喉咙内像有什么东西卡在里面（实际是嗉囊里的积血，呼吸时在流动），握在手中嘴里会流出血液，粪便呈棕（血）色，发现吐血后在 10~20 小时内死亡，死亡后嘴角上还残留血迹。

【病理变化】剖检可见各器官都有点状出血，皮下、肌肉也有出血点，嗉囊里和泄殖腔及肺部有积血，胃肠黏膜有坏死，但心肝正常。

【防治措施】发现中毒病鸽，一般采用对症治疗法：应立即用维生素类药，例如维生素 K，喂药 1 次后，即可达到止血的目的，可以避免死亡。但不能停止用药，每天 2~3 次，每次 2 片，连服 1 周，待肉鸽吃食后适当减少药量，一般每日 2 次，每次 1 片，必要时也可肌内注射维生素 K 针剂治疗，按每千克体重注射 0.5~1 毫克，每天 1 次，连续 4~5 天，显效更快。此时肉鸽体质较弱，要加强营养，10~15 天痊愈，1 个月内可以康复。口服或注射葡萄糖（可按每只鸽每次葡萄糖液 5~10 毫升，颈部或腿内侧分点皮下注射）作为支持疗法，同时补充维生素等均有积极的作用。另外，敌鼠钠盐属慢性药，鸽食下后要 3~5 天才发现，因此要及早防治，在饮水器里加入安络血或止血敏针剂，一般每针剂 2 毫升，加入 250 ~ 300 毫升稀释后供 4 只肉鸽饮用。也可结合当地投放鼠药的时间，实行每天关棚饲养，因此药残效期较长，需饲养 30 ~ 40 天为宜。

第七节　肉鸽普通病

一、胃肠炎

胃肠炎是肉鸽的常见病，可发生在各个年龄。病因主要是食用腐败发霉、变质或被污染的饲料，饮水不洁或被粪便和病原微生物污染，或是饲料配合不当，经常变更饲料，使肉鸽受寒，抵抗力下降，引起肠道中的大肠杆菌增殖，均可导致胃肠炎的发生。另外，引起肉鸽嗉囊病的各种因素同样能引发本病。

【临床症状】病鸽表现精神委顿，目光无神，羽毛脏乱，口色苍白，脚干，食欲减退或废绝，经常饮水，消瘦，活动减少。触摸嗉囊无食物或软绵绵有波动感，腹部膨胀，消化不良，严重者腹泻，粪便呈水样或黏液样，白色或绿色。幼鸽比成年鸽严重。患病种鸽常在哺育过程中传染幼鸽。种鸽病重时，往往停止哺喂幼鸽。

【病理变化】剖检病死鸽可见腺胃有出血点或溃烂，胃黏膜容易刮下；肌胃角质膜很容易剥离，下层有充血或出血点，甚至坏死和发生溃疡。肠道膨大，呈灰白色，严重的呈黑褐色，十二指肠有炎症，或有充血、出血和坏死灶，大肠也有出血点，内容物呈浅绿色，有臭味。

【防治措施】预防主要是做好饲养管理工作，平时对鸽群要精心管理，细心饲养。尤其是春夏季节，特别要注意饲料和饮水卫生，并注意饲料的搭配和饲料的品质。如种鸽发病，在治疗种鸽的同时，还要对其所哺育的幼鸽给药预防。对病鸽喂给易消化的饲料及青菜，供给足够的清洁饮水；饮水中可加入少量食盐（1 升水加盐 9 克）。

对病鸽可采用以下方法治疗：①0.1% 高锰酸钾溶液，饮水，连饮 3 ~ 5 天；②强力霉素以 1∶1 600 浓度饮水，连饮 3 天；③四环素片，每只用量为 1/8 ~ 1/4 片，每天 3 次，连服 3 ~ 5 天；④环丙砂星，以 0.007% 比例拌料，喂服 3 ~ 5 天；⑤磺胺二甲基嘧啶片，每只用量 1/4 片，第 1 次用量加倍，每天 3 次，连服 2 ~ 3 天；⑥对失水严重的病鸽，可口服补液盐（配制方法：氯化钠 3.5 克、氯化钾 1.5 克、碳酸氢钠 2.5 克、葡萄糖粉 20 克，加水 1 升即成）。其作用是补充机体的体液、电解质和糖，调节酸碱平衡，促使毒物排泄，纠正各种代谢性中毒，增强机体抵抗力。

二、鼻炎

肉鸽患鼻炎主要由于气候变化剧烈，忽冷忽热，气温骤变，冷风袭击；细菌、病毒侵入鼻黏膜；鸽舍通风不良或饲养密度高，堆粪过多，积存不良气体如氨气、硫化氢、漂白粉消毒后残存的氯气以及尘埃的刺激等，都会引起鼻炎的发生。

【临床症状】本病潜伏期为 1~3 天。本病易流行于冬季。病鸽表现精神欠佳，稍有减食。鼻部肿胀，鼻黏膜潮红，1 侧或 2 侧鼻腔流出黏性鼻涕，鼻瘤湿润污秽，失去原有的色泽。因鼻涕干结堵塞鼻孔而有鼻音和打喷嚏，甩头、鸽呼吸受阻。病鸽常在肩膀羽毛上揩擦鼻液或用爪抓鼻子。有的鼻和颜面水肿，重者波及眼睛，引起流泪和结膜炎，睑部水肿。急性鼻炎，1 周左右恢复正常，慢性者则拖延较长。原发性鼻炎无传染性，很少发生死亡。

【防治措施】在冬季多发季节注意鸽舍的保暖，防鸽受凉。及时清除鸽粪和脱掉下的羽毛。保持鸽舍良好的通风透气，注意合理而充足的阳光，减少粉尘。

治疗药物：①鼻腔患部用 3% 硼酸水洗净鼻腔分泌物，每天 2 次，要求有污必洗，保持鼻孔畅通；②1% 氨苯磺胺溶液。滴鼻，清除鼻腔内不洁的分泌物，每天数次，也应有污必除；③银翘解毒片。口服，每只每次半片，每天 2 次，连用 3~4 天，有一定疗效；④链霉素。口服，每只每次 5 万~10 万单位，每天 2 次，连用 2~3 天；必要时可肌内注射，每只每次 3 万~5 万单位，每天 2 次，连用 2~3 天；⑤四环素。喂服，每只每次半片，每天 2 次，连服 3~5 天。

三、咽喉炎

鸽舍通风不好，卫生条件差时，容易引发肉鸽急性咽喉炎。

【临床症状】肉鸽在呼吸时伴有"咯咯"声，病鸽一般为羽毛倒立，饮水增加，并伴有水样性黏液下泻，鼻有干酪样物，喉咙发红等。

【防治措施】阿奇霉素，口服，单次口服 0.0025 克，即每粒喂 4~6 次。硫氰酸红霉素可溶性粉，按剂量兑水供鸽自由饮用。

四、支气管炎

由于鸽舍狭小、潮湿、污秽，或在长期阴雨寒冷、气温剧变的情况下，支气管黏膜受刺激而发炎。本病亦可继发于鼻炎。

【临床症状】病鸽表现咳嗽，呼吸加快，随呼吸可听见水泡音。当并发肺炎时，出现呼吸困难，有时张口呼吸。有的病例伴发气囊炎。

【防治措施】预防主要是加强饲养管理，搞好清洁卫生，对鸽舍、用具等及时消毒，及时清除粪便。供给足够的营养，尤其是维生素 A，提高鸽上呼吸道的抗病能力。不让病鸽饮冷水和硬饲料。

治疗病鸽可用青霉素，每只每天 2 万单位，分 2 次口服，连服 3~5 天。也可用硫氰酸红霉素按说明兑水自由饮用，连服 3~5 天。有咳嗽喘气现象时，同时服用止咳糖浆或复方止咳丸，每天 2 次，连服 3~5 天。

五、创伤性食管炎

本病常发生于种鸽。一般因饲料尖利粗糙造成食管创伤引发炎症。种鸽表现不愿哺喂幼鸽，有时可见到患鸽口吐鲜血等症状，便可确诊。但要注意与鹅口疮和毛滴虫病鉴别。

【临床症状】患鸽减食或停食，种鸽不敢哺喂幼鸽，严重时不再哺喂幼鸽，逐渐消瘦，口吐鲜血，甚至死亡。

【病理变化】剖检可见到食管患处黏膜充血、出血、肿胀，有黏膜剥脱，糜烂，或有假膜被覆。若发生出血性炎症，口腔、食管、嗉囊积有血液或血凝块。

【防治措施】预防本病要对育雏种鸽喂给多种混合饲料，少喂稻谷和带芒刺的麦类，要保证充足饮水。

治疗病鸽可采取将哺育种鸽隔离 3 ~ 4 天，停止哺雏。对患鸽喂青菜和软饲料，饮水中加入青霉素和链霉素，每 100 毫升水加入 20 万 ~ 30 万单位，每天换 1 次药水，连用 3 天。并喂给禅泰水性鱼油和维生素 C。出血时可肌注维生素 K_1，每次 1 ~ 2 毫克，每日 2 次。

六、胰腺炎

鸽胰腺炎多是由于营养或代谢失调引起。

【临床症状】病鸽主要表现脚软，行走困难，不愿下水，精神不振，生长缓慢，腹泻。发病 3 ~ 5 天后死亡。

【病理变化变化】剖检可见胰腺肿大、充血，呈粉红色或苍白色。其他脏器无明显变化。

【防治措施】治疗可用阿莫西林粉，每包拌料 25 ~ 50 千克，连用 3 ~ 5 天。同时服用 15% 水溶性氟哌酸（每包 50 克、加水 50 升），以防继发肠炎。此外，应加强饲养管理，在饲料中加入维生素 A、维生素 D 及复合维生素 B 液、蛋氨酸、微量元素等，以使饲料营养全面。

七、输卵管炎

是指种鸽输卵管的炎症。

【病因】主要是由于鸽舍不清洁，或从其他鸽舍引进种鸽时本身携带细菌，细菌由泄殖腔侵入输卵管，种鸽产蛋异常，饲料和保健砂中含有维生素 A、维生素 D 不足或缺乏，蛋在输卵管中破裂而使输卵管受损等。

【临床症状】患鸽常自输卵管排出白色或黄色脓样的炎症渗出物，肛门周围及下边羽毛被污染，产蛋困难，隐形感染砂门氏菌后产出的蛋上有时带有血迹，两翅下垂，常呆立。

【诊断】根据其临床症状可作出诊断。

【防治措施】发现病鸽立即隔离，并用消毒液冲洗泄殖腔和输卵管的下部，并用抗生素治疗。具体方法：0.01%高锰酸钾溶液冲洗泄殖腔和输卵管的下部；约15分钟后使用温开水冲洗至泄殖腔和输卵管内排出的液体为无色状，再向其输卵管内注入阿莫西林溶液（可将1粒阿莫西林胶囊打开后溶入5毫升生理盐水内），同时口服维生素AD_3滴剂，阿莫西林胶囊1粒，甲硝唑1/8粒，每天早晚口服各1次，连用3～5天。

八、水样腹泻

是由于各种原因引起的肉鸽以排水样粪便次数增多为主要特征的疾病，幼鸽多发。

【病因】引起肉鸽水样腹泻的原因较多，因传染病、寄生虫病、中毒病引起的，在前面相应的疾病中已做了介绍，此处只着重介绍由消化道内刺激因素所引起的腹泻。

幼鸽消化机能不全，幼鸽出巢后，加上独立期间的应激，消化酶的水平降低，使饲料中蛋白质消化率降低，消化不完全的饲料为肠内致病性大肠杆菌及有害微生物的繁殖提供了有利条件，抑制了乳酸杆菌的生长，最终幼鸽因消化不良而腹泻。

营养因子缺乏：幼鸽缺乏维生素（如叶酸、烟酸、泛酸）、矿物质、电解质或其他必需的营养物质（如微量元素铜、铁、锌、硒），导致抗病能力降低而出现下痢。病鸽排黄色、白色、灰绿色糊状或水样恶臭水样稀便。

应激因素：由于幼鸽自身免疫系统、消化系统尚未发育健全，对各种应激因素，如食物变化、温度、湿度及加飞强度过大等产生一系列应激反应，最终因采食量下降，消化不良而导致排水样稀粪。

【临床症状】主要以排便次数增多，排泄物常呈水样，粪便的成分较少，也无其他颜色。肛门周围的羽毛常被弄湿。病鸽精神、食欲无明显变化，一般不发生死亡。

【剖检变化】通常无明显病理变化，或仅可见肠黏膜潮红、增厚的轻度炎症变化。

【诊断】根据其临床症状可作出诊断。

【防治】预防本病需要保持鸽舍良好的环境卫生，加强饲养管理和防疫消毒工作，做好预防注射工作。治疗上采取内服吸附剂及配合适当抗感染的方法，可收到明显效果。具体治疗方法如下：①活性炭，按每只每次0.5克混于饲料中，1天2次，连用2天；②恩诺砂星、环丙砂星、氟哌酸等，按0.005%浓度饮水或加倍量拌料，连用3～5天；③庆大霉素，每升水加入1支（8万单位）供鸽饮用，连用3～5天；④饮水中以电解质泡水代替肉鸽日常饮水，可起到事半功倍的效果。

九、皮下气肿

是鸽体内气囊破裂后气体外溢到皮下所致的一种疾病。

【病因】是由于扑击、打斗造成的创伤及剧烈的飞翔、突然受到惊吓等原因引起肉鸽体内气囊破裂，使气体外溢，扩散至皮下而致病，某些细菌（如产气荚膜梭菌）的局部感染也可形成皮下气性肿胀。

【临床症状】病鸽躯体某些部位呈现局部性肿胀，手压时有弹性感和气泡破裂、扩散感。如由某些细菌感染引起时，还伴有局部温度升高等炎性症状。

【诊断】根据其临床症状即可作出诊断。

【防治】如果由感染引起，应用抗生素进行治疗。如是外伤等原因造成的，则可进行局部穿刺放气治疗。其放气方法是：在气肿局部用消毒药棉消毒后，用事先已消毒的8号或9号注射针头刺入，同时轻压肿部，以助气体外排。必要时可在放气完毕后随即通过放气针头注入青霉素等抗生素，以防继发感染。

十、硬嗉和软嗉病

本病又称嗉囊炎，是一种常见的嗉囊病。本病常因肉鸽采食了发霉变质饲料，青料、未成熟的谷物等易酸败饲料，饮用污水所引起，也可能是幼鸽受不健康种鸽哺喂引起，或是由于胃肠炎、口疮、毛滴虫病等继发所致。病鸽不食而嗉囊胀满，明显地凸出于颈下，用手触摸软而有波动感，口气酸臭，唾液黏稠。倒提肉鸽从口腔流出大量酸臭液体。严重的病例常常呕吐，不时狂饮水，下痢，甚至呼吸困难。

本病一般发病较急，甚至在嗉囊胀大几小时后便死亡。防治预防本病平时要注意饲喂优质饲料，饮用清洁卫生饮水。治疗时可倒提肉鸽，头朝下，用手轻轻挤压嗉囊，使其内容物徘出。然后用事先清洗干净的橡皮管插入嗉囊，用2%盐水或1.5%小苏打水灌洗。处理完毕后应停食1天，而后再喂给优质易消化的饲料。停食时，可肌注维生素 B_{12}，口服酵母片1~2片。另外，也可在冲洗后喂服胃舒平0.5~1片，酵母2片，土霉素0.5片，每天2次，连喂3天。服药后停食1~2天，然后喂给易消化的饲料。山药、白术、茯苓、枳实各10克，山楂6克，麦芽、谷芽、甘草各4克，煎水供10只鸽饮用。

区别硬嗉病与软嗉病，可在喂饲后3小时检查嗉囊是否缩小，如胀大坚实，可能患硬嗉病；若肉鸽不食而嗉囊胀满，手触软而有波动感，倒提时从口中流出大量酸臭液体，即患软嗉病。

硬嗉病常常是由于饥饿后暴食、采食了过多的谷类等饲料或吞食了异物引起的。亦即为嗉囊阻塞。若延误治疗，病情加重，压迫气管会导致死亡。治疗处理时，可先用细橡皮导管插至嗉囊内，以20%的硼酸水冲洗，若冲不出来，则需进行嗉囊切开术。

软嗉囊病则可能是由于肉鸽采食了品质不良的发霉变质的饲料，或幼鸽受不健康的种鸽哺喂而引起的嗉囊炎；也可能是由于种鸽在哺雏期间因幼鸽死亡后，嗉囊内的乳液无幼鸽食用，积于嗉囊内的乳液过多而引起的嗉囊乳炎；处理软嗉病可将肉鸽倒提，头朝下，用手轻轻挤压其嗉囊，使其中内容物排出。然后用橡皮管（事先应清洗干净）轻轻插入嗉囊中，用2%盐水或20%的硼酸水灌洗。处理完毕，绝食1天，再喂给水泡的面包和牛奶。绝食时，可肌肉注射维生素 B_{12}，口服酵母片1~2片。让肉鸽自饮小苏打水或硼酸水。对于患嗉囊炎种鸽的治疗处理，应采用上述方法，清洗嗉囊1次，绝食1天后，喂以5%的硫酸钠溶液。

十一、眼病和眼炎

鸽的眼睛是重要器官，一旦出了毛病，可影响其饮食、饮水等活动，尤其是肉鸽，眼睛更宝贵。所以要注意保护好肉鸽的眼睛，预防眼病的发生。

肉鸽常见的眼病主要有结膜炎和角膜炎。病因：（1）换羽季节秋冬干燥季节养殖场饲养密度太大，给料时鸽群惊食而扬起飞尘进入眼内；（2）养殖场将月龄不同的鸽混养在一起，大鸽欺侮小鸽，强鸽啄咬弱小鸽，啄伤眼睛，感染发炎；（3）养殖场大龄鸽公母不分栏饲养，常见几只公鸽为争夺母鸽打斗，啄伤眼睛；（4）某些疾病如维生素A缺乏症、线虫刺激眼睛等也可造成眼炎；（5）由于眼睛遭受了有害气体的侵袭，尘埃进入眼内，眼睛受伤；（6）由于肉鸽患得某种传染病如鸟疫、副伤寒、眼炎、霉形体病及维生素A缺乏症等。检查时，可见眼结膜充血，肿胀，流泪，严重时上下眼睑合拢。角膜炎的发生则是由于被其他肉鸽啄伤，或被其他物体碰伤，以及芒果、粗糠等嵌入角膜而引起发炎。角膜发炎时，肉鸽畏明流泪，敏感疼痛，眼睑闭锁。检查时可见角膜呈树枝状充血，出现不同程度的混浊和缺损。

【临床症状】本病多见于1~3月龄的肉鸽，常仅发生于一侧眼睛。病初表现眼无神，眼圈湿润，眼睑肿胀，眼结膜充血、潮红或见有伤痕，流泪，后变成黏液性或脓性分泌物。有时还会引起不同程度的角膜混浊和缺损，即角膜表面有一层云雾状灰白色斑，影响视力，严重的角膜糜烂、穿孔，甚至失明，有的眼球突出，最后导致眼球萎缩。病鸽还表现因眼睛不适而在背部羽毛上摩擦眼部，或用脚趾抓眼，造成眼附近羽毛脏湿，鼻瘤污秽。一般呈良性经过，失明者甚少。如治疗及时、恰当，则数天可愈。

上述原因引起的眼炎与某些传染病如鸟疫、败血霉形体病等的眼炎不同，它们一般不会引起鸽的全身症状和病理变化。

【防治措施】预防：保持鸽舍的环境卫生，保持空气清新，防止尘土飞扬；加强饲养管理，采取积极有效方法，以杜绝或减少可能引起眼炎因子的出现；饲料要合理搭配，特别要合理补充维生素A。

治疗：可用2%的硼酸水溶液洗眼，用金霉素眼药膏或四环素眼药膏挤入眼内，或用醋酸可的松眼药水滴眼。每天数次。若是传染病引起的结膜炎，还应同时针对病原进行全身治疗。

治疗角膜炎时应将患鸽置暗处，尽量避开光线。及时清除刺激物。同时要及时清洗眼内不洁分泌物。可采用普鲁卡因、氢化可的松青霉素滴眼。也可用干汞、注射用葡萄糖粉按1:5混合，吹入眼内，每日1次，连吹3~5天。

十二、热应激

暑热天气、环境温度过高或潮湿闷热，会使肉鸽的羽毛污秽，影响散热，使体温升高，体内代谢旺盛，氧化不全的中间代谢产物蓄积引起酸中毒；加快呼吸及大出汗时可引起脱水、水盐代谢紊乱，最后循环衰竭。热痉挛主要是大出汗致使钠盐、钙盐丢失过多，引起肌肉痉挛性收缩。但这种情况体温不会很高，且神志清醒。

【临床症状】本病的特征是突然发病，高度沉郁，饮水量大增，张口架翅，急促呼吸，步态不稳，软脚，瘫痪，猝死，死前频频发生抽搐、痉挛。

【病理变化】部检可见病鸽头盖骨出血，脑膜充血、淤血、出血、水肿；心包积液，心肌出血；肺水肿，淤血；其他组织亦可见有出血。另外，刚死亡的鸽只，其胸腹内温度较高，热可灼手。

【防治措施】要注意休息和充分供应饮水并适当加喂食盐，防止日光直射头部。鸽舍及车船运输不能过度拥挤，保证清洁通风良好，长途赶运应在早晚凉爽时进行，并注意勤饮水，勤休息。本病往往突然发生，如救治不及时可迅速死亡。因此一旦发现，应立即急救。治疗原则是防暑降温，镇静安神，强心利尿，缓解中毒。发现病鸽应立即将其置于凉爽通风的地方，头部和心区施行冷敷，并配合用冷盐水内服，尽量在短时间内使体温下降。在饲料中添加 0.05% 维生素 C，同时适量投饮一些清热解暑中草药，如鸽绿茶等，可以有效地防止本病的发生。

十三、肿瘤

【临床症状】病鸽腹部、腿部及脚趾部的皮肤处有隆起的肿瘤。并能扩展以深部组织，切开后可见核状凝块，凝块周围有黄色脓液。发生在口腔部，初期唾液增加，有臭味，随即口腔黏膜发生黄色小斑点，后期成为带花状的肿瘤。

【防治措施】预防主要是清除致癌物质，对外伤感染做到及时治疗，防治癌变。有效的治疗办法是早期手术切除，或及时淘汰病鸽。

十四、便秘

配对期较易发生。尤其是突然改变饮料，或喂给不易消化的劣质饲料，长期缺乏油脂饲料、青饲料及保健砂，运动不足，加上饮水太少，或因下痢后粪便与肛门周围的羽毛凝结附着造成阻塞，均会使种鸽排便不畅而逐渐造成便秘。有的因寄生虫或肠炎好转后而发生便秘。

【临床症状】病鸽食欲减退，饮欲下降，常见有不断地排便动作，但不见粪便排出。眼半闭，羽毛蓬松，呼吸加快，肛门膨胀，有时还能触摸到粪便留在泄殖腔内，外观肛门干涸外凸，病鸽表现不安。

【防治措施】预防：应根据其发病原因，改善饲养管理，切勿随便改变饲料和饲喂不易消化的劣质饲料，同时供应充足饮水，设法增强运动。

治疗：首先将凝结在肛门周围的粪便，用温开水软化并洗净，同时用以下药物治疗：5% 硫酸钠溶液灌服，每次 5~10 毫升，促使蓄积粪便软化排出；如 1 次不行，可隔天再灌 1 次，直至畅通。液状石蜡灌服，每次 3~6 毫升，促使粪便随液状石蜡的润滑而慢慢排出体外。5% 人工盐溶液饮水 2~3 天，以发挥其健胃通便作用，以助排粪。

十五、鸽难产

鸽卵秘症，俗称难产。其产生原因往往是鸽体过肥，脂肪过多，使输卵管收缩或因蛋大难产；或由于输卵管发炎、狭窄或扭曲，使卵无法通过产道；或由于雌鸽体质过弱或疲劳过度，致使子宫收缩无力；或是产蛋时遇猛追乱捉。

【临床症状】患鸽表现不安，欲回巢产蛋，而蛋长期留于子宫内产不出来，并出现排粪困难，可见到肛门四周被粪便污染，并有黏液流出；病鸽精神沉郁，食欲减退或停食，重症者数天后死亡。

【病理变化】剖检可见子宫内长留不下的鸽蛋，沾于子宫壁，严重者可使子宫管腔坏死。

【防治措施】对初产雌鸽防止营养过剩，身体过肥，捕捉临产鸽时动作一定要轻柔。治疗措施主要是助产。操作方法：先用双手握鸽，将鸽腹部朝上，用大拇指在趾骨前方、胸骨后方轻轻触压腹部，待摸到蛋体，慢慢地向肛门方向推动，并在肛门涂上植物油以润滑产道，术者用力要与鸽配合，当病鸽努责时，向肛门方向推蛋，若发现白色点（蛋露头），可加大力量直至将蛋挤出；若不见蛋露头，则不能大力，防止产道破裂。为避免产道发炎，可内服土霉素或阿莫西林，每次半片，1 日 2 次，连用 3 天。

十六、创伤

创伤是受体外动或静的不利因素，引起机体肌肤或器官的损伤，如啄、抓、跌、撞、碰、压、扭、刺、咬、击等，使组织结构的完整性遭受破坏，表现为破损、肿胀、充血、炎症、坏死、溃烂、缺失及疼痛。金属栏网饲养、栏舍破旧或不牢固、饲养管理粗暴、不饲喂全价饲料、雄多雌少、不同品种或年龄混养，均容易使鸽发生这一类病。轻度的创伤多能自行愈合，重度的创伤主要是采用外科治疗和辅以适当的全身抗感染处理。

【病理症状】受伤局部呈现淤血、肿胀、温热、疼痛。若皮肤破裂而出血，常被异物污染。骨折时出现异常运动。

【防治措施】预防主要是防止外力冲撞鸽子，注意防鹰、防鼠害。治疗主要是创伤的处理；先用较温和的消毒液如 1%~3% 过氧化氢、0.1% 高锰酸钾溶液等将创口冲洗、清理和抹干净，随之撒布磺胺粉或以磺胺软膏、鱼石脂软膏涂布。若创口过大，还应用已浸过的消毒药的缝合针缝合，并从当天起进行连续 2~3 天的抗菌药内服或注射，以防止继发性感染。若为深部创伤，不宜治疗，应予淘汰。

十七、鸽疟疾

鸽疟疾是由疟疾原虫科的鸽血变原虫引起的一种以贫血和衰弱为特征的血液寄生

虫病。

本病一年四季均可发生。在南方，尤其在 5~9 月，是蚊蝇和蠓生长旺盛期，吸血活动频繁，会促进本病的传播，此时可能会出现流行高峰。

临床表现：轻度感染的肉鸽，特别是成年鸽，病情并不严重，仅表现出精神不振，缩头少食，数日后可恢复，或变为慢性带虫鸽，此时可出现贫血衰弱，易继发其他疾病而使病情恶化，有时甚至会导致死亡。严重的病例，尤其是幼鸽和体弱的育成鸽，感染后会呈急性经过，表现为厌食、贫血、呼吸加快或张口呼吸；部分病鸽体温偏低，数日内死亡。剖检时可见大多数病例血液凝固不良，肝脾肿大等。

防治：消灭鸽虱及其他传染性昆虫，加强卫生管理，及早淘汰病鸽。治疗病鸽可用磷酸伯氨喹啉片，每天每只 1/4 片，首次剂量加倍，连用 7 天。另外还可用青蒿全株粉（青蒿粉），把青蒿全株粉按 5% 的浓度混入保健砂中，长期服用。此物常服无毒无副作用。

十八、消化不良

肉鸽消化不良主要由于饲养管理不当，过分饥饿后暴食，运动量不足，缺乏运动，胃内的细石子不足等原因，使消化机能紊乱或发生故障所引起的。临床可见鸽食欲减退，不愿运动，粪便变软、变稀，严重时会吃什么排什么，便中带有完全未消化的谷物。

防治消化不良，主要应改善饲养管理，防止饥饿后暴食；尤其在长途运输后，要让鸽子休息片刻再饲喂，喂料要较易消化；平时要注意饲料中经常搭配一些青绿饲料。若发生了消化不良，可灌服小苏打或人工盐，每只肉鸽用量为 0.5 克，用清洁水溶解后灌服，同时可喂给一些细小的砂石子。

十九、体表肿创

肉鸽外伤是常见的一种病症。由于同伴互相搏击受伤等，都会造成鸽的外伤。若肉眼能见到有出血处，应立即用止血消毒药进行处理，以防失血过多。一般性外伤，应等鸽安静下来、放松以后再行处理，处理时，伤口用双氧水冲洗消毒后，撒上消炎粉或油剂青霉素等，以防感染。如果鸽所遭受的伤害很严重，如骨折较重，此时不能急于给肉鸽做手术，只能采取一些应急的措施，如止血、简单包扎及消毒，应设法使肉鸽恢复平静，等安静再给它动手术。

脓肿是由于组织受伤感染，或直接感染了化脓菌而引起的病症。肉鸽常见的脓肿部位是脚底部，其他部位也可能发生。脓肿初期局部红、肿、热、敏感，以后则成熟变软，触之有波动感。对脓肿的处理应待其成熟后及时切开，将脓汁排净后，用消毒药水将脓创冲洗干净，内涂以碘酊并包上绷带。2 天换 1 次药，一般 1 周以后可痊愈。

二十、关节炎

关节炎并是由于肉鸽长期缺乏活动或鸽舍内太潮湿，严重受凉和受外伤等引起的。关节炎有的左翼部，在翼部的又叫翼病，表现为翅膀下垂、发抖，无法展伸。在腿部的是腿关节炎，有炎症或肿瘤，使腿麻痹，不能正常站立行走，只能跛行或爬行。

对患有关节炎的肉鸽，患部可涂松节油加按摩，或用碘酒、樟脑油涂擦。还可以用伤湿止痛膏敷贴固定关节。同时口服四环素 1/4 片、可的松 1/16 片，口服 3 次，好转为止。还要让肉鸽经常洗洗澡，晒晒太阳，适当活动。

二十一、鸽麻痹症

肉鸽患上麻痹症以后，双肢失灵，不能走动；头部摇晃，抬不起来；站立困难，以翼代步爬行；头颈弯曲旋钮，有瘫痪迹象。这种症状主要是缺乏维生素引起的。

防治的方法主要是控制雌雄鸽的过度交配、繁殖。如发生此病症，可喂牛黄安宫丸，每天 2 次，每次 1 片。若肌肉注射维生素 C、维生素 B_1 的混合剂，可每天用 2 毫升。

第八章 规模化鸽场的科学管理

一、规模化肉鸽养殖场疫病防控措施

1. 树立综合防治的观点

即从建场、引种到饲养管理的各个环节都要从有利于防疫的角度去考虑，这是防疫规则的总要求，是肉鸽养殖业走向产业化、集约化的基本要求。

2. 对鸽舍消毒

用消毒药物彻底杀死病菌与病毒，使肉鸽生活在一个洁净的环境中。具体方法如下：

（1）清扫。先用消毒液喷洒全舍，再清除舍内的鸽粪、垫草、顶棚上的蜘蛛网和尘土。对于平养地面黏附的禽粪，可预先洒水软化，然后再铲除。为方便次日冲洗，可先对鸽舍内部喷雾，润湿舍内四壁、顶棚及各种设备的外表。

（2）冲洗。冲洗的目的是将清扫后舍内剩下的有机物去除，以提高消毒效果。对笼底的粪迹与蛋槽上的污物一定要用板刷刷干净，不留残存物。

（3）干燥。冲洗后地面仍会残存不少细菌，而干燥后细菌数就会显著减少。喷洒消毒药一定要在冲洗并充分干燥后再进行，因为在湿润状态下使用消毒药会使其浓度降低，有碍药物的渗透、灭菌效果差。

（4）药物薰蒸消毒。将舍内所有的孔、缝、洞用纸糊严，使整个禽舍不透气。每立方米空间用40%甲醛溶液18毫升、高锰酸钾9克，密闭24小时后开窗通风（这种方法只适用鸽舍清空的情况，如果鸽舍内有鸽子，最好不要用药物薰蒸消毒，掌握不好程度极易引起鸽群的呼吸道疾病等，后果会非常严重）。

3. 牢固树立防重于治的观点

用疫（菌）苗防治疾病的观点，是防治疾病最重要、最有效、最经济的措施。多数重大传染病都可通过接种疫苗进行预防，疫苗接种成功与否，与鸽子的母源抗体、接种方式和接种时间有直接的关系，因此，不同的养殖场有不同的免疫程序。

4. 药物配水或配料饲喂

应掌握拌药的饮水、饲料量能在2小时内吃完，才能更为有效。饮服疫苗时，要先停水 2 小时，并保证短时间内饮完，且每只肉鸽都能饮上。

5. 要注意药物的配伍禁忌

具有协同作用的药物配伍使用，可增加药效，减少用药，降低成本。具有拮抗作用的药物搭配使用，会降低药效，影响治疗效果，贻误医治佳期，造成损失。

6. 要注意药物的选择

治疗时一般选择 2 ~ 3 种不同抗菌谱药物，以扩大杀菌范围；预防时则用一种药物即可，且宜间隔停换用药。

7. 要注意耐药性

不要频繁更换药物，连用 2 ~ 3 天仍无效的药物，可考虑选择新的治疗方案，每种抗生素不能长时间单一使用，以免产生耐药菌株。

8. 要注意继发感染

在使用抗菌药的同时，应加入抗病毒药物，以免继发病毒感染致病。病初要注重病鸽的隔离，加大健康鸽群的预防用药量。

9. 消毒时，要注意诱发疾病

发病鸽舍要喷洒消毒药，尤其是带鸽消毒时，很易诱发呼吸道疾病。因此，消毒前要给鸽群服用硫氰酸红霉素、强力霉素、维生素等预防呼吸道疾病和抗应激的药物。

10. 治疗时，应消除不利因素，才能疗效好

鸽病发生，不宜单从用药治疗方面去对付，同时要注意消除导致疾病，不利鸽子生长、生活的因素。如密度过大，鸽舍潮湿、空气不洁、温度偏低等，否则疗效甚微。

11. 鸽病治疗用药应抓早期，才能效果好

如在后期出现不食不饮，体质下降明显，一则药物无法从食道进入体内，就是注射用药也难在体内发挥作用，疗效较差。所以应每天观察鸽群的采食、饮水、粪便、精神状态等。一旦发现异常，马上治疗。

12. 治疗时，应加强管理

疾病治疗期间要加强饲养管理，病后要注意鸽群的护理和体质恢复。切忌治疗不彻底，护理不到位。

二、规模化鸽场的定额管理

搞好定额管理是提高养鸽生产经营管理的主要内容之一。定额是指在一定的生产技术条件下（饲养方式、饲料和设备条件等）人力、物力、财力的利用和消耗以及产品质量和工作量等方面所应遵守和达到的要求，是检查计划执行的重要依据，是保证养鸽生产正常进行的必要手段，是厉行节约，提高经济效益的重要方法。也是鸽场开展劳动竞赛、实行责任制，贯彻按劳分配原则、考核职工技术水平的重要手段。

养鸽场的定额主要包括以下内容：

（一）劳动定额

劳动定额是指劳动力所能承担的劳动量。即在一定的劳动条件下，一个中等技术水平的普通劳力在不影响其身体健康的前提下所能承担的劳动量。制定养鸽生产的劳

动定额是一项复杂的工作，主要受下列因素的影响：

1. 饲养方式。不同的饲养方式劳动强度不一样，劳动量就不同。

2. 饲养条件。手工操作和不同程度的机械化操作，劳动量相差很大。

3. 劳动组合。如饲料是否统一配制，是否实行流水线分工。

4. 饲养鸽种和品种。养纯种鸽或杂交鸽、种鸽、青年鸽或乳鸽，劳动量不同。

因此，必须从实际出发，在有关资料和生产实践的基础上制定相对合理的劳动定额，并不断地修正。此外，劳动定额还受就业制度、管理体制等社会因素和习惯势力的影响。当前，各地养鸽生产的劳动定额差异很大，总的倾向是定额低，效率差，缺乏统一规划。实施一个较理想的劳动定额，经营者必须从计划饲养规模，设计棚舍、设施以及布局等基建工作开始考虑。劳动定额不可能也不应当一成不变，随着生产技术的进步，设备的改善，管理制度和工资制度的变革，从实际出发，适时修订和完善，才能不断提高经济效益和劳动生产率。

（二）棚舍利用定额

棚舍是养鸽生产最重要的物质条件之一。在养鸽生产中，棚舍的生产利用率较一般的畜禽生产要高，但仍存在着科学合理的使用棚舍问题，如并孵、并喂，提前断乳改人工管喂等新技术。在提高鸽舍使用率的前提下，制定出恰当的定额，能达到实现增产增收的目的。其具体方法是：

1. 加强生产的计划性。

2. 改进饲养方式，因地制宜选择最适合种鸽生长发育与繁殖的鸽舍形式。

3. 适当提高饲养密度。

4. 饲养制度应规范化，有规律地安排生产。

5. 有相应的组织管理措施。

（三）设备使用定额

养鸽场的主要设备如下：鸽笼、巢盆、食槽、饮水器、保健砂槽、栖架、洗澡盆、脚环、捕鸽网以及育种床和肥育床等。此外，较具规模的鸽场还有配对笼和消毒、治病的专用器具。上述设备均应根据养鸽的实际需要，规定好数量和使用年限，以棚定量，责任到人，纳入奖罚范围。责任到人的好处是：有利于加强责任心。减少设备损坏，延长使用年限；能及时满足生产过程中对用具设备的需要，保证了养鸽生产顺利进行，减少浪费。

（四）物资耗用定额

养鸽生产的主要物资消耗有防疫卫生材料、垫料、水、电、燃料以及低值易耗品，如扫帚、铁桶、铁铲、水盆等。这些物资均应在实践生产中摸索，制定出可行的消耗定额并辅以相应的奖罚措施。以开源节流，减少浪费，降低生产成本。

三、规模化肉鸽养殖场养殖操作方法

经过十几年的发展，肉鸽养殖正逐步从小型分散的饲养方式向集约化、规模化的饲养方式转变。目前，小则 3 000 ~ 5 000 对，多则几万、十几万对的养鸽场正不断出现，养鸽业正向集约化生产规模发展，从而取代分散的、家庭副业式的小规模生产模式，这是养鸽发展的必然趋势，也是养殖业进步的表现，这种集约化的生产模式克服了分散的小规模方式所出现的产量低、质量无保证、用药难以控制和造成环境污染等问题，利于降低生产成本，以规模见效益，使养鸽业向健康养殖和生态农业的方向发展，但是，集约化的养鸽场生产技术要求高、卫生防疫要求严格。因此，本文对集约化养鸽场制定了一套生产技术操作规程，供各地集约化养鸽场参考。

（一）清洁卫生工作规程

1. 把好饲料、饮水、保健砂及药物的质量、卫生关，及时发现处理不合格的食物，防止病从口入。

2. 鸽笼、孵窝、料槽、水管或饮水器及用具等应保持清洁卫生，更换用具后应洗净、消毒、晾干后备用，这是做好鸽病预防的关键。

3. 对死鸽、臭蛋及死胎蛋应收集后放入指定的桶内，并由管理员于每天上午拿到指定地点处理。

4. 舍内应保持清洁干爽，搞好地面卫生，春夏季节应尽量保持地面干燥，防止积水潮湿。

5. 经常疏通排水沟，防止暗渠积水，在蚊虫的多发季节，每 3 天用杀虫药喷杀蚊虫 1 次。

6. 每月最后 1 天下午进行清洁卫生检查评比，对卫生达标者给予奖励，不合格者给予处罚。

（二）饲养技术操作规程

1. 坚持"两勤"、"三多"

两勤：即勤观察、勤护理。每个饲养员都必须利用可以利用的时间关心每对鸽，多了解、多护理，多为它服务。四看：即早晚经常看看每只鸽的精神状态是否正常，看看每只鸽的粪便是否正常，看看每只鸽的食欲是否正常，看看每天天气情况。

2. 坚持"少给多餐"，定时定次

产鸽每天喂四餐，头尾两餐为主餐，中间两餐为辅餐，给料时应注意有仔的产鸽多给一点，无仔的少给一点，食槽不能积存饲料。喂完料要检查，不够食的补给，食不完的倒出来，掉在地上的饲料应在喂后扫回、洗净、消毒、晾干后当天食用，或回收统一处理。如果有条件可以用落地粮来饲养猪。青年鸽喂料时间为上午 8：00 和下午 4：00 两餐。

3. 供给干净的饲料

配料前应检查饲料有无发霉变质，有无异味和药味，对不合格饲料应退回仓库。不干净的饲料应进行加工处理，保证饲料的质量。饲料中使用药物时应计算好料量和质量。饲养员要按技术员的要求配制好药物，并且保证每对鸽都吃到药料。

4. 供给清净新鲜的饮水

每天早上喂料后清洗水槽，每 2 天清洗 1 次，平时要排净水管内污水或倒净水槽内剩水，保证水质清洁新鲜，同时，供水应整天不断。饮水中使用药物时应计算好水量和药量，饲养员要按技术员的要求配好药物，原则上加入药物的药水应于半天内让鸽饮完，以利节约药物和防止药水变质。

5. 每天定时供给足够的保健砂

饲养员应在每日下午 3 点半左右到仓库领回当天的保健砂，每对鸽供给约 12 克，有仔的供给约 24 克，要求当天食完，保持新鲜的保健砂。

6. 定期清理饲料槽和保健砂杯

要求饲料槽及保健砂杯每天全面清理 1 次，平时发现哪个不卫生就及时清理哪个。清理出来的饲料清洗干净后再用，保健砂处理干净后交回仓库。

7. 保持鸽笼内外的清洁卫生

每天下午要利用时间搞好卫生，清除笼上的积粪，承粪板要对准下层巢盆，防止鸽粪污染巢盆，更换脏湿的麻包片，清除巢盆周围的粪便，打扫工作通道，笼下粪便每 5 天清除 1 次。

8. 做好生产记录

每个饲养员对于自己负责的每对鸽都应了如指掌，要在每天下午全面检查产鸽的生产情况，对每对鸽的产蛋、受精、死胚、出仔、出栏及生病、死亡等情况及时做好记录，并填写报表，月底交技术室。

9. 坚持定期照蛋

每个饲养员都要坚持每晚 7：00~7：30 加班照蛋查蛋，发现无精和死精蛋，应及时取出，并把仅单只的受精蛋并到相同日期或相差 1 天的单蛋中。对孵化已超过 18 天的蛋应检查是好是坏，发现臭蛋应及时取出，发现难出仔的蛋应进行人工辅助。

10. 做好单仔的合并工作

发现单只鸽仔或 2 只大小悬殊，即应选择同日出生或差 1 日出生的鸽仔合并为 1 对。

11. 晚上补充光照

晚上值班人员要定时开关电灯，开灯时间随日照长短而定，可在天黑前开灯，直到晚上下班 22 时准时关灯，非特别事故中间不许突然开、关灯。

12. 防止乳鸽影响产鸽产蛋

在乳鸽 2 周龄前将它们捉到笼底网上，并垫上 1 块麻布包片保温，也可将乳鸽移到另一巢盆上。同时，要将巢盆清洁好，放上干净麻包片，预先做好产鸽产蛋工作。

13. 保持鸽舍干燥，避免潮湿

清静干燥的环境是鸽进行正常生理生殖活动的前提，注意在洗水槽及加水时尽量不要弄湿鸽笼和地面，经常疏通鸽舍内外的排水沟。

14. 保持安静的环境

这是使产鸽安定孵化和哺仔的保证，也是减少破蛋和死仔，提高受精率的保证，任何人不许在鸽舍内跑来跑去，严禁外来人员参观，不得无故制造各种噪音。

15. 加强鸽病的防治工作

平时发现有异常情况应立即报告技术员，防治大群鸽病的药物配制、用量和用法应由技术员掌握,不准随便使用。个别病鸽的治疗,要在技术员指导下进行。

16. 青年鸽的饲养管理除上述有关条款适用外,还要做到:

(1) 每次喂料半小时后将鸽舍内料槽翻倒,防止鸽拉粪于饲料槽内。

(2) 保持饮水器干净,整天供给清净新鲜的饮水。

(3) 每2天供给保健砂1次。

(4) 除阴雨天外,均应将青年鸽放出运动场活动,当晚赶回舍内,刚留种的后备种鸽10天后才放出运动场。

(5) 青年鸽应经常洗浴,冬天每周1~2次,在天气较好的中午洗浴,其他季节每周应2~3次洗浴。

(6) 运动场要每天清除粪1次,棚下鸽粪每10天清除1次,并即消毒及撒上一层石灰。

(7) 发现病鸽应即隔离治疗。

(8) 下班应检查栏门是否关紧,发现鸽子跑出应即捉回,白天捉不到应于当天晚上捉回。

(9) 寒冷天气应及时防寒防风,没有寒风的晴天要适当增加通风透光。

(三) 活禽出入场管理规程

1. 定期对鸽场的产鸽、乳鸽实行检疫,预防传染性疫情的发生。

2. 对种鸽、乳鸽出场前进行防病和检疫工作,发现有个别不正常的种鸽应及时淘汰并进行病情的检查,保证出场的种鸽及乳鸽健康无病。

3. 装运鸽子的笼具及运输车辆应用消毒药物进行彻底的消毒,消毒前应用清水洗干净并风干,确保运输的笼具和车辆不带任何病原菌。

4. 外卖种鸽及乳鸽时,买主淘汰出来的鸽应在现场进行处理淘汰,绝不允许将淘汰鸽带回场内。

5. 卖鸽时绝对禁止买主进入场内挑鸽,以防买主带入病原。

6. 鸽场扩大生产时所用的种鸽原则上采自本场选留的良种鸽,确需从外场购种时应派兽医到引入场检测种鸽的健康状况,确认无病时才可引种,注意运输笼具、车辆用具的消毒,回场后应在距产鸽较远的隔离舍饲养,进行5~7周的观察,确认无病后才可配对上笼,同时,在观察期间适当使用药物和疫苗进行预防,确保种鸽的健康。

(四) 消毒防疫技术规程

认真做好卫生防疫工作,坚持"预防为主"的防治鸽病原则,了解疫病流行情况和杜绝疫情的发生,坚持严格的消毒制度。

1. 鸽场门口设有车辆道和人行道消毒池,经许可进入鸽场的来往车辆、行人需要经消毒池消毒、洗手、更换衣鞋方可进入,车上人员下车经人行道消毒池进入,鸽场管理人员应保持消毒池中的消毒液充足、有效,每5天更换1次。

2. 鸽场乃生产和防疫重地,谢绝一切外来人员参观和学习,如确因工作需要,经场领导同意后,必须更换衣鞋,洗手消毒后方可进。在场内服从管理人员的安排,不许大声喧哗,随处走动和拍照等。

3. 场内工作人员上班时必须换工作服、工作鞋，并经洗手消毒后方可进入工作区，不许穿工作服、工作鞋离开鸽场。

4. 场内、场外车辆、用具要严格分开，不准混用。每幢鸽舍笼具也应各自妥善保管，注意卫生消毒，非必要也不能混用。斗车、笼具应每周彻底清洗、消毒1次。

5. 全场范围内每月实行统一灭鼠1次，鸽场周围杂草统一铲除1次，对产鸽每月带鸽消毒及喷杀体羽鸽虱1次，每月扫除舍内蜘蛛网1次。并发动全场员工进行长期性的灭鼠。

（五）疾病预防技术规程

1. 技术负责人每年应定期进行鸽I型副黏病毒的监测和检疫工作，按照鸽场的防疫程序做好防疫接种工作，每年1~2次用鸽I型副黏病毒灭活疫苗进行接种，若发现该病在本地区禽场流行，应及时采取防疫措施，并考虑接种疫苗。

2. 做好禽流感的预防工作，若非出口场可依流行情况选择接种疫苗，以防不测。

3. 梅雨季节应做好预防鸽鹅口疮、毛滴虫病、副伤寒、呼吸道病等工作。

4. 每年的3~6月份应彻底进行灭蚊，杀除鸽病痘的传染媒介，必要时于3~4月份对产鸽及仔鸽刺种痘疫苗。

5. 对因患传染病致死的病鸽应集中作深埋或焚烧等无害处理，并对病鸽的笼具进行消毒。

四、种鸽场场长职责

为规范种鸽场场长工作行为，确保种鸽生产先进技术和技术操作程序的顺利落实，履行相应职责、承担相应义务，特制定种鸽场场长岗位职责。

（一）种鸽场场长的主要职权

1. 行政上由生产副总经理的分管，业务上由技术主管负责，根据公司良种选育方案和种鸽生产规划，对本部门生产、科研活动进行管理。

2. 合理安排本场员工进行良种鸽选育和良种鸽生产，并对各单元执行的情况进行督促、检查和考核。

3. 在努力保证完成育种计划的前提下，有权根据生产的实际情况提出调整月度生产计划的建议。有权根据生产的实际情况提出更改物资供应计划的要求。

4. 有权检查各生产单元育种工作和育种技术落实情况，对不执行育种操作技术规程或工作敷衍者有权追究责任，并向生产副总经理和技术主管报告。

5. 有权督促员工做好育种记录，检查记录的真实性和全面性。

6. 根据生产现场需要，有权召开本场人员紧急会议。

7. 根据技术主管育种要求，对种鸽场生产用物资、设备有指挥、协调、调配权。

8. 对生产中出现的异常情况有临机处置权，事后应及时向有关领导汇报。

（二）种鸽场场长具体岗位职责

1. 在生产总经理领导下，技术主管的指导下，贯彻公司有关育种、种鸽生产方面的方针、目标，根据育种规划和公司内各项任务的要求，负责编制育种计划及饲料等生产资料需求计划。

2. 根据《种鸽饲养技术操作规程》和制种选育方案，在技术部的指导下，负责合理规划实施方案，并组织落实。

3. 加强统一指挥，组织并领导全场生产调度工作，定期召开生产作业会，严格按生产计划进行督促、检查，对生产过程中出现的问题，及时协调平衡，搞好均衡生产。

4. 严格贯彻执行生产管理制度和种鸽生产技术记录制度。

5. 加强生产单元、生产器具和生产环境的管理，定期组织检查，确保正常生产。

6. 根据生产副总经理和技术主管的要求，搞好本部门与公司其他部门的生产和技术协作任务。

7. 根据育种计划和生产需要，向技术、供应、后勤保障等有关部门，提出需要解决的关键问题和生产资料供应、种鸽的引进要求，并请求生产副总经理和技术主管督促落实。

8. 向生产、销售部门提供种鸽生产预计，并根据种鸽标准提供合格产品。

9. 组织安排种鸽场人员的生产技术业务学习，提高业务水平。

10. 及时填报育种统计报表，临时保管好育种档案资料。

11. 及时做好不符合选育标准鸽的淘汰工作。

12. 协助技术部做好技术革新试验工作。

13. 根据《绩效考核办法》，协助人事部门搞好本场人员绩效考核。

14. 完成上级临时布置的各项任务。

五、种鸽场技术员工作职责

1. 在种鸽场场长的领导下、公司技术部的指导下开展种鸽生产技术实施工作。

2. 做好种鸽场饲养人员岗前培训工作，指导饲养人员实施《种鸽生产技术规程》。

3. 执行生产管理制度和种鸽生产技术记录制度。

4. 执行育种方案，做好不符合选育标准的种鸽的淘汰工作。

5. 指导饲养人员做好育种记录，及时填报育种统计报表。

6. 落实种鸽场卫生防疫措施。

7. 随时观察种鸽健康情况，定期进行种鸽的健康检查。定期检查饮水、饲料、鸽群、鸽舍、病鸽隔离舍、用具、尸坑和堆粪场的卫生防疫情况。

8. 做好鸽病预防和治疗工作。

9. 对安排的每一项工作，注意检查完成情况和质量。发现问题及时汇报解决，以减少损失。

10. 在场长和公司技术部的指导下，结合生产进行一些必要的科研工作。

六、种鸽场卫生防疫、疫病监测制度

1. 设立专门的兽医室，并配备专职兽医。兽医室内应配备有专用的生物制剂冷藏设备。同时应配备诊疗器械和药品。

2. 种鸽场的选址、设施设备、建筑布局、环境卫生等都应符合国家相关要求。

3. 种鸽场童鸽、青年鸽和配对后备鸽应坚持"全进全出"的原则，引进的种鸽应来自健康种鸽场，童鸽、青年鸽和配对后备鸽出栏后，对整个鸽舍要进行彻底清洗、消毒。

4. 种鸽场内的禽饮用水、饲养管理、所用的饲料、种鸽场的消毒和病害肉尸的无害化处理都应符合国家相关规定。

5. 在种鸽生产过程中所使用的兽药、疫苗应符合国家兽医部门和本鸽场生产实际的要求，并定期进行监督检查。

6. 每年进行定期驱虫，控制寄生虫的感染，用药应符合鸽场相关要求。

7. 工作人员应定期进行体检，取得健康合格证后方可上岗，并在工作期间严格按照相关要求进行操作。

8. 种鸽场应根据《动物防疫法》及其配套法规的要求，按照免疫程序，对高致病性禽流感、鸽新城疫等疫病实行强制免疫，并注意选择适宜的疫苗、免疫程序和接种方法。

9. 种鸽场应根据《动物防疫法》及其配套法规的要求，结合当地实际情况，制定本场的疫病监测方案，常规监测的疫病至少包括：高致病性禽流感、鸽新城疫等，并将监测检查的结果报告当地兽医行政管理部门。

种鸽不得检出高致病性禽流感、鸽新城疫等病原体，经检验不合格的种鸽应按照相关规定进行处理。销售的种鸽不得检出大肠杆菌、李氏杆菌、结核分支杆菌、支原体与伤寒、砂门氏菌等病原体，经检验带菌的应立即治疗或淘汰，不得销售。

10. 种鸽场发生疫病或疑似传染病时，应依据《动物防疫法》及时进行诊断，并立即向当地兽医行政管理部门报告疫情。并积极配合当地兽医管理部门对鸡群实施严格的隔离、扑灭或清群和净化措施；全场进行彻底的清洗消毒，病死或淘汰鸡的尸体按要求进行无害化处理，并进行严格消毒。

11. 记录记载种鸽场应有相关的资料记录，内容包括：种禽来源、品种、引入日期与数量等引种信息，存栏禽日龄、体重、存栏数、禽舍温湿度、喂料量等；生产性能信息；饲料配方、饲料（原粮）来源、型号、生产日期和使用情况等；种群每天的健康状况，死亡数和死亡原因等；发病时间、症状、预防或治疗用药的经过；药物名称、使用方法、生产单位及批号、治疗结果、执行人等；疫苗种类、免疫时间、剂量、批号、生产厂家和疫苗领用、存放、执行人等；消毒剂种类、生产厂家、批号，使用日期、地点、方式、剂量等；无害化处理记录；销售日期、数量、质量、购买单位名称、地址、运输情况等；种鸽出售时的质量、等级等。

七、种鸽饲养员操作手册

（一）种鸽场的饲养管理每日工作程序

种鸽饲养员1天的工作程序表：

时间	工作内容
8：00~8：30	准备饲料、保健砂
8：30~9：30	喂料、添加保健砂
9：30~10：15	查窝。新产蛋、新出雏鸽登记，观察鸽群状况、淘汰病弱雏，并登记
10：15~11：00	腾窝、絮窝、安窝、换窝
11：00~11：30	清洁过道、擦灯泡等
13：00~14：00	洗水杯、食槽、
14：00~15：00	备料、喂料
15：00~16：00	除粪或腾窝、絮窝、安窝、换窝
16：00~16：30	查窝、照蛋、登记
16：30~17：00	清洁过道、消毒等
日落	开灯
22：00	关灯、关水

（二）工作程序要求

1. 查看鸽群状况

鸽群健康与否是观察的主要内容，健康种鸽精神活泼、食欲旺盛、站立有神、行动有劲、羽毛紧贴、翅膀收缩有力、尾羽上翘，眼睑红润；粪便较干，呈盘曲圆柱形，灰褐色。病鸽精神沉郁、两眼常闭、羽毛松弛、翅尾下垂、食欲差或无、眼睑苍白；呼吸带声，张口伸脖，有的口带黏液，有的嗉囊充气有的胀腹，有的体重极轻，有的肛门脏污，粪便稀薄，呈黄绿色、灰白或带血等，这些特征都要饲养员平时认真仔细的观察。

通过观察掌控鸽群动态，即观察鸽群采食情况、饮水情况、健康状况及粪便状况，及时报告及时对应处理，对病弱鸽及时淘汰处理，死鸽及时清除病检处理，保证鸽群健康稳定高产。

（1）查看鸽群粪便状况。认真检查是否有病鸽及时报告技术员隔离饲养或淘汰；尤其是突然死亡数目比较多时要立即上报场长，及时掌控疫情。

（2）观察鸽群的采食、饮水情况。每天喂料时要注意食槽剩余量，关注饮采食量的变化，发现食饲量突然下降则多半是发病的前兆，应及时找出原因并加以解决。

（3）观察鸽群的健康状况。及时处理意外伤害情况（如挂头、卡脖、扎翅、逃笼、好斗等），注意有无脱肛、啄肛，及时对受伤鸽只进行治疗，防止飞鸟、老鼠等其他动物进入鸽舍引起惊群、炸群和疾病传播等意外；查看有无因为营养或环境等其他原因引起的生长异常的鸽（如体重体质下降，1月以上的不产鸽和弃孵、弃哺现象等），对有健康异常情况的鸽及时处理。

（4）查看有无病鸽。观察鸽子有无甩鼻、流涕行为，听鸽子有无呼吸道异常声响（如呼噜、咳嗽、喷嚏、咯音等）发现后必须马上挑出，不能拖延，并隔离治疗防止疾病传播，此外鸽精神不好，粪便呈绿色、黄色、白色稀粪都是疾病的表现，要及早发现处理。

（5）查看有无幼鸽掉巢。对 14 日龄以下的乳鸽应密切查巡，有否掉巢，发现立即。对生长大小不匀的乳鸽及时进行调并。

2. 喂料、添加保健砂

（1）喂料。每天饲喂时间基本固定，不能随便变更。带仔生产鸽必须足量饲喂，非带仔生产鸽喂九成饱。

（2）添加保健砂。生产种鸽保健砂采食量大，必须勤添。一般 2～3 天添加 1 次。

3. 清洁过道及擦灯和料槽水杯的清洁消毒

①清洁过道。收集落地料、整理鸽舍用具，先洒水后打扫过道。用消毒液喷雾消毒过道场面及四周环境。

②使用消毒液浸泡过的抹布擦拭灯泡。

③对于料槽的清洁消毒可使用消毒液浸泡消毒后用清水冲洗，自动饮水杯用钢丝球清除污垢后用消毒液浸泡过的抹布擦拭清洁，清洁水杯时要检查出水是否畅通。

4. 查窝

每日进行 1 次，把所有当日新产蛋、新出雏鸽全面进行登记。登记内容还包括统计一览表所列各项要素。查窝结束时，根据实际情况及时科学调并。

5. 腾窝、絮窝、安窝、换窝

（1）腾窝。乳鸽到 13～15 日龄，应及时下到底网上。以便腾空巢盆架迎接种鸽下一轮生产。乳鸽下网头几天，应在笼底适当位置放上 20 厘米×20 厘米的地毯布或麻袋布，以防扭伤脚关节。

（2）絮窝。必须备有充足的用稻草精心编织的草窝，或用棉毯等，保证生产需要。

（3）安窝。乳鸽下窝以后，应及时安上新窝。有利于促进种鸽提前产蛋。

（4）换窝。种鸽产蛋前，或刚产下第 1 枚蛋，第 2 枚蛋未产之前，如发现巢窝已被种鸽弄脏或破坏，应及时调换。第 2 枚蛋产下以后，一般情况下不能随便调换。乳鸽在 10 日龄左右以内，一般情况巢窝也不适宜调换。

6. 照蛋

照蛋：每日进行 1 次。一般在傍晚舍内光线较暗时进行。发现无精蛋、死精蛋、破损蛋、畸形蛋及时予以剔除，并记录，然后进行科学调并。

7. 除粪

鸽舍内有害气体和湿度主要来源于鸽粪，所以每星期要除粪 1～2 次，应该在临近下班时进行，动作必须轻幅度不能太大，以免影响鸽群生产。

（三）强化种鸽场的卫生防疫管理

1. 大门入口处设消毒池，消毒药液每天进行更换。鸽场周围、鸽舍周围环境及道路消毒每周 2 次消毒。

2. 人员进场时要更衣换鞋帽后才能进入生产区。

3. 鸽舍入口设洗手台、洗手液（5% 新洁尔灭），人员进入必须洗手。

4. 饮水器和料槽应注意清洗，每 2 天消毒 1 次。消毒液按说明配制（现用现配），消毒后用清水清洗。

5. 青年鸽舍出棚后彻底清洗待干后用消毒液喷雾消毒，空置 2 周后才使用。

6. 定期带鸽消毒喷雾消毒，每周 1 次。

7. 经常进行灭鼠工作，可用缓效灭鼠药，按比例拌料，放到鸽舍外四周鸽子吃不到的地方，连续 3 天，每月 1 ~ 2 次。

8. 医疗器械冲洗后，再煮沸消毒。

9. 每半月饮 1 次高锰酸钾水，剂量为 0.01%，但应避开免疫期和用药期。

（四）严格坚持种鸽场管理制度的细化

1. 制定种鸽场场长、技术员、饲养员及其他人员岗位职责，严格按操作规程操作。

2. 工作记录。认真做好进种日期、饲料用量、预防接种、预防投药、生产要素等的登记工作。严格处理好病死鸽和鸽粪，病死鸽应在做完病理检查处理后送场外挖坑深埋并撒上生石灰后，盖上泥土；鸽粪按要求及时清理运走。

3. 鸽舍的温度控制。鸽子适宜温度为 10 ~ 25℃，相对湿度为 40% ~ 60%。夏季温度高于 30℃ 应做好防暑降温的工作。冬季温度低于 10℃ 时要及时做好御寒保暖的工作。饲养员在做好饲养的同时还要做好温度的调控，做好夏季防暑，冬季保暖工作。

（1）鸽舍防暑。加大通风量（及时通风，当气温达到 30℃ 时，通过调节通风量已不能为鸽子提供一个舒适的环境了，这时应该用水分蒸发降温，在增加通风的同时在过道上洒上一定量的水直到舍温降低为止）和喂料饮水的改变（在饲料和饮水中加 0.02% ~ 0.03% 的维生素 C 或 0.5% 的碳酸氢钠，保证清洁凉爽的饮水，鸽的排泄物和呼出的水蒸气也能带走大量的热量；调整饲喂时间，在清晨和傍晚气温低的时投料）。

（2）冬季保暖。在寒冷天气时及时挂上布帘。

4. 通风。通风是调节鸽舍空气状况的最主要、最经常的手段，舍内通风换气的效果直接影响舍内的温湿度以及空气中各种有害气物质的浓度。特别在夏季要求鸽舍的通风量要大而快，要把鸽舍四周绿化植物下部影响通风的树枝修剪掉。

5. 光照制度。合理的光照时间、光照强度和光照程度可达到促进产蛋，提高种鸽生产率。因此在自然光照的基础上不足的部分给予人工补充光照，达到每天光照时间（包括自然光照）：15 ~ 17 小时，补充光照强度：3 ~ 5 瓦/平方米。

附录一　健康肉鸽的生理常数范围

附表1　健康肉鸽生理常数范围

项目	正常范围
体温（℃）	40.5~42.0
心跳次数（次/分）	140~240
呼吸次数（次/分）	30~40
每百克体重血量（毫升）	8
红细胞总数（万/毫米^3）	320
血红蛋白浓度（克/100毫升）	12.8
白细胞总数（千/毫米^3）	1.4~3.4
白细胞分类计数（%）	—
嗜中性粒细胞	26~41
嗜酸性粒细胞	1.5~6.8
嗜碱性粒细胞	2~10.5
大淋巴细胞	0~32.1
小淋巴细胞	27~58
大单核球	3.0
凝血时间（秒）	20~30

附录二 肉鸽疾病快速诊断及治疗对照表

判断肉鸽疾病的方法较多，但主要有望、闻、摸、检4种方法。

望：指看肉鸽的精神状态，粪便形状、颜色，发病部位，饮食（水）量，有无外伤、口腔疾病等。

闻：指闻肉鸽口中有无异味，粪便是否恶臭等。

摸：指摸肉鸽是否有发烧、消瘦、胀气、骨折、硬块等。

检：指有条件的地方，可将肉鸽及粪便送动物医疗部门进行检查，以准确判定肉鸽疾病，对症施治。

附表1 适用于幼鸽、青年鸽的快速诊断

发病部位	临床表现	可能疾病
口腔和咽喉	有黄白色酪样物（白色假膜），口烂有珍珠状水泡小瘤，有乳酪样纽扣大小肿胀	鹅口疮、白候型鸽痘、鸽毛滴虫病
眼睛	流泪，肿胀，眼睑内常有干酪样物，眼睑有结节小瘤	伤风、感冒、呼吸道病、鸽霉形体病、传染性鼻炎、维生素A缺乏症、鸽痘
鼻和鼻瘤	水样分泌物脏污	伤风、感冒、鸟疫
头颈部	头颈扭转，共济失调，大量神经症状，头颤抖动摇摆	副伤寒、维生素B_1缺乏症，鸽新城疫
嗉囊	触之硬实，肿胀，内部胀软，胀气	鸽毛滴虫病、腺病毒、胃肠炎、消化不良
翅膀	关节肿大	副伤寒
腿部	关节肿大，单脚站立，腿向外伸向一边	副伤寒
腹部、脐部	肿胀	鸽毛滴虫病
肛门	肿胀，有结节状小瘤，肿胀，出血	鸽痘、出血性败血症、鸽新城疫
皮肤和羽毛	结节小瘤、啄食新生羽毛、皮肤发紫，皮下出血，血肿	鸽痘、食肉癣、丹毒病、中毒、维生素K缺乏症
骨	软骨，站立不稳	缺钙、缺维生素D

发病部位	临床表现	可能疾病
综合症状	软弱、贫血、瘦弱、拉血便、生长缓慢、羽毛松乱、拉稀、大量鸽拉水样粪便、拉绿色便、呼吸困难、呼吸啰音	体内寄生虫、副伤寒、球虫病、蛔虫病、体外寄生虫、消化不良、鸽新城疫、溃疡性肠炎、霉形体病、鸟疫、支气管炎、肺炎

附表2　适用于成年鸽的快速诊断

发病部位	临床表现	可能疾病
口腔和咽喉	口腔内有黄白色斑点，上颚有针头大小灰白色球死点	鸽痘、鸽毛滴虫病
眼睛	流泪，有黏性分泌物积聚，单侧性流分泌物，眼睑肿胀	眼炎、维生素A缺乏症、鸟疫、呼吸道病、传染性鼻炎
鼻	水样分泌物	伤风、感冒、呼吸道病
头颈部	头肿胀，小结节小瘤，头部位不正常，头颈扭转，头部颤抖、摇摆，共济失调	鸽痘、皮下瘤、多发性神经炎、维生素B_1缺乏症、鸽新城疫
嗉囊	积液深灰或墨绿色，恶臭异常，嗉囊胀满，口中流出淡黄液，内有积液，流动感，内有硬实肿胀	新城疫、巴氏杆菌、软嗉病、乳糜炎、腺病毒
翅膀	关节肿胀，肿瘤，下垂，无力飞翔，黄色坚硬肿，黄色小脓疮	副伤寒、外伤
足部	黄色硬块，单侧站立，关节肿胀，产蛋时腿瘫痪，有大小不一结节状小瘤，肿大，底部肿块	副伤寒、维生素D缺乏症、鸽痘、痛风、葡萄球菌感染
皮肤	皮下充气，皮下肿瘤，皮肤小结节，皮下出血、血肿，皮肤发绀，皮肤糜烂	气肿、皮瘤、鸽痘、中毒、维生素K缺乏症、丹毒病、螨病、外伤
羽毛	无毛斑块，羽毛残缺，易断，羽毛松乱，无光泽，羽毛脏污，沾有分泌物	螨病、外寄生虫病、内寄生虫病、鸟疫、慢性呼吸道病
肛门	周围羽毛被粪便粘污，输卵管突出，肿胀，排出黏液	霍乱、肠炎、难产症、副伤寒
综合症状	消瘦体弱，精神不佳，呼吸困难，张口呼吸，呼吸困难伴有神经症状，肺部有呼吸啰音，大量饮水，不思食料，拉稀，血便，大量鸽拉水样稀便，拉铜绿色、棕褐色粪便，拉黄、绿、乳白痢、灰绿稀便，拉黄、灰白色或淡绿色稀便，拉白、绿黏便，不生蛋，蛋难产，突然死亡，大批鸽突然死亡	球虫病、副伤寒、外寄生虫病、呼吸道病、鸟疫、鸽新城疫、肺炎、肺结核、内寄生虫病、热性病、痢疾、球虫病、鸽新城疫、霍乱、砂门氏菌、巴氏杆菌、大肠杆菌、卵巢瘤、副伤寒、肿瘤、腹膜炎、输卵管炎、肺充血、禽出血性败血症、中毒、鸽新城疫

附表 3　肉鸽疾病快速选择药物治疗

鸽病名称	病原	首选药物或疫苗	次选药物或疫苗
鸽新城疫	鸽Ⅰ型副黏病毒	鸽新城疫油乳剂疫苗	鸽新城疫Ⅵ系疫苗、鸽新城疫 C30 疫苗
鸽痘	鸽痘病毒	鸽痘弱毒疫苗	鸽痘疫苗、瘟毒清
鸽副伤寒	鼠伤寒砂门氏菌	氯霉素	庆大霉素、复方敌菌净
霉形体病	败血霉形体	红霉素、链霉素	复方泰乐霉素、北里霉素、利高霉素、支原净
鸽鸟疫	衣原体	金霉素	强力霉素、左旋氧氟砂星
丹毒病	丹毒杆菌	青霉素	四环素类、红霉素
大肠肝菌病	埃希氏大肠杆菌	庆大霉素、卡那霉素	利高霉素、氟苯尼考、林可霉素
溃疡性肠炎	鹌鹑杆菌	青霉素、四环素	氟苯尼考、链霉素、土霉素
鸽霍乱	多杀性巴氏杆菌	磺胺类	链霉素、庆大霉素、强力霉素、青霉素
传染性鼻炎	嗜血杆菌	青霉素 + 链霉素	复方敌菌净、红霉素、强力霉素、庆大霉素
鸽毛滴虫病	毛滴虫	鸽滴威、鸽滴净	替硝唑、甲硝唑
球虫病	艾美球虫	氯苯胍、球虫液	青霉素、磺胺二甲基嘧啶、呋喃唑酮、增效磺胺
鸽蛔虫病	蛔虫	驱虫净	驱蛔灵、甲苯咪唑
鸽血变形虫病	鸽血变形虫	磷酸百氨喹片	敌百虫、杀虫脒
鸽体外寄生虫病	鸽虱、鸽螨、鸽虱蝇	虱螨净	硫磺粉、双甲脒、敌百虫
鹅口疮	白色念珠菌	制霉菌素、克霉唑	硫酸铜、碘酒、高锰酸钾
趾脓肿	金黄色葡萄球菌	青霉素	四环素类、红霉素、碘胺类
胃肠炎	肠道杆菌等多种病因	杨树花素	强力霉素、氟苯尼考、土霉素
砂门氏菌	砂门氏杆菌	左旋氧氟砂星	氟苯尼考、强力霉素、环丙砂星

附录三 鸽病诊疗机构诊疗仪器设备清单

附表1 肉鸽诊疗机构诊疗仪器设备清单

分类	名 称	数量	备注
诊断类	显微镜	1	*
	真菌检查仪	1	—
	血液分析仪	1	—
	生化仪	1	—
	恒温培养箱	1	*
	高速离心机	1	*
	蒸馏水生产系统	1	—
	X光机	1	—
	听诊器	1	—
	革兰氏染色液（套）	2	*
	酒精灯	1	*
	尿分析仪	1	—
	玻璃器皿	若干	*
	观片灯	1	—
	洗片桶	2	—
	洗片架	2	—
	载玻片	100	*
	盖玻片	100	*
	琼脂	10	*
消毒类	紫外线消毒灯	3	*
	消毒液	5	*
	高压蒸汽灭菌锅	1	*
	污水消毒处理桶	1	*
	消毒用喷雾器	1	*
称量类	天平秤	1	—
	台秤（称体重用）	1	*
	电子称	1	—

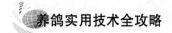

续表

分类	名 称	数量	备注
治疗类	超声波雾化仪	1	—
	各类缝合线	2	*
	止血钳	5	*
	持针钳	2	*
	组织剪	3	*
	肠剪	2	*
	组织镊	2	*
	毛剪	2	*
	各种规格一次性注射器	100	*
	消毒酒精和棉球（套）	10	*
	灌药管	2	*
储存类	冰箱	1	*
管理类	微机	1	*
防护类	特殊医冒群手套眼镜	1 套	*

备注：上表中带"＊"的为必须配备品；打"—"号为视资金及实际需求决定是否配置。

附录四 肉鸽的烹饪方法

一、炸乳鸽

材料：500 克乳鸽 1 只，鸡蛋 1 只；淀粉，面包屑，酱油，黄酒，砂糖，盐，葱，姜，花椒盐，花生油或豆油 250 克。

加工方法：乳鸽 1 只宰杀，去毛，除内脏，从脊背处一分为二，放入 100℃沸水中煮 10 分钟左右，取出凉透，放在调料中浸 1 小时左右。调料用盐、酱油、糖、酒、葱、姜末混合而成。要求鸽体内外都能浸入调料，故在中间需翻转 2 次，取鸡蛋打碎，加淀粉混成糊状，涂抹在鸽体皮上；然后撒上面包屑，放入加热后的花生油锅中炸，火不能太旺，炸至外表呈金黄色即可装盘蘸花椒盐食用。

花椒盐制法：取花椒 5 克，盐 10 克，置铁锅中用微火焙烘干，取出捣碎研细后蘸用。

二、油焖乳鸽

材料：500 克乳鸽 2 只，鸡蛋 2 只，生油或豆油 250 克，酱油，盐，砂糖，黄酒，淀粉，葱，姜，花椒粉。

加工方法：乳鸽 2 只宰杀，去毛，除内脏，每只从背脊切开一分为二，用刀背轻击鸽肉使肉纤维松软。鸡蛋打碎取蛋黄和 2 汤匙淀粉调匀，涂在鸽肉上，放入加热后的油锅中煎呈黄色，取出。

另用一深锅，放入沸水 1 碗，加糖 10 克，酱油 2 汤匙，酒 2 汤匙，葱、姜及花椒粉，盐少许，将煎好的鸽肉放入锅中炖，待肉酥软后，将原汁收干，浇在鸽肉上即可食用。

三、脆皮乳鸽

材料：500 克乳鸽 2 只，麦芽糖 50 克，醋 5 克，生油或豆油 250 克，卤汁 200 克。

卤汁配料：八角，甘草，桂皮，丁香，葱，姜，酒及水 200 克。

加工方法：先将卤汁配好，煮半小时熄火，把乳鸽放入卤中浸泡半小时，取出沥去水分。醋加入麦芽糖中调匀，涂在鸽表皮，待表皮风干后放入热油锅中炸成金黄色，趁热用手撕着吃，别有风味。

四、贵妃乳鸽

材料：500 克乳鸽 2 只，竹笋 100 克，酱油，黄酒、葱，姜，生粉，盐，花生油，及香菇 5 只。

加工方法：乳鸽宰后，去毛及内脏，漂洗清洁，切成大块，加入酱油、酒、糖、盐，拌匀浸半小时。竹笋切成菱形，香菇切成条状，备用。

取花生油 50 克，入铁锅烧热，先放入葱、姜再将切成块状的乳鸽炒至肉变熟为止，再加入竹笋及香菇炒拌，加入少量汤汁后移至砂锅中，以文火煮半小时，中间翻动 2 ~ 3 次，食前加入味精及生粉少许。

五、焗乳鸽

材料：500 克乳鸽 2 只，生油 500 克，黑胡椒粉，生粉，精盐，砂糖，酱油，番茄酱及洋葱。

加工方法：杀好去内脏的乳鸽，吹干，内外涂抹酱油，腌半小时，放在油锅中炸 2 分钟呈金黄色时捞起，锅中留油少许，放入切成丝的洋葱略炒。然后将乳鸽及其他调味一起放在锅中，使盐、糖、柠檬汁、胡椒粉、番茄酱煮成汁，均匀的沾在鸽体四周。

六、清蒸乳鸽

材料：500 克乳鸽 1 只，金针，木耳，香菇，火腿，姜，葱，酒，盐及生油。

加工方法：金针、木耳、香菇浸软洗净待用，葱、姜切成碎末。乳鸽去毛去内脏洗净，切成 4 片，加入葱、姜、酒、盐，腌半小时，将腌好的鸽块放在盆中，将金针、木耳、香菇放在沸水的蒸笼中，蒸 12 ~ 15 分钟，取出淋上一些香油，即可食用。

七、三煲乳鸽

材料：乳鸽 2 只，葱，姜，糖，酒，香油，酱油，盐。

加工方法：将乳鸽切块状，连同辅料一起放在小锅中，（不放水）用慢火将锅中的汤煲干即可食用。

八、红烧乳鸽

材料：乳鸽 2 只，葱，姜，酱油，八角茴香，香油及盐少许。

加工方法：将乳鸽切块，入锅中加入姜片、葱段、辣椒、酱油、盐、水及八角茴香，烧至八成烂即可食用，食前淋上香油，味更香。

九、五味乳鸽

材料：乳鸽2只，葱，姜，酒，马铃薯，洋葱，番茄，咖喱粉，味精及生粉。

加工方法：乳鸽清洗干净，去头脚及内脏，切块后放锅内煮沸2分钟，捞出，放在缸中然后放葱、姜、酒，用大火蒸至肉烂取出。马铃薯煮熟捣烂成泥备用。

将蒸煮熟的鸽块，放入洋葱、咖喱粉、马铃薯泥及油的锅中，炒4～5次，浇上番茄酱即可。

十、柠檬乳鸽

材料：乳鸽2只，柠檬1个，酱油，酒，砂糖，砂拉油，香油。

加工方法：乳鸽去毛，洗净去内脏，酱油腌制15分钟，将砂拉油倒入锅中，鸽子放入，煎至金黄色。加入酒、汤、糖、香油、柠檬汁及酱油，慢火烧15分钟，将鸽放入盘中，把柠檬汁浇在鸽肉上，锅中汁液浇在鸽上，别有风味。

十一、枸杞蒸鸽

材料：乳鸽1只，枸杞20克，姜，酒，盐。

加工方法：乳鸽闷杀后，用沸水烫去毛，除内脏，洗净。

蒸盅内放枸杞、姜、黄酒及鸽子，水加至浸没鸽为度。

蒸锅中放水，将蒸盅放入，隔水蒸90分钟待鸽肉松软即可熄火，待稍冷，可取出食用。

十二、炸鸽肉球

材料：蒸熟的成鸽4只，奶油，酱油，芹菜，味精。

加工方法：将蒸熟的鸽子去皮去骨，制成肉馅，加入奶油、酱油、味精、芹菜末，拌匀搓成肉圆，放进油锅中炸至金黄色，即可上食。

十三、青椒炒鸽丝

材料：鸽胸肉2块（重250克），蛋白，淀粉，盐，香油，洋葱，青椒，火腿，花生油，盐。

加工方法：鸽肉切丝拌入蛋白及生粉，锅中放100克花生油，烧至八成熟放入鸽丝，炸至色变白立即取出，沥去多余的油。

锅中留 3 大匙油，将洋葱、青椒及火腿均切成丝，快炒数下，加入盐少许。立即熄火，将炒好的鸽丝加入拌匀，装盆即可食用。

十四、滑嫩鸽肉

材料：鸽胸肉 1 块，小黄瓜，胡萝卜，笋，葱，花生油，鸡蛋白，生粉，盐，酒等。

加工方法：鸽胸肉切薄片，放蛋白、淀粉、酒及盐拌匀腌 20 分钟。

将胡萝卜、笋煮熟切片，黄瓜切片，锅中放 250 克花生油，将鸽肉片下锅中火泡熟捞起，锅中留油 3 大匙，葱入锅炒香，加入胡萝卜，小黄瓜，笋，鸽肉片，加少许盐，用淀粉勾芡，即可起锅，趁热吃。

十五、当归鸽

材料：鸽 2 只，当归 1 钱，酒，姜，盐及香油。

加工方法：当归放入碗内，注入开水，使香气溢出。将鸽及当归放入蒸碗内，加入酒、姜、香油，注入水浸没鸽内，入蒸锅蒸，大火 1 小时后，小火蒸半小时。

十六、鹿茸鸽汤

材料：鸽 1 只，鹿茸八分，水 6 碗（1 000 克）。

加工方法：肉鸽加水 1 000 克，以文火煮至水成半量，鹿茸开水冲泡后，混入鸽肉中炖熟食用。

十七、人参蒸鸽

材料：肉鸽 1 只，人参 10 克，天门冬 15 克，鹌鹑蛋 6 只，老酒半碗。

加工方法：将肉鸽，鹌鹑蛋、人参、天门冬及酒混合后加入适量的水炖熟食用。

十八、冬虫夏草炖鸽

材料：肉鸽 1 只，瘦猪肉 100 克，葱白 3 支，生姜 50 克，水 1 000 克，冬虫夏草 3 束，火腿 3 片，老酒半碗，盐少许。

加工方法：将以上配料混合炖食。

十九、枸杞鸽

材料：鸽 1 只，猪腰子 2 只，淀粉 50 克，姜 2 片，枸杞子 25 克，红枣 12 粒，黑枣 8 粒，老酒 250 克，盐少许。

加工方法：将以上材料混合炖食。

二十、淮杞炖鸽

材料：淮山药、枸杞各 15 克，乳鸽或成鸽 1 只，姜，酒，盐。

加工方法：鸽放在锅内煮沸，取出加入淮山药，杞子、姜，酒及水。盖好放入蒸笼中蒸 1.5 小时，再加入盐少许。

二十一、炖蚌鸽

材料：肉鸽 1 只，蚌 250 克，肉糜 200 克，生粉，酱油，葱末，姜屑，胡椒粉，竹笋 200 克，盐，黄酒。

加工方法：河蚌外表洗净放在碗肉清蒸，汤汁留用，蒸好的蚌用冷水冲洗干净，除泥砂，壳留用。蚌肉剁碎与肉末混合，混合好的肉料再放入蚌壳内，2 片合拢，取 1 大汤碗将整个鸽放入加入煮过的笋块，四周排一圈镶肉蚌壳，加入汤汁、盐、酒、水，然后入锅中加盖炖煮 1 小时，即可食用。

二十二、油酥鸽

材料：肉鸽 1 只，黄酒，盐，胡椒粉，葱，姜，蒜，蛋，生粉，花生油，番茄。

加工方法：鸽洗净，沥干水分，用黄酒涂抹全身内外，将鸽肉切成长方块，用盐、胡椒粉、葱、姜、蒜等碎屑充分混合，停半小时。蛋打散拌入鸽内，再外涂生粉。锅中放花生油 1 000 克，烧热铁锅，将鸽块全部投入，文火炸至金黄色，沥去余油，装盘加番茄片，趁热蘸胡椒粉、盐，趁热食用。

二十三、粉蒸鸽

材料：肉鸽 1 只，五花肉 200 克，酒，蒜头，盐，酱油，胡椒粉，香油，蒸肉粉，芋头，肥肉 50 克。

加工方法：鸽肉切成长形块状，五花肉切成与鸽肉大小相同，加酒拌和，再加入盐、酱油、胡椒粉、香油，腌渍 10 分钟，拌入蒸肉粉（米粉），在蒸碗底部涂油，鸽肉皮部向下，排在碗中，五花肉排在鸽肉上面。最后加芋头，入蒸笼中，大火蒸 1 小时，取出用盆扣出。

二十四、五香油鸽

材料：肥鸽 1 只重 500 克，葱，姜，酒，茴香，花椒，桂皮，陈皮，甘草，盐，酱油，糖，花生油 1 000 克。

加工方法：鸽除内脏，洗净，沥干，将香料、盐、酱油、葱、姜等涂抹鸽体，腌渍 2 小时，并随时翻动。腌好的鸽，放入深锅中，加入 1 000 克花生油，以盖过鸽体为度，锅不要加盖，加热，至油煮沸 5 分钟，熄火，停 5 分钟，将鸽取出，稍凉再入油锅中煮沸 3 分钟，立即取出，装盘食用。

二十五、糯米扣鸽

材料：肥鸽 1 只重 500 克，糯米 100 克浸 4 小时，五花肉 150 克切丁，香菇 2 只泡发切丁，虾米 25 克浸水剁碎，笋丁煮熟切丁，盐，酱油，香油，胡椒粉，葱，姜，酒。

加工方法：肉鸽洗净，沥净，用酒涂全身，用调味品腌渍 2 小时，将鸽背向下，腹部分开，摊平，放在大碗中，将糯米、五花肉、香菇、虾米、笋丁及酱油混合，铺在鸽肉上，放入蒸笼中大火蒸 1 小时。用盘将鸽扣出即可食。糯米中不必加盐，用腌汁加入咸度即可。

二十六、酱鸽

材料：鸽 2 只，酱油 250 克，葱，姜，糖，酒，香油。

加工方法：鸽去内脏，洗净，用热水洗去腥味，鸽肉内加入葱、姜、糖、酱油、酒。入锅煮 40 分钟，随时翻动，捞起切块装盘，淋上香油即可食用。

主要参考文献

[1] 孙卫东，唐　耀．怎样科学办好肉鸽养殖场．北京：化学工业出版社，2010.
[2] 陈益填．肉鸽养殖新技术．北京：金盾出版社，2009.
[3] 余有成，董庆爱．肉鸽快速饲养新技术问答．北京：中国农业出版社，2009.
[4] 龚道清．怎样办好家庭肉鸽养殖场．北京：科学技术文献出版社，2008.
[5] 吴占福，王增利．肉鸽无公害标准化养殖技术．石家庄：河北科学技术出版社，2006.
[6] 王增年，安　宁．无公害肉鸽标准化生产．北京：中国农业出版社，2006.
[7] 白秀娟．肉鸽养殖关键技术．哈尔滨：黑龙江科学技术出版社，2004.
[8] 张振兴．肉鸽饲养与疾病防治大全．北京：中国农业出版社，2002.
[9] 刘洪云．肉鸽快速饲养与疾病防治．北京：中国农业出版社，2001.
[10] 葛明玉，程世鹏，王　峰．肉鸽养殖与疾病防治．北京：中国农业大学出版社，2000.
[11] 程端仪．肉鸽饲养与加工利用新技术．南京：南京出版社，1999.
[12] 杜文兴．科学养鸽一月通．北京：中国农业大学出版社，1999.
[13] 姜家佑．肉鸽科学养殖技术．北京：中国人事出版社，1996.
[14] 任忠芳．养鸽手册．太原：山西科学技术出版社，1996.
[15] 吴高升．新编肉鸽饲养法．北京：中国农业出版社，1995.
[16] 祝峰群．肉鸽饲养管理与疾病防治．北京：中国农业科学技术出版社，1995.
[17] 张献礼，柴雪英，刘瑞奇等．肉鸽饲养及食用．合肥：安徽科学技术出版社，1995.
[18] 杨连楷．鸽病防治技术．北京：金盾出版社，1995.